国家出版基金项目
NATIONAL PUBLICATION FOUNDATION

吴山　陆原 ◎ 主编

中国历代玩具辞典

海峡出版发行集团 | 福建教育出版社
THE STRAITS PUBLISHING & DISTRIBUTING GROUP

图书在版编目（CIP）数据

中国历代玩具辞典/吴山，陆原主编. —福州：
福建教育出版社，2020.8（2021.4 重印）
ISBN 978-7-5334-8359-3

Ⅰ．①中… Ⅱ．①吴… ②陆… Ⅲ．①玩具－中国－
古代－词典 Ⅳ．①TS958-092

中国版本图书馆 CIP 数据核字（2019）第 003654 号

策划编辑 祝玲凤
责任编辑 祝玲凤
特约编辑 詹亮浈
装帧设计 赵 艺

Zhongguo Lidai Wanju Cidian

中国历代玩具辞典

吴山　　陆原　　主编

出版发行 福建教育出版社
（福州梦山路 27 号　邮编：350025　网址：www.fep.com.cn
编辑部电话：0591-83716932
发行部电话：0591-83721876　87115073　010-62027445）

出 版 人 江金辉
印　　刷 福州华彩印务有限公司
（福州市福兴投资区后屿路 6 号　邮编：350014）
开　　本 890 毫米×1240 毫米　1/16
印　　张 21
字　　数 771 千字
插　　页 30
版　　次 2020 年 8 月第 1 版　2021 年 4 月第 2 次印刷
书　　号 ISBN 978-7-5334-8359-3
定　　价 180.00 元

如发现本书印装质量问题，请向本社出版科（电话：0591-83726019）调换。

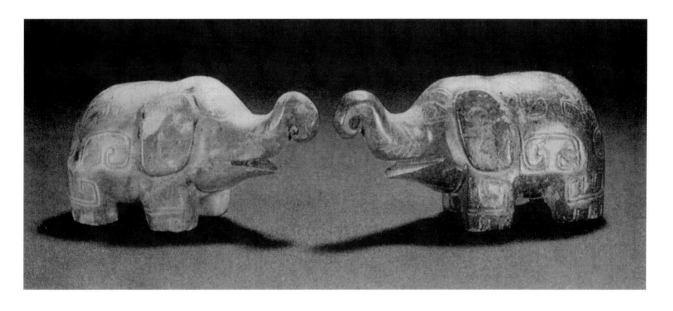

上　新石器时代红陶人头塑像（陕西洛南出土）

下　商代玉雕大象（河南安阳殷墟出土）

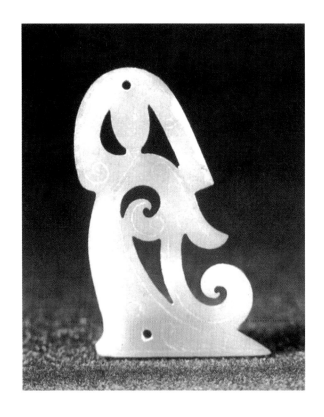

上　汉代说唱陶俑

下　汉代长袖舞玉饰

上　汉代歌舞陶塑

下左　汉代鎏金铜熊（安徽合肥出土）

下右　十六国陶狗、陶猪（陕西咸阳平陵出土）

上　唐代妇女推磨彩塑（新疆吐鲁番阿斯塔那出土）

下左　唐代仕女彩塑（新疆吐鲁番出土）

下右　唐代杂技童子三彩瓷塑（陕西西安博物院藏）

上　宋代定窑孩儿瓷枕
下　宋代民窑女儿瓷枕

上左　宋代关公瓷塑
上中　宋代童子持花瓷塑
上右　宋代童子坐鼓瓷塑
中左　宋代贵妇持卷瓷塑
中右　宋代少妇执扇瓷塑
下左　宋代红绿彩女坐瓷塑
下右　宋代母子瓷塑

上左　元代鸭子瓷塑

上右　清代虎丘泥人《苏州娘姨》

下左　清代竹根雕《牧童戏牛》

下右　磁州窑《坐莲童子》

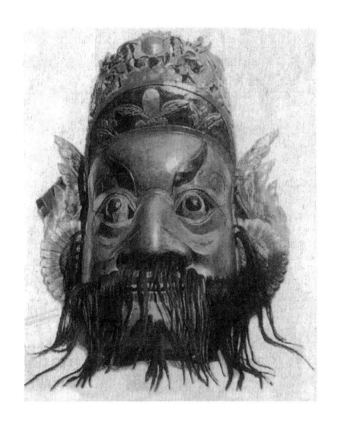

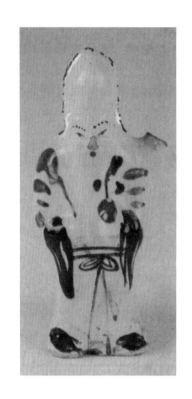

上左　清代将军木面具（江西萍乡湘东）

上右　清代丑娘猜木面具（云南镇雄泼机）

下　磁州窑：双头人瓷哨、老寿星、汉钟离

上　清代无锡惠山彩塑《昆剧〈绣襦记·教歌〉》（丁阿金作）
下　近代无锡惠山彩塑《女说书》（王锡康作）

无锡惠山彩塑堆子

（无锡惠山泥人研究所藏品）

上左　无锡惠山彩塑《车张仙》
上右　无锡惠山彩塑《小花囡》
下　无锡惠山彩塑《花公鸡》

左　无锡惠山彩塑《猢狲出把戏》

右　无锡惠山彩塑《渔翁得鲤》

上　无锡惠山彩塑《我爱北京天安门》（柳家奎作）
下　无锡惠山彩塑《三个和尚》（池志坚作）

上 无锡惠山彩塑《回娘家》（柳成荫作）

下 无锡惠山彩塑《弈棋》（柳成荫作）

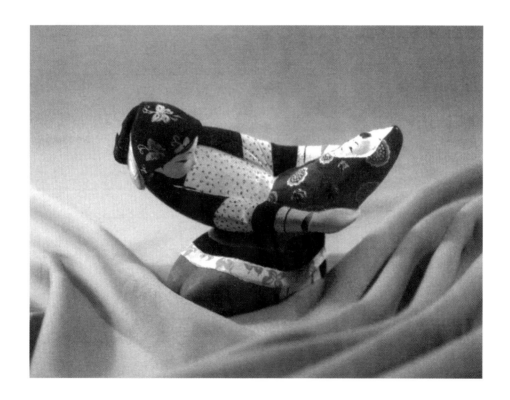

上 无锡惠山彩塑《祖孙学文化》

下 无锡惠山彩塑《一个好宝宝》

无锡惠山彩塑《东方歌舞》（马静娟作）

上四图　无锡惠山彩塑《踢毽子》（马静娟作）
下　无锡惠山彩塑《武术》（马静娟作）

上　清代天津泥人《渔樵问答》（张明山作）

下左　天津泥人《姊妹俩》（傅长圣作）

下右　天津泥人《山妮》（杨志忠作）

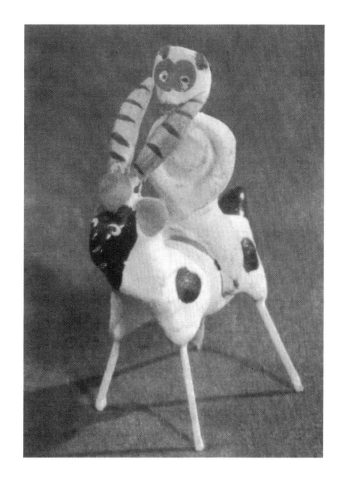

上　北京兔儿爷
下　北京泥塑《猴骑羊》

上四图　北京泥塑《动物的情趣》（郑于鹤作）

下左　北京泥塑《一衣带水》（郑于鹤作）

下右　北京泥塑《羊毛丰收》（郑于鹤作）

上左　北京泥塑《欢乐的老歌手》（郑于鹤作）
上右　北京泥塑《哪吒闹海》（郑于鹤作）
下　北京泥塑《母与子》（郑于鹤作）

21

上　陕西凤翔彩塑：虎头挂片

下　陕西凤翔彩塑：坐虎

河北新城白沟泥塑《麒麟送子》

上　白族彩塑《吼狮与独角兽》

下　河北新城白沟泥塑《麒麟送子》

24

上 甘肃泥塑《白马》
下 上海彩塑《雄狮》

25

上　陕西凤翔泥塑：卧牛
中　河南泥塑：泥猴、泥狮、泥狗等
下　山东郯城木花车

上　南京彩塑《男娃女娃》（田原、黄建强作）

中　南京彩塑《吉祥娃》（黄建强作）

下　南京彩塑《放爆竹》（黄建强作）

上　明清陶瓷玩具：童子、鸭子

下　江苏宜兴陶塑《夕阳红》（邢玉菱作）

上左　贵州牙舟陶哨：水牛
上右　云南建水陶哨：水牛
中　贵州牙舟陶哨：双鱼
下左　北京陶泥模《老鼠娶亲》
下右　北京陶泥模《猴子偷桃》

29

上　北京彩塑《采药》

下　北京绢人《抚琴》

上　广东潮州泥塑戏剧人物

下左　广东汕头香稿塑《对弈》

下右　福建彩扎《穆桂英挂帅》（卢金钗作）

上 浙江泰顺车木玩具《乐女》系列（季桂芳作）

下 浙江泰顺车木玩具《戏剧仕女》（季桂芳作）

上左　山东临沂木刀枪
上右　河南浚县木棒人
下左　河南淮阳《猴子翻杠》
下右　河南尉氏《孙悟空打斗》

上　北京毛猴《鱼塘小景》（于光军作）

下　北京毛猴《大宅门内外》（局部）（李迎春、杨爱玲作）

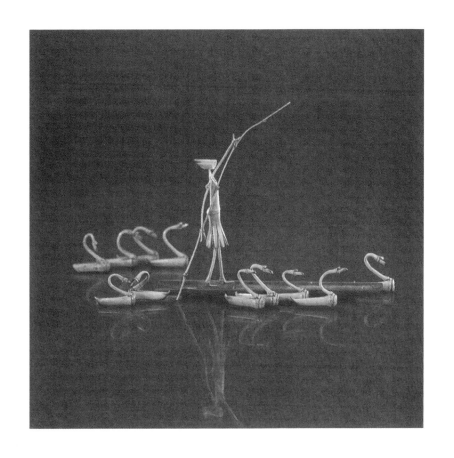

上　福建竹玩具《牧鹅》（郭礼凤作）

下　福建竹玩具《晚归》（郭礼凤作）

上左　面人《钟馗》

上右　北京面人《孙悟空斗金钱豹》

下　上海面人《采莲图》（陈瑜、汤健作）

上　上海面塑《少数民族儿童》（翁昊然，6岁作）

左中　上海面塑《圣诞老人》（王懿乔，6岁作）

左下　上海面塑《皇帝的新衣》（翁昊然，6岁作）

下右　上海面塑《阿凡提和毛驴》（张书嘉作）

上　北京皮毛玩具
下左　扬州长毛绒玩具
下右　广东绒毛玩具

上左　陕西城固布老虎
上右　陕西岐山布老虎
中左　山东高唐虎枕
中右　山东两头虎枕
下　山西布老虎

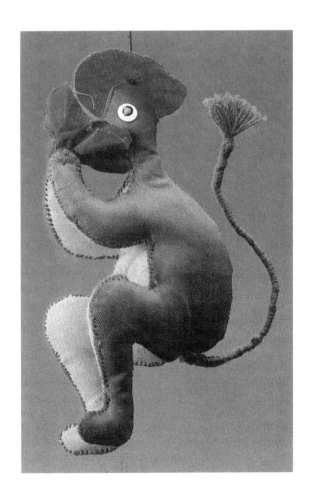

上　陕西乾县大白鸡
下　河南灵宝布猴

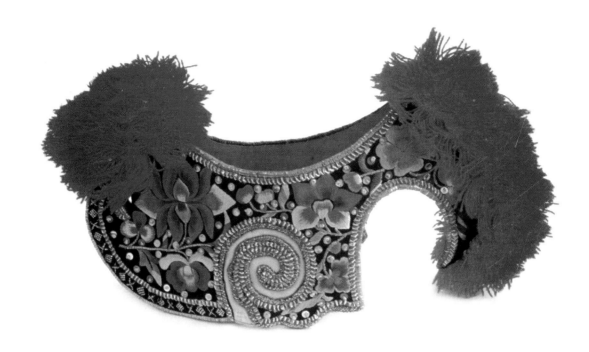

上　白族红缨鱼形绣花帽
下　白族满堂喜绣花饰件

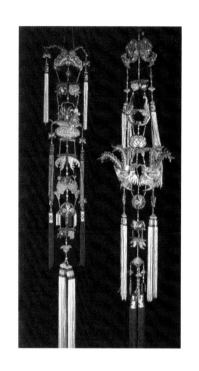

上左　清宫荷包（北京故宫博物院藏）
上右　广东潮州香包
中　陕西凤翔、宝鸡等地香包
下　陕西洛川刺绣遮裙带"人首鱼"

上左 山西绣花荷包
上右 辽宁绣花荷包
下 山西绣花荷包（引自李友友《民间刺绣》）

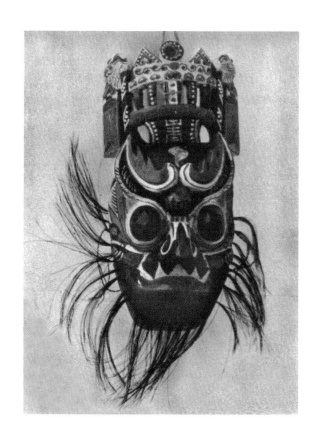

贵州安顺地戏面具

上　陕西华县皮影《宫廷仪仗》（张华洲作）

下　陕西皮影《白蛇传》

上二图　陕西华县皮影《丑官》
下左　陕西华县皮影《申公豹》
下右　陕西华县皮影《猪八戒》

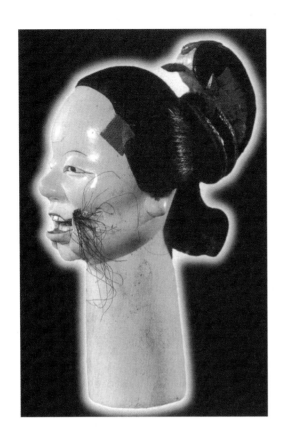

上左　福建泉州木偶头《家婆》（江加走作）

上右　福建泉州木偶《齐天大圣》（江加走作）

下　福建泉州木偶头《结辫娴旦》《双髻齐眉旦》（江加走作）

上　福建泉州木偶头（江朝铉作）

下　福建漳州木偶（徐竹初作）

49

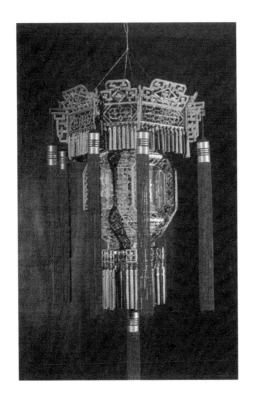

上　北京绒制凤凰花灯

下左　广东佛山稻秆灯

下右　广东佛山剪纸灯

上左　广州灯彩
上右　南京荷花灯
下　南通蛤蟆灯

上 山东高密蝴蝶风筝
下 山东高密金鱼风筝

53

南京各种刻绘葫芦（李杨作）

主编简介

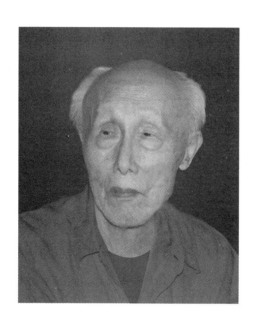

  吴山（1929－2015） 中国当代工艺美术史学家、图案学家、教育家。生前为南京艺术学院设计学院教授、江苏省文史研究馆馆员、中国美术家协会会员。江苏省张家港市人。1951年毕业于南京大学艺术系。1960年入南京艺术学院，从事工艺美术教学和研究。1992年被中国科学技术协会推荐为中国科学院学部委员（院士）候选人，2005年获中国工艺美术学会"中国工艺美术终身成就奖"，2008年获中国美术家协会"卓有成就的美术史论家"称号。

  对我国传统工艺美术的历史演变、制作技艺、装饰纹样、器皿造型、工艺用色等深有研究，造诣很高。一生笔耕不辍，离世前担纲国家出版工程《中国工艺美术全集·工艺美术辞典》主编和主要撰稿人。著述20多种，其中《中国新石器时代陶器装饰艺术》获1985年江苏省哲学社会科学优秀成果三等奖；《中国工艺美术大辞典》简体字版和繁体字版，分别获1990年"中国图书奖"二等奖和1992年台湾大陆著作"金鼎奖"；《中国历代器皿造型》入选2015年中国好书榜。国画《燕子矶》，1956年获江苏省第一届青年美术展三等奖，1957年入选第一届全国青年美术展。

　　陆原　1985 年生于江苏省南京市。南京工业职业技术大学艺术设计学院副教授。2010 年毕业于南京师范大学美术学院艺术设计专业，获文学硕士学位。主攻艺术设计和中国传统工艺美术研究。设计作品曾获 2012 年江苏省工艺美术艺术设计大赛一等奖等。合作出版著作主要有《中国历代图典》《中国历代服装、染织、刺绣辞典》《中国历代美容、美发、美饰辞典》《南京传统手工艺》等，在《美术与设计》（南京艺术学院学报）、《美术观察》、《创意设计源》等刊物发表 10 多篇论文。

各部分撰稿人

一般玩具　　　　　吴山　陆原

节令玩具　　　　　吴山　陆原　蒋璐

表演玩具　　　　　吴山　陆晔

健身玩具　　　　　吴山　陆原　周密　哈咏梅　余乐孝

玩具工艺与名家　　陆原　吴山

附录　　　　　　　吴山

图稿收集整理　　　吴山　陆原　万里进

总 目 录

序

玩具，是用来玩乐和游戏的产品。

鲁迅曾说："玩具是儿童的天使。"玩具，是幼儿的教科书，是促进儿童德育、智育、美育、体育、劳动教育全面发展的工具，又是儿童生活中游戏的主要伴侣。这是指一般狭义的玩具概念。广义的玩具，应包括人类社会中用于玩乐、游戏，乃至兼具游乐性、鉴赏性的各种物品。它适合儿童，也适合其他各类人群。

我国的玩具，历史久远，内涵深邃，技艺独特，品类繁多，时代性和地域性鲜明，为世所罕见。

我国新石器时代的陶玩具，已很多样。商周的玉玩具、青铜玩具，制作十分精美。汉代的陶玩具已批量生产，如河南出土的陶猴、陶鸮。唐代洛阳地区开始烧造三彩釉玩具，河南三门峡唐大中六年（852）女孩韩干儿墓出土的陶瓷玩具，有乘坐牛车的娃娃、骑马的小武士，以及小狗、小兔、小羊、狮子等，都体态玲珑生动，釉色晶莹，稚气可爱。宋代的泥塑玩具，技艺精湛，如江苏镇江骆驼岭出土的宋代五个泥塑孩儿，均捏塑成型，眉目清秀，形神兼备。泥孩儿身上有"吴郡包承祖""平江孙荣"戳记，吴郡、平江，即今江苏苏州。至明清两代，玩具种类更多，材质、技艺、造型和色彩更加丰富多彩。北京泥塑、天津"泥人张"、无锡惠山彩塑、苏州虎丘捏像、福建泉州和漳州木偶、南京秦淮灯彩、山东潍坊风筝，以及河北唐山、山西孝义、陕西等地的皮影，具有不同的艺术特色和风格，都是在明清这一时期逐步形成的。

我国的传统玩具，大致可分为几类：一般玩具、节令玩具、表演玩具、健身玩具等。

这些玩具，具有深刻的寓意，大多是母性爱心的倾注，借助龙、凤、狮、虎、鸡、鱼等形象，巧妙地表达吉祥如意、喜庆荣华等美好心愿，如"虎头鱼尾枕"就是寄寓生命崇拜和种族繁衍意义的较典型代表。闻一多在《神话与诗·说鱼》中说，鱼在中国具有生殖繁盛的祝福含义。虎为"百兽之王"，《风俗通义·祀典》："虎者，百兽之长。"虎、鱼的和谐组合，生动地表达出对华夏民族延续久远、繁荣昌盛的一种祝愿。

民间玩具，主要为供孩子玩耍，美化自身，装饰生活环境。它的制作，凝聚着浓浓的乡土情愫，它的创作普遍带有自发性，想象丰富，又具有商品属性，主要按自己对生活的理解，尽情地表达自己的意愿和感情。

民间玩具的一大特色，是就地取材，因材施艺。农村乡土玩具，都是自己动手制作，一折一剪，一针一线，一缝一绣，一捏一塑，一雕一琢，一编一织，可体会到多种创作形式的乐趣。

民间玩具，造型虽粗放，但质朴简洁，浑厚豪放，生动优美。色彩一般大红大绿，感觉俗气，但红火鲜明，喜庆热烈，充满青春活力。

吴　山

甲午年仲夏

凡　例

一、本书是一部文化综合类辞书，共收分类条目 2033 条，插图 1200 余幅；前有彩图插页 54 页，后有附录、索引。

二、本书按分类编排，主要为方便查阅。

三、所收词条，凡与玩具直接相关者，悉数编入；与玩具有间接关系者，如玩具制作工艺与历代名师名家等，视其历史和实用价值，酌情选收。

四、词条大致依时代前后排列，再按分类编排，力求清晰合理。

五、历史纪年，古代部分用旧纪年，括注公元纪年，近现代部分用公元纪年。正文中使用公元纪年时，一般省略"公元"两字。具体年代不明者，只写朝代。鸦片战争（1840 年）以前称"古代"，鸦片战争至 1919 年称"近代"，1919 年以后称"现代"或"当代"。

六、历史人物生卒年，有案可稽者，一律标明；不详者，注明"不详"或省略。

七、古代地名，一般括注现代名称。

八、释文中的长度，一般以"厘米""米"作计算单位；重量，一般以"克""千克"作计算单位。如所引述资料，原系使用旧单位，如尺、寸、斤、石等，不便换算，亦予以保留。

九、名师名家，大致按木艺木偶、泥塑面塑、灯彩、风筝、皮影及杂项类顺序排列；各类之内，再大致按人物朝代、出生年先后排列。

十、出土文物，一般写明年代、物品、出土地点和时间。

十一、凡用"参见"者，表明可供参考的条目。附条一般不释文，只标明"参见"主条。

十二、有些资料，具有实用、研究、参考价值，不宜作为词条，则列入附录中。

十三、凡不同学术观点，或有争议以及真伪待辨者，采用诸说并存，或介绍基本事实。

类别目录

一般玩具

节令玩具

表演玩具

健身玩具

玩具工艺与名家

分类目录

词条前有○者附有插图

一般玩具

玩具一般名词

历代玩具

现代玩具

各地灯彩

历代名师名家

附　　录

一般玩具

玩具一般名词

【玩具】　指供人们尤其是儿童玩乐和游戏的产品。玩具的种类，按制作材料分，主要有金属制、木制、竹制、纸制、塑料制、橡胶制、布绒制、泥制、陶瓷制、面制、玻璃制以及各种自然物制作。按玩具状态分，有静止玩具和动态玩具。动态玩具是指具有形态音响变化的玩具，包括弹力玩具、惯性玩具、发条玩具、电动玩具、音响玩具、电子玩具等。按玩具功能分，有体育玩具、娱乐玩具、科教玩具、军事玩具、实用玩具、装饰玩具等。我国传统玩具产区，上海以金属玩具为主，江苏以长毛绒玩具见长，北京以木制、金属玩具为主，广东以刺绣玩具、充气薄膜玩具闻名，吉林、黑龙江以木制玩具为主，浙江以车木玩具见长，四川以竹木玩具为主等，各有不同的地方特色。玩具的三要素，即玩具的教育性、艺术性和安全性。这三者互相联系，缺一不可，是研究、制作、选择与使用玩具的基本准则。玩具的教育性，即玩具是教育人们尤其是幼儿的重要工具，故玩具应该有利于激发儿童对周围的兴趣，增加知识，帮助认识世界，有利于发展儿童的智力，培养儿童的各种情感和独立、协作精神，活跃儿童身心，促进儿童的身体健康。玩具的艺术性，是指玩具制作应造型新颖美观，形象生动活泼，有一定的吸引力、幽默感，使人欢乐，并有利于培养儿童的艺术情趣和审美能力。玩具的安全性，是指一切玩具必须卫生、无毒、安全，不易碰伤、擦伤、刺伤儿童或被吞入腹中，故特别不能用任何有毒物质作原料，而且还要方便杀菌、消毒等。

【现代科学玩具】　运用各种现代科技成果制作的较为高级的玩具。如遥控玩具、声控玩具、光学玩具、小型电子游戏机、"会说话的书"等，对培养儿童学科学、爱科学的兴趣有积极的意义。

【科教玩具】　是利用科学原理制成，适合于对青少年进行科学技术知识教育的玩具。其品种繁多，包括各种小工具、模型及有关电学、光学、热学、天文、气象、生物等方面的玩具（如航空、航海模型，声控或无线电遥控玩具，组合装配玩具等）。通过科教玩具的开发和制作，可以增长科学知识，有利于青少年智力培养，提高他们对科学技术的兴趣。

【幼教玩具】　供学龄前儿童游戏所用。大型的有木摇兽、滑梯等；还有启发幼儿智育的中小型玩具，如积木、拼板、六面画、套圈、看图识字和摇铃算术游戏等。

【智力玩具】　亦称"益智玩具""教学玩具"。智力玩具具有较强的数理逻辑性和竞技性，是一种男女老少皆宜的娱乐玩具。智力玩具历史久，品种多，形制丰富，如巧环类、七巧板、棋类、计算器、拼音盘和各种机械玩具等。传统玩具中以九连环、华容道和升官图等最具代表性。现我国还引进了国外的多种智力玩具，新型多样，构思奇巧。

智力玩具：升官图

【益智玩具】　参见"智力玩具"。

【教学玩具】　参见"智力玩具"。

【体育运动玩具】　亦称"健身玩具"，老少皆宜。大型的体育运动玩具有木马、摇船、秋千、浪桥、转盘、滑梯、跷跷板、攀登架、平衡木、钻圈及各式童车、用电控制的电动转盘等；小型体育运动玩具有皮球、铁环、毽子、跳绳、橡皮筋、空竹、三毛球、乒乓球、篮球等。

体育运动玩具：北京空竹
（引自王连海《北京民间玩具》）

【健身玩具】　参见"体育运动玩具"。

【节令玩具】　民间俗称"应时玩具"。是我国传统节日的民俗玩具，随着历史的演变，逐渐成为特定节日的一种标志，如春节的烟花爆竹，元宵节的彩灯，清明的风筝，端午节的长命缕、香包，七巧节的磨喝乐，中秋节的兔儿爷、斗香花，冬至的九九消寒图等。

节令玩具

上：广东潮州香包

下：北京"蓝锅底"风筝（费保龄作）

【应时玩具】 参见"节令玩具"。

【观赏玩具】 亦称"玩赏玩具"，南北均有，男女老少都很喜爱。这类玩

观赏玩具

上：天津"泥人张"彩塑《合奏》

（王润莱作）

下：惠山彩塑《孔乙己》（柳成荫作）

具，在观赏中可增进知识，开拓视野，并具有一定的教育意义。主要有各种陶瓷雕塑、玉石雕刻、手捏戏文、"泥人张"彩塑、塑真、鬼工球、绢人、彩扎和料器等。观赏性玩具，历史悠久，形制多样，品种丰富，分布广泛，居各类玩具之首。

【玩赏玩具】 参见"观赏玩具"。

【实用玩具】 这类玩具，既有实用功能，也具有较强的玩耍性。如东汉的鸡鸣枕、近现代的布老虎枕、青蛙布耳枕、老虎五毒香包、虎头帽、虎头鞋、兔儿帽、猫头帽、狗头鞋、虎裥子和妇女儿童用的云肩等。

实用玩具

上：东汉鸡鸣枕（新疆民丰尼雅出土）

下：戴虎头帽的儿童

【塑料玩具】 以塑料为主要原料制成的玩具。主要有搪塑玩具、充气薄膜玩具、硬塑玩具等。塑料玩具具有色泽美观、玩耍安全、加工方便和价格低廉等优点。搪塑玩具造型以人物、动物为主，适合幼儿玩，特点是易于洗刷，干净卫生。充气薄膜玩具以游泳圈、球类、动物等为主，可折叠，易存放。硬塑玩具有车辆、餐具、劳动工具、鸟

兽等品种，品类较多。

塑料玩具

【金属玩具】 用金属、铁皮为主要材料制作的玩具。以前大多用手工制作，现加工主要采用冷冲压工艺。金属玩具功能灵活多变，有跳动、旋转、滚动、前后进退和左右转弯等，有的带有音响光亮等效果。包括九连环、孔明锁等巧环类玩具，錾银和铜制的长命锁、小铃铛，各类车船、飞机玩具和飞禽走兽等小玩具，均属此类。金属玩具，有的由于安全性差，已渐淘汰。

金属玩具

【音响玩具】 可发出各种声响的玩具。在民间玩具中有音响的玩具很多，具有娱乐功能，最为低幼儿

北京拨浪鼓

（引自王连海、王伟《民间玩具》）

童所喜爱，如拨浪鼓、皮老虎、泥叫虎、扑扑噔、陶瓷哨、空竹、摇鼓和竹编摇铃等。

【智力结构玩具】　智力玩具的一种。是指根据儿童年龄特点设计的一种能够装、拆、插接造型的玩具。儿童通过各种玩具零件的组合，可装配成各种形体，例如飞机、拖拉机、房屋、马等，并由此来发展儿童的空间观念，训练操作能力和提升智力。

【工具型玩具】　一种类似手工操作工具、交通工具的玩具，如工具操作台、小三轮车、工程车等。

【变体玩具】　这种玩具的各部分，都能活动、装卸。通过拆卸、扭转、电脑控制变换等方法，使一种玩具造型变换成另一种造型。如一机器人走动后会掉下几个小零件，其余零件刹那间自动组织成一辆汽车，不仅令人惊讶，更使儿童玩后爱不释手、百玩不厌。

【结构玩具】　给儿童进行构造、装拆、建筑、拼搭各种物体时所使用的各种构件，称为结构玩具，如各种积木、积竹，塑料制的结构拼板及各种建筑材料和装饰物等。

【滚动玩具】　利用滚动力来移动的玩具。这种玩具必须具备三个条件：一是玩具运动部分呈环轮状，二是环轮的下方放置有重物，三是在斜板上或施加外力时产生滚动力。

【拖拉玩具】　一种用绳索拉动，在地上行驶的轮子玩具。在民间玩具中有很多有趣的拖拉玩具，如元宵节的节令玩具兔子灯、小马灯，再如山东郯城生产的木花车、双鸟转车。还有一种利用零碎木料生产的拖拉玩具，如木制彩色叫鸭，以

简单的传动装置，使木鸭在行走时翅膀可上下扇动，并带动钢丝弹击纸筒，发出鸭叫的声音。

上二：清代拖拉玩具（山东掖县窗花）
下二：山东郯城木花车、双鸟转车

【塑像】　用泥土、土料、金属塑造的人物形象。《国语·越语下》记载范蠡离开越国，“（越）王命工以良金写范蠡之状而朝礼之”。《战国策·齐策三》：“（苏秦）谓孟尝君曰：‘今者臣来，过于淄上，有土偶人与桃梗相与语……’”可见泥

塑、木刻、铸像在战国时已较普遍。参阅清赵翼《陔馀丛考·塑像》。

【土偶】　塑土为人形。《战国策·齐策三》：“今者臣来，过于淄上，有土偶人与桃梗相与语……”亦称“土稚”“小泥人”。南宋陆游《秋社》诗：“不须谀土偶，正可倚天公。”

【土稚】　古代民间泥塑玩具。清查慎行《得树楼杂钞》：“土稚即泥孩儿。《渭南集》题跋一条：‘晁景迁《鄜畤排闷诗》曰：莫言无妙丽，土稚动金门。盖鄜人善作土偶儿，精巧虽都下莫能及，宫禁及贵戚家，争以高价取之。丧乱后，南人不复知，此句遂亦难解。’愚按杭州至今有孩儿巷，以善塑泥孩儿得名，盖仍南渡之俗，后人不知其法传自鄜州也。”南宋许棐《梅屋四稿》（汲古阁影宋本《南宋六十家集》）有《泥孩儿》诗：“牧渎一块泥，装塑恣华侈。所恨肌体微，金珠载不起。双罩红纱厨，娇立瓶花底。少妇初尝酸，一玩一心喜。潜乞大士灵，生子愿如尔。岂知贫家儿，呱呱瘦于鬼。弃卧桥巷间，谁或顾生死？人贱不如泥，三叹而已矣！”明田汝成《西湖游览志馀》：“宋时临安风俗，嬉游湖上者，竞买泥孩、莺歌花，湖船回家，分送邻里，名曰‘湖上土宜’。”

【泥塑】　用泥塑造的一种塑像，不上彩。为我国传统雕塑之一。通常在泥内掺有少量棉花，经加工捶打，塑制成各种人物、动物等造型；亦有的不掺棉花，但塑后易裂。

【彩塑】　指表面有彩色妆銮的一种塑像。是我国传统雕塑之一。一般在黏土里掺入少许棉花纤维，捣匀后，捏制成各种人物的泥坯，经

阴干，先上粉底，再施彩绘。我国最著名的彩塑有敦煌莫高窟的彩塑、大同的辽代彩塑和太原晋祠的塑像、无锡的惠山彩塑及天津的"泥人张"泥塑，各具风格。

惠山彩塑《八仙过海》
（柳成荫作）

【泥货】　民间玩具。有两种含义：①用泥制作的玩具，行话统称为"泥货"。②指未经烧制的泥塑作品。

【烧货】　民间玩具。山东将泥货进行煅烧制成的陶质玩具称为"烧货"。

【耍货】　民间玩具。亦称"粗货"。指专供儿童玩耍的泥玩具，故名。

【粗货】　参见"耍货"。

历代玩具

【古代玩具】　早在我国新石器时代，在陕西西安半坡遗址、浙江河姆渡文化遗址和山东大汶口文化遗址都出土过朴质的儿童玩具。商代的玩具，有郑州二里岗发掘出的陶羊、陶虎、陶鱼、陶龟和陶人等。据《汉书·礼乐志》和《郭伋传》记载，汉代玩具已有假头、假面、风筝和竹马等。到了唐宋，玩具的种类则更多。宋代苏汉臣的《货郎图》中，儿童玩具就有百数十种。《都城纪胜》说，当时"有专卖小儿戏剧糖果，如打娇惜、虾须、糖宜娘、打秋千、稠饧之类"。与此同时，毽子、陀螺以及不倒翁等玩具也较流行。明清两代，儿童玩具的制作有了较快的发展，清朝有一首描写北京放风筝的诗："不知弦索弄东风，只讶轻雷走碧空。试立御河桥上望，纸鸢无数夕阳中。"可见当时放风筝就十分普遍。

【原始社会陶玩具】　我国捏泥肖物的陶制玩具，在六七千年前就已出现。浙江余姚河姆渡文化遗址出土小狗、小猪、小兽等陶制品，湖北京山屈家岭文化遗址出土小鸡、小鸟等陶器，山东大汶口文化遗址出土一件7厘米长的陶猪等。这类陶制小动物，不像器物之附件，亦不是墓主实用随葬品，当为人类最早之陶泥玩具。其中最具代表性的

原始社会羊形彩陶哨
（甘肃秦安堡子坪马家窑文化遗址出土）

是甘肃秦安堡子坪出土的一件马家窑文化马厂型羊形彩陶哨，上施彩绘，小羊昂首垂尾，四肢叉开，双目远视，造型简洁，形象质朴传神，为我国目前发现的最早一件彩陶玩具，十分珍贵。

【仰韶文化半坡型陶陀螺】　仰韶文化陶陀螺珍品。1977—1979年陕西商县紫荆遗址出土，属仰韶文化半坡晚期类型遗址。计出土若干件呈圆锥体造型陶制品，较典型的有四件，在两件侧身部位还刻镂有数道螺纹沟槽。这几件陶陀螺，是我国目前发现的最早的儿童玩具之一。陶陀螺现保存于陕西商县博物馆。

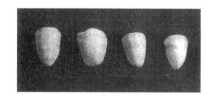

上：仰韶文化半坡型陶陀螺
下：刻有螺纹沟槽的陶陀螺
（1977—1979年陕西商县紫荆遗址出土）

【新石器时代彩陶玩具】　河南渑池仰韶村出土。彩陶玩具呈椭圆形，全器满饰同心圆纹，规整划一，

新石器时代彩陶玩具
（河南渑池仰韶村出土）

纹饰优美，绘画如此整齐，表现了新石器时代先民在艺术创造上卓越的聪明才智。仰韶村出土的彩陶玩具，属新石器时代仰韶文化，距今已五六千年。

【新石器时代红陶球】　新石器时代陶玩具珍品。这件红陶球直径3.5厘米，壁厚0.5厘米。安徽望江汪洋庙新石器时代晚期遗址出土。质地为细砂红陶，空心薄壳，内装有小泥丸，摇之作响，声音清脆悦耳。球面镂刻有十几个小圆孔，圆孔四周戳刺有圆点联结的三角纹，排列匀称。

新石器时代红陶球
（安徽望江汪洋庙新石器时代晚期遗址出土）

【新石器时代陶球、石球】　1958年，在陕西西安半坡和姜寨新石器时代遗址中，出土不少陶球和石球，直径为1.1—3厘米，加工精细，半坡博物馆专家认为应属儿童玩具。在半坡遗址一个五六岁女孩的墓中，出土陶球、石球、骨珠和骨耳坠等79件，表明在6000多年前，陶球、石球已作为儿童之玩具。湖北大溪文化遗址（公元前4400—前3300年）出土的陶球，上有刻画、戳印和篦点等纹饰，图案齐整优美。湖北京山屈家岭文化遗址（公元前3000—前2600年）出土陶球多达40余件，直径3厘米至9厘米不等，有素陶、彩陶、实心、空心，有十字、米字、三角、菱形和花瓣等多种纹饰，加工比半坡、大溪文化的陶球更为精细美观。这些美丽的陶球，应是当时儿童一种娱乐玩具，绝非狩猎之弹丸。

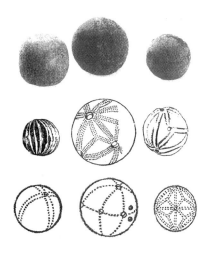

新石器时代陶球、石球
上：陕西西安半坡、临潼姜寨遗址出土的
　　陶球和石球
中：湖北京山屈家岭出土的陶球
下：湖北松滋桂花树大溪文化遗址出土的
　　陶球

【新石器时代陶响球】　新石器时代出土的陶响球，均为陶质球体，中空，内装有弹丸，摇动可作响。出土数量较多的有湖北京山屈家岭文化遗址、湖北江陵毛家山遗址、湖北宜昌清水滩遗址、河南唐河寨茨岗遗址、湖南澧县梦溪三元宫遗址、江苏圩墩遗址、安徽潜山薛家岗遗址等。陶球直径3厘米到9厘米不等。质地均为低温无釉陶质，有暗红、灰白、黑色。陶球表面都有镂空孔洞，分布呈对称式，有4孔、6孔、8孔。有的表面刻有花纹，有米字纹、方格纹、三角纹、篦纹、圈纹、叶纹和螺旋纹。陶球内部装有陶弹丸或小石子，湖北京山朱家嘴遗址出土的较完整的陶球内有15粒陶弹丸。考古学家宋兆麟认为，陶响球既是原始先民的一种球类玩具，也是一种原始乐器。

【新石器时代蚌形响器】　1985年于山东胶南西寺村遗址出土，为龙山文化陶质乐器类玩具。直径9厘米，泥质黑陶，手制。形似河蚌，腹背隆起，呈椭圆形，中空，内装有三个小泥球，摇动可发出清晰的声响，下腹有四个小圆孔。现藏于山东胶南博物馆。

新石器时代蚌形响器
（山东胶南西寺村遗址出土）

【新石器时代陶铃】　甘肃皋兰出土。陶铃高11.5厘米，底径4.7厘米。呈椭圆形，上有圆形提手，上面满饰网纹，网纹中间绘有两道竖纹，中饰圆点纹，纹饰规整优美，握住提手晃动，可发出悦耳的铃声。

新石器时代陶铃
（甘肃皋兰出土）

【新石器时代陶埙】　埙是人类最古老的乐器之一，是原始先民在渔猎生产中发明的一种陶质吹奏乐器。1973年，在陕西临潼姜寨仰韶文化遗址出土一种单孔陶埙，中空，

新石器时代陶埙
（上：陕西临潼姜寨仰韶文化遗址出土
下：浙江余姚河姆渡文化遗址出土）

轻吹小孔，可发出声音。在姜寨二期遗址出土一件三孔陶埙，压孔吹之，可发出四种高低声音。在浙江余姚河姆渡遗址，也出土了陶埙。据《集韵》载：埙，"乐器也，烧土为之，锐上平底，形似称锤"。这种描述与新石器时代陶埙大体相近。

【新石器时代陶环】　陕西临潼姜寨遗址出土大量陶环。其中一件双连陶环，内径3.8厘米，细泥红陶，为两个相同的陶环扣在一起，通体有短直线纹。1954—1957年陕西西安半坡遗址出土两件陶环：一件内径4—4.5厘米，外周边饰一圈锯齿纹；另一件内径3.7厘米，内圆，外呈六角形，外饰四条或五条弧形纹。双连陶环、锯齿纹陶环和六角形陶环，均出自新石器时代，兼具装饰和玩具之功能。

新石器时代陶环
（上：陕西临潼姜寨遗址出土
中、下：陕西西安半坡遗址出土）

【新石器时代红陶人头壶】　陕西洛南出土。高33厘米。属新石器时代仰韶文化，距今已有五六千年。陶壶口部塑饰一人面形，似一少女形象，鹅蛋脸，眉目清秀，眯缝双眼，远视前方，小口，发呈波浪形，一脸稚气，面含微笑，十分可爱。这是一件极其珍贵的艺术品。

新石器时代红陶人头壶
（陕西洛南出土）

【新石器时代人头形陶瓶】　在甘肃秦安出土两件人头形陶瓶，十分罕见，极为精美，属仰韶文化庙底沟类型，距今已五六千年。一件为秦安大地湾出土，瓶口部作人头形，面目清秀，前梳刘海，后发至耳部，梳饰齐整；瓶身饰花叶纹，好似穿了一件花衣服，生动优美，为新石器时代彩陶之佳作。另一件为秦安寺嘴出土，亦在瓶口塑饰一人头形纹，面呈圆形，双目圆睁，发作分头式，惜已残缺，不能见其全貌。陶瓶整体造型逼真、简练、质朴。

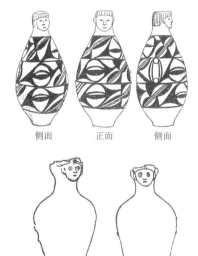

側面　　正面　　側面

側面　　正面

新石器时代人头形陶瓶
（上：甘肃秦安大地湾出土
下：甘肃秦安寺嘴出土）

【新石器时代人头形骨雕】　陕西西乡何家湾遗址出土，属新石器时代仰韶文化半坡类型，距今已有6000多年。计出土多件，其中两件雕刻较写实。一件高2.5厘米，顶部直径1.6厘米，人头雕刻呈长方形，大眼、长鼻、嘴紧闭，表情肃穆；另一件高2.5厘米，为长眉、双目微闭、大鼻、阔嘴，表情忧虑。两件骨雕风格均原始凝重，古朴粗放，刻画生动。

正面　　　　　侧面

新石器时代人头形骨雕
（陕西西乡何家湾遗址出土）

【红山文化女神彩塑头像】　出土于辽宁凌源、建平两县交界处的牛河梁女神庙遗址，属新石器时代红山文化后期，距今5000多年。女神头像头顶和左耳残缺，鼻脱落，高22.5厘米，宽16.5厘米，相当于真人头部大小。额顶发际平直起棱，鬓角齐整；耳长圆，微前倾；眉间处圆凸；鼻梁低；眼窝较浅，双眼嵌淡青色圆饼状玉片为睛，眼梢上挑；颧骨高耸；嘴大、外咧；颏尖丰满，向前突出。塑泥为黄土质，有较大黏性，掺草禾。内胎泥质较粗，捏塑的各部分为细泥质；外皮打磨光滑，出土时颜面呈鲜红色，眼眶、面颊尤显，唇部涂朱。头像造型写实准确，形象生动，表现了我国新石器时代彩塑的高水平。

【龙山文化陶人、陶狗】　湖北天门出土，属新石器时代晚期龙山文化。陶人作箕坐状，头顶梳有发髻，耳鼻突出，长颈，两手放于腹前。陶狗有两件，一陶狗伸颈侧首，注视远方；一陶狗身上立有一鸟。陶人、陶狗，均造型古拙，制作粗犷，表现出远古时期原始艺术的特征。

龙山文化陶人、陶狗
（湖北天门邓家湾遗址出土）
（引自王连海《北京民间玩具》）

【新石器时代猪形、狗形陶鬶】　山东胶县（今胶州）三里河出土，属新石器时代大汶口文化器物，距

新石器时代猪形（上）、狗形（下）陶鬶
（山东胶县三里河出土）

今已有四五千年。猪形陶鬶，猪四足已失，呈俯伏状，猪身肥壮，低首翘尾，性温顺，似一家猪，造型写实，形象生动。狗形陶鬶，狗四肢直立，竖耳伸颈，仰首作狂吠状，形象逼真生动，颇为传神。猪形、狗形陶鬶，当作为一种供玩赏之器物。

【新石器时代陶狗】 1977 年，浙江余姚河姆渡文化遗址出土的一件陶狗，高 4.4 厘米，宽 4.5 厘米。陶狗昂首伸颈，形体粗短，四足较短，作蹲卧状。河南省博物馆珍藏的一件龙山文化陶狗，高 4 厘米。为粗泥质黑陶，陶质粗松。陶狗昂首竖耳，前肢屈伏，后肢屈缩，呈蹲坐状，尾残。两件陶狗，造型均古朴稚拙，风格粗犷，神态生动，表现了新石器时代陶塑的较高水平。

新石器时代陶狗
（上：浙江余姚河姆渡文化遗址出土
下：龙山文化陶狗，河南省博物馆藏品）

【新石器时代陶羊、陶象、陶鸟】
1987 年湖北天门石家河新石器时代遗址出土。陶羊两件，羊角都卷曲呈环形，头微扬，双目前视，尾下垂，四肢站立，一羊瘦长，一羊肥圆。陶象长鼻卷起，四肢叉开，造型稚拙粗犷。陶鸟双目圆睁，伸颈翘尾，神气十足。

新石器时代陶羊（上、中一）、陶象（中二）、陶鸟（下）
（湖北天门石家河新石器时代遗址出土）

【新石器时代陶鸮尊】 1985 年陕西华县太平庄出土，属新石器时代仰韶文化庙底沟类型，距今已有 5000 多年。鸮双眼鼓出，利喙，大尾垂地，身躯壮实，形象粗放古朴，造型逼真生动。陶鸮尊似为一件玩赏性原始陶器。

新石器时代陶鸮尊
（陕西华县太平庄出土）

【新石器时代玉鹰】 新石器时代玉鹰出土有很多件，以辽宁阜新出土的制作较为精美。这件玉鹰头呈三角形，短喙，两眼圆睁注视前方，双翅略展开，两足缩起，似乎准备随时起飞捕食，刻画逼真生动。阜新福兴地出土的另一件玉鹰，短喙，双目鼓起，双翅略展，鹰尾展开，形象比前者更为生动。

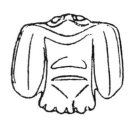

新石器时代玉鹰
（上：辽宁阜新出土
中、下：辽宁阜新福兴地出土）

【新石器时代玉鸟】 浙江余杭反山良渚文化遗址出土的两件玉鸟，均作展翅飞翔状，双目圆睁，鸟尾展开，造型简洁生动。现藏于日本出光美术馆的一件玉鸟，纹饰刻画极其精细，两翅和尾部羽毛丰满，雕刻细密规整，排列匀齐，纹丝不乱，表现出高超的工艺水平；鸟头和鸟身，刻画诸多圆圈和绞形纹，亦极其细致工整，形象华丽，装饰繁缛，显示出高超的技艺水平。

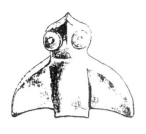

新石器时代玉鸟

（上、中：浙江余杭反山出土

下：日本出光美术馆藏品）

【新石器时代陶鱼、木雕鱼、玉鱼】

陶鱼于 1977 年在浙江余姚河姆渡文化遗址出土。高 3.2 厘米，长 4.5 厘米。鱼双目圆鼓，硕首凸嘴，腹下双鳍突出，似呈越跃之势，鱼身刻圆形鱼鳞纹，颈部刻有两道水波纹。造型单纯稚拙，粗放古朴。木雕鱼也于河姆渡文化遗址出土，长 11 厘米，鱼身上也刻有大小不

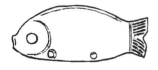

新石器时代陶鱼、木雕鱼、玉鱼

（上、中：浙江余姚河姆渡文化遗址出土

下：浙江余杭反山良渚文化遗址出土）

等的圆形鱼鳞纹，形象简洁。玉鱼，为浙江余杭反山良渚文化遗址出土，仅刻出鱼眼和鱼尾，在鱼腹部刻有二小圆孔，造型更为简练。

【新石器时代玉龟】　新石器时代玉龟有两件。一件辽宁阜新胡头沟红山文化遗址出土，龟作趴伏状，龟背为六角形，伸头，造型粗犷，四周轮廓分明。一件浙江余杭反山良渚文化遗址出土，龟亦作趴伏状，龟背为椭圆形，上刻有方形纹饰，大部已模糊不清，形象古朴，简洁生动。

新石器时代玉龟

（左：辽宁阜新胡头沟红山文化遗址出土

右：浙江余杭反山良渚文化遗址出土）

【新石器时代玉蛙】　1977 年江苏吴县（今属苏州）张陵山出土。玉蛙头呈三角形，身躯肥壮，双目圆睁，鼻端有两小圆孔，前两肢趴状，后双腿作蹲状，好似随时跃起捕食。刻画简练，形象古朴，造型逼真生动，表现了新石器时代玉工艺的高超水平。

新石器时代玉蛙

（左：正面　右：背面）

（江苏吴县张陵山出土）

【新石器时代葫芦形彩陶瓶】　新石器时代葫芦形彩陶瓶曾有多件出

土，器形小巧，似为玩赏之器。其中以陕西临潼姜寨和甘肃正宁宫家川出土的两件制作较为精美。临潼姜寨出土的一件，瓶形下粗上细，中间束腰，呈葫芦形，上绘几何花纹，布局均衡，极富美感。正宁宫家川出土的一件，瓶身上绘有人面形纹，人面长鼻大眼，张嘴露齿，形象夸张怪异。

新石器时代葫芦形彩陶瓶

（左：陕西临潼姜寨出土

右：甘肃正宁宫家川出土）

【新石器时代束腰陶罐、三联陶杯】

束腰陶罐，高 18.3 厘米，口径 15.2 厘米，甘肃永登出土。三联陶杯，高 12.2 厘米，单杯口径 7.6 厘米，甘肃舟曲出土。束腰陶罐和三联陶杯，均属新石器时代马家窑文化类型，距今已有 4000 多年。束腰陶罐似两罐重叠而成，上绘宽带纹和网纹，纹饰细密，刻画极其整齐，纹丝不乱，表现出原始时期彩绘艺人非凡的功力。三联陶杯绘有旋纹，笔触随意草率。束腰陶罐和三联陶杯均造型奇特，新颖别致，极富情趣。

左：新石器时代束腰陶罐（甘肃永登出土）

右：新石器时代三联陶杯（甘肃舟曲出土）

【新石器时代船形陶壶】　陕西宝

鸡北首岭出土，高14.6厘米，壶口径4.3厘米，属新石器时代仰韶文化半坡类型，距今已有6000多年。船形陶壶两头尖，弧形底，上有两圆孔，可系绳提携，壶身彩绘网纹，左右两侧饰三角纹，有的考古专家认为这是远古时期的一种渔网纹。船形陶壶造型奇特，小巧别致，仅14厘米大小，非实用器皿，疑似原始时期的玩赏之物。

新石器时代船形陶壶
（陕西宝鸡北首岭出土）

【早商人形陶器】 早商时期的甘肃四坝文化遗址出土多件人形陶器，造型奇特，具有鲜明的地区特色。甘肃玉门火烧沟出土的一件人形彩

早商人形陶器
（甘肃玉门火烧沟出土）

陶壶，高20厘米，以整个人形塑制而成。头为壶口，人面五官俱全，长眉圆目，高鼻阔嘴，招风耳，胸腹部为壶身，双乳突出，两臂作为壶耳，一双巨足，似穿一大靴，作为壶足。另一件人形彩陶罐，也由玉门火烧沟出土，高10.8厘米，口径5.8厘米。以腹部为罐身，双足为罐底，整件陶罐以菱形网纹装饰，造型质朴，纹饰简洁。

【商代泥塑人像】 河南郑州二里岗商代前期遗址出土。人像作跪坐状，上身残缺，仅有下半身。泥塑，形象较写实稚拙。这件作品，是目前商代泥塑人像的唯一作品。

【商代人形玉雕、玉羽人】 商代人形玉雕，头戴平顶冠，衣为右衽、交领、窄袖，衣长齐膝，腰束宽带，前身有韨，韨的下端呈钝角形。韨

上：商代人形玉雕（左：正面 右：背面）
下：商代玉羽人（江西新干大洋洲出土）

亦称"蔽膝"，为礼服的组成部分，以显示贵族的尊严。这件人形玉雕，表现的是商代一名贵族形象。玉羽人，江西新干大洋洲出土。羽人头大身小，长鼻阔嘴，臂向前屈，身饰羽纹，头部还有玉链三节，表明是一件玩赏之玉饰件。

【商代玉象】 1976年河南安阳殷墟出土。长6.5厘米。玉象瞪眼，大耳，卷鼻，嘴微张，身躯肥壮，四肢作前行状，身体满饰卷云雷纹。造型古朴，雕琢精细，形象生动。

商代玉象（中、下：摹本）
（河南安阳殷墟出土）

【商代卧虎陶塑】 1954年，河南郑州二里岗商代前期遗址出土一件卧虎陶塑，高5.9厘米，长10.5厘米。卧虎为泥质灰陶捏塑成型，双眼圆睁，长鼻，阔口露齿，眼、鼻孔、牙齿和虎爪均用刻画的阴线表现，运线简练挺劲；头大身小，前肢伏地，后部已残缺。线条虽刻画不多，但表现出了虎的威势。另一件商代陶虎于四川成都出土，高8厘米，长16.7厘米。虎作趴伏状，虎头侧视，双目圆睁，阔鼻大口，虎尾卷曲于身，虎身饰有长条形花

纹，四肢粗短。陶虎造型稚拙简练，形象生动逼真，比郑州二里岗出土的陶虎更为写实。

商代卧虎陶塑
（上：河南郑州二里岗出土
下：四川成都出土）

【商代玉虎】　商代玉虎出土甚多，以河南安阳殷墟出土的较为精美。玉虎一般都作趴伏状，大眼、张嘴、长尾，虎身大多装饰云雷纹。造型简练，形象逼真，颇具兽中之王的威势。

商代玉虎
（河南安阳殷墟出土）

【商代玉猴】　河南安阳殷墟妇好墓出土。玉猴作爬行状，双目注视远方，缓慢前行，表情机敏，好似

处处提防警惕，神情刻画极其生动传神，为商代玉雕上乘之作。

商代玉猴（上：正面　下：侧面）
（河南安阳殷墟妇好墓出土）

【商代玉熊】　商代玉熊曾前后出土多件，以河南安阳殷墟妇好墓出土的较为精美。玉熊作蹲坐式，身躯粗壮，双目圆睁，伸颈仰首，前肢放于后肢膝盖上，目视远方。全身满饰卷云雷纹，雕刻工整精美，形象稚拙生动。

商代玉熊
（河南安阳殷墟妇好墓出土）

【商代羊头陶塑】　河南郑州商代遗址出土。高 2.9 厘米，宽 3.5 厘米。羊头为泥质灰陶捏塑成型。羊两角前绕呈环形；双目系贴塑而

成，略鼓起，注视前方；鼻孔为锥刺而成，嘴巴微张。陶羊塑造简洁质朴，逼真生动。

商代羊头陶塑
（河南郑州商代遗址出土）

【商代玉鹤】　玩赏品。河南安阳殷墟出土。玉鹤长嘴、曲颈、圆眼、垂尾，满身饰云雷纹，颈部饰鱼鳞纹，造型夸张，个性突出，形象简洁生动。玉雕鹤较罕见，甚为珍贵。

商代玉鹤
（河南安阳殷墟出土）

【商代玉鹦鹉】　玩赏品。河南安阳殷墟妇好墓出土。玉鹦鹉高冠、弯喙、大眼、挺胸、垂尾，身上满饰云雷纹，装饰秀美华丽，雕刻精美。玉雕鹦鹉较罕见，十分珍贵。

商代玉鹦鹉
（河南安阳殷墟妇好墓出土）

【商代玉鸡】 玩赏品。河南安阳殷墟妇好墓出土。玉鸡作蹲伏状，短喙、矮冠、小眼、短尾，体态肥壮，形似母鸡。造型简练，形象逼真，朴实生动。

商代玉鸡

（河南安阳殷墟妇好墓出土）

【商代玉鸟】 商代玉鸟出土甚多，大都小巧精致，造型优美，大的十几厘米，小的仅几厘米，应为玩赏品。以河南安阳殷墟妇好墓和安阳大司空村等处出土的较为精美。一般均为侧面形，一足，这和商周时期青铜器上的鸟纹是同一风格。有的有高冠，有的无冠，短喙、伸颈、垂尾，双眼前视，形象古朴隽秀，生动传神。

商代玉鸟

【殷商青铜玩具】 在河南安阳小屯殷墟，曾出土一个青铜小盒盖，长6厘米，宽4厘米。盒盖外有"王作姤弄"四字铭文。"姤"是女孩之名，"弄"是玩弄之意，意思是：王制作这个玩具给女孩玩。盒内玩具虽未发现，但表明殷商时期已有专为儿童制作的青铜玩具。

【西周人形玉】 玩赏品。山西曲沃曲村晋侯墓地出土两件人形玉，一头戴高冠，一头戴花冠，均上衣下裳，腰下系有蔽膝（礼服的组成部分），以显示贵族的尊严。这两件人形玉表现的是贵妇形象。

正面　　 侧面　　 背面

正面　　　 背面

西周人形玉

（山西曲沃曲村晋侯墓地出土）

【西周青铜小马】 1956年，河南洛阳出土两件青铜小马，形制大小相同，两马均高5.8厘米，长8厘米。铜马头微扬起，双目有神，两耳竖立，伸颈垂尾，颈间鬃毛排列整齐，四肢直立。铜马形体虽小，但铸作较精工，造型古朴粗放，风格浑厚。

西周青铜小马

（河南洛阳出土）

【西周青铜兔尊】 玩赏品。山西曲沃曲村出土。兔作蹲伏状，双目前视，一对大耳，嘴紧闭，短尾下垂，四肢弯曲。上有盖，圆形钮。作品造型简洁，形象逼真，生动传神。

西周青铜兔尊

（山西曲沃曲村晋侯墓地出土）

【西周玉鸟】 玩赏品。西周玉鸟，大多承袭商代风格，大都一足、垂尾，作静止状，造型古朴。唯见有一件玉鸟，弯颈、长嘴、展翅，双目前视，作觅食状，姿态飘逸优美。（见下图一）商代玉鸟通常均是呆板的静止状态，作展翅动态的玉鸟，此为首见。

西周玉鸟

【西周玉雕螳螂】 玩赏品。山西曲沃曲村晋侯墓地出土。螳螂曲颈，头向下，双眼下视，前肢抓住一小螳螂。玉雕形象写实，逼真生动，质朴传神，雕刻细致精美。玉雕螳螂仅见此一例，极珍贵。

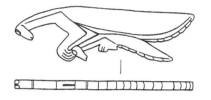

西周玉雕螳螂
（山西曲沃曲村晋侯墓地出土）

【西周玉鱼】　玩赏品。河南三门峡上村岭虢国墓出土。玉鱼多雕刻成圆弧形，圆眼，有的刻有鱼鳞，有的为素饰。造型都较夸张，形象生动，具有浓郁的装饰情趣。

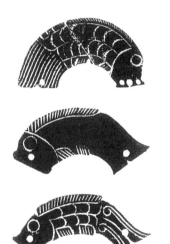

西周玉鱼
（河南三门峡上村岭虢国墓出土）

【西周刖人守门铜车】　西周晋国铜制玩具车。1989 年由山西省考古研究所在闻喜县上郭村 7 号春秋墓中发掘出土。长 13.7 厘米，宽 11.3 厘米，通高 9.1 厘米。车形如一带轮的扁长方盒，无轴辕，其行走方式或牵引挽动，或徒手推转。车厢下有六轮：前面四小轮，两两成组，轮轴分别插于厢下两只卧虎的前后爪中；后面两大轮，轮牙宽阔，八辐，有毂有辕，除辐数较少外，为商代、西周车通常采用的车轮形制。车厢前端有双扇板门，门

外左侧立一左手拄杖、右手扶门栓的裸体刖人；后端正中有重环缘窗，内出一螭首；左右两侧正中和四转角处分别爬有头上尾下的虎和龙。车厢顶盖为两半，中蹲一猴为钮，捉之可开箱盖；每块盖板上都有两只对峙的小鸟。车外纹饰以立鸟卧螭纹为主体，施云水纹为地。该车构思巧妙，全车可活动部件多达十五处。除车轮、双门和顶盖外，门栓可以左右穿插以控制门扉开合；车顶上四只小鸟内部有顶针装置和少许注铅，上轻下重，灵活自如，可因风而旋转。因此这四只立鸟甚至可以视为中国古代"相风鸟"即"候风仪"的雏形。这件铜车，既是一件艺术价值颇高的工艺品，也是一件重要的科技史文物。

西周刖人守门铜车
（山西闻喜上郭村春秋墓出土）

【鲁班锁】　古代益智玩具。相传由春秋时期巧匠鲁班所创，故名。是一种立体几何图形的拼接，用六根长短粗细相同的短木，以不同的榫卯结构组合构成，构思奇巧，益智而富有趣味。传为鲁班为测试自己儿子的智力而设计发明的。拼接时益智健脑，有益开发儿童智力。参见"鲁班"。

【战国人形玉雕】　玩赏品。北京故宫博物院藏品。玉人圆方脸，大耳阔嘴，表情肃穆；头戴冠帽，冠缨束于额下；脑后辫发上挽，包于冠内；上身穿右衽、交领、窄袖衣，衣长过膝，下摆为左长右短的曲裾式上衣；下穿齐地裙裳，裙裳穿于

上衣之内，腰束绅带，绅带垂于前身。玉人以白玉雕琢，雕刻工整精细，为战国人形玉件上乘之作。

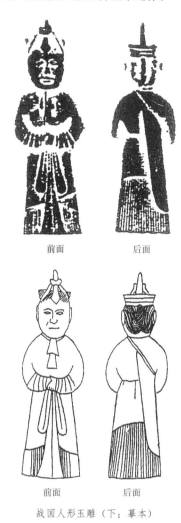

前面　　　　后面

前面　　　　后面

战国人形玉雕（下：摹本）
（北京故宫博物院藏品）

【战国舞女玉雕】　玩赏品。传为河南洛阳金村战国墓出土。玉雕舞女，面目清秀，长眉细目，小嘴，背

战国舞女玉雕
（传为河南洛阳金村战国墓出土）

后垂一长辫，身穿长袍，方领、曲裾，衣襟下达腋部，即旋绕于后；腰系宽带。一手上举，一手下垂，上下饰有飘带，似在作舞蹈状，舞姿优美。玉质莹润，雕刻精美。

【玉连环】　古玩具。套连在一起的玉环。《战国策·齐策六》："秦始皇尝使使者遗君王后玉连环，曰：'齐多知，而解此环不？'君王后以示群臣，群臣不知解。君王后引椎椎破之，谢秦使曰：'谨以解矣。'"

【汉代舞女玉雕】　玩赏品。汉代舞女玉雕曾出土多件，以北京丰台大葆台和河南淮阳北关汉墓出土的较精美。北京丰台大葆台出土的玉舞女，面目清秀，体态修长苗条，穿长袖交领衣，下着长裙，舞姿婀娜，生动优美。河南淮阳北关出土的玉舞女，脸型圆润，头戴高冠，也穿长袖交领衣，下着长裙，一手上举及头，一手弯曲下垂，扭动细腰，作回旋舞蹈状。汉代舞服盛行长袖、长裙、细腰和飞带，并在衣上加饰燕尾形飞髾，以助舞姿的动势。《西京杂记》载："曳长裙，飞

汉代舞女玉雕

（上：北京丰台大葆台汉墓出土

下：河南淮阳北关汉墓出土）

广袖。"汉代傅毅《舞赋》："罗衣从风，长袖交横……体如游龙，袖如素霓。"这是对汉时长袖舞的生动描述。

【汉代陶泥玩具】　有关陶泥玩具的较早文献记载，见于东汉王符之《潜夫论·浮侈篇》："或作泥车瓦狗、马骑倡俳诸戏弄小儿之具以巧诈。"表明"泥车瓦狗""马骑倡俳"，均是"戏弄小儿"之玩具。同样亦说明在东汉时期，陶泥耍货的儿童玩具生产已较普遍。从陕西宝鸡五里庙和勉县红庙汉墓出土的陶鸡、陶鸽和河北阜城桑庄汉墓出土的陶鸡、陶鸭、陶羊、陶鸟等玩具实物观察，当时这些陶泥玩具是用模制和捏塑两种方法制作的，有的上彩，有的施以绿釉，有的是成批量生产。汉代陶泥玩具，工艺水平已较高，形象古朴，造型丰富。

【汉代陶塑百戏俑】　1969年，河南济源轵城泗涧沟出土。代表性的有两件，一件高13.5厘米，另一件高10.5厘米。两件均为泥质红陶，模制成型。一件头绾发髻，身穿宽袖长袍，两足呈右转身站势，左臂置于腹前，右手伸向左手袖中，似在变幻魔术，面部作诙谐滑稽之状。另一件头、手置于圆盘之上，作倒立姿势。百戏俑仅作大体动态刻画，造型简练，风格豪放粗犷。

【汉代屈姿舞男陶塑】　屈姿舞男陶塑为陶质模制，妆彩。两人头绾

汉代屈姿舞男陶塑

双髻，面目圆润，高眉细目，双目微睁作对视状，身穿交领长袍，两臂展开，屈身呈对舞姿态，神情生动，舞姿优美。

【汉代彩绘儿童陶俑】　陕西靖边老坟梁汉墓出土。陶俑似一男孩，眉目清秀，穿交领衣，左手持一物，已失落，右手抚膝，双腿盘曲，呈坐姿。陶俑造型质朴洗练，虽刻画不多，但神情逼肖，特色鲜明。

汉代彩绘儿童陶俑

（陕西靖边老坟梁汉墓出土）

【东汉绿釉骑马人陶哨】　1974年陕西兴平出土。高9厘米，长9.5厘米。骑马人哨，为一件陶质哨子玩具，马双目圆睁，鬃毛高耸，张嘴作嘶鸣状；马上骑者深目，戴浑脱帽，似波斯商人形象。用釉陶制作哨子玩具，这是历史上首例。骑马人哨，造型稚拙粗犷，纹饰简练古朴。

东汉绿釉骑马人陶哨

（引自《中国美术全集·民间玩具/剪纸皮影》）

【汉代童子骑象陶塑】　河南洛阳东汉墓出土。高 10.03 厘米，长 11 厘米。大象大耳，长鼻向内弯曲，象牙向前伸出，双目平视，嘴微张，身躯巨大，四腿粗壮有力，呈站姿；象背骑一童子，圆脸、大眼、小鼻、小嘴，作微笑状，形象稚拙可爱。童子骑象造型写实生动、逼真传神，童子与大象之神情，极具情趣。

汉代童子骑象陶塑
（河南洛阳东汉墓出土）

【东汉击鼓说唱陶俑】　在东汉墓中，先后出土不少击鼓说唱的陶俑。其中以 1957 年四川成都天回山东汉墓出土的俳优坐俑，塑造尤为生动。坐俑高 53 厘米。俑为一男子，身材矮胖，上身袒裸，大腹如鼓，赤足，左臂环抱小鼓，右手握鼓槌，左足曲蹲，右足翘举，表情幽默风趣。男子可能为一优人。古代优人分倡优和俳优。倡优以表演歌舞为主；俳优擅长滑稽讽刺，

东汉击鼓说唱陶俑
（四川成都天回山东汉墓出土）

以伶俐的口才引人笑乐。此当为俳优像。嬉笑调谑，神态诙谐，动作夸张，塑制得极为成功，可见汉代的雕塑技艺已达到相当高超的水平。

【东汉陶牛车】　汉代时期，都喜乘牛车，牛车虽较慢，但平稳安全，车身高大，可障帷设几，任意坐卧。陶牛车系仿制，大体与真车相似，由一牛牵引，车身呈长方形，上设车篷，塑制小巧，造型真实简明质朴。

东汉陶牛车
（河北邯郸博物馆藏）

【汉代独角兽陶塑】　陕西勉县红庙东汉墓出土。独角兽身躯圆鼓，四肢着地，前肢微屈，后肢直立，身上生有双翼，头长一角，低头翘尾，正用头角奋力向前作冲刺状。独角兽形象凶猛，塑制极具威势，造型粗犷豪放。

汉代独角兽陶塑
（陕西勉县红庙东汉墓出土）

【汉代陶羊】　陕西靖边老坟梁汉墓出土。计出土两件，一件为公羊，另一件为母羊。公羊生有卷角，双目前视，伸颈垂尾，屈足呈俯伏之状。母羊无角，也是伸颈垂尾，屈足呈俯伏之状。两陶羊造型逼真，朴实简练，作者对羊温顺的

特性刻画贴切而深入。

汉代陶羊
（陕西靖边老坟梁汉墓出土）

【汉代羊、狮、虎、鹿木雕】　玩赏品。内蒙古出土。绵羊首左右各一，羊角弯曲粗壮，羊毛丰盛绵长，表现出蒙古草原六畜兴旺的景象。狮、虎也仅雕头形，左右各一，一上一下。狮头雕刻于圆形中，虎竖耳张嘴，颇具虎威。鹿作奔跑跳跃状，呈腾空之势，极富动感。蒙古草原人民常年与动物为伴，故雕刻的作品亦十分逼真生动，形神兼备。

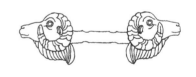

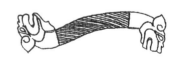

汉代羊、狮、虎、鹿木雕
（内蒙古出土）

【汉代戴胜鸟、骆驼陶塑】　新疆和田约特干出土，现藏英国大英博

物馆。戴胜鸟头有冠羽，长嘴圆眼，双翅略翘起，尾羽似孔雀，身上刻有羽饰。骆驼为双峰，长颈仰首，圆眼阔嘴，四肢粗短，身上刻有长条形毛饰。戴胜鸟陶塑捏塑得较精致，骆驼陶塑制作则较粗放，但两件陶塑均造型简练，形象古朴稚拙。

汉代戴胜鸟、骆驼陶塑

（新疆和田约特干出土）

（引自王连海《北京民间玩具》）

【汉代陶狗】 汉代陶狗出土甚多，其中有不少精品佳作。如河南辉县百泉东汉墓出土的一件，高12.4厘米，捏塑成型，陶狗双耳后倾，两目前视，伸颈翘尾，四肢站立，头上扬作咆哮之状，造型瘦长，神气逼真。四川绵阳新皂乡东汉崖墓出土的一件陶狗，高53厘米，形体胖硕，四肢站立，竖耳，伸颈用目注视前方，尾卷曲贴于身体后部。作者将狗警觉的神态表现得十分贴切适度。河北望都东关汉墓出土的一件陶狗，高26.5厘米，双耳高竖，双目圆睁，伸颈卷尾，颈部有一环圈，并用绳系缚，表明是一家犬，而其张嘴作狂吠之状，表现得比前者更为生动传神。

汉代陶狗

（上：河南辉县东汉墓出土

中：四川绵阳东汉崖墓出土

下：河北望都汉墓出土）

【东汉鸣鹤陶塑】 四川成都出土。鸣鹤双目圆睁，挺胸翘尾，两足站立，伸颈作鸣叫状。造型洗练，线条简洁，神情飘逸，虽刻画极少，但形神兼备，极富神韵，表现了汉

东汉鸣鹤陶塑

（四川成都出土）

代雕塑技艺的卓越水平。古代常以鹤象征长寿。《淮南子·说林训》："鹤寿千岁，以极其游。"故古代雕塑题材，常以鹤祝颂长寿美好。

【汉代陶鸡】 1970年陕西宝鸡五里庙汉墓出土。高15厘米，长16.5厘米。系泥质灰陶，因火候好，呈青蓝色。陶鸡高冠引颈，双足直立，翘尾，羽毛刻画清晰。形象质朴自然，神态逼真生动。

汉代陶鸡

（陕西宝鸡五里庙汉墓出土）

【汉代绿釉陶鸡】 山东高唐东固河出土。塑制成型，上有绿釉。计出两件，一为公鸡，一为母鸡。公鸡喙短锐，高冠，双足健壮，尾羽呈弧形下垂。母鸡双目前视，短喙，无冠，翘尾。陶鸡形象写实，稚拙质朴。

汉代绿釉陶鸡

（山东高唐东固河出土）

【东汉展翅陶鸡】　1955年山东乐陵出土。通高20厘米。陶鸡置于一圆盘内，双目前视，短喙，伸颈昂首，双翅作展开状，上饰弧形线，周边饰联珠纹。这只展翅陶鸡造型奇特，极其罕见。现藏山东省博物馆。

东汉展翅陶鸡
（山东乐陵出土）

【东汉陶鸭】　江苏徐州十里铺姑墩出土的一件陶鸭，长25.4厘米，高10厘米。陶鸭双目前视，一足在前，一足在后，身躯前倾，伸颈向下，嘴微张，作觅食之状。造型质朴生动，简洁明快，优美传神。现藏南京博物院。另一件1984年河北阜城桑庄东汉墓出土的陶鸭，作站立状，双目前视，伸颈挺胸，鸭身刻画有联珠纹，毛羽清晰，比前者塑制更加精美。

东汉陶鸭
（上：江苏徐州十里铺姑墩出土
下：河北阜城桑庄出土［摹本］）

【东汉陶鸽】　陕西勉县红庙东汉墓出土。陶鸽双目前视，短喙，短颈翘尾，身体肥鼓，颈尾饰斜线纹，圆形底座。造型粗放淳朴。

东汉陶鸽
（陕西勉县红庙东汉墓出土）

【汉代青铜孔雀】　云南晋宁石寨山西汉墓出土。孔雀双目前视，短喙，高冠，长颈挺胸，双翅微张，双腿站立。孔雀为青铜铸造，造型简洁，神情生动，形神兼具。

汉代青铜孔雀
（云南晋宁石寨山西汉墓出土）

【西汉青铜鼠食葡萄】　1976年陕西兴平出土。高3.4厘米，长13.3厘米。青铜铸。鼠食葡萄，老鼠两耳竖起，双眼圆睁，尾巴扭动，张嘴作吞食葡萄状，形象逼真，造型生动，表现了西汉铸铜工艺的高超

西汉青铜鼠食葡萄
（引自《中国美术全集·民间玩具／剪纸皮影》）

水平。

【鸠车】　古代一种车玩具。古代儿童常做"鸠车之戏"。用木、竹等材料制作成鸠鸟之形，有轮，可拖行玩耍。南朝齐王融《三月三日曲水诗序》："稚齿丰车马之好。"吕延济注："稚齿，小子也。年五岁有鸠车之乐，七岁有竹马之欢，皆谓得其天性也。"孩童玩鸠车，汉代画像石刻中有不少表现。河南巩义市新华小区汉墓出土一件汉代铜鸠车。北魏鸠车，见于元谧石棺线刻画《老莱子娱亲图》。六朝鸠车，《重修宣和博古图》有著录一件。

上：河南巩义汉墓出土的铜鸠车
中：北魏元谧石棺线刻画中的鸠车
下：《重修宣和博古图》中的六朝鸠车

【扑满】　旧时一种蓄钱之器。古名"缿"。以土制成，有入孔而无出孔，钱满则扑破而取出，故名扑满。见汉刘歆《西京杂记》卷五。唐释齐己《白莲集·扑满子》诗："只爱满我腹，争如满害身。到头须扑破，却散与他人。"宋陆游《剑南诗稿·自贻》："钱能祸扑满，酒不负鸱夷。"

【鿔】 参见"扑满"。

【西汉扑满】 古代玩具珍品。河南洛阳烧沟84号西汉墓出土。陶制，似罐形，顶侧有一窄长装钱之孔，出土时，器中尚贮五铢钱二十枚。扑满古代称"鿔""钱鿔"，见云梦秦简《秦律十八种·关市篇》。《说文解字·缶部》："鿔，受钱器也。"汉刘歆《西京杂记》载邹长倩《遗公孙弘书》说："扑满者，以土为器，以畜钱。且其有入窍而无出窍，满则扑之。"

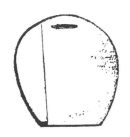

西汉扑满
（河南洛阳烧沟84号西汉墓出土）

【三国山羊陶塑】 江苏南京赵土岗7号三国吴凤凰二年（273）墓出土。计两件：一为伏羊，高4.8厘米，长6厘米，羊双目前视，嘴微张，羊角弯曲，伸颈作俯伏状；一为立羊，高5.3厘米，长6.5厘米，也双目前视，羊角弯曲，伸颈垂尾，四肢站立。两羊形象写实，质朴粗放。现藏南京市博物馆。

三国山羊陶塑
（江苏南京赵土岗出土）

【三国鸽子陶塑】 江苏南京赵土岗三国吴墓出土。高4.5厘米，长3.4厘米。陶鸽短喙、短颈、双翅微张、鸽尾展开，身作俯伏状，形象粗犷，造型简练，写实生动。现藏南京博物院。

三国鸽子陶塑
（江苏南京赵土岗出土）

【西晋陶瓷俑】 西晋俑仍以陶质为主，南方开始出现青瓷质的俑。洛阳地区的西晋墓中，陶俑形成固定的组合，包括甲胄的武士俑、牛状镇墓兽、牛车和鞍马模型，以及男女婢仆俑。湖南长沙西晋墓，除陶俑外还有青瓷俑，有数量较多的出行仪仗俑，包括盛大的骑吏和鼓吹行列，以及大量手持刀盾的赤足步兵。较突出的是双人对坐执笔、书写简牍的文吏俑。造型稚拙，比例不调，显示出地方特色。晋代的一件骑吹陶俑，头戴高帽，身穿翻领长袍，双手持吹奏乐器，骑于马上，边走边吹，神态生动。

晋代骑吹陶俑

【西晋青釉对书俑】 湖南长沙金盆岭西晋永宁二年（302）墓出土。两人对坐，均高冠长衣。一人手执笔简作书写状；另一人手持一案，案上置简册，若有所言。两人之间置一长方形箱子，箱侧有提手。全俑形象生动质朴，造型写实。俑系手制，分别制成头、身、手、足后，再捏合成一体。俑身施青釉，开有冰裂纹，但多已剥落。

西晋青釉对书俑
（湖南长沙金盆岭西晋墓出土）

【西晋陶狗】 在河南偃师前后出土三件西晋时期的陶狗。1986年于偃师沟口头砖厂出土一件，高13厘米，陶狗双目前视，竖耳，挺胸昂首，嘴微张，四肢站立，尾卷曲贴于身后部。一件于1989年出土于偃

西晋陶狗
（上：河南偃师沟口头砖厂出土
中、下：河南偃师南蔡庄砖厂出土）

师南蔡庄砖厂，高 12.7 厘米，长 12.5 厘米，呈蹲坐状，两耳直立，双眼突出，四肢粗壮，尾上卷。另一件于 1990 年出土于偃师南蔡庄砖厂，高 13 厘米，长 15.7 厘米，形体瘦长，双眼注视前方，两耳竖起，嘴微张，前腿直立，后腿微曲，尾上卷呈环状。三件陶狗，姿态各异，神情各不相同，但都表现出狗警觉的特性，造型生动，形神兼备。

【西晋小猴吃桃瓷塑】 1981 年江苏镇江出土，现藏镇江市博物馆。高 4.9 厘米，宽 3.6 厘米。小猴作俯身蹲坐状，双目前视，头微侧，一手拿桃放于嘴边，两腿弓屈。用细线刻画出鬃毛、眉毛等处，通体施青釉。造型朴拙粗放，形象逗人。

西晋小猴吃桃瓷塑
（江苏镇江出土）

【北魏彩绘子母狗】 2000 年河南偃师寨后空心砖厂出土。高 7.9 厘米，长 15.9 厘米。母狗作俯卧状，盘曲于长方形底板上，双目前视，垂耳，长尾，前腿环抱一小狗于前

北魏彩绘子母狗
（河南偃师寨后空心砖厂出土）

胸，体现了对幼狗的爱护之情。作品通体以白粉涂底，再在其上施朱色。造型淳厚质朴，稚拙生动，为北魏陶塑之精品。

【北朝少女抚琴陶塑】 陕西西安草厂坡村出土。属北朝早期。高 22.5 厘米。少女面目圆润，大眼小嘴，头绾十字髻，并将余发在面部两侧各盘成一环直垂至肩，再用簪梳固定。十字发髻在南北朝时期贵族妇女中较盛行。少女身穿交领窄袖襦，下着百褶裙，作盘坐状，琴置于双腿间，两手抚琴，正在专注地弹奏，形象生动。现藏中国历史博物馆。

北朝少女抚琴陶塑
（陕西西安草厂坡村出土）

【南北朝人形玉雕】 南北朝人形玉雕，塑造的是当时文臣的形象，头戴冠帽，身穿对襟宽袖长袍，内衬交领衣，腰系宽带。玉人均作恭立之状，似在朝会。表情庄重，神情生动。

南北朝人形玉雕

【南北朝鎏金铜龙】 玩赏品。1972 年安徽宣城苗圃出土。计六件，高 5.6—6.2 厘米，长 10.4—18.6 厘米。龙系铜铸，后鎏金，都呈爬行状，姿态各异，有大有小，有的粗壮，有的瘦小。龙昂首屈颈，龙尾上卷，有三件龙身上有翼，表明是一种飞龙。铜龙身躯矫健生动，龙身鳞纹等刻画精细。现藏安徽博物院。

南北朝鎏金铜龙
（安徽宣城苗圃出土）

【六朝胡女奏乐玉雕】 六朝胡女奏乐玉雕，胡女都体态壮实，头戴胡帽，穿窄袖紧身衣，身系飘带，坐于毯上，一人手持胡笛吹奏，一人怀抱琵琶作弹奏状，刻画粗放，形象逼真，神态生动。

六朝胡女奏乐玉雕

【十六国彩绘木马】 1964 年新疆吐鲁番阿斯塔那 22 号十六国墓出土。木马的头、颈、身躯、四肢、尾以及鞍鞯等各部分均为单独雕刻

成型，然后扣接榫卯用胶粘合，再施以彩绘。彩绘时用红、黑、绿三色涂染，并画出马镫。枣红马配以黑色障泥、绿色鞍桥、黑鬃、黑尾，色调和谐，造型质朴生动，与当今民间玩具木马相类似。

【唐代玩具】 江苏扬州出土众多唐代玩具，有铜、石、陶、瓷等材质。其中以陶瓷玩具数量较多，造型有人物、动物、器物等。陶瓷玩具多模范翻制，亦有捏塑、堆塑成型，还有再加雕刻的。釉色有青、绿、黄、酱、白等颜色，还见有双色釉、三彩和青釉加彩。玩具形象夸张，小巧玲珑，生动有趣，逗人喜爱，有的还能吹奏，既便于儿童玩耍，又可供案头观赏。扬州出土的这些陶瓷玩具，据考，以河南巩义窑的白瓷、单彩、三彩和湖南长沙窑的青釉带彩出产为多。2001年，陕西西安南郊茅坡村唐墓亦出土一批陶瓷玩具。其中两件青釉骑马和一件黑釉瓷狗玩具，均为手工捏制，小巧稚拙，神气活现，造型生动。与扬州出土的陶瓷玩具相比，既有某些相似处，又有诸多不同。从风格、釉色、造型方面分析，可能亦是长沙窑的产品。新疆吐鲁番阿斯塔那唐代古墓群出土一组四人组成的磨面、春米、擀面饼彩塑小泥人，造型生动自然，生活情趣浓郁，艺术水准十分高超。

唐代青釉骑马玩具
（陕西西安茅坡村唐墓出土）

【唐代瓷玩具】 唐代流行小型瓷玩具。在河南、陕西地区的唐代儿童墓中，都出土过小型瓷玩具；在河南安阳北齐还发现过专烧小型人、马、犬和盆、罐等的窑址。一些唐代著名瓷窑如当阳峪窑和耀州窑也烧制小型玩具。一般只有3—5厘米大小，轮廓简单，造型简洁生动，匠师抓住对象特点，运用幼小动物头部较大而四肢较短的形体特征，突出头部一对大眼睛，夸张耳、鼻、嘴部，因此显得稚拙可爱。最典型的出自河南三门峡大中六年（852）15岁女孩韩干儿墓中，包括乘坐牛车的娃娃、骑马的小骑士，以及小狗、小兔、猴子、狮子和小羊等，体态玲珑，釉色晶莹，稚气可爱。

【唐代杂技童子三彩瓷塑】 唐代

唐代杂技童子三彩瓷塑
（陕西西安博物院藏品）

瓷塑珍品。陕西西安博物院藏品。瓷塑造型为七个儿童做叠罗汉杂技表演，共计有五层。最下层为一大力士童子，浓眉大眼，阔嘴紧闭，头部壮实，肌肉发达，两臂伸开，双足挺立；第二层两童子站立于下层童子头上；第三层一儿童站于两童子肩部；第四层又是二童子分别站于第三层童子左右两肩；顶层一儿童站于第四层两童子肩部。整个场面惊险，情节动人。瓷塑通体施绿、蓝、橙红三彩，釉彩莹润，制作极为精美，人物比例正确。五层童子动作划一整齐，神态生动，形神兼备，为唐代三彩器上乘之作。

【唐代白釉褐彩女孩瓷塑】 2006年安徽宿州隋唐大运河遗址出土。瓷塑为黄堡窑烧制。女孩眉清目秀，脸颊丰润，大耳小嘴，头发分开梳理，两边头发垂肩。作盘坐式，上衣敞开，手抱鸳鸯，神态悠闲，生动可爱。瓷塑整体造型简洁，白釉底，衣、鞋等处点有褐彩，明快醒目。

唐代白釉褐彩女孩瓷塑
（安徽宿州隋唐大运河遗址出土）

【唐代彩绘骑马武士泥俑】 唐代彩绘泥俑精品。新疆吐鲁番唐墓出土。武士头戴盔，身穿铠甲，腰间佩刀，左手勒马，右手执旗，面目威武，神气十足。泥俑造型生动，色泽鲜明，颇为传神。

唐代彩绘骑马武士泥俑
（新疆吐鲁番唐墓出土）

【唐代彩绘釉陶女骑俑】　唐代陶俑珍品。陕西乾县唐昭陵陪葬墓出土。通高 37 厘米。俑戴两层帽，上似笠帽，下似风帽，身穿窄花袖白衫，外套红碎花白襦，下着淡黄色条纹长裙，足穿尖头黑鞋，骑红斑黄马，左手紧勒马缰，神情自然洒脱。陶俑造型十分简洁，色泽鲜明，神情生动，真实地反映了唐代妇女服饰的时尚风貌。

唐代彩绘釉陶女骑俑
（陕西乾县唐昭陵陪葬墓出土）

【唐代妇女推磨彩塑】　新疆吐鲁番阿斯塔那 201 号唐墓出土。计四位妇女，都梳高髻，穿交领衣，下着长裙，有的面颊施有红靥。中间一位妇女低首在推磨，一人坐地擀面饼，一人在舂米，一人用簸箕簸米，一起劳作，配合默契。人物刻画自然生动，生活气息浓郁，极具神韵。

唐代妇女推磨彩塑
（新疆吐鲁番阿斯塔那 201 号唐墓出土）

【唐代擀面饼妇女彩塑】　新疆吐鲁番阿斯塔那 201 号唐墓出土。一擀面女，头绾高髻，细眉长眼，小嘴，两腮涂有胭脂，身穿红绿上衣，坐于地上，两手拿擀面杖，正低首认真擀制面饼。彩塑制作人物比例合度，逼真生动，形神兼备，技艺精湛，为唐代彩塑之佳作。

唐代擀面饼妇女彩塑
（新疆吐鲁番阿斯塔那 201 号唐墓出土）
（引自王连海《北京民间玩具》）

【唐代舞狮彩塑】　新疆吐鲁番阿斯塔那 336 号唐墓出土。舞狮由两个人装扮，狮头伸颈仰首，圆眼大鼻，阔嘴露齿，满身刻细条纹表示狮毛，下塑四脚表示两人；泥塑表面残存有颜色，狮头口、眼眶为红色，牙齿为白色，狮身白绿相间。彩塑整体造型质朴、逼真、生动。

唐代舞狮彩塑
（新疆吐鲁番阿斯塔那 336 号唐墓出土）
（引自王连海《北京民间玩具》）

【唐代胡人献宝陶模】　河南博物院藏品。高 5.5 厘米，宽 4.5 厘米。陶模上以高浮雕刻画四个高鼻深目的胡人，头戴胡帽，身穿翻领窄袖长袍，腰束革带，脚着长统靴；左面一人侧身捧盘作献宝状，前面两人作舞蹈姿态，后面一人肩扛大象牙。造型刻画生动逼真，形态优美。

唐代胡人献宝陶模
（引自《中国美术全集·民间玩具/剪纸皮影》）

【唐代胡人驯象瓷塑镇纸】　唐代长沙窑传世品。高 7.5 厘米，长 7 厘米。胡人高鼻深目，络腮胡，头戴圆帽，骑象背，作驯象之状，右手放于象耳，左手握一钩柄，钩具挂于肩上。钩具为驯象之工具。唐时驯象者多为胡人，称"象奴"。大

唐代胡人驯象瓷塑镇纸
（唐代长沙窑传世品）

象长鼻内卷，双耳下垂，象牙向前，象身肥圆，短尾短腿，下为方形底座。通体施青釉，釉面开片。瓷塑造型粗犷，风格淳朴。

【唐代人面陶模】 1975 年江苏扬州出土。现藏南京博物院。直径约4.5厘米。人面陶模为一光头，双目圆睁，扁鼻，阔嘴，招风耳，表情严肃。从面形看，形似马来人。唐代时扬州为重要商贸口岸，众多外商云集于此，陶模所反映的当是"番客"形象。这件人面陶模，是当时磕制儿童玩具之模具。

唐代人面陶模
（江苏扬州出土）

【唐代拜象瓷塑】 唐代长沙窑传世品。高 5.8 厘米。象长鼻内卷，两大耳下垂，前两足作揖拜之状。瓷塑釉面开片，惜多处剥落。象行人礼，这是经训练的象在表演象舞。我国汉代已有象舞，后随着佛教的兴盛而广为流行。唐代宫廷逢大庆欢宴，都举行舞象、舞马活动。《明皇杂录》卷下载：玄宗在洛阳勤政楼大宴天下的活动中，"又引犀象入场，或舞或拜，动中音律"。唐代宗时，在麟德殿大宴百僚，"蛮夷陪作位，犀象舞成行"。拜象瓷塑，当是唐代宫廷象舞的一种真实写照。

唐代拜象瓷塑
（唐代长沙窑传世品）

【唐代胡人驯鸽瓷塑】 唐代长沙窑传世品。高 3.5 厘米，底座直径4.2厘米。胡人深目高鼻，肩背一筒状布袋，右手捏嘴作吹哨状；鸽子微仰着头，注视着主人。驯鸽须懂鸽语，根据鸽之叫声判断它的用意，经训练的鸽子也会依从主人的口哨行动。驯鸽瓷塑生动表现了主人与鸽子两者情感互动的瞬间，形神兼备。瓷塑施有青釉褐绿彩，惜部分釉彩已剥落。

唐代胡人驯鸽瓷塑
（唐代长沙窑传世品）

【唐代胡人放鸽、归鸽瓷塑】 唐代长沙窑传世品。胡人放鸽瓷塑，高 5 厘米，底座直径 3.5 厘米。胡人深目高鼻，双手捧鸽，目视远方，好似在向鸽子说明飞行的目标，鸽子侧面仰视，似乎听懂了主人的嘱咐，表现了人鸽之间的亲情互动，风趣逗人。瓷塑通体施青釉，点以褐彩，开橘片纹。胡人归鸽瓷塑，高 7.5 厘米，底座直径

4.2厘米，表现了另一番情景。胡人头戴瓜皮帽，高鼻深目，双手捧着一只疲惫的鸽子。鸽子好似经历了几千里的长途飞行，依偎在主人怀里，期待着主人给以勉励，神情动人。瓷塑亦施以青釉，用褐绿彩点缀。

唐代胡人放鸽、归鸽瓷塑
（唐代长沙窑传世品）

【唐代小猴吃桃瓷玩具】 河南三门峡韩干儿墓出土。小猴坐于地上，瞪大双眼，两前肢捧一大桃放于嘴边，正欲品尝。小猴幼稚可爱的神态，刻画入微，极为生动传神。韩干儿是一个女孩，这件小猴吃桃瓷玩具，当是她生前心爱的玩具。

唐代小猴吃桃瓷玩具
（河南三门峡韩干儿墓出土）

【唐代狮子瓷玩具】 河南三门峡韩干儿墓出土。韩干儿是一个女孩，在她墓中出土的瓷玩具，都小巧精美，稚拙可爱。瓷狮大头短身，侧首，双眼平视，大鼻阔口，颔下须毛垂于前胸，四条粗腿站

立，颇具威势。整体造型简练，形象生动。

唐代狮子瓷玩具
（河南三门峡韩干儿墓出土）

【唐代小狗瓷玩具】　河南三门峡韩干儿墓出土。小狗双目圆睁，仰首远视前方，翘鼻，嘴紧闭，前肢撑立，后肢作蹲坐式，模样可爱，神态生动。

唐代小狗瓷玩具
（河南三门峡韩干儿墓出土）

【唐代兔子瓷玩具】　河南三门峡韩干儿墓出土。兔子大眼，双耳竖起，四肢爬伏，好似正在吃着菜叶。小兔稚嫩可爱，姿态逼真生动。

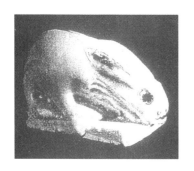

唐代兔子瓷玩具
（河南三门峡韩干儿墓出土）

【唐代三彩鸳鸯盉】　玩赏品。河南安阳刘家庄出土。鸳鸯，体小于鸭，雄鸳羽色绚丽，雌鸯略小，雌雄偶居不离，古称"匹鸟"。三彩鸳鸯盉，为一雄鸳，体似鸭形，冠羽、翼羽、尾羽绚丽多姿；盉口为圆形，圈底，上三彩，颜色明快鲜艳，造型写实逼真。

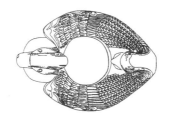

唐代三彩鸳鸯盉
（河南安阳刘家庄出土）

【唐代三彩鸭形盉】　玩赏品。鸭形盉，鸭小眼扁嘴，曲颈挺胸，翘尾，体态肥壮；鸭身呈椭圆形，盉口为圆形，圈底；鸭羽、尾毛毛片清晰，刻画细密。鸭形盉，造型规整大方，三彩色泽华丽，形象写实逼真，为唐三彩中之上乘佳作。

唐代三彩鸭形盉

【唐代幼雀、鸽子陶塑】　幼雀陶塑为河南博物院藏品。高2.5厘米，长3.6厘米。幼雀环目短喙，体态丰满肥硕，短颈翘尾，振翅张嘴，作急欲得食之状，形似雏雀，神态极为生动，周身施三彩釉。鸽子陶

塑为湖南省博物馆藏品。高4.4厘米。鸽子双目平视，短喙，昂首挺胸，下置一圆底座，施灰绿色釉，为长沙铜官窑产品。

唐代幼雀、鸽子陶塑
（引自《中国美术全集·民间玩具/剪纸皮影》）

【唐代三彩狮子陶塑】　江苏镇江博物馆藏品。计两件。一件高7.9厘米。狮子两目圆睁，大鼻阔口，侧首远望，四肢挺立，翘尾，颈部鬣毛微卷，极具威势。另一件高6.1厘米。狮子双眼炯炯有神，四腿短矮刚劲，挺胸卷尾，施黄、绿、褐三色满釉。

唐代三彩狮子陶塑
（江苏镇江博物馆藏品）

【唐代狮子瓷塑】　唐代长沙窑传世品。计两件。一件双眼前视，两耳竖起，身体粗壮，狮尾转成两圈，四短腿，背有一环形圆把。另一件扁脸，大眼，两尖耳直立，阔

嘴，颔下饰一响铃，圆尾，背部亦有一环形圆把。两件塑狮造型均朴实粗犷，憨态可掬。

唐代狮子瓷塑

（唐代长沙窑传世品）

【唐代狮形砚滴】 唐代长沙窑传世品。高 6.5 厘米，长 7 厘米。狮子宽脑门，凸眼睛，鼻隆起，张嘴露齿，空腹，大尾，上有环形提手，下置四足。器身饰褐、绿彩相间条纹，色泽鲜丽沉稳，造型质朴优美。

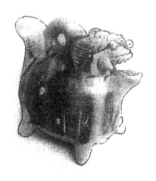

唐代狮形砚滴

（唐代长沙窑传世品）

【唐代卧狮瓷镇】 唐代长沙窑传世品。高 3.9 厘米，长 7 厘米。狮扁形脸，双眼圆睁、大鼻、阔口，作盘曲卧姿，尾卷起。全身施褐色釉，呈橘片纹，釉面莹润鲜明，品相完整。整体造型粗放，稚拙可爱。

唐代卧狮瓷镇

（唐代长沙窑传世品）

【唐代猕猴陶塑】 1902—1914 年间，新疆出土一批陶塑猕猴，现藏于辽宁旅顺博物馆。最大不足 5 厘米，最小不到 1 厘米。分模制、捏塑两种。模制形象逼真传神，捏塑形象粗犷，重在写意。如一件双猴奏乐陶塑，高仅 1.9 厘米，宽 1.8 厘米。体积虽小，但塑制极细。两猴席地踞坐，上躯挺立，右猴右臂搭搂左猴肩部，以示亲密；左手放口部吹哨；左猴双手持竽箫于口部吹奏。用针剔划出的猴毛，表现出茸松的质感。两猴双目凹陷，吻部突起，神态自若，似乎正在随着音乐的节奏摇摆身躯，真切生动地表达出双猴奏乐时的欢快神情。

上：唐代双猴奏乐陶塑
下：唐代猕猴陶塑残件

（新疆出土，辽宁旅顺博物馆藏品）

【唐代三彩抱桃猕猴】 江苏扬州出土。高约 5 厘米。通体施黄、绿褐釉，手法夸张，造型别致。猕猴坐石上，双手紧抱大桃，双腿亦紧紧夹住桃子，侧头靠着大桃，眼睛注视前方，时时警惕四周动静；猴尾紧缠石块，表现出全力守护桃子的神态。作品憨态逗人，十分生动地塑造出了小猕猴的机敏和灵性。

【唐代人头、兽头陶哨】 天津艺术博物馆藏品。人头陶哨，人深目高鼻，头披长发，似西域人形象，头顶和颧骨处有三个吹孔，面部施黄、绿、褐三彩釉。兽头陶哨，圆目大嘴，两尖耳，头顶和面颊部也有三个吹孔，无釉彩。两件陶哨，均为唐代儿童玩具。

唐代人头、兽头陶哨

（天津艺术博物馆藏品）

【唐代陶狗】 唐朝时期陶狗与前代相比，有较明显区别：一、大多为三彩器；二、造型多为蹲踞姿态；三、更具有生活气息。如河南偃师出土的三件作品，多为三彩制品，均为蹲踞状，生活气息浓郁。1957 年偃师新庄村唐崔沈墓出土的一件陶狗，高 12.5 厘米，通体粉彩施绘，头微上扬，两耳下垂，目微鼓，嘴向前凸，前腿直立，后腿屈坐，作蹲踞之势。1986 年偃师吓田寨砖厂出土的一件陶狗，高 10 厘米，施绿釉，双目平视，两耳下垂，也作蹲坐状。2001 年偃师前杜楼村砖厂出土的一件陶狗，高 11 厘米，施黄白色半釉，头微侧，双目平视前方，两耳耷下，尾卷贴于背部，亦作蹲式。三件陶狗均面目平和，凶猛之态已不见，与人和谐相处，表明匠师在造型刻画上更逼真，更接近于生活。

唐代陶狗

（上：河南偃师新庄村唐崔沈墓出土

中：河南偃师吓田寨砖厂出土

下：河南偃师前杜楼村砖厂出土）

【唐代彩绘木鸭玩具】　新疆吐鲁番阿斯塔那唐代墓葬出土的两只彩绘木雕鸭，是用木料切削成型。身体前圆后尖，上面扁平，鸭头紧缩；通体涂染颜色，彩绘有带状花纹；鸭身下面为半球形而略扁，可置水面漂浮。此木鸭当为儿童的一种水上玩具，极具情趣。

唐代彩绘木鸭玩具

（新疆吐鲁番阿斯塔那唐墓出土）

【唐代木碗】　1966—1969 年新疆吐鲁番阿斯塔那北区唐墓出土。木碗上大下略小，圈足，腹部绘彩色联珠纹一周。造型规整，制作细致；形制小巧，色泽明丽。此木碗当是儿童之食具，又是孩子的玩耍之物。

唐代木碗

（新疆吐鲁番阿斯塔那出土）

【唐代绣荷包】　新疆吐鲁番阿斯塔那出土。绣花荷包，形似如意，呈三角形，左右两角挂有流苏；荷包四周用锁绣针法绣制。这种针法系由绣线环圈锁套而成，工艺效果似一根锁链，故称"锁绣"，是一种古老的针法。荷包中间绣有卷草、团花和莲瓣纹等，绣面平顺，绣制精工。

唐代绣荷包

（新疆吐鲁番阿斯塔那出土）

【唐代草编粽子】　为唐代一种节令玩具。新疆出土，辽宁旅顺博物馆收藏。共有五枚，呈等腰三角形，与当今民间食用的粽子形状相近。底长 1.1—1.37 厘米，高 1.01—1.35 厘米。编结材料为类似麦秸秆的草秆，从中剖开后，以"赶角套叠"方式编结而成，表面仍保持着草秆的光泽。五枚粽子由一根棉线贯串在一起，形成"一挂"。据此推断，在唐代，为祈福纳祥，儿童在端午悬挂编结粽子的风俗，民间已有流传。

唐代草编粽子

（新疆出土，辽宁旅顺博物馆藏品）

【唐代绢花】　1972 年新疆吐鲁番阿斯塔那唐墓出土。高 32 厘米。绢花制作精巧，花枝主干用树枝，叶、花茎用细竹丝扦入构成，花瓣、花叶用绢、纸，花柱头用纸团，花蕊用丝线、棕丝等。绢花色彩鲜丽，虽在地下埋藏了一千多年，仍然保存完好，甚为罕见。由此可见，我国制作绢花的历史十分悠久。

【五代瓷塑鸟哨】　浙江省博物馆藏品。计两件。一件为鸽哨，高 5.5 厘米，瓷胎，通体施青绿色釉；鸽双眼前视，短喙，作蹲坐式；鸽身前部及左右两侧，均有直径 1 厘米的圆孔，内空。另一件鸟哨高4厘米，小鸟挺胸仰头翘尾，两眼朝天，似作鸣叫状，形象可爱；通体施青釉，内空，鸟腹下和左右各有一孔。两件鸟哨，为五代浙江越窑制品，均为儿童音响玩具。

五代瓷塑鸟哨
（引自《中国美术全集·民间玩具/剪纸皮影》）

【宋代玩具】 两宋时期，玩具得到很大发展，题材范围扩大，品种增多，并出现诸多专业名艺人，如田圮、包承（成）祖、孙荣和袁遇昌等。当时南宋都城临安（今浙江杭州）街头，四季均有节令玩具叫卖，有黄胖儿、闹竿儿、傀儡儿、沙戏儿、马儿、猫儿等，儿戏之物，名目甚多，不可胜数。当时泥玩具多产自临安城区，泥玩具艺人主要居住地因而得名"孩儿巷"。清查慎行《得树楼杂钞》："按，杭州至今有孩儿巷，以善塑泥孩儿得名，盖仍南渡之俗。"江苏镇江大市口出土宋代儿童角抵等捏塑玩具，上有"吴郡包成祖""平江孙荣"等戳记，塑像神态逼肖，制作精美，艺术水平很高。苏州宋代平江府平权坊遗址出土一批磕制玩具的泥模具，有抱球童子、虎头哨、捧笙童子和水月观音等，高约5厘米，人物眉目传情，衣饰合体，精妙如

生。河南禹县（今禹州）钧台窑址出土的宋白地黑花瓷玩具，眉、目、鼻、须以黑釉点画，朴拙可爱。各地博物馆亦有宋代瓷质、捏塑传世玩具陈列和珍藏，表明宋代玩具在很多地区均有生产，并各具特色。参见"田圮""袁遇昌""包承祖、孙荣"等条目。

【北宋开封应时玩具】 河南开封为北宋京都，百业汇集，时节相次，均有各色玩具应市，其中以彩塑玩具最为精巧。宋孟元老《东京梦华录》载：立春前一日，开封府前左右，"百姓卖小春牛，往往花装栏坐，上列百戏人物，春幡雪柳，各相献遗"。"七月七夕，潘楼街东宋门外瓦子、州西梁门外瓦子、北门外、南朱雀门外街及马行街内，皆卖磨喝乐，乃小塑土偶耳。悉以雕木彩装栏座，或用红纱碧笼，或饰以金珠牙翠，有一对直数千者。"九月重阳，都下"以粉作狮子蛮王之状，置于糕上，谓之'狮蛮'"。冬至，遇大礼年，"御街游人嬉集，观者如织。卖扑土木粉捏小象儿并纸画，看人携归，以为献遗"。

【南宋杭州应时玩具】 浙江临安（今杭州）为南宋帝都，泥偶彩塑比北宋更为繁荣，并有行业组织。宋吴自牧《梦粱录》、周密《武林旧事》、佚名《西湖老人繁胜录》载："正月朔日，街坊以食物……玩具等物，沿门歌叫关扑。"立春前一日，临安府"预造小春牛数十，饰彩幡雪柳，分送殿阁，巨珰各随以金银钱彩缎为酬"。二月，"时承平日久，乐与民同，凡游观买卖，皆无所禁。画楫轻舫，旁午如织。至于果蔬、羹酒、关扑、宜男、戏具、闹竿、花篮、画扇、彩旗、糖鱼、粉饵、时花、泥婴等，谓之'湖中土宜'"。三月清明，"至暮，则花

柳土宜，随车而归"。"七夕前，修内司例，进摩睺罗（泥孩儿）十桌，每桌三十枚，大者至高三尺，或用象牙雕镂，或用龙涎佛手香制造，悉用镂金珠翠。衣帽、金钱、钗镯、佩环、真珠、头发及手中所执戏具，皆七宝为之，各护以五色镂金纱厨。"又，御街扑卖摩睺罗，多着乾红背心，系青纱裙儿；亦有着背儿、戴帽儿者。牛郎织女，扑卖盈市。当时临安街市，亦有闹竿儿、龙船、黄胖儿、影戏线索、狮子、猫儿、沙戏儿及四时玩具于小街后巷兜售。

【宋代关公瓷塑】 关公卧蚕眉，丹凤眼，长方脸，身材魁伟，三绺长髯，头微侧，戴青巾，穿绿袍，内有盔甲，一手叉腰，一手扶膝，作坐姿深思状。造型端庄肃穆，神态生动，极具气势。

宋代关公瓷塑

【宋代贵妇持卷、少妇执扇瓷塑】 持卷贵妇，面颊丰颐，长眉细目，樱桃唇，头戴高冠，身穿红色锦袍，上饰如意披肩，绿色飘带，手持宝卷，下着长裙，坐于雕花靠背椅上，姿态端庄。执扇少妇，显系出自普通人家，面目清丽，发髻上包青花布饰，穿开襟长衫，内为交领衣，下着素色长裙，手执圆形团扇，造型朴实简洁，神态生动优美。

上：宋代贵妇持卷瓷塑
下：宋代少妇执扇瓷塑

【宋代母子瓷塑】　母子瓷塑，为红绿彩瓷。母系中年妇女，头梳平髻，身穿红色开襟长衫，饰绿彩飘

宋代母子瓷塑

带，双手抱幼儿坐于圆鼓凳上，娴雅清秀，眉目传神；幼童三搭头，面颊丰满，五官端正，上身赤裸，活泼可爱。母子瓷塑，造型简约，神态生动，彩绘笔触挺劲流畅，技艺纯熟，表现了宋代瓷塑彩绘艺术的高超水平。

【宋代五孩嬉戏泥塑】　1976 年在江苏镇江骆驼岭出土的一组泥塑。计有五个孩子，似作角抵（摔跤）之嬉戏，一个摔倒仰天倒地，一个匍匐在地，一个握拳舒掌，一个侧首作骑马蹲裆式，一个袖手旁观。五个孩童均为捏塑成型，眉清目秀，造型生动，形神兼备。泥塑为素胎泥土本色，无彩绘。泥孩背后有"吴郡包成祖""平江包成祖""平江孙荣"楷书阴文戳印。吴郡、平江，即今苏州。这组宋代泥塑，现藏镇江博物馆。

宋代五孩嬉戏泥塑（下：摹本）
（江苏镇江骆驼岭出土）

【宋代相扑陶塑】　古代陶塑玩具珍品。高 3.6 厘米，宽 2.7 厘米，河南博物院藏品。陶塑施绿釉，相扑两人裸体、赤足，头绾发髻，腰束带，胯间绷护裆带；两人都俯身作弓步，一人居上，仰脸张口，皱眉瞪眼，左手抓腰，右手扒对方臀部；一人居下，面部内向，双手紧抓对方左右股，奋力抗争，活现了势均力敌、难解难分的角力场景。

陶塑朴拙粗犷，刻画生动。相扑的形象，最早见于湖北江陵凤凰山秦墓出土的木梳箅，上面彩绘有相扑画面。两宋时期，相扑在民间已很盛行。这件相扑陶塑，十分真实地再现了宋代相扑的情景，为研究古代相扑运动史提供了可贵的实物资料。

宋代相扑陶塑（下：摹本）
（河南博物院藏品）

【宋代牧牛瓷塑】　内蒙古赤峰太平地出土。高 9 厘米，长 9.5 厘米。瓷塑描绘两牧童骑于牛背，一牧童身体前倾，两手扶牛角，后一牧童肩背斗笠，双手搭于前一牧童两肩；牛肥硕壮实，仰首张口似作吼叫状，四肢直立于底座上，牛尾

宋代牧牛瓷塑
（引自《中国美术全集·民间玩具/剪纸皮影》）

回卷于牛身之侧。整体施影青釉。造型简练朴实，神态生动，表情天真可爱。作品现藏于赤峰博物馆。

【宋代童子戏仙山陶塑】　高 12.2
厘米，宽 6 厘米。泥质红陶。作品塑造了八个童子在仙山上嬉戏，有两人相互拥抱的，有爬上高山回头张望的，有爬坐于半山腰的，有躲于蕉叶后窥视的，神态各异，造型生动，颇具情趣。作品现藏于河南博物院。

宋代童子戏仙山陶塑
（河南博物院藏品）

【宋代红绿彩女坐瓷塑】　宋代红绿彩瓷塑，系用模具塑型，再以红绿彩绘，最后入窑二次焙烧完成。妇女面颊丰颐，大眼小嘴，头梳高髻，低头作沉思状，文静娴雅；穿交领衣，双腿盘曲呈坐姿。眉、眼、发髻用黑彩描绘，服饰施红绿彩，红彩多，绿彩少。妇女造型洗练，

宋代红绿彩女坐瓷塑

仅几笔勾画而出，但简约传神，十分生动可爱。

【宋代抱球童子陶塑】　陕西旬邑县博物馆藏品。抱球童子，眉目清秀，鼻正口方，穿圆领短衫，两手抱球，盘腿坐于地上。人物比例合度，衣褶清晰，刻画细腻，塑制精美，生动逼真，人物神态自若，形神兼备，为宋塑中之珍品。

宋代抱球童子陶塑
（陕西旬邑县博物馆藏品）

【宋代童子持花瓷塑】　童子四搭头，面颊莹润，长眉朗目，鼻直口方，身穿圆领窄袖长衣，腰系绿丝绦，双手执两枝花，面含微笑，造型质朴，神态生动。

宋代童子持花瓷塑

【宋代蹴鞠游戏】　蹴鞠唐时已有，用皮子缝制，内填以毛，是一种实心球。至晚唐发展成充气球。充气球的出现，是我国足球运动的一大成就。至宋代蹴鞠游戏已很普及。湖南省博物馆和国家博物馆都藏有

宋代蹴鞠纹铜镜。湖南省博物馆藏的一件，镜中男女四人正在庭院中做蹴鞠游戏。其中女子头梳高髻，穿对襟衣，正在用右脚踢球，右侧男子头戴幞头，身穿长袍，注视球的动向，气氛紧张。另有两人在旁观看，场景生动。在一件磁州窑瓷枕上，亦绘有一童子在做蹴鞠游戏。可见宋时大人、儿童都喜爱蹴鞠游戏。

宋代蹴鞠游戏
（上：宋代蹴鞠纹铜镜［湖南省博物馆藏品］
中：摹本
下：宋代磁州窑瓷枕）

【宋代童子戏荷玉雕】　玩赏品。宋时童子戏荷玉雕传世有多件，都雕琢精致，小巧优美。其中以上海博物馆等处的藏品雕刻较为精美。童子都脸型圆润，眉目清秀，头留"鹁角"发式。《宋史·五行志》载：宋理宗朝时，童孩削发，必留比铜钱大一些的头发于头顶左边，名之曰"偏顶"。或者留之于头顶前，束之以彩缯，像博焦的形状，称之为"鹁角"。童子穿对襟衣，手持荷花作嬉要状。形象天真活泼，神情生动。

宋代童子戏荷玉雕
（上海博物馆藏品）

【宋代童子戏花玉雕】　玩赏品。童子面目隽秀，蛋形脸，身穿花衣花裤，趴伏于地，双手捧花，面含微笑。玉雕造型简洁，形象可爱生动。

宋代童子戏花玉雕

【宋代骑狗瓷娃】　宋代吉州窑制品。瓷娃头戴尖圆帽，眉眼清秀，面颊丰满，身穿大袍，骑于狗身上。狗双眼圆睁，两耳竖起，仰首注视远方，叉开四腿，呈行走状。骑狗瓷娃造型极其简练，粗犷豪放，朴拙生动。

宋代骑狗瓷娃

【宋代童子坐鼓瓷塑】　宋代童子

坐鼓瓷塑有两件。一件高 12.5 厘米，宽 4.5 厘米，系李寸松藏品。童子脸颊丰满，眉清目秀，方鼻小口，双手捧一圆物，端坐于鼓上，面带微笑。瓷娃系用双片模制作，点铁锈花，用笔简练流畅，形象生动可爱。另一件瓷塑，为一童子双手持一梅花，亦骑于鼓上，瓷娃面目娴静秀美，造型逼真，纹饰也是用铁锈花点绘。

宋代童子坐鼓瓷塑
（左：李寸松藏品）

【宋代盘髻瓷娃】　宋代瓷玩具珍品。天津艺术博物馆藏。为一件瓷雕作品，高 5.3 厘米，施半釉，穿右衽交领长衣，作站立状，下半身作石榴形；头上所梳发髻，特别宽大，似作装饰之用；前方饰二莲蓬，右手持一莲；脸部丰满，浓眉深目，额上有一褐色朱记。莲蓬、石榴民间寓多子吉祥之含意。瓷娃造型生动传神，形象天真可爱，作为儿童玩具，十分贴切。

宋代盘髻瓷娃
（天津艺术博物馆藏品）

【宋代男娃瓷塑】　河北邯郸彭城出土，王树村藏品。瓷塑高 8.4 厘米，宽 4.5 厘米。男孩眉目清秀，身体壮实，头顶留一黑桃发，颈上挂一长命锁片，两手戴有手镯，屈膝作半蹲状。瓷娃背后有一圆孔，内空，孔内灌入清水，水会从便器中喷出，如小儿之便溺，逗人发笑。

宋代男娃瓷塑
（河北邯郸彭城出土，王树村藏品）

【宋代红绿彩绘瓷娃】　原中央工艺美术学院资料室藏品。计两件，高约 6.1 厘米。瓷娃系用双片模制作，然后彩绘烧制而成。瓷娃双髻和刘海用黑色描绘，衣饰用红绿釉涂染；面带微笑，怀抱一枚大钱，稚拙可爱。其形象与无锡惠山的泥娃娃十分近似。

宋代红绿彩绘瓷娃
（原中央工艺美术学院资料室藏品）

【化生】　古时风俗，七夕用蜡做成婴儿像，叫"化生"，浮水中为戏，以祝祷妇女生子。《全唐诗》卷五六一薛能《吴姬十首》之十："芙蓉殿上中元日，水拍银台弄化生。"《元文类》卷七袁桷《无题次伯庸韵》诗："蜡撚化生秋夕赐，翠标叠胜岁华移。"后世化生成为儿童玩具。唐代雕塑名工刘爽，高宗时人，曾在敬爱寺内雕塑化生。《历代名画记》有相关记述。

化生
（宋代李诫《营造法式》）

【宋代泥孩儿】 宋代陆游《老学庵笔记》："承平时，鄜州（今陕西富县）田氏作泥孩儿，名天下，态度无穷。虽京师工效之，莫能及。一对至直十缣，一床至直十千。一床者，或五或七也。小者二三寸，大者尺余，无绝大者。"《苏州府志》："袁遇昌，吴县木渎人，以塑婴孩，名扬四方。每用泥抟埴一对，约高六七寸者，价值三数十缗。其齿唇眉发、衣襦襞积，势似活动，至于脑囟，按之胁胁。"袁氏泥人大概属于娃娃戏一类，风格写实。鄜州泥人称"泥孩儿"，想来取材亦属相同。明田汝成《西湖游览志馀》卷二十六："宋时临安风俗，嬉游湖上者，竞买泥孩、莺歌花，湖船回家，分送邻里，名曰'湖上土宜'。""土宜"含有留作纪念和玩好两重意义。清查慎行《得树楼杂钞》卷十："按杭州至今有孩儿巷，以善塑泥孩儿得名，盖仍南渡之俗。"

【田氏泥孩儿】 宋代泥塑娃娃。宋陆游《老学庵笔记》卷五："承平时，鄜州（今陕西富县）田氏作泥孩儿，名天下，态度无穷。虽京师工效之，莫能及。一对至直十缣，一床至直十千。一床者，或五或七也。小者二三寸，大者尺余，无绝大者。予家旧藏一对卧者，有小字云'鄜畤田玘制'。"田氏即田玘，当时泥塑名工。宋晁说之《赠鄜州田玘》有咏："前世能歌田顺郎，今身追悔太昌昌。戏泥巧尽群儿态，休忆小姑初倚床。"

【摩睺罗】 亦称"摩侯罗""磨喝乐""磨喝罗""摩合罗"。宋元时供奉的一种用泥塑、蜡塑、木雕制成的小型塑像，用于乞巧和祈祷生子。据称，其名为梵文音译，是佛祖释迦牟尼的儿子，佛教天龙八部之一，蛇首人身，传入中国后演化为天真童子形象。宋吴自牧《梦粱录·七夕》记载："内庭与贵宅皆塑卖磨喝乐，又名摩睺罗孩儿。悉以土木雕塑，更以造彩装襕座，用碧纱罩笼之，下以桌儿架之，用青绿销金桌衣围护，或以金玉珠翠装饰尤佳。"宋孟元老《东京梦华录·七夕》追述汴梁风土情况，说七月七日在东京各地卖磨喝乐，自注谓为本佛经"摩睺罗"，"乃小塑土偶耳"。从以上这些记载中可以了解到在宋代有七夕供奉摩睺罗的风俗，它或以泥抟捏或以蜡制成，系由当时西域传入，以后又传至南方，在陕西的鄜州（今陕西富县）和江苏都曾有泥塑名工，制作甚精。后变为儿童玩具。

【摩侯罗】 参见"摩睺罗"。

【磨喝乐】 参见"摩睺罗"。

【磨喝罗】 参见"摩睺罗"。

【摩合罗】 参见"摩睺罗"。

【黄胖】 宋代一种泥玩具的称谓。宋孟元老《东京梦华录》载：都城歌儿舞女，遍满园亭，抵暮而归，各携枣䭔、炊饼、黄胖、掉刀、名花、异果、山亭、戏具、鸭卵、鸡雏，谓之"门外土仪"。宋叶绍翁《四朝闻见录·黄胖诗》："韩（侂胄）以春日燕族人于西湖，用土为偶，名曰'黄胖'。"有关韩侂胄春宴事，明李诩《戒庵老人漫笔》引《怡颜录》："韩侂胄以冬日游西湖，置宴南园。席间有献迎春黄胖者，命其族子院判赋诗，云：'脚踏虚空手弄春，一人头上要安身。忽然线断儿童手，骨肉都为陌上尘。'"由此可知，黄胖为当时一种土制玩具，并具有一定的活动惯性。

【宋代瓷虎哨】 辽宁旅顺博物馆藏品。高7.9厘米。瓷虎前肢直立，蹲坐于地上，双目圆睁，通体施白釉，眼、鼻、嘴、尾用褐彩描出，额上书一"王"字，身、腿亦绘有数道花纹，用笔粗放，随意质朴。底部有一小孔，吹之能发出虎啸之声，为一种儿童音响玩具。

宋代瓷虎哨
（引自《中国美术全集·民间玩具/剪纸皮影》）

【宋代公鸡瓷塑】 李寸松藏品。高宽均3厘米。公鸡双目平视，短喙翘尾，蹲坐于地上，羽毛刻画规整清晰，生动逼真，神采奕奕。公鸡系模制而成，后通体施釉烧制，釉色莹润，洁白如玉。

宋代瓷塑公鸡
（李寸松藏品）

【宋代珍珠瓷蛙】　李寸松藏品。高2.5厘米，长3.6厘米。为模压加工成形，于底坯上施釉烧制；蛙身上装饰珍珠纹，四腿蹲坐，仰首张口作鸣叫之状，神态生动。

宋代珍珠瓷蛙

【宋代褐釉瓷龟】　1973年山东宁阳磁窑村宋代窑址出土。高2.1厘米。通体施褐色釉。龟伸头缩尾，四肢张开作爬行状，生动有趣，稚拙可爱。

宋代褐釉瓷龟

【北宋定窑瓷塑法螺】　北宋瓷塑珍品。1969年河北定县（今定州）北宋塔基出土。此次共出北宋早期定窑瓷器115件，其中一件碗的底部有墨书"太平兴国二年"（977）款。定窑窑址在今河北曲阳涧磁村、燕川村一带，古代属定州，故

名"定窑"。出土的法螺形制独特，上部饰数道粗弦纹，下部刻海水纹，图案简洁明快，构思精巧，造型玲珑奇妙，塑制细致工整。

北宋定窑瓷塑法螺
（河北定县北宋塔基出土）

【磁村宋代瓷玩具】　山东淄博淄川磁村出土一批宋代瓷玩具，高9—18厘米，为形态各异之小瓷人。有一幼童左手当胸，右手扶膝盘坐，张口而笑，憨态可掬；一妇人穿开襟长衫，怀内抱一婴儿，双手相搭，盘腿而坐；另一妇女梳高髻，穿青襟衣，姿态高贵。此批玩具均为白胎白釉，眉、目、发、鞋施黑釉，黑白分明，古雅生动，朴质自然。

【宋代玩具陶模】　1975年，江苏苏州宋代平江府平权坊遗址出土一批磕制玩具陶模，计有19件单片模和磕出的9件泥玩具。据其模型，可磕出抱球童子、文官、高僧、小童、狮戏球、虎头哨、牡丹、小鸟、小龟、麒麟、捧笙童子、花冠头和水月观音等各式玩具。玩具高5厘米左右，人物眉目清晰，衣饰合体，动物和花卉都精妙如生，制作精良。

【长命索】　古称"长命缕"或"百索"。宋高承《事物纪原》引《风土记》曰："荆楚人端午日以五彩丝系臂，辟兵鬼气，一名'长命缕'，今百索是也。"宋佚名《西湖老人繁胜录》："端午节，扑卖诸般百索，小儿荷戴。系头子，或用彩线结，或用珠儿结。"明田艺蘅

《留青日札》："小儿周岁，项带五色彩丝绳，名曰'百索'。"最初在五月端午用五彩丝线系在手臂上，以后变成"珠儿结"。到明代，小儿周岁时，已作颈饰挂于颈间。在明清时期，长命索为幼儿最普遍的颈饰，以坠饰物为重点，或系以丝带，或系以链条。坠饰物有的做成锁状，有的做成如意形，中间錾刻有"长命富贵"等吉祥文字；亦见有做成浮雕"麒麟送子"等图案的。亦谓"长命锁"。参见"长命缕""长命锁"等。

【长命缕】　旧俗，端午节结成各种形状用以辟邪的五彩带。又名"百索"。南朝梁宗懔《荆楚岁时记》："以五彩丝系臂，名曰'辟兵'，令人不病瘟……按：仲夏茧始出，妇人染练，咸有作务。日月星辰鸟兽之状，文绣金缕，贡献所尊。一名'长命缕'，一名'续命缕'，一名'辟兵缯'，一名'五色丝'，一名'朱索'。"唐代故事，宫中常于端午日以所结长命缕赐诸臣。唐张说《端午三殿侍宴应制》诗："愿赏长命缕，来续大恩馀。"

【百索】　参见"长命缕"。

【续命缕】　参见"长命缕"。

【辟兵缯】　参见"长命缕"。

【五色丝】　参见"长命缕"。

【朱索】　参见"长命缕"。

【五色缕】　五色丝线。晋葛洪《西京杂记》卷三："至七月七日，临百子池，作于阗乐。乐毕，以五色缕相羁，谓为相连爱。"又五月五日，各地也有用五彩丝系臂的风俗。参阅《艺文类聚·汉应劭〈风俗通〉》等。

【长命锁】 颈饰的一种。一般都做成锁状，中间錾刻有"长命富贵"等吉祥文字。古称"长命索""长命缕""百索"。参见"长命索"。

长命锁

【荷包】 佩饰。随身佩戴或缀于衣袍之外的小囊，先作盛物之用，后作为装饰品。荷包之用，一说是在马上用此以贮食物，为途中充饥；一说荷包内贮有毒药，一旦有事时，可服之以殉（此说不甚可据）。清代贵族在穿戴行装时，必佩荷包。一般用绸缎缝制，上面常见刺绣各种图案。《红楼梦》第十八回："（宝玉）因忙把衣领解了，从里面红袄襟上将黛玉所给的那荷包解了下来。"清翟灏《通俗编·服饰》："《能改斋漫录》载刘伟明诗'西清寓直荷为橐'，欧阳修启以'紫荷持橐'对'红药翻阶'，皆读之为'芰荷'之'荷'。今名小裕囊曰荷包，亦得缀袍外以见尊上，或者即因于紫荷耶？"

荷包

【茄袋】 即荷包。多悬于腰带上。《宋史·舆服志六》载金主法物有"皮茄袋"。

【紫荷】 古代一种紫色小荷包。丝绸缝制，系于朝服外，作佩饰或盛奏事。《宋书·礼志》："尚书令、仆射……朝服肩上有紫生裕囊，缀之朝服外，俗呼曰'紫荷'。或云汉代以盛奏事，负荷以行。"

【挈囊】 古代一种紫色锦囊。用紫色锦缎缝制，系于袍服外，作装饰品或盛物之用。尚书令、仆射等官吏佩戴。《南史·刘杏传》："周捨又问杏：'尚书着紫荷橐，相传云"挈囊"，竟何所出？'杏答曰：'《张安世传》曰：持橐簪笔，事孝武皇帝数十年。'韦昭、张晏注并云：'橐，囊也，近臣簪笔，以待顾问。'"

【珠囊】 用珠子串缀制成的袋子。唐玄宗开元十八年（730）八月，以千秋节，赐四品以上官员金镜、珠囊。

【辽宋四轮玩具车】 古代一种车玩具。用木、竹等材料制作，下置四轮，以绳牵引玩耍。辽、宋、明、清婴戏图和器物纹饰中常见。辽宁朝阳前窗户村辽墓出土的鎏金婴戏

上：辽宁朝阳前窗户村辽墓出土鎏金婴戏
纹银带上的四轮玩具车
下：宋苏汉臣《婴戏图》中的四轮玩具车

纹银带，就见绘有小儿手牵四轮玩具车。宋苏汉臣《婴戏图》中，亦绘有四轮玩具小车。

【九射格】 古代宴饮游戏工具，亦为一种玩具。相传为宋欧阳修所创。为一圆形射靶，上面彩绘九种动物，物各有筹，射者视所中物之筹数而饮酒。宋赵与旹《宾退录》卷四："本朝欧阳文忠公作九射格，独不别胜负，饮酒者皆出于适。然其说云九射之格，其物九为一大侯，而寓以八侯，熊当中，虎居上，鹿居下，雕、雉、猿居右，雁、兔、鱼居左。而物各有筹，射中其物，则视筹所在而饮之。"

九射格

【水上浮】 宋代一种蜡制玩具。用黄蜡合模制作，中空，制成各种水禽和龟鱼之状。七夕节，放浮于水面，以为嬉戏。故名"水上浮"。宋孟元老《东京梦华录》："七月七夕，……以黄蜡铸为凫雁、鸳鸯、鸂鶒、龟鱼之类，彩画金镂，谓之'水上浮'。"宋周密《武林旧事》："七夕节物……并以蜡印凫雁水禽之类，浮之水上。"

【轮盘儿】 古代玩具。宋苏汉臣《秋庭戏婴图》中有此玩具。在"丁"字形木架上，立一大轮盘，盘中央置一柱，柱顶有一横竿，竿两端各有一骑马小人，一个正弯弓射箭；轮盘上面画有八个格子，每格各画一小物件；旁置一

同样八格的小板，每格各置轮盘格中所对应的小物件。玩时快拨轮盘使之旋转，待停止，视横竿一端骑马小人停落某格，便可获得某格物件，即旁边小板上放置的小物件。宋周密《志雅堂杂钞》卷上："余儿时游中都市井间，……有王尹生者，善一技，每设一大轮盘，径五六尺，盘中尽小器，具花鸟人物，凡千余事。每以楮为小羽箭，或三或五，皆如人意。既而运转大轮如飞，使客随意施箭，皆能预定，初箭中某物，次箭中某物，无毫厘差忒。"周密《癸辛杂识·后集》"故都戏事"条，亦有类似记述。周密《武林旧事》卷六"小经纪"条："若夫儿戏之物，名件甚多，尤不可悉数，如相银杏、猜糖、吹叫儿、打娇惜、千千车、轮盘儿。"

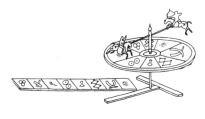

宋苏汉臣《秋庭戏婴图》中的轮盘儿

【土牛】　《礼记·月令》载：冬季迎神时，有出"土牛"的习俗，以表示劝耕之意。土牛胎骨用桑柘木制成。宋陈元靓《岁时广记》卷八载："《国朝会要》：令立春前五日，都邑并造土牛、耕夫、犁具于大门外之东。是日黎明，有司为坛以祭先农，官吏各具彩仗，环击牛者三，所以示劝耕之意。"宋代于泥塑土牛身上还加施彩绘。五代丘光庭《兼明书》卷一载："今州县所造春牛，或赤或青，或黄或黑。"

【小春牛】　宋孟元老《东京梦华录》载：每年立春前一日，开封"府前左右，百姓卖小春牛，往往花装栏坐，上列百戏人物，春幡雪柳，各相献

遗"。在彩塑泥牛上，配有各种戏剧人物，并装饰有彩色小幡，人们买后相互赠送。明刘侗、于奕正《帝京景物略》载：明代皇都（北京）立春日"塑小春牛、芒神，以京兆生异入朝，进皇上春，进中宫春，进皇子春。……府县官吏具公服，礼勾芒，各以彩仗鞭牛者三，劝耕也"。春牛金碧辉煌，制造工致，大非各省直郡县芒神、土牛之比。可知明时春牛制作之精，不亚于宋朝。

【闹竿儿】　亦称"闹竹竿"。传统民间玩具，宋代已较流行。因在竹竿上装饰各种繁杂小耍货，故名。耍货有粗细两种：粗货用泥捏纸制，细货用七宝犀象制作。宋吴自牧《梦粱录》卷十三"诸色杂卖"："小儿戏耍：……闹竿儿。"《西湖老人繁胜录》："闹竿儿，有极细用七宝犀象揍成者。"今陕西、河南一带民间尚见其遗制，用长约半米左右竹竿或高粱秆，缠以五彩丝线，上缀各种小型动物香包、彩粽、核雕猴儿和车木葫芦等。

【闹竹竿】　参见"闹竿儿"。

【打马钱】　古代玩具。是古代打马棋游戏中的专用棋子。打马棋是一种博弈游戏，盛行于宋，棋盘似今象棋盘。马钱为圆形方孔，与钱币大小略同。有两类，即有将马钱和无将马钱。有将马钱正面刻名将

打马钱

之名，背面为人骑马图案等。无将马钱纯为马名和马纹等，马名均有典可寻，如逐日、乌骓、追风、决波等。

【不郎鼓】　古代民间玩具。宋元时期已有流传。亦称"不琅鼓""拨浪鼓""波浪鼓"。为一种带把的小鼓，来回转动时，系在两旁绳上的小鼓槌击鼓"不郎"作响，故名。宋李嵩《货郎图》，货郎手中就拿有这种"不郎鼓"。元关汉卿《四春园》第三折："自家是个货郎儿，来到这街市上，我摇动不郎鼓儿，看有甚么人来。"元无名氏《渔樵记》第三折："这里是刘二公家门首，摇动这不琅鼓儿。"

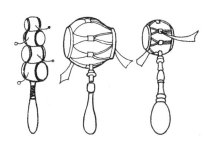

不郎鼓

【不琅鼓】　参见"不郎鼓"。

【拨浪鼓】　参见"不郎鼓"。

【波浪鼓】　参见"不郎鼓"。

【谷板】　古代以田园风光为题材的一种陈设品。宋孟元老《东京梦华录·七夕》："又以小板上傅土，旋种粟，令生苗，置小茅屋花木，作田舍家小人物，皆村落之态，谓之'谷板'。"实为一种玩赏之物。

【果食】　古代食品玩具。用面或粉制作，可玩赏，可食用。宋孟元老《东京梦华录》载：七夕"又以油面糖蜜造为笑厣儿，谓之'果食'，花样奇巧百端，如捺香、方胜之类。若买一斤，数内有一对被介

胄者，如门神之像。盖自来风流，不知其从，谓之'果食将军'"。又九月重阳"以粉作狮子、蛮王之状，谓之'狮蛮'"。宋吴自牧《梦梁录》载：九月，蜜煎局以五色米粉塑成狮蛮，以小彩旗簇之，名"狮蛮栗糕"。

【果食将军】 参见"果食"。

【狮蛮】 参见"果食"。

【子推燕】 古代面塑玩具。宋孟元老《东京梦华录》载：清明节，"用面造枣䭅飞燕，柳条串之，插于门楣，谓之'子推燕'"。为当时清明节的一种节令玩具。宋高承《事物纪原》卷八："故俗，每寒食前一日，谓之'炊熟'，则以面为蒸饼样，团枣附之，名为'子推'，穿以柳条，插户牖间。相缘云介子推逃禄，晋文公焚山求之，子推焚死，文公为之寒食断火，故民以此物祀之，而名'子推'。"

【辽代陶瓷球】 内蒙古赤峰市原文物工作站藏品，计三件。一件为雕花陶球，高 6.5 厘米，赤峰市出土，通体为白色，为上下对接制作，上饰有蜜蜂、团花等纹饰，刻画细致。一件为三彩瓷球，赤峰市出土，高5.8厘米，上面装饰有牡丹花等图案；系先在坯胎上刻出花纹，烧制后再施黄绿釉，色泽浓艳。另一件也为三彩瓷球，赤峰市翁牛特旗解放营子乡出土，高 6.5 厘米，上面装饰有缠枝牡丹等纹样，施有黄、绿、白三色釉彩。三件陶瓷球，上有小孔，似为儿童音响玩具。

辽代陶瓷球
(引自《中国美术全集·民间玩具/剪纸皮影》)

【辽代鸳鸯、鹦鹉瓷壶】 玩赏品。鸳鸯壶和鹦鹉壶，造型都较写实，刻画细致。辽代的这件鸳鸯壶，三彩器，釉层光洁艳丽，比河南安阳刘家庄出土的一件唐代三彩鸳鸯盉造型更为精美，更加逼真传神。鹦鹉壶为酱色釉，莹润光亮，质朴深沉，造型别致生动。两件瓷壶，均为辽瓷中之佳作。

辽代鸳鸯、鹦鹉瓷壶

【辽代摩羯瓷盂】 内蒙古出土。摩羯是印度神话中一种长鼻利齿鱼身鱼尾的动物。内蒙古出土的两件摩羯瓷盂，其造型均与摩羯相符合，其中一件将后卷的长鼻和前伸的鱼尾巧妙地连成一体，造型别致，生动传神。又一说，此二者均为灯盏。参见"摩羯灯"。

辽代摩羯瓷盂
(内蒙古出土)

【辽代三彩龟形陶壶】 内蒙古宁城榆树林子出土。龟形陶壶，龟首伸出略上仰，小眼，双目圆睁，嘴微张，作为壶口；龟背呈椭圆形，上饰有四个团花，侧面饰有一周莲瓣纹。通体上三彩釉，色泽明快鲜明，釉层莹润光洁。龟形陶壶造型独特，形象新颖生动。

辽代三彩龟形陶壶
(内蒙古宁城榆树林子出土)

【金代瓷哨】 有多件。其中一件白釉人面瓷哨，高 4 厘米，为金代河北曲阳定窑烧制。瓷哨胎质细白，施牙黄色半釉，系用湿瓷泥模压制成的立体人面饰；颈部至头部中空，颈背置两孔，一孔用于系挂，一孔使吹入空气在急速回转中发出音响。另一件酱釉戴冠胡人面哨，高 4 厘米，胎质棕褐，釉层硬亮；高温烧成，哨表面模印胡人像，圆眼隆鼻，头戴异族风情的帽饰；哨背置两孔。此件应为金代河南地区的窑场烧制。

金代瓷哨

【元代影青瓷塑观音】 元代瓷塑珍品。1955 年北京西城区出土，首都博物馆藏。高 65 厘米。观音头戴宝珠花冠，身披广袖通肩外衣，外加璎珞飘带，胸藏宝石项圈，赤足。其做法是先用瓷土捏制出形体轮廓，再用刀具精工细雕。璎珞飘带是贴上去的，上釉后高温一次烧成。此件瓷塑观音为元代瓷塑中较罕见之精品。

元代影青瓷塑观音
（首都博物馆藏品）

【元代杂剧陶俑】　元代陶塑珍品。1963年河南焦作元墓出土。陶俑呈各种说唱舞蹈形态。其中一件穿戴蒙古式袍帽和毡靴，腰系皮带，头略右倾，一手向上，一手向下，腰作扭动，神情专注地踏步舞蹈。另一件人物服饰简单，头戴便帽，左手执乐器，右手两指叉口中，作呼哨口技状。陶俑雕塑手法简洁，形象生动逼真，富有生活情趣。这两件杂剧陶俑是元代陶塑的代表作。

元代杂剧陶俑
（河南焦作元墓出土）

【元代瓷哨】　有多件。①酱釉胡人面哨，高4厘米，胎质较细，胎色深灰，釉色酱黄闪绿；哨表面模印胡人面饰，圆眼隆鼻，面带笑意，头发饰花式，为胡人少女特征；哨背置两孔。为元代北方地区窑场烧制。②酱釉鱼形哨，长3厘米，胎质较粗，胎色棕黄；哨体模制成鱼状，用刀具刻画上鱼眼和鱼鳞纹，尾置两孔，鱼体中空；通体施透明釉，由于长时间挂戴，釉层表面有一定磨损。应为元代北方窑场烧制。③白釉黑彩绘鸟纹哨，高4厘米，胎色灰黄，胎质较粗；哨体塑成一立鸟，双足塑成圆台状，鸟头略偏，尾稍下垂；上半身施白色化妆土后罩透明釉，用黑彩点染出鸟嘴、眼及背羽，虽用笔不多，但形象生动自然；两孔置于鸟尾。类似的瓷哨还有一枚，器形、纹饰稍异，同为元代晚期磁州窑系烧制。

【明代玩具】　明代玩具，以江苏苏州虎丘、无锡惠山和北京等地最著名。苏州虎丘生产的玩具称为"虎丘耍货""虎丘头"。清顾禄《桐桥倚棹录》："虎丘耍货，虽俱为孩童玩物，然纸泥竹木治之皆成形质。盖手艺之巧，有迁地不能为良者，外省州县，多贩鬻于是。又游人之来虎丘者，亦必买之归悦儿曹，谓之'土宜'。""头等泥货在山门以内。其法始于宋时袁遇昌，专做泥美人、泥婴孩及人物故事，以十六出为一堂，高只三五寸，彩色鲜妍。""虎丘耍货"中有一种绢人，以泥塑彩绘头部，以丝绢做服装，用玻璃珠等做装饰，最受顾客欢迎，称为"虎丘头"。以"泥美人"最具代表性，鲜丽逼真，楚楚动人。据《桐桥倚棹录》载，虎丘泥玩具计有四十余种："纺纱女""泥童""倒沙孩儿""猫捉老鼠""痴官""猢狲撮把戏""凤阳婆""化缘和尚""葫芦酒仙"等。无锡惠山泥人约始于明代。明张岱《陶庵梦忆》："无锡去县北五里为锡山（锡山、惠山相连一起）。进桥，店在左岸。店精雅，卖泉酒水坛……泥人等货。"早期惠山泥人称"耍货"，有"大阿福""车状元""蚕猫""皮老虎"等。北京是明之皇都，四季都有应时玩具。明刘侗、于奕正《帝京景物略》：立春日"塑小春牛、芒神，以京兆生舁入朝……凡不雨，小儿塑泥龙，张纸旗……"春牛、芒神金碧辉煌，制造工致，大非各省直郡县芒神、土牛之比。当时广东、陕西和山西等地生产的玩具，亦较有名，各有风采。

【明代紫砂布袋和尚】　玩赏品。布袋名契此，号长汀子，五代后梁僧人。居明州奉化（今属浙江宁波）。常背一布袋入市，见物即乞，出语无定，随处寝卧，形如疯癫，人称"布袋和尚"。后梁末，于奉化岳林寺口念偈语而卒。语曰："弥勒真弥勒，分身千万亿。时时示世人，世人自不识。"人们以为弥勒显化，图其形象供奉。后世佛寺多塑其像于山门，袒腹抚膝，大耳大肚，开口常笑，俗称"大肚弥勒佛""笑弥勒"。南宋岳珂赞："行也布袋，坐也布袋，放下布袋，多少自在。"历代画家多有画作"布袋僧"图，民间有"五子闹弥勒"塑像，大肚佛喜笑巍坐，五童子嬉戏于周身。紫砂陶有布袋和尚塑像，手提布袋，大肚大耳，满脸大笑，生动有趣，形神兼具。传明代宜兴时大彬也塑制了布袋和尚紫砂陶塑，肥头大耳，

明代紫砂布袋和尚
（传明时大彬作）

一手持念珠，一手持布袋，大肚凸出，开怀大笑，赤足盘坐，衣褶生动，颇富神韵。

【明代瓷塑吕洞宾】 李寸松藏品。瓷塑吕洞宾头戴道冠，身穿道袍，怀抱一童子，眉、眼、胡须用黑彩描绘，全身有细密开片纹。人物眉目清秀，脸部丰腴，大耳垂肩，一派仙风道骨之气。

明代瓷塑吕洞宾
（李寸松藏品）

【明代德化窑瓷塑汉钟离】 浙江省博物馆藏品，出自福建德化窑。高 3.5 厘米，长 8 厘米。瓷塑呈象牙白色。汉钟离顶圆额广，眉长耳厚，颊大口方，满脸胡须，面含微笑，袒胸露肚，左手托头，右手扶于前身，呈侧身半卧状，一副悠然自得之态。作品造型洗练，神情生动。

明代德化窑瓷塑汉钟离
（浙江省博物馆藏品）

【明代青花娃娃】 江苏镇江博物馆藏品。计两件。一件是 1965 年江苏丹阳砖瓦厂出土，高 11 厘米。瓷娃用白瓷土烧制，通体釉色莹润，以青花绘出肚兜，肚兜上绘白色腰带；头梳双髻，脸颊丰满，眉目清秀，四肢裸露，坐于地上作欢笑状。另一件是 1975 年镇江黄山园艺场桃树山出土，高 11.5 厘米。瓷娃的釉色、姿态、表情与上一件大体相同，都表现出儿童活泼天真和稚拙可爱的神情。

明代青花娃娃
（江苏镇江博物馆藏品）

【明代青花瓷狮】 李寸松藏品。高 5 厘米，宽 2 厘米。瓷狮为模制施釉烧成，狮尾、狮鬣用青花料勾画，釉色晶莹，青花翠艳。狮子黄眼黑珠，双目圆睁，四肢匍匐，狮身浑圆，显得稚拙质朴，憨态可掬。

明代青花瓷狮
（李寸松藏品）

【明代白釉黑彩狗形水注】 山西长治南泉庄窑址出土。高 8.4 厘米，宽 8.2 厘米。为明代民窑烧制，瓷质粗放，点绘率意，简练质朴，具有浓厚的乡土气息。水注系模制，狗背部有注水口，口部为出水口，耳、眉、嘴、眼和身上花纹均为随意点画而成，小狗朴拙生动，憨态可爱。

【明代四轮玩具车】 在北京定陵明代万历帝陵墓中，出土一件皇后的百子图绣衣，其中两处绣有童子牵着四轮玩具车游戏的情景。一处一儿童头留三搭毛，面目清秀，手牵四轮玩具车，车上置有锦绣小帐。另一处亦为一儿童手牵四轮玩具车，车上有一人扛着锦旗，骑在麒麟背上。这两幅图案，应是明代儿童玩具车形态的典型代表。

明代四轮玩具车
（北京定陵百子图绣衣图案）

【转盘图】 古代玩具。似现代陀螺。宋周密《武林旧事》称"千千"，明代称"妆域"，清顾禄《清嘉录》称"转盘图"。参见"千千""妆域"。

【千千】 古代民间玩具。类似陀螺，宋、明时已较盛行。明方以智《通雅·戏具》："《南宋市肆记》载，京瓦儿戏之场，有惜千千，盖如京师之放空钟、抽陀螺乎！形扁丸，有脐，以绳卷而放之，其转不已。谓之'千千'，或其遗称。"

明代儿童在做"千千"游戏
（北京定陵百子图绣衣图案）

【妆域】　系古代一种宫廷游戏器具，如今之陀螺。清杭世骏《橙花馆集·〈妆域联句〉序》："妆域者，形圜如璧，径四寸，以象牙为之。面平，镂以树石人物，丹碧粲然。背微隆起，作坐龙蟠屈状，旁刻'妆域'二小字，楷法精谨。当背中央凸处，置铁针，仅及寸，界以局，手旋之，使针卓立，轮转如飞。复以袖拂，则久久不能停。逾局者有罚。相传为前代宫人角胜之戏。"今北方农村，每逢春节、庙会，尚能见到这种玩具。

【明代抖空竹】　台湾秦孝仪编《海外遗珍·漆器》著录有明代永乐剔红婴戏纹圆盒，盒盖上的婴戏图刻有一男孩在做抖空竹游戏。空竹为单轮，中有木轴，以竹棍系绳，缠绕木轴，拽拉抖动出声，旁边一童子双手捂耳，可知空竹发出

明代儿童抖空竹
（明永乐剔红婴戏纹圆盒盒盖，引自王连海《北京民间玩具》）

的鸣响震耳。这件剔红盒，现藏于美国洛杉矶艺术馆。

【捻捻转】　明代玩具。类似陀螺之儿戏玩具。相传宋代宫中角胜之戏，有用象牙制作的捻捻转。一说，陀螺即"捻捻转"，"捻捻转"为陀螺之别称。一说，"捻捻转"以手捻为戏，陀螺是鞭之使转。明刘侗、于奕正《帝京景物略》：陀螺不是手捻为戏，而是鞭之使转。一说，最小的陀螺，俗称"捻捻转"。用一根火柴棒插于圆形小纸片中央，即可制成，在桌子上也能玩。参见"陀螺"。

明代儿童在玩"捻捻转"游戏
（明嘉靖剔彩货郎图盘图案）

【倒掖气】　古代民间玩具。俗称"咘咘噔""步步登""不不登""噗噗噔儿"。明刘侗、于奕正《帝京景物略·春场》载："东之琉璃厂店，西之白塔寺，卖玻璃瓶，盛朱鱼，转侧其影，小大俄忽。别有衔而嘘吸者，大声唝唝，小声嗟嗟，曰倒掖气。"系用暗红玻璃料吹成漏斗形，尺寸大小不等，以三寸左右者为多。儿童手持其管，嘴衔管口一吹一吸，其平面底被气鼓动而发出"噗噔噗噔"之声，故称。又因其形略似小葫芦，故有人称它为"响葫芦"。

【步步登】　参见"倒掖气"。

【不不登】　参见"倒掖气"。

【噗噗噔儿】　参见"倒掖气"。

【咘咘噔】　明清儿童玩具。用琉璃制成葫芦状，长柄，有大小多种花色，可吹，能发出响声。清富察敦崇《燕京岁时记》："琉璃喇叭者，口如酒盏，柄长二三尺。咘咘噔者，形如壶卢而长柄，大小不一。皆琉璃厂所制，儿童呼吸之，足以导引清气。"清于敏中等《日下旧闻考》："咘咘噔即鼓珰，亦名响壶卢，又名倒掖气。小者三四寸，大者径尺，其色紫者居多。小儿口衔，嘘吸成声。"参见"倒掖气""琉璃喇叭"。

【鼓珰】　参见"咘咘噔"。

【琉璃喇叭】　明清民间儿童玩具。后亦称"咯嘣子"。用各色琉璃吹制成喇叭，长柄，有大小多种花色，可吹，能发出高亢的声音。旧时北京白云观、厂甸等庙会有售，价格低廉。清富察敦崇《燕京岁时记》："琉璃喇叭者，口如酒盏，柄长二三尺。咘咘噔者，形如壶卢而长柄，大小不一。皆琉璃厂所制，儿童呼吸之，足以导引清气。"

旧时北京卖琉璃喇叭
（引自王连海《中国民间玩具简史》）

【响葫芦】　民间传统玩具。亦称"响壶卢""倒掖气"。《续文献通考·乐考》卷九引清魏坤《倚晴阁

杂钞》：琉璃，琉璃厂原为烧殿瓦之用。如殿瓦之外所制，一曰"响葫芦"，小儿口衔，嘘吸成声，俗名"倒掖气"。参见"倒掖气"。

【响壶卢】 参见"响葫芦"。

【铁马】 为悬于檐间的铃铛，风吹发生声响。又称"檐马"。相当于现代之风铃。据称创自隋炀帝。唐冯贽《南部烟花记》载："临池观竹，既枯，后每思其响，不能寝。帝为作薄玉龙数十枚，以缕线悬于檐外，夜中因风相击，听之与竹无异。民间效之，不敢用龙，以什骏代，故曰马也。"今之铁马，是其遗制。

【檐马】 参见"铁马"。

【画壶】 古代一种泥玩具。可吹，上饰彩画。明唐顺之《与洪方洲郎中书》："近来作家如吹画壶……"自注："小儿所吹泥鼓，俗谓'画壶'。"

【木射】 古代一种室内游戏。亦称"十五柱球戏"。唐陆秉《木射图》一书载：其法，在场一端竖立十五根木柱，十根木柱上以红笔各书一字，为仁、义、礼、智、信、温、良、恭、俭、让，另五根木柱上用墨笔各书一字，为傲、慢、㗥、贪、滥。木柱红黑相间，作为目标，参加者轮流抛滚木球以击之，中红者胜，中黑者负。木柱象征"侯"，球象征"箭"，故名"木射"。

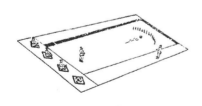

木射

【十五柱球戏】 参见"木射"。

【空中】 古代玩具。元明时期已较流行。《朴通事谚解》载："街上放空中的小厮们好生广。如今这七月立了秋，祭了灶神，正是放空中的时节。"句下注曰："《音义》云：用檀木旋圆，内用刀子剜空，以绳曳之，在地转动有声。《质问》云：顽童将葫芦用木钉串之，傍作一眼，以绳系扯，旋转有声，亦谓之'空中'。"

【抓子儿荷包】 明代女童游戏玩具。明刘侗、于奕正《帝京景物略》卷二载："是月也，女妇间，手五丸，且掷且拾且承，曰'抓子儿'。"抓子儿，是用布缝制成小口袋，内装沙子或谷粒，女孩玩时一面抛掷，一面承接；玩时还口念儿歌，歌词带韵，起鼓舞情绪和活跃气氛的作用。抓子儿游戏，旧时南北都较流行，主要可锻炼儿童的反应能力和灵巧敏捷度。

抓子儿荷包

【锅子花】 明清时一种装在泥娃娃中的焰火玩具。主要流行于我国北方地区。装焰火的泥坯叫"锅子""泥墩"。艺人们为了吸引顾客，将锅子（泥墩）做成娃娃形，放完焰火便是一种娃娃玩具。

【清代玩具】 清代玩具，品种繁多，颇多创新。如苏州捏像和泥玩具，精妙无比，高于宋代的田㞧所做。清曹雪芹《红楼梦》第六十七回："外有虎丘带来的自行人、酒令儿，水银灌的打筋斗小小子，沙子灯，一出一出的泥人儿的戏，用青纱罩的匣子装着。""又有在（苏州）虎丘山上泥捏的薛蟠的小像，与薛

蟠毫无相差。"无锡惠山出现了印段镶手的"小板戏"，都是当时流行的昆曲剧目，以名艺人丁阿金捏塑的最负盛名，多为三人一出的戏剧。晚清天津"泥人张"为捏塑世家，所捏戏出人物，神态逼真，洋人重金购之，置诸博物馆中。光绪年间，北京"泥人王"袖内塑真，毫发毕肖，咸为骇异。泥塑玩具以"兔儿爷"花色最多，且寓意深刻。当时玩具的重点产区，还有陕西西安南郊鱼化寨、甘肃成县竹林寨、广东潮州浮洋、台湾兰屿、浙江绍兴和河北新城白沟河等地区。参见"苏州泥塑""惠山泥人""泥人张"。

【清代苏州虎丘耍货】 清顾禄《桐桥倚棹录·虎丘耍货》载：苏州"虎丘耍货，虽俱为孩童玩物，然纸泥竹木治之皆成形质。盖手艺之巧，有迁地不能为良者，外省州县，多贩鬻于是。又游人之来虎丘者，亦必买之归悦儿曹，谓之'土宜'，真名称其实矣。头等泥货在山门以内。其法始于宋时袁遇昌，专做泥美人、泥婴孩及人物故事，以十六出为一堂，高只三五寸，彩画鲜妍，备居人供神攒盆之用，即顾竹峤诗所云'明知不是真脂粉，也费游山荡子钱'是也。他如泥神、泥佛、泥仙、泥鬼、泥花、泥树、泥果、泥禽、泥兽、泥虫、泥鳞、泥介、皮老虎、堆罗汉、荡秋千、游水童，精粗不等。纸货则有露弗倒、跟斗童子、拖鼓童、纺纱女、倒沙孩儿、坐车孩儿、牧牛童、摸鱼翁、猫捉老鼠、壁猫、痴官、撮戏法、猢狲撮把戏、凤阳婆、化缘和尚、琵琶瞽子、三星、钟馗、葫芦酒仙、再来花甲、聚宝盆、象生百果及颠头马、虎、狮、象、麒麟、豹、鹿、牛、狗之属。出彩则有一本万利、双鱼吉庆、平升三级，皆取吉祥语。竹木之玩则有腰篮、响鱼、花筒、马桶、脚盆，缩至径寸。又有摇毽鼓、马鞭

子、转盘锤、花棒槌、宝塔、木鱼、琵琶、胡琴、洋琴、弦子、笙、笛、皮鼓、诸般兵器，皆具体而微。有以两铜皮制为钹形者，圆如眼镜大，小儿自击为戏，俗呼'津津谷'，盖有声无词也。无名氏《耍货》诗云：'红红白白摆玲珑，打鼓孩儿放牧童。拣得几丛思底事，梦回阿妾索熏笼。'又华鼎奎《泥美人》诗云：'绰约何曾解笑颦，一般工饰粉脂匀。若为抟作康成婢，屈膝泥中认后身'"。

【清代虎丘泥人】　苏州泥人，在唐、宋时已盛。唐代画家杨惠之首创塑壁，号称天下第一，后世有"塑圣"之称。宋代袁遇昌以捏塑婴孩闻名。自明代起，苏州泥塑艺人集中于虎丘附近，他们不但能塑一般人物，而且能对着人面捏塑，称为"捏相"或"塑真"。至清康熙、乾隆时盛极一时。常辉《兰舫笔记》载：有求像者，照面色取一泥丸，手弄之，谈笑自若，如不介意，少顷而像成矣，出视之，即其人也。《红楼梦》第六十七回写薛蟠从江南回家，带来了在虎丘泥捏的小像，与薛蟠毫无相差。传世的顾炎武小像，就是明清之际留下的捏相珍品，现藏于苏州博物馆。在清代，虎丘的戏文泥人也颇有名。一种是全用泥捏的彩塑泥人，还有一种只捏塑人物面部和双手，而以绢绸等制作衣帽盔甲，称为"绢衣泥人"。其特点是写实性强，力求逼真，特别重视面部的"开相"，以能传神者为上品。后期的泥人以小为贵，有的面相小如瓜子，但也眉目清楚，生动传情，极有特色。纪晓岚《阅微草堂笔记》载："又先祖母言：舅祖蝶庄张公家，有空屋数间，贮杂物。……后检点此屋，见破裂虎丘泥孩一床，……其女子之须，则儿童嬉戏，以笔墨所画云。"

【苏州泥人吕洞宾】　清代泥塑珍品。吕洞宾为"八仙"之一。唐京兆（今陕西长安）人，一说河中府（今山西永济）人，名岩，字洞宾，号纯阳子。相传其降生时，异香满室，有鹤入帐而生。成年，两举进士不第。六十四岁，浪迹江湖，遇汉钟离（八仙之一），受延命之术，入终南山修道。又于庐山遇火龙真人，学得天遁剑法，乃游历各地，自称"回道人"。相传其曾有江淮斩蛟、岳阳弄鹤、客店醉酒等故事。世称"吕祖"，元代封为"纯阳演政警化孚佑帝君"。苏州泥人"吕洞宾"，头戴道巾，身穿道袍，腰束丝带，手执拂尘，身背宝剑；面目清秀，五绺长髯，一派仙风道骨之相。泥塑塑制精美，衣褶自然，形神兼具。

苏州泥人吕洞宾

【清代扬州平山堂土宜】　清李斗《扬州画舫录》卷十六载：扬州"平山堂马头在中峰下。……是地繁华极盛，玩好戏物，筐筥鳞次，游人鬻之，称为'土宜'，一时风俗，不可没也。……山堂无市鬻之舍，以布帐竹棚为市庐，日晨为市，日夕而归，所鬻皆小儿嬉戏之物。未开新河时，皆集莲花埂上，故孙殿云诗有'莲花埂上桥畔寺，泥车瓦狗徒儿嬉'之句。自开新河后，此辈遂移于此，故《梦香词》云：'扬州好，画舫到山堂。屈膝窗儿黏翡翠，折腰盘子钉鸳鸯，花月总生香。'雕绘土偶，本苏州'扳不倒'

做法。二人为对，三人以下为台，争新斗奇，多春台班新戏，如《倒马子》《打盏饭》《杀皮匠》《打花鼓》之类。其价之贵，甚于古之郎瑶田所制泥孩儿也。苏州人以五色粉糊状人形貌，谓之'捏像'。……截竹五寸，上开七孔，为箫吹之，谓之'山叫子'。或以铜为之，置舌间，可以唱小曲诸调。纸马，于项下坠泥弹子，用铁丝悬脊骨上，令其自动，谓之'点头马'。上坐泥人，或甲胄，或绣衣。每一会市，所鬻不止千群。用火漆为水族状，罗列一盘；中作一渔翁持渔具，双眸炯炯，神气毕肖。黑鬃纸扇，团面长柄，以手挝之如骨朵。夏间用之，爽利过于蒲葵蕉桐。削木为盘盂碗盌之属，又以木作妆域，上覆如笠，下悬如针，俗谓之'碾转'。其小儿所弄小木塔，委积如山。秋冬间拾蝉蜕甲，画戏文于甲里，每一甲一钱……"

【山叫子】　清代扬州一种管乐玩具。竹制或铜制，可吹奏。清李斗《扬州画舫录》卷十六："截竹五寸，上开七孔，为箫吹之，谓之'山叫子'。或以铜为之，置舌间，可以唱小曲诸调。"

【点头马】　扬州民间泥玩具。清李斗《扬州画舫录》载："纸马，于项下坠泥弹子，用铁丝悬脊骨上，令其自动，谓之'点头马'。上坐泥人，或甲胄，或绣衣。每一会市，所鬻不止千群。"

【扬州泥人】　扬州泥塑玩具。历史悠久。清李斗《扬州画舫录》卷六：乾隆年间，有"宣立扬工医，善泥塑古器，鼎瓶款识，悉如古制，时谓之'宣铜'。其徒戴矮子，置小泥器鬻于山堂，高不盈二寸，而龙文夔首，云雷科蚪，直三代物"。又有"纸马，于项下坠泥弹子，用铁丝悬脊骨上，令其自动，谓之'点头马'。上坐泥人，或甲胄，或绣衣。每一会市，所鬻不止千群"。可知扬州古代泥人，风格独特，具有浓郁的地方特点。

【清代瓷塑《钟馗醉酒》】 清代瓷塑珍品。北京故宫博物院藏。为康熙年间粉彩制品。高16.8厘米。塑像钟馗醉坐于山石前，头戴黑色幞头，身穿大红圆领蟒袍，足穿乌靴，腰结黄色丝带。其人体态矮胖，浓眉大胡，双耳垂肩，一手托杯，两眼微闭，面带微笑，略具醉意。身旁和石上皆有酒坛。山石一面有"康熙年制"楷书款。塑像形态写实，风趣生动，刻画传神。

清代瓷塑《钟馗醉酒》
（北京故宫博物院藏品）

【自走洋人】 古代一种活动玩具。因其能自动行走，故名。苏州虎丘山塘一带所产。清顾禄《桐桥倚棹录·市廛》："自走洋人，机轴如自鸣钟，不过一发条为关键。其店俱在山塘。腹中铜轴，皆附近乡人为之，转售于店者。有寿星骑鹿、三换面、老跎少、僧尼会、昭君出塞、刘海撒金钱、长亭分别、麒麟送子、骑马鞑子之属。其眼舌盘旋时，皆能自动。其直走者，只肖京师之后辀车，一人坐车中，一人跨辕，不过数步即止，不耐久行也。又有童子拜观音、嫦娥游月宫、絮阁、闹海诸戏名，外饰方匣，中施沙斗，能使龙女击钵，善才折腰，玉兔捣药，工巧绝伦。""自走洋人"机动玩具，因按西法制作，故名。

【清代黄杨木雕葫芦】 清代玩赏品。黄杨木雕葫芦，形象写实，雕刻精工，中间为一亚腰大葫芦，四周垂挂多个亚腰小葫芦。葫芦蔓绵延不断，挂满葫芦。民间认为，葫芦寓意多子、吉祥，象征子孙万代，绵延不断。在云南傣族、彝族、拉祜族、阿昌族、基诺族等少数民族还有奉葫芦为神灵的葫芦图腾习俗，流传不少关于葫芦是人类始祖和保护神的神话传说。不少地方认为，姑娘的胸、腹和臀部凹凸的形状与葫芦相似，是一种健康的表现，象征美丽、多子。

清代黄杨木雕葫芦

【清宫藏布老虎】 北京故宫博物院藏品。布老虎全身系用橙红色面料制作，虎身条纹为黑色，虎背脊、耳、眼、鼻、嘴和四足涂染白色，眼、眉处用石绿和群青勾边，群青上装饰有白色小圆点。虎头肥大，上书一"王"字，大圆眼，阔

清宫藏布老虎
（北京故宫博物院藏品）

嘴，翘尾，四足撑地，颇具威势。整体造型粗放，制作精工。

【清代兔儿爷】 北京传统民间玩具。来源于古老的月神崇拜。清代改供兔神，兼具神圣祭祀和世俗游乐功能。北京故宫博物院旧藏有清代兔儿爷，均为儿童形象，身穿红袍，披甲胄，一手置于胸前，一手置于膝上，作坐姿，或坐于牡丹座上，或坐于芙蓉座上。色泽鲜艳，五彩缤纷，神情肃穆，造型庄重，制作精工，具有皇家气魄。清富察敦崇《燕京岁时记》载："每届中秋，市人之巧者，用黄土抟成蟾兔之像以出售，谓之'兔儿爷'。有衣冠而张盖者，有甲胄而带纛旗者，有骑虎者，有默坐者。大者三尺，小则尺余。其余匠艺工人，无美不备，盖亦谑而虐矣。"

左：清代牡丹座兔儿爷
右：清代芙蓉座兔儿爷
（北京故宫博物院藏品）

【清代瓷船】 浙江省博物馆藏品。高8厘米，长12.6厘米。为清代康熙时出品。船呈半月形，平底，两

清代瓷船
（引自《中国美术全集·民间玩具/剪纸皮影》）

层，底层两边各置一门，旁有窗格；上层有一方窗，舱顶为斜坡，如屋顶。船身施褐、黄、绿三彩釉，釉色素净。瓷船造型逼真，结构精巧。

【清代八仙绣花披肩】　清代苏绣披肩珍品。20世纪60年代，作者在苏州征集而来。披肩为圆环形，直径30.1厘米。以八个大如意和八个小如意组成。八个大如意内，绣汉钟离、吕洞宾、蓝采和等八位仙人，八仙手持宝扇、宝剑、花篮等宝物，足登祥云；小如意内，绣四季花卉图案。八仙之名，相传始于元代，明清时民间常以八仙组成图案，寓意长寿吉祥。披肩采用刺绣针法，以苏绣传统的齐针为主，其他辅以平金、拉锁子等针法。敷彩用粉红、朱色、翠绿、湖绿、藏青、天蓝、黑色和金色等，相间调配。绣面平整，色泽丰富，主题突出，构图匀称，表现出清代苏绣的高超技艺。

清代八仙绣花披肩

【清代绣花发禄袋】　清代彩绣珍品。20世纪50年代，作者在苏州征集而来。高16.5厘米，宽22厘米。石榴外形，内饰石榴花、石榴籽。绛红底色，用桃红、宝蓝、石绿等彩丝绣制，运用"浑晕"配色技法；刺绣采用纳锦、戳纱和盘金等苏绣传统针法，用色依花样顺序进行，内深外浅或外深内浅，富丽典雅，极具装饰效果。发禄袋主要用于婚庆新房，挂饰于床楣两侧，左右各一，衬托喜庆气氛。此袋以"榴开百子"为母题，含意丰富。

清代绣花发禄袋

【清代和合二仙绣花荷包】　清代刺绣荷包珍品。20世纪60年代，作者在苏州征集而来。高10.2厘米，宽15厘米。腰圆形，白缎底，上绣和合二仙。"和合二仙"又称"和合二圣"，即寒山和拾得，两人是唐代高僧，后演变为古代神仙。苏州城外建有寒山古寺，内有寒山、拾得塑像。绣花荷包所绣和合二仙为仙童形象，头梳丫髻，身穿短袍，一人双手捧圆盒，一人手持荷花，"荷"与"和"、"盒"与"合"同音，取和谐好合之意。荷包主要运用苏绣传统针法拉锁子绣制，脸和手用齐针，假山用盘金，针脚齐整，绣面平服。配色明快谐和，鲜丽典雅，人物形象生动。

清代和合二仙绣花荷包

【清代惠山彩塑堆子】　无锡惠山泥人研究所藏品。高24厘米，宽10厘米。堆子是用二十五个泥塑孩子堆叠而成，俗称"叠罗汉"。堆叠有五层，孩子四层，最上一层为一红葫芦。泥孩均头绾双髻，五官清秀，盘腿而坐；服饰有红、蓝、黄、绿等色，色泽鲜丽。叠罗汉彩塑主要为喜庆时之赠礼，寓意"节节高""步步高"，象征高升之意。

清代惠山彩塑堆子
（无锡惠山泥人研究所藏品）

【叠罗汉】　参见"清代惠山彩塑堆子"。

【大阿福】　无锡惠山泥人代表作品，根据民间传说创作。传说古时山中住着一种名叫"青饕"的怪兽，出没山林，残害百姓。后来天神降下一男一女两个神童，名"沙孩儿"，力大无比，山中怪兽只要见它们一笑，即俯首投入其怀中，任其吞噬，从此这一带祥和太平。民间就据此创作出一个不同凡响、被神化，但又壮健可爱的大阿福形象，主要是取其镇邪、降福之意。现存最早的一件大阿福泥塑，传为清代乾隆年间原模，现藏于无锡博物院。通高22厘米，宽16.5厘米，厚7.2厘米，是高浮雕型的印制泥人。造型丰润，盘膝而坐，面容饱满，笑盈盈，胖墩墩，眉清目秀，鼻直口方，头梳菱形发髻，怀抱青狮，服色明丽，具有浓烈的江南民间情调。狮子为百兽之王，大阿福怀抱狮子，显示了征服者的神态。此尊泥塑曾于 1979 年荣获全国轻工业优质产品证书。

大阿福

（无锡博物院藏品）

【皮老虎、车老虎、皮虎头】 惠山传统泥塑作品。属儿童耍货，价格便宜，好看好玩，曾经深受儿童喜爱。皮老虎和皮虎头内部都装有哨子，可发出嗡嗡叫声；车老虎下有轮子，可系绳拖着玩，老虎在上面左右晃动，上下抖动，十分有趣。三件作品造型极其单纯，形象质朴

皮老虎、车老虎、皮虎头

稚拙，色彩对比强烈，具有浓郁的地方特色。

【车张仙、车美女、车状元】 清初无锡惠山泥塑作品。高约 7.5 厘米。下装有四个小轮，可供儿童拖拉玩耍。张仙是传说中的祈子之神，右手抱一婴儿，故亦称"张仙送子"。作品中张仙头戴金冠，身穿红袍，足登高靴，三绺长须，眉目清秀，身姿英武。"车状元""车美女"，与"车张仙"大小相同，神态各异。三者均为惠山的一组传统小彩塑。

车张仙、车美女、车状元

【张仙送子】 参见"车张仙、车美女、车状元"。

【荷花囡】 惠山传统彩塑。高 13 厘米。在宋元时期，民间七月初七为乞巧节，当时市井出售一种手持荷花荷叶、身穿红肚兜的彩塑婴孩，叫"摩睺罗"。荷花囡为其中的一种。宋吴自牧《梦粱录·七夕》载："市井儿童手执新荷叶效摩睺罗之状，此东都流传，至今不改，不知出何文记也。"这一风俗，在

荷花囡

江南地区也很盛行。惠山彩塑荷花囡，为一男孩，肥头大耳，面目清秀，头梳一冲天小辫，红红的脸蛋，面含微笑，身穿红肚兜，手执荷花荷叶，手足带有手镯脚镯，站立于大荷叶上。造型活泼生动，神态逼真，惹人喜爱。

【大青牛】 早期无锡惠山的一种泥玩具。青牛系捏塑成型，全身涂青黄色，有的还绘有花纹。无锡一带的民谣说："摸摸青牛头，种田不用愁；摸摸青牛角，种田有着落。"农民喜购大青牛放于家中，以祈祷五谷丰登、六畜兴旺。

大青牛

【清代彩塑麻姑】 清代彩塑作品。麻姑为古代神话中之女仙，旧时象征长生不老。晋葛洪《神仙传》载：麻姑为建昌（今属江西抚州）人，修道于牟州（今属山东烟台）东南姑余山。东汉时应仙人王方平之召降于蔡经家，年似十八九，以美貌著称，能掷米成珠。相传三月三日西王母诞辰，麻姑在绛珠河畔酿灵

清代彩塑麻姑

芝酒，为西王母祝寿。此件彩塑麻姑，头戴宝冠，粉面施朱，朱衣彩裙，身披云肩，骑于梅花鹿上，正欲赶往瑶池为西王母祝寿。作品刻画生动传神，色彩古朴典丽。

【西藏模制小佛像】　用雕刻的铜模捺入香泥磕印而成。创始年代，相传可追溯至唐宋时期，迄今仍有制作、供奉。小佛像大者盈尺，小的不足方寸。一般都是运用高浮雕手法刻制，刻画入微，毫发毕现，生动传神。题材大多是关于菩萨、护法金刚和"欢喜佛"等。泥像制成晒干后，通常要经过喇嘛诵经施法，方可作为正式灵物，藏入塔内或供入寺庙。这类模制小佛像，起源于印度，在中国滥觞于西藏，流传于青海、甘肃和内蒙古地区。

西藏模制小佛像

【蠹弗倒】　古代一种民间泥玩具。清顾禄《桐桥倚棹录》载：以纸及泥为老翁形状，下重上轻，扳之则复起，称"蠹弗倒"，亦名"不倒翁"。参见"不倒翁"。

【晚清纸胎戏人玩具】　北京故宫博物院藏。这种纸胎戏人玩具，当时可能是供皇亲子弟玩耍。人物造型多为直立抱拳，面部为彩绘戏剧脸谱。从残存的纸胎戏人分析，当初这些纸胎戏人身上还应有盔头、髯口等饰物。这种纸胎戏人，可能是先在泥胎上纸糊成型，然后脱胎黏合修正，最后绘制出脸谱和服饰花纹。

晚清纸胎戏人玩具

（北京故宫博物院藏品，引自王连海《北京民间玩具》）

【晚清儿童嬉戏小品剪纸】　在清代，山东掖县民居上的小方格"雀眼窗"装饰有剪纸窗花，多为小品，大小仅 5—7 厘米，小巧玲珑。一部分儿童嬉戏剪纸，体现出丰富生动的生活情趣，如放爆竹、拉车、斗蛐蛐和钓鱼等，无不绘声绘色，逼真传神。这些小品剪纸，亦作为儿童的玩赏之物。山东省美术馆有部分藏品。

晚清儿童嬉戏小品剪纸

（山东省美术馆藏品）

【民间糕饼模】　民间制造糕饼的一种印模子。流行于各地，由于风俗习尚等的不同，造型、花式各异。北京糕饼，自辽、金以来花样最多，大部分是用模子磕出糕形后再加烤蒸的。清代遗留的北京糕饼模子，有百余种形制和纹样，如"龙凤喜饼"模、"鸳鸯饼"模、"天宫赐福"模、"桃"模、"如意年糕"模、端午节用的"五毒饼"模、中秋用的月饼模等。其中月饼模花样最多，大的直径二尺，小的仅有三寸，中刻月宫兔子捣药，外环以各式图案花边，有"暗八仙""缠枝花""八宝""云纹"等。广东、山东、福建、台湾等地，还有"红龟"模、"福禄寿三星"模、"鱼"模等。

民间糕饼模

（引自王来华《中国传统糕饼模》）

民间玩具

【民间玩具】 我国的民间玩具历史悠久，丰富多彩，具有本民族的社会风俗情趣和浓厚的生活气息。在我国各个历史时期的文化遗址中，曾出土千万种民俗玩具，造型质朴洗练，生动传神，有的粗犷，有的精细。在宋代画家李嵩和苏汉臣的《货郎图》中，就绘有民间玩具达上百种之多。至明清时期，品种更多，制作方法亦多种多样。一般都就地取材，有竹木、泥土、麦草、皮毛、布帛等，造型淳朴，色泽鲜明，价格低廉。著名的有无锡惠山泥人、北京的布老虎和兔儿爷、四川新繁的棕编、广东石湾的陶塑、福建和浙江的竹编、山东淄博的料器、山东潍坊和天津的风筝、福建泉州的木偶、江苏苏州和南京秦淮河的灯彩等。

宋李嵩《货郎图》（局部）

【民间捏塑类玩具】 主要有陶玩具、泥玩具、面坑具、糖人等。以陶玩具、泥玩具的历史最久。1978年，在山东宁阳大汶口新石器时代遗址内发掘出一件陶猪，大耳、尖嘴，小尾，短腿，形象粗犷而生动。汉代王符《潜夫论·浮侈篇》载：以泥土"或作泥车、瓦狗、马骑、

倡俳诸戏，弄小儿之具以巧诈"，可见泥玩具在汉代已很盛行。宋代的陶泥玩具更为丰富，除了捏塑外，大多采用模制，即以陶模磕制而成，然后烧造、彩绘。在苏州博物馆还藏有宋代泥玩具的陶模。明清以来，泥玩具主要产于北京、天津、河北白沟河、河南浚县和淮阳、陕西凤翔、江苏无锡和苏州等地。苏州泥玩具始于宋代，尤其是苏州虎丘的捏像，清代时闻名全国。无锡惠山泥人，明末至清代为发展鼎盛期，"大阿福"彩塑名重一时，现在还是当地的畅销产品。面玩具中，除了以江米面团捏塑的面人外，在农村中最普及的就是既能食用又能玩耍的面食玩具。年节时，民间用面捏塑成猪、羊、狗、鱼等动物，再用食品颜料彩绘，用色艳丽，形象肥胖滚圆，十分可爱。面塑中以北京、上海捏塑的最为精美，技艺卓越。

河南陶塑玩具

【民间刺绣缝纫类玩具】 主要制作各种布玩具和香包等类产品，造型有人物、动物等。如北京的"猴子吃桃"布玩具，用碎布片缝制，由于作者选配布色得体，设计巧妙，将猴子顽皮爱动的神态刻画入微，别具意趣。山东潍坊的布老虎，既威武，又稚气，惹人喜爱。广东潮州的刺绣玩具梅花鹿、象、狮子滚绣球等，以金银钱绣成，色泽鲜艳闪亮，造型生动，为早年出口的畅销品。西安的刺绣香包，绣制精美，小巧别致，很受外国游客欢迎。

上：北京"猴子吃桃"布玩具

下：西安刺绣香包

【民间竹木类玩具】 主要有木棒人、空竹、陀螺、车木玩具等。广东、福建、浙江等地以竹筒、竹片、竹篾等粘接或拼接成龙、鸟、蟹、蝉等形象，有的带苇哨，发出清脆的音响。此外，还有木制车轮玩具，以及竹篾扎成兔、鱼等状的各种灯彩。有的灯彩下装木轮，可以拖拉，是元宵节的节令玩具。

河南木猴爬杆玩具

【民间编织类玩具】 主要以草、芦苇、麦秸、玉米皮、棕榈树叶等为

原料，运用编扣、打结、穿插等编织技法制成龙、蛇、鱼等形象。湖南长沙和四川新繁的棕编玩具充分发挥鲜嫩棕榈叶绿色而有光泽的特长，制成蚱蜢、螳螂等，形象逼真，十分生动有趣。山东编制的竹响篮，编织简易，色彩鲜明，轻巧坚实，形制小巧，很受大众喜爱。

山东竹响篮

【民间智力类玩具】　有七巧板、九连环、双七巧、益智图、纵横图等。七巧板是由一个正方形分解成七块，用作拼图游戏，可组合成1000多种图形或文字，19世纪传播于世界各国，被誉为"东方魔板""唐图"。九连环，以九环相套为戏，玩时可分可合。得法者须经上下81次才能将九环套入一柱；再经81次，才能全部解开。儿童玩七巧板、九连环等游戏，可启发智慧和提高想象力。参见"七巧板""九连环"。

【民间食品类玩具】　这类玩具，我国各地均有，既可玩耍，又可食用，尤其深受儿童的喜爱。主要有面花馍、花式糕饼、食品雕刻、冰

山西面馍"老虎"
（引自李友友《民间玩具》）

糖塑、糖画、糖灯影和香串等。

【风车】　民间玩具。系由彩色纸、细竹、高粱秆和铅丝等物制成。风车形式有单独一支的，也有几支组成一串的。它的结构，一种是正方形四角作对角剪至一定长度，将同位置的各个页尖聚拢在中央贴牢，然后以铅丝从中心穿过，一头扭成环结，一头绑在竹签或高粱秆上即成。另一种结构系用若干纸条一头扭转方向贴于圆心和圆边框之间。风车借助风力转动，由于页轮转动可带动轴承转动，轴下用线绞住鼓槌，最下安有小鼓，风轮转动时，轴的拨片拨动鼓槌即可击鼓作响。风车在宋代已较流行，宋代李嵩《货郎图》中，在货郎的帽上就插有一只小风车。明刘侗、于奕正《帝京景物略》载："……剖秫秸二寸，错互贴方纸，其两端纸各红绿，中孔，以细竹横安秫竿上，迎风张而疾趋，则转如轮，红绿浑浑如晕，曰风车。"

上：小风车
下：大风车

【飞燕儿】　民间玩具。用竹片、胶

泥、鸡毛和细铁丝或铅丝等制成。燕身用胶泥制作，燕翅用鸡毛制作，涂色彩绘，然后穿系在一根细铅丝上，铅丝绷在用竹片弯成的弓形两头。玩时，用手拿着竹片，上下翻动，小燕就徐徐抖翅向下摆落。如燕身再悬以小铃，小燕下落时会发出悦耳的铃声。又称"弓燕"。民国孙殿起《琉璃厂小志》载："弓燕，以竹木条为弓，以铁丝为弦，弦上穿泥制小燕。"

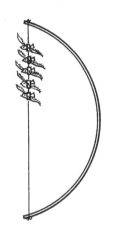

飞燕儿

【弓燕】　参见"飞燕儿"。

【飞鹤】　民间玩具。鹤的头部和身体用泥捏塑而成，再涂色上彩，脚用细竹片制作，翅膀以鸡毛或鸭羽插入鹤身制成。鹤为珍禽，象征长寿。《诗经·小雅·鹤鸣》："鹤鸣于九皋，声闻于野。"《淮南子·说林训》："鹤寿千岁，以极其游。"儿童以鹤为戏，寓意"长命百岁"。

飞鹤

【转燕儿】　民间玩具。用卡片纸、

竹签和薄铁片等制成。以卡片纸做成燕形，再用绳系在一根短棍上。玩时用手举起，向空中甩转，由于燕尾旋转，牵引着竹签及其上面的圆铁片也随之转动，转动时摩擦燕头下部的尖铁，便能发出连续的响声。

转燕儿

【九连环】 传统民间智力玩具。以金属制成的九环相套为戏，故名。玩时可分可合。得法者须经上下81次，才能将相连接的九个圆环套入一柱；再经81次，才能全部解开。清曹雪芹《红楼梦》："谁知此时黛玉不在自己房里，却在宝玉房中，大家解九连环作戏。"明杨慎《丹铅总录》载："连环之制，玉人之巧者为之，两环互相贯为一，得其关折，解之为二，又合而为一。今有此器，谓之九连环。"九连环流行极广，形式多样，规格不一。除九连环外，还有类似的蛇环、花篮环、十三环等，也统称九连环。九连环分解、合一的程序有助于启发智慧，并有较强的趣味性。

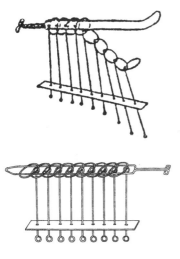

九连环

【孔明锁】 民间一种环类益智玩具。据传为诸葛孔明发明。由两道梁和剑柄组成。头道梁是直梁，两端各有一个圆环，呈哑铃形；二道梁是"凹"字形，有两个平行相对的圆环。剑柄套在二道梁上。玩时通过一定程序，可以将剑柄从梁上退出来。孔明锁有很多变体，如"三道梁孔明锁""凹环孔明锁""折套孔明锁""平顶三合环孔明锁"等。

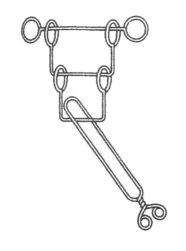

孔明锁
（周伟忠绘）

【蛇环】 民间一种环类益智玩具。亦称"马蹄式连环"。主体是若干个马蹄形的缺口环。这些环平均分

游离环
连接环
马蹄形梁

蛇环
（周伟忠绘）

为两组：两组马蹄环的排列方向相反，两组马蹄环中间相对。每个环的两端各有一个小环与邻近的马蹄环相连，使所有的马蹄环连成长串，类似蛇形，故名。在每两个马蹄环之间都装有一个圆环，称为"游离环"。开解的目的是把所有游离环都从主体上取下来。开解要领是利用中间相对的马蹄环使之并靠在一起，再把其他马蹄环并靠在一起，游离环陆续叠摞在马蹄环的缺口，就可取出来了。

【马蹄式连环】 参见"蛇环"。

【肖形环】 民间一种环类益智玩具。肖形环的结构，多以九连环、蛇环、孔明锁为基础加以改进，形成新的结构，并将主梁做成各种形状。常见的肖形环有宫殿环、塔环、壶形环、兔形环、鼠形环、鸽形环、鱼形环、蝴蝶环、梨形环、葫芦环、梅花环等。

各种肖形环

【七巧板】 一种拼图智力玩具。又称"七巧图"。是一种由正方形分解成七块具有特定形状的纸板或木板所组成，用作拼图游戏的玩具。通过组合，可拼成1000多种文字或图形。它由宋代"燕几图"演变而来。宋代黄伯思始作《燕几图》，明代戈汕在此基础上作《蝶几图》，清代嘉庆时又出现《七巧图合璧》。19世纪还广泛传播于世界各国，被称为"唐图"

"东方魔板"。英国李约瑟在《中国科学技术史》一书中曾高度评价七巧板，认为它与几何剖分、静态对策、变位镶嵌等有关，也与多少世纪以来中国建筑师用在窗格子上的丰富几何图案有关。直到目前，欧美、日本诸国都有关于七巧板的书籍出版。由此可见它所产生的深远影响。

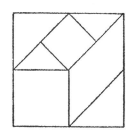

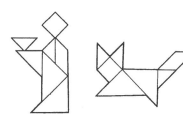

上：七巧板

下：用七巧板组合的图形

【唐图】　参见"七巧板"。

【东方魔板】　参见"七巧板"。

【七巧图】　古代拼图智力玩具。即"七巧板"。清陆以湉《冷庐杂识·七巧图》："近又有七巧图，其式五，其数七，其变化之式，多至千余，体物肖形，随手变幻。盖游戏之具，足以排闷破寂，故世俗皆喜为之。"参见"七巧板"。

【双七巧】　一种拼图智力玩具。由两块正方形作直线切割而成。它以直线造型，由于两块切割的形状更多样，所以图形变化也比七巧板更丰富。

【双方七巧板】　一种拼图智力玩具。用一块正方形板分割为七块，其中有两块板为方形，故名。

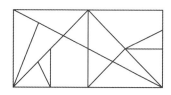

上：双方七巧板

下：用双方七巧板组合的图形

【益智图】　一种拼图智力玩具。清代童叶庚根据七巧板加以改进而成。它系将一正方形分割成十五块，较之七巧板增加了半圆形、L形、带弧L形、梯形等，因此组拼的图形变得更加生动。童叶庚著有《益智图》一书，对益智图有详尽的说明。益智图亦称"十五巧"。

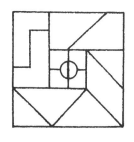

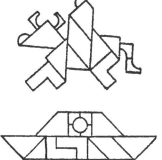

上：益智图

中、下：用益智图板组合的图形

【十五巧】　参见"益智图"。

【燕式七巧板】　一种拼图智力玩具。在 5：4 的长方形板上分割成七块，聚合图形似燕子，故名。

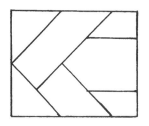

燕式七巧板

【百巧图】　一种拼图智力玩具。由益智图发展而来。在一块正方形板上分割成二十二块，较之益智图又多出了长方形、直角三角形，组件图形有直线形也有曲线形，且数量较多，因此可以组拼出更加复杂，也更近似实物的图形来。

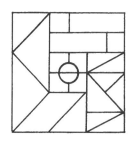

百巧图

【纵横图】　一种拼图智力玩具。将从 1 到 n^2 的自然数排列成纵横各有 n 个数的正方形，使在同一行、同一列和同一对角线上 n 个数的和都相等，称这样排列成 n 行的图为"纵横图"，亦称"幻方"。汉代已有三行的纵横图，称为"九宫"。宋杨辉《续古摘奇算法》（1275 年）书中

4	9	2
3	5	7
8	1	6

纵横图

列出了 $n=3$，4，5，……10 等行的纵横图。

【幻方】 参见"纵横图"。

【九宫】 参见"纵横图"。

【扭计板】 一种拼图智力玩具。以正方形板切割成十六块直线板块，并在正面刷上同一色。此板不用来拼组其他形象，而只用来拼组方形。玩的方法是，将浅方盒内的十六块板完全打乱，再重新拼成方形，铺满浅盒。组拼的要求有几种：一种是部件不分正反地组拼，另一种是只能用同一面组拼。还有先用几块在浅盒内作定点安置，然后用其他板拼满浅盒。此种拼法既可不限正反面，也可限定只能用正面或反面。这种限定一面、定点的组拼最难。

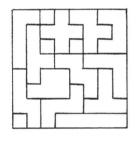

扭计板

【拼图板】 一种拼图智力玩具。在三夹板或硬纸板上画出动物或其他物体，然后沿着物体的边缘及物体各个基本部分画线锯开。例如，公鸡可分成头、身子、双脚、尾巴几部分。玩时，把拼图打乱，然后将物体各部分拼成一个整体，拼时可用语言描述所拼物体的各部分名称。这种玩具适合于低幼儿童玩耍。

【百鸟瓶】 一种拼图智力玩具。将一块大的瓶形纸板进行适当分割，打散后重构，就可以组合成许多形象。

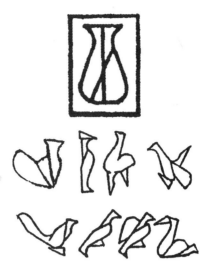

上：百鸟瓶
下：用瓶形板组合的各种鸟形

【弧线巧板】 一种拼图智力玩具。将一块圆板按同心圆圈切割成九块，除中心一件为圆形外，余皆为半圆弧线。游戏时，随意组合成各种生动造型。弧线巧板的特点是以曲线造型，它与直线造型相比别有一番情趣。

上：弧线巧板
下：用弧线巧板组合的图形

【蜂窝巧板】 一种拼图智力玩具。共有七个部件，部件呈直线、波线、十字形线、半圆弧线及两种 L 线。每个部件分别由正六角形组成，呈蜂窝状。游戏时，相扣相合组成各种造型。此种线板造型较之其他板块造型的局限性略大。

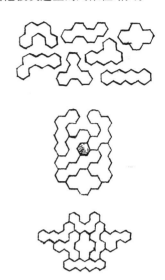

上：蜂窝巧板
下：用蜂窝巧板组合的图形

【六六幻方图】 由陕西历史博物馆设计制作，在 2010 年全国博物馆文化产品评奖中荣获铜奖。该幻方益智玩具，是依据陕西西安元代安西王府遗址出土的幻方图原理制成：每行由六个数字排列组成方阵，纵行、横行或对角线上的数字相加之和都是 111。玩具设计简单，操作方便，适合儿童娱乐，盲人也可以使用，从中能领略到趣味数学的魅力，充满人文关怀，是一件益智益脑的好玩具。

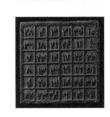

六六幻方图
（陕西历史博物馆设计）

【九九消寒图】 民间一种节令玩具。简称"九九图"，是一种民间计日的游戏。其图绘九组圆圈，每组九枚，共八十一圈，自冬至日数九第一天开始，每日填一圈，至九九填满，冬尽春来。最早的九九消寒图记载见于元代，剪梅花一枝，八十一朵，贴在窗户上。妇人每日晓妆时，用胭脂染一朵，八十一朵染尽，梅花就变为红花，春天也就到了。元杨允孚《滦京杂咏》卷下有诗曰："试数窗间九九图，余寒消尽暖回初。梅花点遍无余白，看到今朝是杏株。"清代时，民间填画九九消寒图之风俗较为普遍，当时天津杨柳青、山东潍坊和河北武强等民间木版年画产区都印制九九消寒图供应各地。这是"画九"。清代宫廷还流行一种"写九"消寒图，即选每字九画的九个字，如"亭前垂柳珍重待春风"（垂字、风字为繁体），每日用色笔填一画。还有一种九九消寒图，画有八十一枚方孔铜钱，可记录每天天气变化的情况。有一首歌谣："上黑是天阴，下黑是天晴，中黑天严寒，中白暖气生，满黑雪纷纷，左雾右生风。"

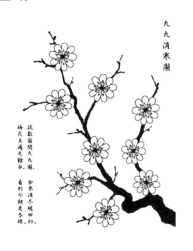

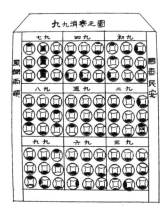

九九消寒图

【九九图】　参见"九九消寒图"。

【升官图】　民间一种益智玩具。又名"彩选格""选官图"等。据传由明代倪元璐所创，亦传创自唐代。是一种依靠转动四面陀螺赌赛升官的图版游戏，以最先升任最高官者取胜。清代时升官图品种已很多，通俗生动，色泽鲜艳，较具趣味性。种类有"十二生肖升官图"，行棋路线从子鼠起，以下为丑牛、寅虎、卯兔……至亥猪，后续八仙，终点为寿星。又有"二十四孝""和气生财""看图识字"等各种升官图。这些升官图，均出自江苏苏州、天津杨柳青、山东潍坊、广东潮州、四川成都和河北武强等民间年画产地。迄今升官图游戏仍有流传。

上：十二生肖升官图
下：和气生财升官图
（引自王连海《北京民间玩具》）

【彩选格】　参见"升官图"。

【选官图】　参见"升官图"。

【不倒翁】　传统民间玩具。亦称"蓬弗倒""扳不倒儿"。有泥作、纸糊两种。唐代已有这种玩具，为一种劝酒用具，称"酒胡子"。通常雕塑成一老翁形象，白胡团身，头轻底重；用手扳按，迅即自动竖直，故名。清赵翼《陔馀丛考》："儿童嬉戏有不倒翁，糊纸作醉汉状，虚其中而实其底，强按捺，旋转不倒也。"无锡惠山泥塑，常塑有不倒翁泥人，形象可爱，深受人们欢迎。参见"蓬弗倒"。

不倒翁

【扳不倒儿】　民间玩具。参见"不倒翁"。

【酒胡子】　民间玩具。参见"不倒翁"。

【刮打嘴】　一种传统民间土制玩具。曾流行于北方农村。用泥土塑制成动物等形象，涂上红绿彩色，中间穿上细绳，用以抽拉，可发出声响。民间集市有售。

【泥瓜果】　民间玩具。也是一种传统工艺品，具有浓厚的民间工艺特色。它是仿照瓜果的形象，用黏泥捏制而成。制作过程，分捏坯、捏昆虫、制叶柄梗（藤）和上色、上漆等几道工序。

【丑官盒】　传统民间玩具。用泥捏塑成丑官的头和手，用硬纸板制作盒子；以螺旋状钢丝弹簧连接丑官的座子和盒底。待做好后，玩时只需用手按动一下，丑官就会在盒内上下哆嗦地颤动起来。玩具制作简便，逗人发笑。

丑官盒

【吊挂塑珠】 婴幼儿玩具。由色彩鲜艳的塑料珠子穿在一根松紧带上制成，拉紧的带子穿过婴儿摇床的上部。可供婴儿观赏，借以训练婴儿的注意力。

【挂挂玩具】 婴幼儿玩具。常以小片彩色金纸装饰在空罐头盒上，或把线轴涂上鲜艳的色彩，挂在绳子上，具有装饰性，能随风转动。可供婴儿观赏，借以训练婴儿的注意力。

【娃娃玩具】 形象玩具。是儿童最喜欢的玩具之一。1949 年以前只能从国外进口，因而称为"洋娃娃"。现在我国不仅能生产娃娃，而且还出口到世界各地。品种有布

娃娃玩具

娃娃、塑料娃娃、民族娃娃等，造型、材质、功能等丰富多样。

【蛋壳娃】 传统民间玩具。南北都较流行。在鸭蛋壳或鹅蛋壳上，用彩色绘出各种人物。有的画成脸谱，以供儿童玩耍；有的在蛋壳底部安置一重物，制成"不倒翁"，更受儿童喜爱。

蛋壳娃

【苹果人】 民间玩具。用各种零碎色布缝制。以前利用它插放缝针，后演变为一种玩具。上面人形有三人、五人、七人、九人不等。因其围抱之物形似苹果，故名。

苹果人

【盘中泥人】 民间玩具，又称"盘中戏"。泥人系用胶泥在泥模上翻

盘中泥人

制而成。在泥坯将干时，于泥人下部围插一圈细铅丝或粘鬃毛，然后上彩、开脸绘画。玩时，将泥人放在浅盘（如茶盘）中，用小木棒轻轻敲打盘边，由于受震动，泥人就会徐徐移动，形似走路。参见"北京鬃人"。

【盘中戏】 民间玩具。参见"盘中泥人"。

【核桃面人】 民间面塑品种之一，北京和上海等地都有制作。首先将核桃劈为两半，挖空，用细铜丝连接，可开合；然后在核桃壳内用各色江米（糯米）面捏成人物、仙佛等形象。核桃面人最早出现在清代乾隆年间，据《清稗类钞·物品类》载，乾隆时南京已出现卖核桃面人的艺人。其作品"不满方寸之地，而陈设秩如，神情宛若也"。最著名的为《十八罗汉》，在两片核桃壳内捏出十八位形态各异、衣着不同的罗汉，衣纹、表情、道具样样逼肖。北京著名艺人"面人汤"、上海"面塑大王"赵阔明都曾捏塑过核桃面人，迄今民间仍有此技艺流传。核桃一般选用比较大、形状周正的。精选后切开，取出果肉，经过晒干，进行粗磨、上色、上漆、上蜡。上漆、上蜡是为了有好的光泽和防腐蚀。在半片核桃内要捏塑两厘米大小的面人，难度很高，可见其技艺的精湛和高超。

【竹签面人】 传统民间玩具。面塑艺人在面人塑制完成后，通常在面人身后安一根四五寸长的细竹签，以便于儿童拿在手中玩耍。竹签面人有单个面人，也有双个面人。题材内容有寿星、仙女、八仙、孙悟空、猪八戒、戏曲人物和卡通人物等。

竹签面人：孙悟空

【布老虎】　民间最受欢迎的玩具之一。一般是用布料缝制成形，虎腹内填以棉花、锯木屑等物，表面用彩绘或色布剪贴出老虎的五官和花纹。旧时北京地区的布老虎，虎身多用黄布制作，脸部和花纹都用黑、白、红等色布剪贴而成。陕西和山西，多用平针、打籽等多种刺绣针法来绣制虎身纹样。山东莒南的布老虎，则用红、绿、褐等色颜料，将虎纹绘成花卉纹。在东北和华北一带地区，新生婴儿有"洗三"的习俗，古称"洗儿会"。亲戚带上母鸡、红糖等礼品看望新生儿，在礼品中必有一只布老虎，是送给孩子最珍贵的礼物。在幼儿百日、周岁，祖母、外祖母也常送布

布老虎

老虎。民间认为，老虎具有驱邪、压祟和祝福的含意。

【虎头枕】　用布制作的老虎枕头。亦称"布虎枕"。有双头虎枕和单头虎枕两种。虎头枕日常作为儿童的卧具，同时又是一种极富稚趣的玩具。其缘起，相传与西汉李广射虎的故事有关。晋葛洪《西京杂记》载："李广与兄弟共猎于冥山之北，见卧虎焉，射之，一矢即毙。断其髑髅以为枕，示服猛也。"民间认为，儿童卧虎头枕可避凶去邪，保佑身体安康和长命百岁。虎头枕在我国很多地区都盛行，一般用黄色布缝制而成。其形，虎躯粗壮，四肢匍匐，虎背微凹，两耳前倾，额上一个"王"字；黑眉、圆眼、阔口，虎须分列左右。虎势十足，但又温顺可亲。

虎头枕

【布虎枕】　参见"虎头枕"。

【青蛙形耳枕】　民间一种枕头，也可作为儿童玩具。盛行于陕西、山西等地区。一般以布制成。蛙形被塑造成绿背、白脸、浓眉大眼、红厚嘴唇、拟人化的"开脸"，并配着四只小白爪。在枕头中心挖出一个能套入儿童耳朵、呈红色海棠形的洞；背上绣有五毒、七星等图案，

青蛙形耳枕

构成一副可爱的形象，有避凶驱邪、保护儿童耳朵及承漏泪水的作用。

【引枕】　一种当中有方洞（侧卧时可放耳朵）的枕头。有的上面绣有花纹。现山西民间仍有，布制，多为儿童所用。

【警枕】　枕名。用圆木做的枕头，上面缀以铃，熟睡则欹动，使人易觉醒，故名。《资治通鉴》卷二百七十："（钱）镠自少在军中，夜未尝寐，倦极则就圆木小枕，或枕大铃，寐熟辄欹而寤，名曰'警枕'。"清陆以湉《冷庐杂识·警枕》："钱武肃王用警枕，司马温公亦用警枕。兴王贤相，勤劳正相同也。"

【香袋】　传统民间玩具。又称"香束""香囊"，中原地区叫"香布袋"，北方叫"荷包"，南方则称"香包"。制作方法大体分缝填、缠扎、刺绣、剪贴、模印等数种。其中以用色彩绚丽的绸缎边角料做成的小袋最为多样，有十二生肖、粽子、鸡心、蝴蝶、如意、熊猫等形，还有的做成各种惹人喜爱的鱼娃形状。香袋的外面还可再襟上各色丝织的须头，玲珑别致，既有单只，又可配套。袋内装上甘松、山奈、白芷、檀香等多种天然香料粉末，对人体健康有益。甘松有理气止痛、开郁醒脾的功能；白芷芳香开窍，能辛散祛风，温燥除湿；山奈能辟秽气；檀香更是名贵的香料，能调脾肺、利胸膈，是理气良药。

鱼娃香袋

香袋是清洁空气、有益身心的佳品。每逢端午佳节，给儿童佩于胸前或挂于床前，民间认为具有健身、辟邪、除秽气的作用。参见"荷包""香囊"。

【香束】　参见"香袋"。

【香布袋】　参见"香袋"。

【香包】　参见"香袋"。

【瓜子鸡】　一种原始香包。是将晒干的瓜类种子，依次用彩线穿连而成。包的一头缝上红绒布剪的鸡冠，一头插上几根小羽毛，然后用铜线作鸡脚。小鸡能活动，可低头翘尾，非常有趣。

【香囊】　装香料的小袋，古人常佩于身上或系于帐中。古乐府《孔雀东南飞》："红罗复斗帐，四角垂香囊。"《晋书·谢玄传》："玄少好佩紫罗香囊。"亦名"香袋""香包""香布袋"。形制大体包括五毒、老虎、彩丝缠粽、缠钱、如意形等，也有做成小鸡、花朵、胖娃娃、昆虫，或具有吉祥寓意的寿桃、蝙蝠（福）、柑橘（吉）等形状。现代制作的香囊品种更多，如广东潮州的香囊品类，或作为吊灯、床帐、乐器、扇子的坠饰，或略变形制，做成针包、烟套、眼镜袋等实用物品。我国许多少数民族也有制作香囊的习惯，如土家族、满族、鄂温克族、鄂伦春族、蒙古族、达斡尔族等，里面或装香料，或装烟丝，

少数民族各种香囊、烟荷包

或装火镰，既是实用品，也是装饰品和玩赏品。

【老虎五毒香包】　民间端午节应时玩具。一般都佩挂于儿童胸前。用彩色布缝制，上有各种刺绣纹饰，也有绘饰的，色泽鲜艳。上部为老虎，面带笑意，昂首翘尾，既神气又可爱。下面用线穿挂"五毒"（蝎子、蛇、蜈蚣、蟾蜍、壁虎或蜘蛛）和葫芦等物品。寓意把灾难和治病的药都装进葫芦里，辟邪消灾，保人健康。这一习俗，南北方都有。老虎五毒香包的制作，大同小异，一般都为农村妇女自做自用。

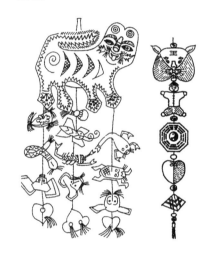

老虎五毒香包

【艾虎五毒绣花肚兜】　旧时民间习俗，端午节儿童穿艾虎五毒（蝎、蛇、蜈蚣、蟾蜍、壁虎/蜘蛛）服饰。民间认为艾虎是嘴衔艾枝的老虎，儿童端午系穿艾虎五毒纹肚兜，可消灾辟邪，身体像老虎一样

艾虎五毒绣花肚兜

结实，苗壮成长。这种儿童刺绣肚兜，通常都由外婆或姑姑缝绣，色泽鲜艳，大红大绿，以求吉利红火。

【虎头童帽】　布制，亦有绸制，上有刺绣、贴绣等；有单的、棉的，亦有仅有帽圈没有帽顶的。老虎在中国传统文化中具有威风、强健的含意，儿童戴虎头帽，寄寓人们企盼孩子健康成长的美好愿望，所以南北农村均流行。其中以山东沂蒙山区做的最具乡土特色。一般以红绿绸布做面料，用彩色布点缀，然后用彩线绣制纹饰。帽呈筒形，留出面部。老虎面部五官匀称，粗眉、大眼、阔口；色彩以红、黄、蓝、绿、紫五色为主，以黑、白和金银线作点缀，颜色明快协调。有的还会在虎耳、鼻、口部加上白色或彩色兔毛，使老虎的形态更为生动。各地制作的虎头帽大同小异，但各有特色。

虎头帽

【八吉祥帽】　古代一种童帽。帽上以"八吉祥"图案为饰，故名。用绫罗绸缎制作，上饰法螺、法轮、宝盖、宝伞、宝壶、双鱼、莲花、百结八种吉祥纹样。有彩绣的，有以金银制作的。《金瓶梅词话》第四十三回："（迎春）抱了官哥儿来，头上戴了金梁缎子八吉祥帽儿，身穿大红氅衣儿。"儿童戴八吉祥帽，寓吉祥康乐之意。

【狮子童帽】　民间流行的一种童帽。用色布缝制，帽顶贴绣狮子纹样，故名。一般狮头做得较大，狮身较短，狮尾可摆动。形象夸张稚拙，色彩鲜明，生动可爱。民间习俗认为，狮子为百兽之王，儿童戴狮子帽可辟邪消灾，吉祥安康。

狮子童帽

【罗汉帽】　一种传统童帽。中国南北方广大地区均很流行。亦称"银佛头帽"。因帽上以银罗汉（有的地方称"佛头"）为饰，故名。通常以彩缎或色布缝制，有棉、夹两种，北方的会用兔毛缘边。帽前方缀有十八尊银铸小罗汉，有的饰五尊银铸佛头，以寓佛爷保佑之意；还有的绣有五彩吉庆纹样；帽后垂有银铃、仙桃、

上：流行于南方地区的罗汉帽
下：流行于北方地区的罗汉帽

葫芦、银锁、双鱼银印等饰物，取长命富贵之意。一般在婴儿百日或周岁时，由外婆或姑姑赠送。

【银佛头帽】　参见"罗汉帽"。

【荷花帽】　一种传统女童帽。主要流行于长江一带。亦称"莲花帽"。通常有两种：一种以荷花做帽形，另一种帽上用荷花为饰。用彩绸或色布缝制，以五色丝线绣荷花；在帽前正中绣花蕊，两边各绣三片莲瓣。民间认为女孩戴荷花帽，可似荷花一样清纯美丽、情操高洁；另说莲花为佛界标志，代表"净土"，象征纯洁，寓意吉祥，以此祝愿儿童可受到佛的保佑，长命富贵，祥瑞如意。

荷花帽

【莲花帽】　参见"荷花帽"。

【凤头鞋】　古代一种高级绣鞋。简称"凤头"。多为女用。以绸缎做鞋面，上彩绣凤身，凤头做立体造型，饰于鞋头，厚底。制作精致，均为上层命妇所穿用。凤头鞋早于秦代即有，明清时较通行。初用蒲草、黄草等制作，后用丝布帛等缝制，明清时有用金银片模压。五代冯鉴《续事始》："履舄，……至（二世），加以凤首，尚以蒲为之。西晋永嘉元年，始用黄草为之。宫内妃御皆着之。始有伏鸠头履子。"五代马缟《中华古今注》："鞋子，……至东晋以草木织成，即有凤头之履。"清李渔《闲情偶寄》："从来名妇人之鞋者，必曰'凤头'。世人顾名思义，遂以金银制凤，缀于鞋尖

以实之。"北京故宫博物院尚珍藏有清代宫廷妇女之凤头鞋。

清代凤头鞋

【凤头】　参见"凤头鞋"。

【狗头童鞋】　民间流行的一种俗服。一般均为布制；有单的，也有棉的。面料多采用红、黄、蓝或黑色。以彩色布剪贴缝制或绣制成狗的眉、眼、耳、鼻，形象夸张。鞋子做成狗头形状，主要为使鞋头经穿耐磨，同时具有装饰作用。这种狗头鞋，家长都喜爱给属狗的幼儿穿。民间认为生肖动物是吉祥之物，给小孩穿狗头鞋，以祝愿其生活幸福、康乐如意。

狗头童鞋
（引自骆崇骐《中国鞋文化史》）

【鸡头童鞋】　旧时流行于民间的一种俗服。主要流行于西北地区。常用色布制作，鸡冠用红色，鸡嘴用黄色，鸡眼用黑色，鞋口沿用绿色或蓝色。这种鸡头鞋，颜色艳丽，极具乡土生活情趣，家长都喜爱给属鸡的幼儿穿。民间

认为生肖动物是吉祥之物，给小孩穿鸡头鞋，以祝愿其幸福如意。

鸡头童鞋

【绒绢纸花】 用绒、绫子、绸缎、土丝、纸张等做成的装饰品。包括妇女首饰、节日用花、瓶插花等。绒花形制以各种小巧玲珑的飞禽走兽取胜。纸绢花有头花、光荣花等。主要产地为北京、扬州、南京、上海、沈阳等地。京花、扬州绒花、通草花历史悠久，造型美观。上海绒花已有近百年历史，新中国成立初期仅十多种，现发展为两千多个花色品种，并吸收外国工艺品长处，创作出很多"卡通"作品、圣诞礼品、动物杂技等新品种。南京绒花亦很有名，这种绒花过去用于婚寿喜庆，作为装饰点缀，所以又称"喜花"。后来又出现用于哀奠礼仪的绒花圈。约在1930年代，开始生产鸟兽虫鱼、亭台楼阁等作品。题材都含有吉祥寓意，如"事事如意""百年好合"等。色彩一般都采用大红、水红、银红、桃红、葱花绿、果绿、墨绿等鲜明的对比色调。现在的南京绒花，以制作动物见长。1958年发展起来的沈阳绢花艺术效果较好，曾一度享誉海内外。

【京花】 北京著名手工艺品之一。大致分绢花、绒花、纱花和纸花四类。元明清时期，京花即已知名全国。清富察敦崇《燕京岁时记》载："崇文门外迤东，自正月起，凡初四、十四、二十四日有市。所谓花市者，乃妇女插戴之纸花，非时花也。花有通草、绫绢、绰枝、摔头之类，颇能混真。"北京的花市大街，即因此而闻名，当时有"天下绢花出北京，北京绢花出花市"的美誉。专门制作京花的艺人，有"花儿刘""花儿金"等。现故宫博物院还藏有清代帝后们在婚礼时佩戴的各式绒花，当时亦称"宫花"。以前京花只有胸花、花环等几种，现在发展为头花、戏剧花、花扦和盆花等很多品类。造型生动传神，色彩艳丽，制作精美。产品除供应国内外，还远销许多国家和地区。

【猴子翻杠】 传统民间玩具。做法：猴子身躯用木料削成，肢体分别制作，然后用线缝接在一起，用绳拴好，装在竹片弯成的弓上即可制成。玩时，只需拨动小猴，猴子便会来回翻杠，十分有趣。

猴子翻杠

【麻绒猴】 传统民间玩具。做法：先将麻绒染成多种颜色，用细铜丝或铁丝相连接，通过搓揉、绞裹、组装、修剪等手法制成。由于用细铜丝拧成，故可随意扭动头部和四肢，表现出猴子的各种动态，生动而有趣。麻绒猴玩具，以北京和山东济阳等地制作较为精美。

上：北京麻绒猴
下：山东济阳麻绒猴

【猴滚梯】 民间玩具。用零碎木料、圆木、废棉等制作。猴身粘贴废棉，用拉毛方法拉毛，废棉须染成褐色，猴脸涂红色，猴眼用小玻璃珠镶嵌，或用笔勾画。玩时，让小猴由上而下，节节向下翻滚，但滚而不离木梯。

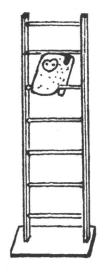

猴滚梯

【猴子爬竿】　民间玩具。用圆木、苇竿和薄竹片等制成，制作简易，有趣好玩。玩时只需轻轻将竹片自上而下压成一弓形，然后放手即成。由于竹片的弹力，小猴被弹向上方，于是小猴便很快地"爬"到了竿顶，随之又很快地滑落下来。

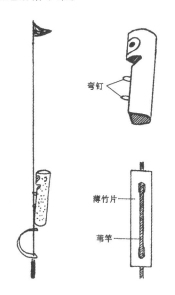

猴子爬竿

【摇头象】　民间玩具。用废纸、黏土、线绳等制成。象系用纸浆铺敷在模子上制成。主要分头、身两部分，下部重，内空。其头部悬于颈脖处，用手稍一拨动，象头即摇晃摆动。

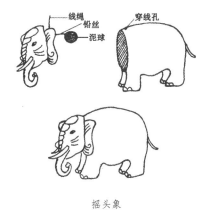

摇头象

【插接大象】　结构玩具。主要由三合板、薄木板或硬纸板制成。先用钢丝锯按画好的图样锯出插片，以砂纸磨光后，打乱。游戏时，将所有板块拼插成一只大象。依此类推，用这种方法也可制作各种动物、家具、器皿等。由于可以拆装，对发展儿童手的动作以及培养儿童操作能力具有积极意义。

插接大象

【摇头狗】　民间玩具。主要用胶泥制作。狗分头、身两个主要部分，中间用弹簧钢丝相连接。用手拨动头部，就会来回摇晃。根据这一原理，还可制作摇头猫、摇头鸡、摇头兔等。

摇头狗

【花蛇】　民间玩具。以泥捏成蛇头，并用细针在其头部扎以上下通连的小孔，用以拴线。再以纸做成蛇身，涂描成纹。然后，用线将蛇的头、尾拴在细竹上。玩时，用手稍一摇晃，花蛇便会来回扭动，形似真蛇。

【竹龙】　民间玩具。将十余节短细圆竹（要求圆竹直径逐一缩小，形成头粗尾细，并达到便于连接的效果），用竹钉穿连起来，形成一龙形，上绘花纹。为了便于手拿，在中腰部分支一立棍。玩时用手摇动立棍，竹龙就能左右摆舞，活动起来。

竹龙

【叫鸡】　民间儿童泥塑玩具。用泥捏塑成公鸡形，通常用双片模翻制，待阴干后彩绘；以白色打底，上绘红、黄、绿三色；在鸡嘴处插一芦管，吹之能出声，如鸡之啼鸣，故名"叫鸡"或"泥叫鸡"。清蔡云《吴歈百绝》："潜投红刺姓名轻，安步时防裂爆惊。深巷乱鸡更迭叫，村童结队卖芦笙。"注："……芦笙吹以娱小儿者，葭管簧簧，饰成冠羽，名曰'叫鸡'。"泥叫鸡，旧时无锡惠山泥塑常有制作，有大、中、小三种，称儿童耍货。流行于江南地区。

【泥叫鸡】　参见"叫鸡"。

【咕咕泥哨】　旧时民间泥塑玩具。亦称"泥哨子"，简称"泥哨"。很多地区都有制作。通常用黄泥或黑泥捏塑成小狗、老虎、公鸡、猴子或戏曲人物形象的泥哨，亦有用模翻制；一般白底，上施红、黄、绿、紫、黑等彩绘；造型粗犷夸张，色彩鲜亮。泥哨开有正竖两个哨眼，根据不同动物叫声，可吹出不同音响。每逢庙会或集市，民间艺人即有兜售。

【泥哨子】 参见"咕咕泥哨"。

【泥哨】 参见"咕咕泥哨"。

【西洋镜】 民间玩具。亦称"西洋景"。是一种供娱乐用的匣子，里面装有画片，匣子上有放大镜可放大观看。因画片多为西洋画，故名。清李斗《扬州画舫录》："江宁人造方圆木匣，中点花树、禽鱼、怪神、秘戏之类，外开圆孔，蒙以五色玳瑁，一目窥之，障小为大，谓之'西洋镜'。"

【西洋景】 参见"西洋镜"。

【小摇铃】 传统民间玩具。适合幼儿拿着玩耍。用两块小圆铁片压制成扁圆弧形，然后把两块圆弧形铁片相对合拢，中心以木钉相连接，固定在木柄上。两块铁片中间，放置二三个金属硬物，摇晃时金属碎块撞击铁片，就会发出叮当叮当的响声。

小摇铃

【小摇梆】 民间玩具。用零碎木料及两根竹签制成。玩时，用手握

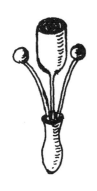

小摇梆

柄把摇晃，使两个小圆木珠来回撞击直立的木梆产生音响，响声清脆悦耳。

【小鼓】 民间玩具。一般多用竹、皮制成。制作方法简易，成品结实、耐玩。其种类有多种，如圆鼓、腰鼓和摇鼓等。

小鼓

【小转鼓】 民间玩具。由胶泥、苇秆、薄铁片、细铅丝和厚纸板等制成。玩时，摇动泥人围绕立杆转动，立杆上的小铁片拨动两根鼓棒敲打泥人身上的小鼓，因而发出嘣嘣声。

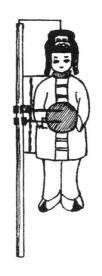

小转鼓

【咯嘣子】 儿童音响玩具。即古代"琉璃喇叭"。用茶色、淡绿色或白色玻璃吹制而成，有大、中、小多种，大者高 20 厘米左右，小的高约 10 厘米。由吹管和音鼓两部分组成，吹管较细，中空；音

鼓呈扁圆体，直径约 5 厘米，底面薄如蝉翼。玩时口衔吹管口，均匀鼓气，气流使鼓面震动，发出清脆的咯嘣咯嘣声，故名。参见"琉璃喇叭"。

咯嘣子

【蛙声筒】 自制玩具。在纸筒的一头贴上牛皮纸作鼓膜。再用一小束马尾或棕丝，一头拴上小短棒，一头拴在三十余厘米长的木棒上。然后将短棒的一头插入鼓膜中心扣牢即成。玩时，只需抓住木棒在空中旋转，便可听到像蛙鸣一样的声音。

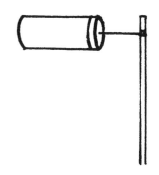

蛙声筒

【响笛转球】 民间玩具。用苇管、细铅丝、苇叶、彩纸和线绳等制成。玩时用嘴吹苇笛，不但能发出音响，并可利用苇笛排出的空气，推动笛前两个花色纸球旋转。

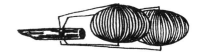

响笛转球

【吹球】　民间玩具。由彩色纸、空心杆和细铅丝等制成。玩时用嘴对准吹气孔吹气，气通过空心杆，将球（球为彩色纸或泡沫塑料做成）吹起，使球悬空，既不飞出铁丝栏圈外，也不落在圈底。

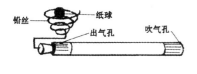

吹球

【万花筒】　传统民间玩具。亦称"转花筒""万花镜"。因其玩时，能变化出无穷的各色五彩几何状花纹，故名。主要用硬纸、玻璃和彩色塑料屑等制成。外壳用硬纸做成长圆筒形，内装三块相同的长条形玻璃片，成三角柱形。一端装两块圆玻璃片，其间散放若干彩色小玻璃或彩色小塑料块；另一端开一小圆孔。从小圆孔向内张望，转动筒身，就能变出千万种花纹。近代台湾又发展了制作工艺，筒身用塑料压制；底端有两面多棱角的平面镜；又有一根长约25厘米的密封玻璃管，内装清水，水中有近百张彩色塑纸片。玩时，把玻璃管从底端镜后面的小孔垂直穿入，缓慢转动筒身，筒内图案花样、色彩变化更为绮丽。

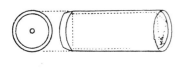

万花筒

【转花筒】　参见"万花筒"。

【万花镜】　参见"万花筒"。

【潜望镜】　自制玩具。它是由镜盒和两块与观察方向成45°角的平面镜组成。镜盒内侧全部涂成黑色，镜片固定在右镜盒上。两只镜盒套合并在一起能相对上下移动。当外界光线从上端口射进，经由上端的平面镜反射，而使光线转90°角向下照射，到达下面的平面镜，光线再经过90°角向下折射，这样便与原来由外界射进的光线平行。所以眼睛就能看到外界的景物。

【单筒望远镜】　自制玩具。由凸透镜、凹透镜和筒体三部分组成。根据镜片大小，分别把它们嵌在两个纸筒的尽头，并与筒壁成90°角。纸筒内壁要涂成黑色，以免反光。凹透镜纸筒应比凸透镜纸筒稍细，以便于套合移动。通过不断转动调试，可以清晰地看见远处景物。

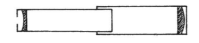

单筒望远镜

【响木玩具】　自制玩具。由把、响木体、锤子及铅丝架组成。玩时，手持把左右甩动，锤子（木珠）左右往复敲击响木体，响木体两头中空，因而能发出响声。

【响转轮】　民间玩具。用薄木圆板做成，内嵌白果小哨。借用双手的离合，将响转轮上的线绳往返拧绕，以牵引圆轮作正反方向来回旋转，使上面的小哨发出悦耳的声响。

响转轮

【竹蜻蜓】　自制玩具。以竹片或松木片做成一片小型螺旋桨，再在桨中央钻孔装上细竹棒。玩时，用力搓细棒并立即松手，竹蜻蜓便可腾空而起。

竹蜻蜓

【竹响蝉】　民间玩具。是在小竹筒一头蒙上一张纸，吊上线制成。玩时，旋转甩动竹筒，便会发出声响如蝉鸣，故名。后有增加两片薄竹翼者，更似蝉。产品以广东南雄的较有名。

【拉转筒】　民间玩具。用细圆竹、木板、竹签和线绳等制成。其旋转原理与陀螺相同，不过它具有一螺旋桨形翼，经转动后可飞向天空。它和竹蜻蜓差不多。竹蜻蜓的玩法是用双手将其搓转起飞，而拉转筒是利用细圆竹筒作外套，用绳线拉动使之旋转起飞。

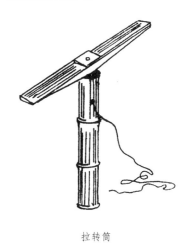

拉转筒

【串珠】　智力玩具。是一种用硬质木料车成各种形体的木珠，并将木珠分别染成各种颜色的玩具。在珠的中心钻有小孔，儿童可以用木珠数数，认识形体和颜色，还可以用粗线将木珠穿成串，以发展幼儿的动手能力。

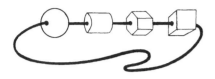

串珠

【对色捻转儿】　民间玩具。用硬纸、纸板、彩色纸、胶泥和竹签等制成，制作简易。可供四五个儿童共同游戏。玩时，每人各选一种颜色作为自己的色，然后轮流捻动立轴，看它在旋转停止时，露在洞孔内的颜色是谁的。这种玩具可提高儿童对色彩的辨别能力。

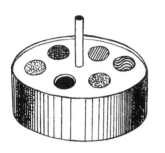

对色捻转儿

【摇珠盒】　民间玩具。由空纸盒及废钢珠做成。盒的外形有三角形、正方形、多边形不等，但以圆形为多。盒内放入钢珠三五粒不等，通过摇晃盒子，使盒内的钢珠滚动入槽，形成动物的眼球。这种玩具不仅能引起儿童的兴趣，而且还有利于培养儿童的注意力和意志力。

摇珠盒

【避暑笼】　民间玩具。香袋的一种。它由一块精心刺绣的方形缎布包些香末，双头用彩线扎紧而制成，中间露出刺绣花纹，供人佩戴，以避暑驱邪。在过去，它是民间一种较高级的赠品。

【纽绒】　民间玩具。香包的一种。它是将各种颜色的纽扣用针线缝结成各种纹样的香包。民间将它挂于儿童胸前，用于祷祝平安。

【粽球】　民间玩具。传说来源于端午节民俗文化。它先以厚纸折成三角立体形，再用五彩丝线环绕绑扎，上下配以各式五彩珠，末端加一束绒丝的"彩顶"，显得古朴而有情趣。

【翻花板】　民间玩具。又名"变龙"。利用硬板纸和薄纸条粘制而成。在纸牌上面粘贴折剪的纸花，纸花上可涂绘各种图案或彩色。用手翻动纸牌一端后，就会一节翻一节地蜕变，看起来十分奇特。其材料易得，制作简易。

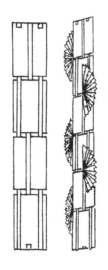

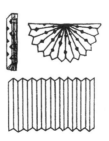

翻花板

【变龙】　参见"翻花板"。

【双转环】　民间玩具。由两个交叉的圆窄铁片圈穿在一根螺旋状的铅丝上制成。玩时，用手推动双圈下面的空心小圆铁管，两圈便会向上旋转，到顶又能自动向下旋落。如用力推动，转速加快，两圈形成一个白色圆光球，在两根交叉相拧的铅丝上飞上舞下，十分有趣。

双转环

【小鸡、小鸭抢蚯蚓】　自制玩具。由木条、小鸡、小鸭、蚯蚓几部分组成。玩时，左手持下边木条不动，右手持上边木条做推拉动作，于是鸡鸭便来回晃动，状如争食蚯蚓。此类玩具还有"鸡吃米""两只小熊锯木头""猫狗吵架"等。

【眼睛会动的猫头鹰】　自制玩具。在猫头鹰背后轴心处的上下设两根轴，上连眼珠，下连摆锤，将它挂在轴心的钉上。玩时，推动下面的摆锤向左右摆动，眼珠便呈反方向移动，十分有趣。

【笼中鸟】　自制玩具。在一块木板上安装一个玩具电动马达，再分别在两张卡纸上画上位置、比例适当的鸟和笼，然后背对背地贴在马达的转轴上。玩时，在小马达上接上一节电池，使马达带动纸片转动，这时纸上的鸟和笼看起来不像是分开的两样东西，而像是鸟在笼中。

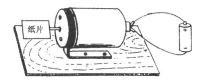

笼中鸟

【树叶贴】　　自制玩具。将树叶组拼成所需要的形象。树叶需经过挑选，选出各种形状放在书中压平。拼贴时应根据叶子的不同形状组成适当的图形，如枫叶可做金鱼的尾巴等。叶子也可做适当的裁剪，以便使组拼的形象更为生动。

树叶贴

【硬纸工玩具】　　自制玩具。指以白板纸、卡纸、马粪纸为材料制成的玩具，如纸房子、活动人等。

【软纸工玩具】　　自制玩具。指以新闻纸、打字纸等软质纸张做成的玩具，如蜂窝彩球、折纸等。

【纸制灯笼】　　民间自制玩具。用一张长方形红纸或其他彩色纸，通过折叠、裁切、圈贴和压扁等手法，即可制成一只彩色小灯笼；亦可加以绘画装饰，使之更加漂亮美观。

纸制灯笼

【纸浮雕】　　自制玩具。是一种通过折叠纸张形成明暗和浮雕效果的玩具。由底板和浮纹组成。底板须用硬板纸，浮纹用纹图纸。在纸上画出形象，也可各部分开画，分别按折痕折叠，最后拼贴在底板上。在底板背后加上线，便可挂于墙上供人欣赏。

纸浮雕

【二十面体纸球】　　自制玩具。由20张折成正三角的圆片组成。制法是将圆片的圆边朝球心拼贴，如将圆边朝外拼贴，球体表面则有许多弓形的"耳朵"。

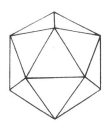

二十面体纸球

【六十面体纸球】　　自制玩具。是一种由12张折成隆起五边形的圆片组成的玩具。圆片折叠方法与二十面体不同。此法是将圆片画成等边六边形，切去1/6部分，划折成五面锥体，将两边粘接起来，再向内折起锥体下的圆边，便形成一浮雕式的五边形。然后逐一粘接起来，便成了六十面体纸球。

六十面体纸球

【头箍圈】　　自制玩具。头饰的一种。由箍圈、形象两部分组成。箍圈系由一略长于头周长的硬纸板条制成，上绘制、粘贴装饰纹样，像皮带一样可圈起也可拆开。形象插在箍圈的正面内侧上方，题材不限，可以是可爱的动物，也可以是花卉等物。头箍圈常用于节日演出活动。

【折纸】　　自制玩具。是一种通过折叠纸张形成各种形象的玩具。折叠的方法多种多样，但多以米字格、井字格为基础，通过折、翻转、推、拉、剪、贴等技法造型，形象变化较大。折纸的题材极为广泛，诸如人物、动物（虎、象、狮、狗、牛、马、羊、孔雀、飞鸟、金鱼等）、植物（花、树等）、器物（衣物、舟车、桌椅、导弹、飞机等）无所不包，常被纳入低幼儿童的教学内容。但在教学时必须改变那种以机械临摹为唯一方法的教学体系，否则将不利于对儿童想象力、创造力的培养。

【变纸花】　　民间玩具。用卡片纸、薄纸、竹签等制成。先用剪刀剪薄纸三张，涂以红、绿、黄等各种颜色，以特制的凹凸模压折，使之成为带有折纹的半圆形，然后将其粘贴在两张卡片纸中间。玩时，以两根竹签带动卡片纸向左右分开，再并合在一起，使纸花翻出，稍一抖动，可变换出数种花样。变纸花制作简单，曾经在民间流传极广。

变纸花

【花纸球】　民间玩具。用六片较耐磨的彩色菱形软纸，在木模或泥模上粘贴而成。玩时只需对纸球内吹足气，使球鼓起，便可用手托打。不玩时，可折叠起来，储存、携带方便。

【蜂窝彩球】　自制玩具。系由60张至百余张薄而韧的纸粘贴而成。制作时，先做模板，模板分甲、乙两片，形状任意。如圆球的模板呈半圆形。模板上须切出等距离的放射状的槽口，但甲、乙板的槽口必须错开。粘贴时，先将模板甲放在第一张纸上刷糨糊，拿去模板，贴上第二张纸，再在第二张纸上放上模板乙，再刷糨糊，如此轮换粘贴，

蜂窝彩球

直至贴完。最后在上下外层各贴一张硬纸板，剪成半圆外廓即成。玩时，可翻成半圆球，也可翻成完全球。球上还可加上穗子吊挂起来作为装饰品，为节日生色。

【风动纸车】　自制玩具。它是以风作动力的纸车。这种纸车的车轮开有六个斜梯形的窗口，这些窗口并不是完全脱离而是有虚线的一边相连，当把窗口向外弯折时，弯折的部分就变成了一个风叶。这样，在用一根轮轴把两个车轮连接起来以后，它就会因风力而向前转动，车子就会自动前进。如果再用硬纸做一个座椅，并剪一个人的模型贴在座椅上，那就更有情趣了。

【橡皮筋造型板】　自制玩具。是一种在一块板上等距离地钉上小钉，用橡皮筋来回往复攀住钉子进行造型的玩具。

【编结玩具】　民间自制玩具。以毛线或塑料丝为材料，通过编结组合，可构成花卉、动物和人物等多种形象。这种编织品亦可装饰于儿童服饰上。

上：花卉编结玩具
下：熊猫编结玩具

【骑马跳栏】　民间玩具。根据重心平衡原理，大部分采用零碎木片制作。玩时，用手指拨动泥球，木马就会在立柱上起伏不定地摇摆起来。

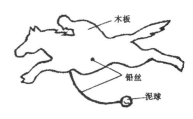

骑马跳栏

【双人转】　民间玩具。用粗、细木棒和色漆等制成。玩时，用手把推动木轮前进，由于木轮转动引起的摩擦，轮上的小木人也随之旋转。如果小人颈上系一对小铃，则转动时便能发出丁零的音响。

双人转

【圆形插木】　智力玩具。是用中间有圆洞、大小呈渐变的圆木块套入立轴进行游戏的玩具。儿童玩时，如能按大小顺序依次套上立轴，则呈宝塔形。通过不断地拆装，可以训练儿童观察、想象和识别颜色的能力。

圆形插木

【水枪】　民间自制玩具。制作简便。它由竹筒与活塞两部分组成。竹筒的一头须有节，在节的断面钻出喷水孔。活塞由一只筷子的一头包上布扎牢做成。玩时，先将活塞塞到竹筒底，有孔的一头放入水中，再拔活塞，水便进入竹筒。这时将水枪从水中取出，用力推动活塞，因为活塞的压力便使水由喷射孔向外喷射。

【喷水唧筒】　民间自制玩具。共由筒体、导管与喷嘴、阀门盖、活塞四部分组成。筒体是一头有节的竹筒。在有节的一头侧面接上细竹管（或塑料管）和形似毛笔套样的细管，便是导管和喷嘴。阀门盖是在一软橡皮片上用线拴住一细而牢的小棒制成，然后将橡皮片塞入筒体有节的一头截面的洞内。活塞是用一长于筒体的细竹棒在一头包上废布做成。玩时，只需将筒体有节的一头插入水内，再将插入筒内的活塞往后抽；取出筒体后，再推动活塞，于是水便像喷泉一样地喷出。

喷水唧筒

【双人摔跤】　民间玩具。制作简易。用两块硬纸板制成两个小人形，关节则用线或细铅丝相连接，然后穿在一根线绳上，线绳一端固定一处，另一端用手拉着。玩时，一拉一松，两者由于关节都能活动，就能够表演出各种比武的精彩动作来。至于动作的快慢，则取决于线绳的松紧程度。

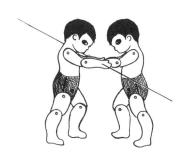

双人摔跤

【小纸人练杠】　民间玩具。用高粱秸或薄竹片做支架，硬纸做人形。利用杠杆原理，在支架下端稍加用力，使支架顶端的线绳绷紧，一松一紧，小人就能在线绳上做出各种翻滚动作。

小纸人练杠

【猴子翻筋斗】　自制玩具。在倾斜放置的两根小竹棍上，放置一个中间穿着一根小棒的圆形猴子模型，猴子就会沿着竹棍向下连续不断地翻筋斗。

猴子翻筋斗

【自动荡秋千的猴子】　民间自制玩具。它是由风车、一根曲轴、两只纸猴子和支架方框组成。风力吹动风车，而风车和一根曲轴相连，因此风车一转，曲轴也随之转动，猴子就一摇一晃地荡起秋千来。

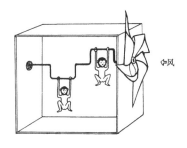

自动荡秋千的猴子

【木轮马】　民间玩具。用木板锯成马形，涂上油漆或颜料绘成马的形象，马的四肢装上小木轮，马头上有缰绳，借以牵拉滚动。

木轮马

【猫咪头】　民间玩具。用胶泥、高丽纸、丝绒线绳、细竹签、石膏粉等制成。猫头用胶泥塑成，颈部系一根丝绒线绳。玩时，用左手捏其头部，右手自下而上捋磨丝绒绳（不需过分用力），便可发出音响，其声和真猫叫声相似。

猫咪头

【活动鸟】 民间玩具。用木片做成小鸟。由于托板下面重物的摇摆，牵引着小鸟的头及尾部上起下落，形似啄食，故有活鸟之感。用这种方法还可制作其他动物形象。

活动鸟

【鹅船】 机动玩具。由鹅形、船板、桨翼、橡皮筋几部分组成，是一种以橡皮筋的弹力为动力的玩具。玩时，按逆时针的方向旋转桨翼，使橡皮筋绞紧，放入水中，因橡皮筋释放，带动桨翼作顺时针方向疾转，船因而向前疾驶。

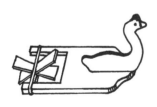

鹅船

【竹编玩具】 竹编玩具有天鹅、猫头鹰等，主要运用竹片、竹篾和竹丝编制。天鹅主要夸张其尾部，尾羽展开，形成扇形。三只天鹅游嬉于湖上，悠然自得，姿态优美生动。猫头鹰主要突出其头部和双眼，两眼炯炯有神，注视着前方的猎物，十分生动传神。

竹编玩具

上：天鹅

下：猫头鹰

【草编玩具】 草编玩具，主要采用各种天然的麦秸、黄草、龙须草、蒲草、苇叶、马莲草和棕草等编制，技法有插、穿、缝、扎和编等。草编玩具因原料取材广泛，多地都有，较为知名的有河南、山东麦草编，上海、广东黄草编，浙江草编，四川棕编，广东、海南、云南藤编等。北京草编大师爱新觉罗·裕庸擅长草虫的编制，他制作的作品惟妙惟肖，小巧精致。如他编制的虾，巧妙地利用各种草的特性，将虾的身、须、头、尾都刻画得生动传神，如在水中游动一般。

草编玩具

上：虾

下：仙鹤

【麦秆编玩具】 利用麦秆可编结出各种具有乡土特色的玩具。如用麦秆编制的金鱼、海螺和小鸟等挂饰玩具，上面饰有麦秆做的排须，下面垂有麦秆丝制的流苏，内装小铃，用线绳穿连，微风吹过，就会发出清脆的铃声，生动别致，情趣盎然。另用麦秆编的端午粽，也十分有趣，它利用多个粽形相互连接，形成一个圆球形，下亦垂有麦秆丝制的流苏，流苏上面并装饰多个小饰件。这种麦秆制的端午粽构思奇巧，表现了制作者卓越的才智。

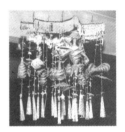

麦秆编玩具

上：麦秆挂饰

下：麦秆端午粽

【藤编玩具】 藤编玩具有藤球、小笼和各种动物。藤球是用藤皮编成的空心小球，弹性好。在未有皮球以前，儿童多以拍、踢藤球为戏。制作藤编玩具，要先对采割后的藤条进行打藤、拣藤、晒藤、拉藤、削藤、漂白等多道工序处理。削藤是指切削藤皮，藤皮用量极大，藤条可从中间剖开，一分为二，每一根的横断面皆为半圆形，就是藤皮。粗一些的藤条可以分四面切削下四条藤皮，剩下的部分是藤芯。狮子和公鸡主要是采用藤皮制作，以经纬编为主，技法有平纹、斜纹、六角眼和花椒眼等。

藤编玩具
上：狮子
下：公鸡

【棕编玩具】　棕编玩具，是以棕叶、棕丝等为原料编制的玩具。棕

棕编玩具
上：蜻蜓
中：螳螂
下：小鸟

编多以昆虫和小动物为多。先将棕叶剖割成窄条和细丝，后煮叶、漂白和染色。编结技法主要有穿、套、拉、扣和折等。所编蜻蜓、螳螂、小鸟都是采用穿、套等手法制作，质朴生动，颇具情趣。

【柳哨】　民间传统吹奏玩具。多为乡间妇女、儿童自己制作。一般有两种：一种是柳枝哨，一种是柳叶哨。柳树萌芽时做柳枝哨，取二三寸长柳枝一段，上下扭动，使树皮与木芯脱离，取出木芯即可得到哨管；再在哨管的一端削去一层表皮，压扁，成为哨口，鼓吹即可发声。细管声尖，粗管声阔。柳叶长成后，将两片柳叶叠起为哨。吹奏技巧有高下之分，一般人只能吹出声响，技高的可模仿鸟鸣，可吹成曲调。

【芦苇玩具】　芦苇可做成多种玩具。芦苇的叶子包在圆茎上，摘下叶子，下有一管，将叶尖插进管内，两头捏扁，编结首尾，就成为单桨的小船，放于河中，能漂流很远。用苇叶卷成苇哨，可吹出悠扬的声音。此外，还可用芦苇编织各种小动物、器具用品等，又可制成工艺画。盛产芦苇的白洋淀，其芦苇工艺画即享誉世界多年。

苇哨

【蜡果玩具】　民间传统蜡果玩具，形象逼真，色彩鲜艳，花色繁多。制作方法：先用真水果打成泥坯，经过修饰，翻成石膏模子，然后把调好底色的蜡倒进去，几分钟后即可成型。再经艺人根据各种水果的

不同色彩涂上不同颜色，加上水果蒂和枝叶即成。如果是枇杷、桃子等带毛水果，还需扑上一层绒毛。

【松枝人玩具】　民间传统玩具。用针状松枝一枝，将顶尖剪齐倒置，使其站稳，用红纸或黄纸剪成小袄，套穿在松枝上，再用白布团做成人头形，画上五官，置于松枝蒂把上，松枝人就制成了。将松枝人放于炕上，用力拍打四周炕席，由于震动的原理，松枝人就会行走、转身、跳荡，做出各种表演动作，十分有趣。松枝人玩具与北京鬃人玩具能活动和表演，其原理是相同的。松枝人玩具，都是北方农家自做自玩。

松枝人玩具

【智力棋】　智力玩具。由棋盘、挡板和160枚彩色码棋、40枚黑白插子所组成。它可供两人以上对弈。玩时，规定一方为设码人，另一方为破码人。破码人根据设码人在棋盘小码眼内用黑白插子做出的反应，来分析设码人布下的密码棋的颜色和排列。这种游戏既可丰富儿童的想象力，又可提高儿童的逻辑思维能力。

【军棋】　智力玩具。有陆军棋与海陆军棋两种。陆军棋子共50枚，按照军职和兵器定名。海陆空军棋有子70枚，除陆军外，另加各式军舰和飞机。两者玩法大致相同。两人对局，一人做公证人进行裁判。对弈时，双方棋子背向竖立，按照规则走子、吃子。吃子时，由公证

人裁决，按其实力大小决定取舍。最后以夺得军旗者为胜。

【跳棋】　智力玩具。棋盘为六角形，可以供 2 至 6 人对弈。棋子分 3 色或 6 色，每种颜色有 6 枚、10 枚或 15 枚棋子。玩时，各选一色棋子置于呈三角形的棋位上，按规则顺序跳子。谁最先将自己一方的棋子全部跳入对面的棋位，谁就取胜。

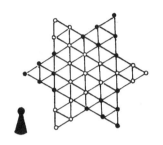

跳棋

【围棋】　传统智力玩具。亦称"方圆""黑白""乌鹭""烂柯""楸枰""坐隐""手谈""木野狐""纹枰"等。传为尧发明。《博物志》："尧造围棋，丹朱善之。"（丹朱为尧帝之子。）最早称为"弈"。《说文解字》："弈，围棋也。"《左传·襄公二十五年》疏："棋者，所执之子……以子围而相杀，故谓之围棋。"河北望都汉墓出土之石制围棋盘，正方形，盘面纵横各 17 道。河南安阳

上：古人下围棋
（五代周文矩《重屏会棋图》局部）
下：围棋

隋墓出土之白瓷棋盘，已发展至纵横 19 道。新疆阿斯塔那唐墓出土之绢画，绘有仕女围棋图。围棋在唐代时传入日本，随后流传至欧美各国。棋局纵横交错各 19 道，交错成 361 个位，一方执白子，一方执黑子，互相围攻，以占据位数多者为胜。1949 年后，围棋被列为体育竞赛项目。1982 年在日本东京成立国际围棋联盟时，世界上开展围棋活动的已有 30 多个国家和地区。

【方圆】　围棋之别称。因棋盘为方，棋子为圆，故称。参见"围棋"。

【黑白】　围棋之别称。因弈棋双方，一执黑子一执白子，故称。参见"围棋"。

【乌鹭】　围棋之别称。因围棋子分黑白，黑如乌鸦，白如鹭鸶，故称。宋王之道《蝶恋花·和鲁如晦园棋》有句"黑白斑斑乌间鹭"。参见"围棋"。

【烂柯】　围棋之别称。南朝任昉《述异记》记载：（晋）王质入山采樵，见二童子对弈。童子与质一物，如枣核，食之不饥。局终，童子指示曰"汝柯（斧柄）烂矣"。质归乡里，已及百岁。后以"烂柯"指代围棋，如《烂柯谱》。有烂柯山，在今浙江衢州东南。参见"围棋"。

【楸枰】　围棋之别称。原指围棋棋盘。据说楸木湿的时候脆，燥的时候坚，为木之良材，适合用来做棋具。唐五代温庭筠《观棋》诗云："闲对楸枰倾一壶。"宋陆游《初夏》诗："细煨诗联凭棐几，静思棋劫对楸枰。"参见"围棋"。

【坐隐】　魏晋时围棋之别称。南朝宋刘义庆《世说新语·巧艺》：

"王中郎（王坦之）以围棋是坐隐，支公（支道林）以围棋为手谈。"魏晋名士追求老庄隐逸哲学，下围棋亦是归隐之一种，称为"坐隐"。参见"围棋"。

【手谈】　魏晋时围棋之别称。南朝宋刘义庆《世说新语·巧艺》："王中郎（王坦之）以围棋是坐隐，支公（支道林）以围棋为手谈。"因魏晋名士崇尚清谈，下棋相对"清谈"而言即为"手谈"。参见"围棋"。

【木野狐】　围棋之别称。宋邢居实《拊掌录》："叶涛好弈棋，王介甫（王安石）作诗切责之，终不肯已。弈者多废事，不以贵贱嗜之，率皆失业。故人目棋枰为木野狐，言其媚惑人如狐也。"参见"围棋"。

【纹枰】　围棋之别称。苏轼《观棋》诗："……我时独游，不逢一士。谁欤棋者？户外屦二。不闻人声，时闻落子。纹枰坐对，谁究此味？……胜固欣然，败亦可喜。"参见"围棋"。

【象棋】　传统智力玩具。亦称"象弈""象戏""橘中戏"。系由古代博戏发展演变而来。战国《楚辞·招魂》中已有与象棋相关的记载："菎蔽象棋，有六博些。"此处"象棋"，系指象牙做的六博棋子，与现代象棋不同。南北朝庾信有《象戏赋》，北周武帝（宇文邕）制《象经》。象戏，为象棋之雏形。元代释念常撰《佛祖历代通载》卷十六载象棋为唐代牛僧孺发明："（唐文宗开成）己未制象棋。"注："昔神农以日月星辰为象，唐相国牛僧孺用车、马、将、士、卒加炮代之为机（棋）矣。"南宋刘克庄《象弈一首呈叶潜仲》诗描述八百多年前的对弈，已如现制，且已相当流行。福建泉州湾出土之宋代沉船舱内，发

现有木制阴刻象棋子。世传有用角、骨、象牙刻制之棋子，已兼具工艺品价值。象棋由棋盘和棋子组成。棋盘系有9根直线和10根横线组合，中间划为河界，共有90个据点，双方各占其半。棋子各16枚，将、士、相、车、马、炮、卒走法各不相同。游戏时，双方交替走子，以把对方"将死"为胜，不分胜负为和。

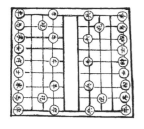

上：古人下象棋
（山西洪洞广胜寺水神庙元代壁画）
下：象棋

【象弈】　参见"象棋"。

【象戏】　参见"象棋"。

【橘中戏】　象棋之别称。唐牛僧

橘中戏
（《工艺美术参考图谱·人物之二》）

孺《幽怪录》："巴邛（四川邛崃）人家有橘园，霜后诸橘尽收，余二大橘，如三斗盎。巴人异之，剖开，每橘有二叟，须眉皤然，肌体红明，皆相对象戏，谈笑自若。一叟曰：'橘中之乐，不减商山，但不得深根固蒂，为愚人摘下耳。'"明朱晋桢所辑象棋谱因名《橘中秘》。参见"象棋"。

【凤凰棋】　民间凤凰棋是小孩玩的棋，亦称"彩选格""选仙图""逍遥图""升官图""葫芦闷""蹙里图"。宋徐度《却扫编》卷下载："彩选格起于唐李郃，本朝（宋）踵之者，有赵明远、尹师鲁。元丰官制行，有宋保国，皆取一时官制为之。至刘贡父独因其法，取西汉官秩升黜次第为之，又取本传所以升黜之语注其下。局终，遂可类次其语为一传，博戏中最为雅驯。"山东潍坊年画中的凤凰棋，就是一张正方形的小画，常见的有两种：一种叫"升官图"，方形回字行道上，按封建官宦等级序列排成一图，最低为"白丁"，最高为"太师"。以四面标有"德、才、功、赃"的骰子，在画纸上抛掷，以顶面字对照官职，决定得前进几步，以先至中心做"太师"为胜。另一种叫"八仙凤凰棋"，从外向内旋进，路线上列八仙与水中精怪若干，以陀螺捻转定进退，停在八仙格内则进，停在精怪格内则退，以先进"龙门"者为胜。年节期间，孩子最喜爱玩耍凤凰棋，在娱乐中也熟悉了棋中的诸多故事。参见"升官图"。

【选仙图】　参见"凤凰棋"。

【逍遥图】　参见"凤凰棋"。

【葫芦闷】　参见"凤凰棋"。

【蹙里图】　参见"凤凰棋"。

【叶子牌】　唐时出现的一种纸牌。据说是世界上最早的纸牌。又称"娘娘牌""祥和牌""邪符牌"。是一种博戏，明清时在民间盛行。牌色一般分文钱、百子、万贯、十万贯四种，有的还有千万贯、万万贯、京万贯、无量数、金孔雀、玉麒麟、空荡瓶、半鼍钱等一些特殊的牌。玩法和算法与现代的麻将牌相似。现在保存下来的最早的叶子牌，是明末清初陈洪绶绘制的白描《水浒》叶子、《水浒》叶子、博古叶子。

《水浒》叶子
（明末清初陈洪绶绘）

【娘娘牌】　参见"叶子牌"。

【祥和牌】　参见"叶子牌"。

【邪符牌】　参见"叶子牌"。

【水堡纸牌】 中国古代的牌，最早出现的是骨牌，也叫牙牌。到唐代，出现了纸牌，当时称为"叶子牌"。到了明清时期，叶子牌已十分流行。以前山东好多地方生产纸牌，以郓城水堡所产纸牌最为有名。相传水堡是《水浒》中宋江的家乡，这里的人历来对宋江和《水浒》人物怀有深厚感情。因牌上有《水浒》人物，他们特别精心印制，逐渐形成了一方名产。

水堡纸牌
（山东郓城）

【马吊牌】 明代中叶出版的一种纸牌。其名称来历，一种说法是，因游戏最初来源与筹码（马）有关，又因其中牌色有文钱（古称吊钱），故名。又一说，据《叶子谱》作者潘之恒谓"马四足失一，则不可行"，因此叫"马掉"，后又改为"马吊"。是一种博戏，据说是现代地方纸牌的雏形。明代十分盛行，清代发展为麻将牌。顾炎武《日知录》中说："万历之末，太平无事，士大夫无所用心，间有相从赌博者。至天启中，始行马吊之戏。"民国杜亚泉《博史》云：天启马吊牌，虽在清乾隆时尚行，但在明末已受宣和牌及碰和牌之影响，变为默和牌。默和牌受花将之影响，加之东西南北四将，即成为马将（麻将）牌。马吊牌分文钱、索子、万贯、十万贯四种牌色，共40张牌。必须四人同玩，三缺一即无法进行。

【骨牌】 民间娱乐工具。早期也称"牙牌""宣和牌"，别称"牌九"

"天九"等。与现代的牌九类似。起源于民间占卜。始见于宋代，清末民初最为流行。据清陈元龙《格致镜原·卷六十·玩戏器物类二·牙牌》："《诸事音考》：宋宣和二年，有臣上疏设牙牌三十二扇，共记二百二十七点，以按星辰布列之位。譬'天牌'二扇二十四点，象天之二十四气；'地牌'二扇四点，象地之东西南北；'人牌'二扇十六点，象人之仁义礼智，发而为恻隐羞恶、辞让是非；'和牌'二扇八点，象太和元气，流行于八节之间；其他牌名，类皆合伦理庶物器用。表上，贮于御库，疑繁未行。至宋高宗时，始诏如式颁行天下。"一套共有32张牌，包括宫、点、幺三种，名称有天牌、地牌、人牌、和牌、梅花牌等，各种成套点色都有名称。

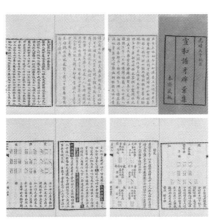

清金杏园《宣和谱牙牌汇集》

【牙牌】 参见"骨牌"。

【宣和牌】 参见"骨牌"。

【骰子】 民间娱乐工具。为正方形体，六个面分别刻印上一至六个点。游戏时，各方顺次投掷骰子，根据最上面一面呈现的点数决定各方棋子在图版上前进或倒退的格数。

【牌九】 民间娱乐工具。也称"天九"。由骰子演变而来。一套有32张牌（也有用20张），3至4颗骰

子，其基本玩法是以点数大小分胜负。常用于赌博，影响深远。

牌九

【天九】 参见"骨牌""牌九"。

【麻将】 民间娱乐工具。广东、香港、澳门一带又称"麻雀"。骨牌的一种。关于其起源有多种说法：一说源于明代江苏太仓"护粮牌"。其牌名"万、索、筒、风"的来历，都与官吏护粮捕雀时用于奖励的筹牌有关；"麻将"之名，据说也是来自太仓方言"麻雀"。一说源于马吊牌。又一说起源于郑和下西洋。麻将牌全副共152张牌，一般通行精简版，各地打法略有差异：北方136张，南方144张，多8张花牌。牌主要分几种：序数牌（万子、索子、筒子1至9色，各4张，共108张）、字牌（东西南北、中发白，各4张，共28张）、花牌（春夏秋冬、梅竹兰菊，各1张，共8张）、百搭牌（财神、猫、老鼠、聚宝盆，各1张，百搭牌4张，共8张）。麻将为中国人之独特发明，20世纪20年代前后，传入日本、美国等国，流行于亚洲、欧美各地。1998年7月，中国国家体育总局制定国际标准麻将规则，并在国际国内比赛中应用。2017年4月，麻将正式被列为世界智力运动项目。

【麻雀】 参见"麻将"。

【魔术蛋】　智力玩具。是一种入水膨胀的塑料玩具。由聚氨基甲酸乙酯泡沫或多糖聚合物等制成。这种玩具一般长度约为 2 至 4 厘米，但放清水中 24 小时后可膨胀近 100 倍，最高可达 250 倍。如离开水，在空气中经过风干，其体积又会收缩至原尺寸。

各地玩具

【北京兔儿爷】 是老北京的节令玩具。兔首人身，身穿锦袍，泥质彩塑。它的起源，与中秋节民间流传的神话有关。旧时中秋节，有祭月、赏月习俗，入夜，家家户户在庭院设案，供有月饼、瓜果、兔儿爷。明陆启浤《北京岁华记》："中秋夜，人家各置月宫符象，符上兔如人立；陈瓜果于庭，饼面绘月宫蟾兔，市中以黄土抟成，曰'兔儿爷'，着花袍，高有二三尺者。"清继明俗，清富察敦崇《燕京岁时记》载："每届中秋，市人之巧者，用黄土抟成蟾兔之像以出售，谓之'兔儿爷'。有衣冠而张盖者，有甲胄而带纛旗者，有骑虎者，有默坐者。大者三尺，小者尺余。"清末时，北京泥塑玩具，以兔儿爷花样最多。

北京兔儿爷
（双起翔作）

【北京彩塑】 以北京"泥人张"为代表。创始人为张延庆，是清代道光年间人，以制作泥人和蛐蛐罐起家。第二代"泥人张"叫张寿亭，第三代叫张桂山，他们除制作家传泥人外，还擅长仿制明清时期的陶塑制品。第四代传人张铁成，是原北京博古陶艺厂厂长。他的作品《三世佛》《十八罗汉》等被故宫博物院收藏。他还开创了仿制青铜、鎏金、彩陶、硬木、出土陶、土锈等陶制品。北京老艺人韩增启，擅长塑制老北京的"三百六十行"，生动地表现了北京市井的旧时风貌。老艺人双起翔捏塑的各色泥娃，既有传统风格，又有时尚气息，精美质朴，惹人喜爱。

北京彩塑
上：三百六十行·剃头的（韩增启作）
（引自李友友《民间玩具》）
下：虎年福娃（双起翔作）

【北京"三百六十行"小泥人】 北京有不少泥塑艺人，如韩增启、吴德寅等，塑造了老北京各行各业的各种人物形象，有卖水的、卖布头的、卖菜的、卖耍货的、卖水果的，有剃头挑子、馄饨挑子、卖糖葫芦等。各色市井人物，穿戴不同，老少青壮，表情各异，人物高仅寸余，造型彩绘，亦极其简洁，朴实生动，逼真传神。

北京"三百六十行"小泥人
（引自王连海《中国民间玩具简史》）

【北京泥马车】 北京传统民间玩具。主要以手捏成型，车轮系模制，马腿为四条小竹棍。小人高仅寸余，简练生动，主要部位略加彩绘，颜色多取古铜、青灰和群青诸色，含蓄凝重，深沉质朴。这些泥马车玩具，多为两轮，用马拉，前有一人执鞭赶车，车上有车厢、车篷，厢内还设有毡褥和坐具等。这是老北京生活的真实反映。

北京泥马车
（引自王连海《中国民间玩具简史》）

【北京彩塑脸谱】 是京剧脸谱与民间彩塑相结合的手工艺品。相传起始于清末。开先是一种儿童玩具，在北京庙会的货摊上，常有出售。造型规整，构图严谨，色彩明快，善于刻画和突出人物性格。特别注重画工上色，素有"三型七彩"之称。脸谱上彩，用的是漆和色两种不同色料。一般用法是，红、黑两色用漆绘，而白、绿、黄、蓝以及粉红等用色料勾绘。由于漆色明亮，能使主色突出，使之与一般色彩产生较强的明暗对比，不但能形成一种明快的视觉感，而且更可突出人物的性格特征。这是北京彩塑脸谱的一大特色。脸谱大体分三类：光头脸谱，不戴帽也无胡须；泥须脸谱，胡须为泥制并施彩；绒须脸谱，泥帽或冠头为彩绘，上饰绒球小珠等，胡须用不同彩色丝绒制成。北京彩塑脸谱是一种富于地方特色的旅游纪念品，深得各方好评。现北京彩塑脸谱，以双起翔制作的较为精美。

北京彩塑脸谱《苏三》《廉颇》

（双起翔作）

【北京彩塑《猪八戒念经》】　北京民间彩塑玩具。作品为模制，猪八戒坐于地上，挺着大肚，敲着木鱼，张着大嘴在念经。彩塑体内中空，有线牵动手臂和嘴下颌，拉动线绳，手就会敲动木鱼，嘴下颌上下开合，形似念经。造型生动，形象滑稽，颇为风趣。

北京彩塑《猪八戒念经》

（引自王连海《北京民间玩具》）

【北京绢人】　北京著名工艺美术品。绢人亦称"美术人形"。它是在继承民间布玩具、针扎、彩扎等布制工艺品的基础上发展起来的，也曾受"日本绢人"的影响。北京绢人以铅丝做骨架，棉花做肌肉，纱做皮肩，锦缎等做服装，运用雕塑、绘画、染织、缝纫、金工、木刻等多种技艺制作而成。制作程序分脸型、躯干、服装、鞋帽、头饰、道具、组装、形体等，每一程序又包括若干道工序，如脸型又分头部泥塑、石膏翻制、糊头、开脸、贴片、发髻、梳妆、首饰等。题材主要为古代仕女、历史故事或神话中的人物、现代人物及少数民族妇女等。北京绢人的色彩，大多用浅雅不炫的色调，很少用中间色，只靠色彩本身的和谐，而产生一种明快、艳丽的艺术效果。

【美术人形】　参见"北京绢人"。

【北京料器玩具】　北京民间传统玩具。料器，亦称"料货"，是北京人对玻璃工艺品的统称。古代玻璃称"琉璃"。料器的含铅量较高，原料性能洁净、莹润、光滑，色泽美丽。以前料器的产地有北京、山东、广东和云南等地，现以北京和山东博山最著名。料器加工分模压、铸压、吹制和灯工成型。吹制适用于空心器皿，如灯泡、瓶以及葫芦、葡萄等空心玩具的制作。现

北京料器玩具主要是灯工成型。以邢兰香制的料器较为有名，她创作了无数料器精品，首创以料器制作人物；制作的黄瓜、青菜和茄子，个个如实物般鲜嫩，逼真生动。

北京料器《秋菊》

（邢兰香作）

【料货】　参见"北京料器玩具"。

【北京料器葡萄】　料器葡萄创始于清代咸丰年间，有个蒙古族人常在，和他母亲一起，以制作料器玩物为生。他借鉴玉雕盆花的原理研制成了料器葡萄。相传慈禧太后大寿之日，想要一架葡萄，太监让常在制作一架料器葡萄进宫复命。由于料器葡萄的形色与天然葡萄无异，慈禧太后见后非常高兴，说："十月能见到鲜葡萄挂枝，真乃天义（意）！"事后慈禧知道葡萄是料器制品，便把"天义常"的字号赐给常在。从此，料器葡萄便名闻北京，常家也获得"葡萄常"的誉称。料器葡萄的制作要经过吹珠、蘸青（染色）、焊蜡、攒活、制叶、拧须、组枝、揉霜等十几道工序，并在突出葡萄的形、色、鲜上下功夫，使料器制作的葡萄具有巧夺天工之妙。常家制作的料器葡萄以五月鲜玫瑰香葡萄、中秋的牛奶白葡萄著称。1956年，邓拓访问"葡萄常"，并填词《画堂春》一首："常家两代守清寒，百年绝艺相传。葡萄色紫损红颜，旧梦如烟。　合

作别生面，人工巧胜天然。从今技术任参观，比个媲妍。"

【北京鬃人】 北京民间玩具，受皮影戏和京剧的影响而产生。北京人把鬃人叫作"铜盘人"或"盘中好戏"。玩时，把鬃人放置在铜盘中，轻轻敲击盘边，鬃人便随着铜盘声有节奏地转动表演。鬃人适合于表现京剧《八大锤》《三岔口》《大闹天宫》这类武生戏中手持棍棒刀枪对打的场面，以及高跷、旱船、舞狮、五虎棍之类的民间舞蹈节目。鬃人身高约9厘米，设计巧妙，制作精致。头和底座采用胶泥脱胎，用秫秸做身架，外裹彩衣，内絮棉花，然后勾画脸谱、描绘服饰。鬃人之所以能转动，全部奥妙在于底座。它的底座粘有一圈猪鬃，长约2—3厘米，借助鬃毛的弹性，鬃人稍受震动就会自行转动表演。随着鬃毛排列角度的不同和敲盘力量的大小，鬃人可以正转或反转。由于底座是用胶泥做的，重心又低，鬃人在转动中互相厮打、碰撞，也不致跌倒。北京鬃人由老艺人王春佩所首创。1915年，鬃人曾经在美国巴拿马万国博览会上获得银质奖章。民国孙殿起《琉璃厂小志》载："鬃人，用纸和泥贴制而成，在足下竖粘猪鬃一圈，置铜盘内，以木棍轻敲盘沿，则鬃人借震动之力，在盘中旋转，刀枪上下摆动。以都一斋所制者为佳。"现在的北京鬃人，是由艺人白大成恢复起来的。他制作的鬃人，人物

北京鬃人
（引自王连海《中国民间玩具简史》）

造型、脸谱设计都更接近京剧舞台人物形象，服装由色纸改为彩绸，衣裤分开制作，做工和画工更为精致。白大成的新作《舞狮》，除狮子外，又添做了耍狮人，表演起来显得更为热闹有趣。

【铜盘人】 参见"北京鬃人"。

【盘中好戏】 参见"北京鬃人"。

【北京麻秆鸟】 北京民间玩具。做法：用麻秆芯削刻成各种鸟形，绘上彩色羽毛、眼睛，再装上枣木枝杈做的鸟腿，插在秫秸秆上，最后在鸟的颈、尾部拴上陶质环形吊坠。晃动秸秆，在陶吊坠的重力作用下，麻秆鸟就会像真鸟似的上下点头翘尾，动个不停，十分生动有趣。北京麻秆鸟，以戴胜和周重山制作的最为逼真精美。

北京麻秆鸟
（左：戴胜作 右：周重山作）
（引自李友友《民间玩具》）

【北京空竹】 北京传统玩具。在清代，北京空竹以声响清越，胜过其他各地，全国闻名。民国李家瑞《北平风俗类征》引《清代野记》载："惟京师之空钟（竹），其形圆而扁，加一轴，贯二车轮，其音较外省所制清越而长。"后北京空竹的品种日益繁多，有增加轮盘层数达九层；有葫芦形空竹，将轮盘改为圆形；有双轮双轴大空竹，在两

个叠摞的轮盘两侧各装一中轴，须两人共同操作；有用乌木制的微型空竹，轮盘直径仅2厘米。

北京单轴大空竹
（引自王连海《北京民间玩具》）

【北京绒花】 北京传统工艺美术品。清代最为盛行，北京故宫博物院还藏有清宫大红绒花。北京绒花制品，造型多样，色彩鲜艳，纹路清晰，富于装饰趣味。品种有头饰绒花、绒鸟绒兽、节日饰品和绒制凤冠等。产品除供应国内，还销往国外，声誉远扬。北京绒花制品以老艺人张宝善和夏文富制作的最为出色，在配色、样式上都有独到之处。如张宝善制作的绒制《九龙壁》，曾多次展出，深得各方好评。夏文富创作的《天坛》绒制品，曾在柏林展出，后又复制一件，作为我国赠送给苏联庆祝十月革命四十周年的国家礼品。

【北京绒鸟】 北京传统民间玩具。绒鸟是从绒花逐渐演变而来。清代时，绒花为宫廷饰品，称"宫花"。现北京绒鸟，以李桂英制作的最为精美。20世纪80年代初，她为北京绒鸟厂编写了《绒鸟工艺操作规程》和《应知应会》两册技法教材，为北京绒鸟生产发挥了重要作用。李桂英深谙绒鸟的配色规律，认为应该着重表现色的对比和纯度以及协调性。如绶带绒鸟，鸟身大多为白色，在头部、膀尖和尾尖点缀紫色或黑色，可使绶带绒鸟的形象更加清新、优美和生动。

北京绶带绒鸟

（引自王连海《北京民间玩具》）

【北京毛猴玩具】 北京特有的民间玩具。亦称"半寸猢狲"。以辛夷（玉兰树的花蕾）和蝉蜕（蝉壳）作为主要材质，用白芨黏合成猴子的各种形态，配以布景道具，构成种种景物。民国孙殿起《琉璃厂小志》称为"猴戏玩物"，"以中药辛夷作猴身，蝉蜕作猴头及四肢，有单个猴形，有成群者，制成猴子开茶馆、猴子拉大片、猴子打台球以及花果山等景物"。据传，在清代道光年间，北京有一位人称"猴王"的王姓艺人专门制作毛猴。清末，"猴王"把毛猴制作技艺传授给钱逸凡。他们两人的作品有《推小车》《卖冰糖葫芦》《剃头担》等所谓民间"七十二行"。制作简洁，形象生动。

北京毛猴玩具《鱼塘小景》

（于光军作，引自王连海《北京民间玩具》）

【半寸猢狲】 参见"北京毛猴玩具"。

【猴戏玩物】 参见"北京毛猴玩具"。

【北京琉璃厂竹木玩具】 民国孙殿起《琉璃厂小志》载：清代北京琉璃厂所售玩具中，有花椒木制成的木手镯和木连环，用整木雕刻成两环相套或一环套三四环的形式，以王万青所制最好；还有用整块桦木雕成的小木盒子。又说："弓燕，以竹木条为弓，以铁丝为弦，弦上穿泥制小燕若干，倒执其弓，则飞燕沿铁丝冉冉而下。"

【上海玩具】 上海玩具，以新、美、智、巧为特色，造型动人有趣。用材有金属、木制、塑料、布制和纸制等各种。在设计造型上，富有我国民间和民族传统特色。如纸制玩具"吹龙"，顶端粘有小鸟，内装发音器，轻轻一吹，长龙舒展，鸟鸣叽叽。木制玩具，从我国传统玩具七巧板，发展而为多块六面体积木，可以拼出许多童话故事人物。还有可与魔方媲美的"伤脑筋的十二块"。有种玩具叫"狮子戏球"，转动电钮后，狮子会做出前进、后退、停顿、戏耍绣球等许多动作。狮子披着全红色长毛绒，头部的嘴

上海玩具

上：竹篮狗

下：鸭先生

巴能张开合拢，生动有趣，具有浓厚的民族风格。音乐玩具有小钢琴、小手风琴、小吉他、小口琴、电子鸟，塑制玩具有"电视机储蓄箱""孙悟空""圣诞老人""电话对讲机"和大型吹气玩具、沙滩玩具，机动玩具有"鸭先生""气吹飞机""声控汽车"，智力玩具有魔方、魔棒、魔塔，能益智助兴，美新奇巧，深受国内外消费者喜爱。

【上海面塑玩具】 面塑，俗称"面人""捏粉""捏面人"。制作方法，主要是用面粉和糯米粉加水拌和揉匀，再加入颜料，制成彩色面，运用揉、捏、搓、挑、压、剪、粘等手法塑造各种形象。上海面塑早年以赵阔明制作的最为优秀。他创作的《钟馗嫁妹》《老寿星》，生动逼真，形神兼备。现他的子女继承了他的技艺，捏塑的面人亦甚精美。

上海面塑玩具

上：面塑《采莲图》（局部）

（陈瑜、汤健作）

下：面塑《皇帝的新装》

（翁昊然，6岁作）

【面塑《睡宝宝》】 上海面塑名师张书嘉作。张书嘉为上海"面塑大王"赵阔明的第三代传承人，系赵

阔明的女儿赵凤林的学生。作品描绘一女娃趴伏在小床上睡觉的样子。女娃黄头发，左右两边扎有两个马尾髻，装饰有浅蓝小花；圆胖的脸，睡于小枕上，大眼微闭，两腮微红，小嘴内还含有软塑奶头，双手内曲，背朝天，双腿屈起，屁股翘起，睡得十分香甜。作者抓住小孩特有的睡姿，给以适度夸张与组合，将一个健壮女娃的形象捏塑得十分逼真传神，表现出作者对儿童生活的深入细致观察和卓越的面塑技艺。

面塑《睡宝宝》
（张书嘉作）

【面塑《阿凡提和毛驴》】　上海面塑名师张书嘉作。张书嘉为上海"面塑大王"赵阔明的第三代传承人。作品塑造了阿凡提牵着毛驴赶集的样子。阿凡提头戴维吾尔族传统包巾，身穿齐膝长衣，腰系腰带，双目平视，满脸络腮胡，两手做着手势，似在与人交谈。作品刻画逼真生动，色泽明快谐和，形神兼具。

面塑《阿凡提和毛驴》
（张书嘉作）

【面塑《拔萝卜》】　上海面塑名师

张敏珠作。张敏珠为上海"面塑大王"赵阔明的第三代传承人，为赵阔明的学生谢雅芬的学生。作品描绘六个孩子在拔萝卜的形态。六个孩子有男孩女娃，大家团结一心，奋力地在拔一个大萝卜。作品中萝卜已经拔出，但大家都跌倒在地，有的坐地，有的爬伏，也有的仰面朝天，而大家都面露喜色，有的还哈哈大笑。作品表现孩子们热爱劳动和团结互助的精神，主题鲜明，造型生动，形象生动可爱，为上海面塑中的佳作之一。

面塑《拔萝卜》（局部）
（张敏珠作）

【上海人造花】　上海著名工艺美术品。人造花品种有绢花、涤纶花、塑料花、通草花、纸花等。绢花历史最长，是在20世纪20年代发展起来的。按用途分，有头花、胸花、结婚礼服花、酒篮花、戏剧花、光荣花等。按品种分，有月季、牡丹、菊花、百合花、文竹、玫瑰、苍兰、马蹄莲等，都是当时国内外消费者喜爱的品种。新品种"盆景仙人球"，雅淡宜人，当年深受香港、日本消费者喜爱。涤纶花以新材料制作，薄如蝉翼，色泽鲜艳，具有不变形、不褪色、心瓣柔润、真实感强的特点。人造花以上海最为著名，曾风行一时。

【苏州泥塑】　苏州泥塑工艺，有捏相（又称"捏像""塑真"）、耍货两种，以前都集中在虎丘山塘一带，所以又称"虎丘泥人"。虎丘泥人的创始年代，文献未见确切记载。清顾禄《桐桥倚棹录》说：塑真俗呼"捏像"，"其法创于唐时杨

惠之，……今虎丘习此艺者不止一家，而山门内项春江称能手"。又说：苏塑泥人"其法始于宋时袁遇昌，专作泥美人、泥婴孩及人物故事，以十六出为一堂，高只三五寸，彩画鲜妍，……他如泥神、泥佛、泥仙、泥鬼、泥花、泥树、泥果、泥禽、泥兽、泥虫、泥鳞、泥介、皮老虎、堆罗汉、荡秋千、游水童，粗细不等"。《吴县志》载："宋时有袁遇昌，吴之木渎人，以捏婴孩，名扬四方。"清代康熙、乾隆时，苏州泥塑盛极一时。泥塑用泥为虎丘所产。《桐桥倚棹录》载："虎丘有一处泥最润，俗称滋泥，凡为上细泥人、大小绢人塑头，必用此处之泥，谓之虎丘头；塑真，尤必用此泥。"捏时，眼不观手，面朝对方端详一下，掌握面目特点，后用一泥丸藏袖内，边捏边谈，少顷即成。乾隆时常辉撰《兰舫笔记》载："少焉而像成矣。出视之，即其人也。其有皱纹、疤痣、桑子者毫无差，惟须发另着焉。"捏像分两种：一种捏了头加上须发，涂以色彩，然后再装身手，肢体以木为之，手足皆活动，谓之"落膝骱"，冬夏衣服，随意更换；另一种把像捏成后不装身躯，一般不上彩，有的须发也用泥捏出，不另装配，这种捏像多作为案头欣赏品。清代光绪年间，苏州泥塑逐渐衰落。南京博物院、苏州博物馆均有收藏，捏制精巧，形象逼真传神。

【苏州虎丘竹木玩具】　清顾禄《桐桥倚棹录》载：清代时苏州虎丘山塘出售的竹木玩具有腰篮、响鱼、花筒、转盘锤、花棒槌、宝塔、木鱼，还有琵琶、胡琴、扬琴、弦子、笙、笛、皮鼓等小乐器。又有缩至一寸的提桶和脚盆等生活用品。至今这种竹木玩具仍有生产，制作精巧逼真。苏州工艺美术博物

馆陈列的一件红木雕制的馄饨担，由数百个部件组合而成，鬼斧神工，异常精细灵巧，表现出苏州木工的卓越手艺。

【苏州虎丘草制玩具】 苏州虎丘一带的草制手工艺品。主要用麦秆制作。品种有宝塔、荷花篮、小团扇、小狗、小猫和小马等。颜色主要利用麦秆的金黄本色，也有染以红绿等色的。有的粗放，有的精细，具有鲜明的地方特色。

【苏州泥制虫果玩具】 苏州手工艺品。泥制虫果，原料以石灰、水泥、黏土混合而成。取材全是日常熟悉的瓜果草虫，如南瓜、石榴、桃、梨、叫蝈蝈、天牛、螳螂等。其形生动活泼，与真者无异。

【苏州料器】 苏州料器以料木鱼、料镯子、料珠著名，此外还有半眼珠、一粒插等。料木鱼有红、绿、蓝、白和粉红诸色，形若木鱼，大如指甲，苏州民间常在其尾部串上红绿丝线，结于幼儿手腕，以兆壮健。料镯子呈葱翠色，江南用以捞丝，苏北用以饰腕。半眼珠是在料珠上留出一半眼空，有圆有扁，乳白色，用以镶制耳坠、戒指和纽扣。一粒插是在铁丝上粘牢一粒黑珠，农村妇女用来扎束发髻。素宝珠是在料珠上涂一层鱼鳞角质。圆形的料珠多为银白色，规格在2—16毫米之间，有"赛珍珠""人造珍珠"之称。另外，也有奶黄、湖蓝、大红、玫瑰红、粉红、翠绿、嫩绿、密黄等仿天然宝石、珊瑚等色。珠的形状也有橄榄形、扁圆形、莲子形、菱形等。将不同形状、不同颜色的素宝珠按不同的方式编串，可以制成款式多样的饰品。苏州素宝珠深受少数民族人民的喜爱，新疆维吾尔族人常用小珠钉绣帽冠，藏族人常将大珠结成长串佩饰，挂于颈间。

【苏州舟山橄榄核雕】 苏州舟山是著名的雕刻之乡。20世纪初最有名的殷根福，善刻罗汉、观音、八仙念珠，名闻一时。刀法雄健，形简意赅，神态生动，世称"殷派"。现舟山核雕仍以殷根福的后人为主，最有成就的是其女殷雪芸。她曾是苏州工艺美术研究所核雕艺术研究人员，以专刻罗汉念珠为主。如《十八罗汉》，是由十八枚橄榄核雕成，每枚雕罗汉一人，表情不一，姿态各异。所乘坐骑，有马、牛、狮、象、鹿、麒麟、独角兽等。坐骑一侧各有侍者一人，手持拂尘、刀棒等，亦神态不同，线条简洁有力。殷雪芸的徒弟董兰生的核雕《鉴真东渡船》，在一枚橄榄核上刻有鉴真和尚及弟子、船工共35人，并配以玉石和红木制成的水座。作品在日本展出，受到热烈赞誉。现作品收藏于苏州工艺美术博物馆。

苏州舟山橄榄核雕
（宋水官、宋梅英作）

【苏州猪拱头绣鞋】 苏州水乡妇女的一种俗服。龚建培《江南水乡妇女服饰与民俗生态》（刊《江苏文史研究》1998年第3期）："猪拱头绣花鞋"，鞋帮面窄浅轻巧，多为春秋季穿用；冬季鞋帮较高，以适应御寒需要。这种鞋的主要特点是：其鞋头花为两鞋帮相合，组合成一完整图纹。缝合部分常见为蝴蝶纹，即一种"拉锁子绣花"（按：为苏绣针法之一，俗称"打倒子"，

形如打籽针，绣品结实耐用，质朴优美）的卷翅蝴蝶，为猪拱头绣花鞋特色之一，工艺复杂精巧，难度较高。

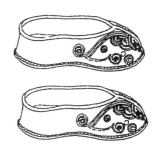

苏州猪拱头绣鞋
（引自龚建培《江南水乡妇女服饰与民俗生态》）

【苏州面塑"盘龙馒头"】 苏州民间旧时风俗，农历岁末须做盘龙馒头作为供品。清顾禄《清嘉录》卷十二："市中卖巨馒，为过年祀神之品，以面粉抟为龙形，蜿蜒于上，复加瓶胜、方戟、明珠、宝锭之状，皆取美名，以谶吉利，俗呼'盘龙馒头'。……吾乡谢神筵中，必祀施相公。馒首特为施而设，蜿蜒于上者，乃蛇也，而皆作龙形，亦日久沿讹耳。"盘龙馒头既是食品，也是一种玩赏品。

【惠山泥人】 江苏无锡惠山泥人，相传已有四百多年历史，具有优良的传统和独特的风格。惠山前期作品，主要是儿童耍货（玩具），如车老虎、大花猫、大阿福等。明代万历年间，昆曲流行于无锡一带，惠山开始塑制戏剧人物。清代后期，京戏盛行，丰富了泥制戏文的内容。往后逐渐分粗细货生产，粗货是儿童耍货，细货是手捏戏文；前者主要畅销于农村，后者主要销售于城市。1935年左右，上海普益习艺所艺人来惠山后，开始用石膏制作泥塑品，从此惠山彩塑用泥和石膏两种原料进行生产。惠山彩塑清代最盛，著名艺人有王春林、丁阿金、周阿生等。乾隆南巡，命王春林做泥孩五盘，很是称意。丁阿金

以捏塑昆曲戏文闻名苏州、无锡一带，传世作品如《借靴》《寄柬》《教歌》等。周阿生擅长塑制神仙故事形象，传世作品有《蟠桃大会》等。（参阅《无锡惠山彩塑》）当地流传有两句话："要戏文，找阿金；要神仙，找阿生。"两人捏塑人物都有卓越成就，各有自己独特的风格。惠山彩塑的特点：造型简朴、完整、单纯。创作上不追求细部的真实，着重突出主题部分。上彩具有浓厚的图案效果，"三分塑，七分彩"，可见画彩在惠山泥人中的重要作用。著名的《大阿福》是惠山泥人中最具特色的传统作品，1979 年荣获全国轻工业优质产品证书、"江苏省名牌产品"等称号。惠山泥人也被列入第一批国家非物质文化遗产名录。现惠山泥人研究所和惠山泥人厂，集中无数人从事泥人的创作生产，形成当地传统特色产业。

惠山泥人《小花囝》

【惠山彩塑《我爱北京天安门》】
惠山彩塑优秀作品之一。高 12 厘米，为中国工艺美术大师柳家奎创作。作品描绘三个活泼天真的幼儿园孩子，肩并肩、头靠头在欢唱儿歌《我爱北京天安门》。孩子们一脸稚气，张着小嘴，认真歌唱，作者将新中国儿童对祖国的热爱表达得十分真切到位，生动传神。作品完成于 20 世纪 70 年代，当时《人

民日报》等很多报刊都刊登了这一作品，受到各方高度赞扬。

惠山彩塑《我爱北京天安门》
（柳家奎作）

【惠山彩塑《放风筝》】 无锡惠山彩塑名师、中国工艺美术大师柳成荫于 2004 年创作。作品表现两个孩子手拿大风筝，满面笑容，正欲到郊外去放风筝。两个孩子都是胖胖的脸，眯缝着眼，仰望天空，天真活泼的个性表现得恰到好处。作品造型简洁，用笔粗放，色彩运用深浅青色，柔美谐和，贴切地表达出了阳春三月儿童趁着东风放风筝的美好心情。

惠山彩塑《放风筝》
（柳成荫作）

【惠山彩塑《一个好宝宝》】 无锡惠山彩塑《一个好宝宝》，描绘一位年轻的乡村妈妈抱着一个健壮的宝宝。妈妈蓝花布包头，穿贴边窄袖布褂，双手抱着宝宝；宝宝包于"蜡烛包"（民间常用的小被褥）内，小脸圆胖，眯缝着双眼，看着妈妈，妈妈满脸微笑，也注视着宝

宝。作品刻画细腻动人，造型简洁质朴，形象逼真，形神兼备。

惠山彩塑《一个好宝宝》

【惠山彩塑《村姑》】 无锡惠山彩塑名师、中国工艺美术大师柳成荫于 2005 年创作。作品描绘一位农村女娃，圆胖的脸，头顶左右各梳一个圆髻，前齐刘海，长眉大眼，高鼻红唇；上穿蓝花布宽袖大褂，下着布裙，两臂伸向左方，右腿伸出，脚尖上翘，似作舞蹈状。作者将乡间女孩健壮好动和天真活泼的性情以及稚拙粗放的舞姿刻画得入木三分，极具情趣，为惠山泥人中之佳作。

惠山彩塑《村姑》
（柳成荫作）

【惠山彩塑《李逵》】 无锡惠山彩塑名师、中国工艺美术大师柳成荫创作。高 4 厘米。李逵是《水浒传》里的梁山英雄。作品运用惠山传统粗货泥人的塑制手法，刻画了李逵粗鲁、憨直、勇猛的性格。人物造型概括简练，用笔随意洒脱，色彩对比强烈，颇具意趣。

惠山彩塑《李逵》
（柳成荫作）

【惠山彩塑《武术》】　无锡惠山彩塑名师、江苏工艺美术大师马静娟手捏塑制。作品描绘一个男孩，头留"一搭毛"，身穿圆领窄袖衣，下着长裤，腰束红绿丝带，手执枪、棍、长刀或双刀，在做各种武术动作。作品造型简练，刻画生动，形象可爱，色彩明快。

惠山彩塑《武术》
（马静娟作）

【惠山彩塑《踢毽子》】　无锡惠山彩塑名师、江苏工艺美术大师马静娟手捏塑制。作品描绘一个女娃在欢快地踢毽子，女娃头扎马尾双髻，以红绿彩球妆饰，圆胖的脸，大眼、小鼻、红唇，两腮通红，两手摆开，一脚跷起，做拐、挑、盘、

蹦等各种踢毽动作，毽子上下飞舞，情绪热烈。作品造型逼真、生动、自然，色彩柔和秀丽，对比鲜明。

惠山彩塑《踢毽子》
（马静娟作）

【惠山彩塑脸谱饰件】　江苏著名传统手工艺品。清代后期，京戏盛行无锡一带，无锡惠山开始创作彩塑戏文脸谱。惠山彩塑脸谱饰件分脸谱和脸谱头两种。脸谱供悬挂起来欣赏，脸谱头作为案头摆饰。戏文脸谱的创作，主要以"塑"来完成。批量生产，主要工序是翻模和开相。脸型一样，可用一个脸模翻制（脸谱用单片模，脸谱头用双片模），由于胡须、头饰、脸上花纹和色彩等的不同处理，可变成各种不同的戏文脸谱。惠山彩塑脸谱饰件，塑制精巧，敷彩明丽，造型生动，深受群众喜爱。以已故老艺人

惠山彩塑脸谱饰件

王士泉制作的最为精致，目前过百勤等塑造的亦很出色。

【宜兴紫砂果壳胖娃】　宜兴紫砂玩赏品。宜兴昌华陶艺公司制作。高 5.5 厘米，宽 7.5 厘米。作品描绘一胖娃睡卧于果壳中，胖娃肥头大耳，眯缝双眼，脸腮鼓起，赤裸上身，咧嘴大笑，好似好梦初醒，兴奋不已。作品刻画入微，形神兼具，极富情趣。

宜兴紫砂果壳胖娃
（江苏宜兴昌华陶艺公司作）

【宜兴紫砂狮球】　宜兴生产的一种紫砂玩具。狮球为圆球形，镂刻精工，分数层，转动时内外层呈不同转速，人称"鬼球"。詹勋华、杜洁祥主编《宜兴陶器图谱·集文工之大成》载：据老辈谈宜兴陶器之鬼球，"曾见宜兴紫砂作狮球，球身各以云纹及金钱纹镂空，镂纹极细极精工。又分若干层，各球运动自如，互不相干，滚动时外层与内层转速各不相同，工巧令人叹服"。紫砂狮球，类似广东之象牙球。

【宜兴紫砂象生陶塑】　宜兴紫砂玩赏品。指根据实物塑制的象生紫砂作品，形象十分逼真，故名。常见的有藕、菱、茨菰、瓜子、花生、栗子、螃蟹、蟾蜍、青蛙、螺蛳、鱼、蚌、鳖和龟等。清乾隆时期，宜兴制作的象生紫砂作品已很有名，当代表石民、蒋蓉、徐秀棠、徐徐等紫砂高手制作的象生紫砂作品，形神俱佳，更超越前代。

宜兴紫砂象生陶塑
上：象生干果（裴石民作）
下：象生龟鱼（徐秀棠、徐徐作）

【宜兴紫砂小人】 宜兴紫砂玩赏品。陶俑始见于汉代，唐、宋时品种逐渐增多。紫砂小人约始于清代后期，仅3厘米大小，主要用作盆景装饰，与假山、建筑小摆件等配套使用。有走式、站式、坐式等各种姿态，制作精美，神态逼肖。一般都用模印生产。

【宜兴紫砂建筑小摆件】 宜兴紫砂玩赏品。建筑小摆件，两宋有不少陶瓷制品。出土的宋陶瓷凉亭模型，为歇山顶，顶坡较陡，正脊两端饰兽头，岔脊有三个上翘尖阑，桥旁还站立有男女侍俑。宋代影青瓷小屋模型，结构完备，置有正厅、偏宇和仓库等。宜兴制的紫砂

宜兴紫砂建筑小摆件

建筑小摆件，包括小屋、凉亭、石拱桥等，主要用于盆景，与假山等配套使用。制作精致，都为古典形式，有的施全釉，有的施半釉，亦有的不上釉。清同治、光绪间紫砂名师黄玉麟创紫砂假山盆景，制亭台、房舍、小桥，妙若天成。

【宜兴紫砂假山】 宜兴紫砂玩赏品。陶瓷假山，陕西西安唐墓曾有出土，为一种明器。其形制，山峰与水池相连，山上点缀有树木、花草和小鸟。山峰施蓝绿、赭黄和草绿彩釉，鸟施蓝黄釉，水池纯白无釉，池岸施草绿色釉。紫砂假山，约创始于清代后期，主要供观赏和布置盆景，与凉亭、小屋、小人等配套使用。有的施釉，有的不上釉。小巧玲珑，形态逼真，价廉物美，行销各地。清同治、光绪间，紫砂高手黄玉麟所制紫砂假山盆景，奇峰巍峨，层峦叠嶂，并缀以瀑布、小桥、流水，生动有趣。

【宜兴紫砂微型花盆】 宜兴紫砂玩赏品。因制作的尺寸极其微小，故名。最小的仅半寸大小。盆式有圆形、方形、矩形、腰圆形以及各种花式。色泽有红、绿、黄、紫和赭等诸色。中国工艺美术大师徐汉棠创作的紫砂什锦微型花盆，小巧生动，玲珑可爱，色彩宜人；不但可栽花，亦可供案头清玩，为紫砂微型花盆之代表作品。

宜兴紫砂微型花盆

【宜兴紫砂什锦花插】 宜兴紫砂玩赏品。为一种插花用器。形制似瓶形，有方形、圆形、六方形、八

方形、筒形、扁形、葫芦形等多种；有的有足，有的无足；少数有耳，多数无耳。形制多样，变化丰富。色泽多沉稳，有米黄、淡赭、紫褐、暗红和深灰等，以便更好地烘托插花。有一种装饰于墙壁之花插，称"壁插"，形制多半为圆形，背面为平面。宜兴紫砂什锦花插，以紫砂名师徐达明制作的最为精美。

宜兴紫砂什锦花插
（徐达明作）

【宜兴紫砂扑满】 宜兴制作的紫砂扑满，为旧时儿童玩耍的一种积钱器。扁圆形，平底，顶上边缘处有一长条形孔，为投钱处，一般顶面镌刻简朴纹饰。

【南京彩塑泥娃】 南京的彩塑泥

南京彩塑泥娃
上：《放爆竹》
下：《吉祥娃》
（黄建强作）

娃，特色鲜明，形象生动，色彩艳丽，造型简洁，具有浓厚的地方特色。内容题材大多具有吉庆含义。如作品《放爆竹》描绘一群儿童，头戴花帽，身穿新衣，牵着兔子灯，手持爆竹正在点燃，表现了喜迎新春的热闹景象。作品《吉祥娃》描绘两个胖娃，一脸稚气，面含微笑，头戴虎头帽，身穿大红袄，手持喜联，上下配以百结流苏，亦表现出一派吉庆祥瑞的喜庆气氛。南京彩塑，以前以柯明、田原和陈月仙制作的最为精美，现以黄建强的作品最具特色。

【南京绒绢花】　江苏著名工艺品。相传明代已具有一定生产规模，清代康熙、乾隆时为兴盛期。绒绢花以优质蚕丝为原料，分生丝、熟丝两种。制作工序有炼丝、染色、下料、造型、装配等。传统产品有鬓头花、胸花、帽花、罩花、戏剧花等。色彩以大红、粉红为主，中绿为辅，黄色作点缀。目前产品主要有各种鸟兽虫鱼及卡通人物等。《生丝鸡》《小猴》《熊猫》是其代表性作品。著名代表性艺人有周家凤、王家泰等，其作品十分精美，特色鲜明。

南京绒绢花《红梅》
（王家泰作）

【南京糖画】　为儿童玩具，亦可食用。是用糖稀作原料，加以色素熬制成。制作时，将不同颜色的糖稀分数格放好，在放糖稀的铁盒下面煨焦炭，以保持其黏度；后取出适量糖稀，迅速在平面石板或玻璃上面绘画，须一气呵成；绘成后，将画粘在一小棒上即成。糖画题材有十二生肖、龙凤、人物、动物和吉祥文字等。南京糖画以王永亮制作的最有代表性。

南京糖画
左：《一帆风顺》
右：《福葫芦》
（王永亮作）

【扬州布绒玩具】　江苏特色产品。扬州布绒玩具用料讲究，造型生动，色泽鲜明，具有浓郁的地方特色。它的一个特点，是注意把玩具和儿童用品结合为一体，如运用动物造型手法装饰童帽、童鞋、手套、围巾和背包等，大多用化纤布或灯芯绒为面料，使之既好玩又实用。如《兔子背包》，可供幼儿装糖果；手帕，图案充满儿童情趣；动物手套，有鸡、鸭、鹅等造型，夸张、有趣、生动，孩子喜爱穿戴。扬州布绒玩具的另一特点，是注意和机动玩具结合起来，使所制的动物玩具会跑会跳会叫。如《小熊蹬坛》和《叫猪》等，造型新颖，动作奇特，还能发声；有的还能表演杂技，如《海豹顶球》和《大象顶杆》等，妙趣横生。扬州布绒玩具的又一特点，是注意发挥原材料的美，如运用毛巾布制的《金鱼》，由于毛巾布的织纹能较恰当地表现出鱼鳞的质感，从而取得了良好的艺

术效果。扬州布绒玩具，曾经在全国较有影响力，1980 年获国家银质奖，1982 年又获全国工艺美术品百花奖银杯奖，1983 年被评为全国优秀儿童用品奖。

扬州布绒玩具

【扬州长毛绒玩具】　长毛绒玩具是扬州传统特色产品，主要是用纯羊毛或人造毛皮为原材料制成。多以各种动物为题材，如形象生动的熊猫、装模作样的狐狸、温驯可爱的小羊、活泼淘气的幼熊以及猴、兔、猫、狗、狮、虎、象等，造型生动美观，制作精美，品种多样，质量上乘，深受儿童及成人的喜爱。2006 年，中国轻工业联合会授予以生产长毛绒玩具而知名的扬州市维扬区（现已并入邗江区）"中国毛绒玩具礼品之都"的称号。

扬州长毛绒玩具：幼熊

【扬州绒花】　扬州传统工艺品。相传在清代已很兴盛，制作精细。

当时作坊众多，每逢春日或清明游春，人们争相购买绒花，戴于头上作为装饰。扬州绒花造型活泼玲珑，色泽鲜艳美丽，制作灵巧别致，名扬中外。品种大致分玩赏和装饰两大类。各种装饰用绒花，有插花、帽花、罩花、胸花和捧花等。其制作方法，先将丝绒染成各种颜色，用细铜丝相连，经搓揉、压烫、装合、剪修等工序制成。现在的扬州绒花，生产上采用绒绢结合以及聚苯乙烯等新材料，品种更为丰富，如节日灯串、花鸟竹篮、仙人掌等，深受人们喜爱。

【扬州通草花】 扬州传统工艺品。分戴花、挂屏和盆景三种。戴花插在头上和衣襟上，曾为农村妇女所喜爱；挂屏和盆景，多供家庭设景欣赏。通草花主要用通草配以宣纸、毛边纸、皮纸、油彩和铁丝等制作而成。通草的特点是绵薄有光泽，用水润湿后，柔软并具有一定可塑性，可随意变形着色。扬州通草花的特点是颜色鲜艳，形象逼真，被誉为"不谢之花"。以艺人钱宏才制作的最为精良，他创作的《凌霄》《梅花》《杜鹃》等，多次参加全国展览，有的陈列于北京人民大会堂江苏厅。1979 年，他为广州出口商品交易会工艺品馆入口处创制的《紫藤花架》，高 2 米，宽 4 米，受到参观者的热烈赞扬。

【常熟核雕】 江苏常熟核雕，以明代王叔远雕刻的作品《苏东坡泛舟赤壁》最为著名，明魏学洢《核舟记》叹为"灵怪之技"。这件核雕作品，舟长约 3 厘米，高约 0.5 厘米，中间为舱，上以篷覆之，旁开能活动小窗各四扇，窗边雕栏上右刻"山高月小""水落石出"，左刻"清风徐来""水波不兴"。船首刻苏东坡及其好友鲁直、佛印，船尾刻有船夫两人。船背刻有细若蚊足的

题款"天启壬戌秋日虞山王毅叔远甫刻"。后世治核雕者，多以此舟为范本，故核雕中以"舟"为多。

清代核舟
（陈祖章作，台北故宫博物院藏品）

【徐州泥模】 徐州泥模相传始于明末清初，俗称"孩模"，因玩泥模最初是孩子们兴起的。徐州泥模大如梳篦，小如银元。作品有《打面缸》《八仙过海》《西游记》《刘关张》、十二生肖和各种动物等。泥模分"泥模"和"模仁"两种。模仁，民间艺人称为"托子"，有了托子就能翻出泥模。印制模仁，将瓷泥填满后，要压匀压实，脱出风干后，在小窑烧制即成。徐州泥模主要以"线"造型，注重刻画人物个性，既讲形似，更在神似。

徐州泥模

【孩模】 参见"徐州泥模"。

【暨阳竹藤摇铃】 暨阳，在今江

苏张家港市的杨舍镇。城镇四乡，遍植竹林，当地民间艺人用竹制作竹椅、竹床、儿童坐车和各种儿童玩具。竹藤摇铃玩具，以竹篾编制一大圆球套一小圆球，内中一小圆球内置有小铃；柄用竹片制作，外绕藤皮。以柄摇动圆球，内中小圆球中的铃铛就会发出悦耳的铃声。竹藤摇铃玩具，全用竹藤本色制作，无毒无味，粗放质朴，造型简洁，具有浓郁的乡土气息。

暨阳竹藤摇铃

【盐城竹机关枪】 1934 年，鲁迅撰写的一篇题为《玩具》的文章中提到："江北人却是制造玩具的天才。他们用两个长短不同的竹筒，染成红绿，连作一排，筒内藏一个弹簧，旁边有一个把手，摇起来就格格的响。这就是机关枪！也是我所见的惟一的创作。我在租界边上买了一个，和孩子摇着在路上走……"现在江苏盐城的民间艺人，仍有生产制作竹机关枪。用两根竹筒，表面染成红绿色，旁边做一把手，枪筒内有一竹片做的弹簧，摇动把手时，用手拨动弹簧，就会发出格格的声响。

盐城竹机关枪

【茅山"酒鬼"棒棒人】　江苏句容茅山民间玩具。做法：用一段小木头粗雕一下，下端可握手，上部雕刻成人物或动物形状，再上彩涂色即成。"酒鬼"棒棒人，头和身体是分为两节的，脖子塞在腔子里，头可四面转动而不掉落，拿在手里一摇晃，人就会摇头晃脑，像喝醉酒一样，故名。早年在茅山庙会时有售卖，很受儿童喜爱。

【"泥人张"泥人】　天津泥人，清代盛行，以"泥人张"最著名。历经六代，已有一百多年历史。清张焘《津门杂记》："城西张姓名长林，字明山，以捏塑世其家，向所捏戏出人物，各班角色形象逼真，早已远近驰名。西洋人曾以重值购之，置诸博物院中，供人玩赏。而为人做小像（捏像），尤其长技也。"张明山是"泥人张"第一代，他的作品写实性强，发展了我国民族雕塑艺术的传统。第二代传人张玉亭，继承了张明山的技艺，善于从动态中塑造人物。他创作了许多传神佳作，曾参加国际展览，被授予金质奖。第三代传人张景祜在技法上继承了前两代的优良传统，十二岁就能独立创作，毕生作品超过万件，在写实与夸张、塑与彩的关系等方面形成独特风格。他在中央工艺美术学院任教，培养了许多优秀彩塑艺术人才。第四代传人张铭的作品具有含蓄、内在的特点。天津民间泥塑艺术在"泥人张"的手上发扬光大，成为津门艺林一绝。

【"泥人张"泥塑《蒋门神》】　"泥人张"第一代传人张明山创作。作品为素胎泥塑，未施彩。三寸高，头部仅蚕豆大，蒋门神一脸横肉，竖眉瞪眼，鼓嘴挺肚，歪戴着帽，反背着手，那种蛮横自傲、目中无人的丑恶之态，被作者刻画得神气活现、入木三分，引人入胜。

泥塑《蒋门神》
（张明山作）

【"泥人张"彩塑《钟馗嫁妹》】　"泥人张"第二代传人张玉亭作。钟馗为唐代终南山进士，在与同里杜平进京赴试途中误入鬼窟，面容变丑，落第不中，愤而自杀，天帝悯而封为斩祟之神。钟感激杜平埋其尸骨之义，回家以妹嫁杜，亲率小鬼送往杜家。故事见《孤本元明杂剧·闹钟馗》和清代张心其《天下乐》传奇，昆曲、京剧都有此演出剧目。作者就是根据这一内容进行创作。李放《中国艺术家征略》卷三载："予尝见其《钟馗嫁妹》一事（件），人马凡廿余，旌旗凯仗之属称是。钟之威猛，妹之娟秀，群鬼狰狞奇谲，虽（罗）两峰无以过，洵奇技也。"

【"泥人张"彩塑儿童】　天津"泥人张"，是以天津彩塑世家命名的彩塑，从清代第一代张明山创始，迄今已传六代。"泥人张"彩塑以创作人物为主，作品逼真生动，形神兼备，驰誉中外。他们塑造的一批儿童作品，有《山妮》《姊妹俩》《吹气球》《下棋》《抚琴》和《合奏》等，都十分生动传神，极具情趣，将儿童活泼天真、稚拙可爱的神态表现得欢畅淋漓、入木三分。

色泽明快和谐，鲜丽而典雅，技艺纯熟卓越。

"泥人张"彩塑儿童
上：《下棋》（王润莱作）
下：《山妮》（杨志忠作）
（引自李友友《民间玩具》）

【"娃娃大哥"】　天津泥塑彩娃，流行于天津等地区。用泥加工捏塑成儿童形象，后施彩绘，讲究的还有穿戴，高约5—8厘米。旧时天津妇女如婚后不育，都到天后宫送子娘娘神座前进香，然后"偷"个泥娃回家供奉，当地称为"拴娃娃"。如以后果真生了头胎子，只能排行第二，称偷来的泥娃为"娃娃大哥"。生孩子后必须还愿，要去市上泥塑店铺定做99个"娃娃大哥"，送至天后宫送子娘娘神座前，供他人继续"偷"。

【天津面塑《高原的春天》】　《高原的春天》，为天津面塑家王玓所作，描绘一少女，头披纱巾，身穿红色短袖上衣，颈间戴一项珠，左右扎有两条长辫，高原山野劲吹春风，纱巾、双辫、项珠一起随风飘拂，少女以双手急按头上纱巾。作品手部刻画细致入微，极富感染力。而面部神情若定，一动一静，融合和谐，使作品更具神韵和张力。王玓面塑造型精美，细节贴切，形神兼备。她本人多年来曾至亚非欧美等国交流、讲学和展览作品。1996 年荣获联合国教科文组织颁发的"国际工艺美术大师"证书，1997 年获"中国十大民间艺术家"证书，2007 年获第八届民间文艺"山花奖·民间工艺奖"。

天津面塑《高原的春天》
（王玓作）

【刘海风葫芦】 风葫芦即"空竹"之俗称。天津以"刘海戏金蟾"为标记的风葫芦，是著名传统工艺产品，已有一百多年历史。以制作精细、坚固耐用、声响洪亮而著称。刘海风葫芦由清末武清汉百户村民间艺人屈文台创制。他潜心研制，创造独特的内部结构，制出声音悠扬绵长、不劈不闷、嘹亮悦耳的风葫芦。用料讲究，做工精细，讲求竹质细密光润细腻，或烫以花纹如"云头""葫芦带"，表现其质朴古拙的浓郁民族特色。他的风葫芦坚固耐摔。制作风葫芦，木轴要选用坚硬有韧性的苦梨木或腊杆子；毛竹粗大无裂缝，外形美观精致，粘鳔牢固，木轴没有疤节，抖动时每个发音孔都发声，木轴要居于声轴的正中，稍有偏心，转动时就会抖颤。风葫芦有双轴（双响）和单轴（单响）之分。声轴上有多少孔就有多少响。单轴规格从 3 响至 28 响，双轴规格从 6 响至 36 响，响越多，声音就越高越好听。刘海风葫芦流传百年，至今仍以其具有群众性和实用小巧、物美价廉的特点而受到欢迎。

【天津糖塑玩具】 天津糖塑玩具细致精巧，尤以糖塑的昆虫玩具，如鸣蝉和蝈蝈，形态逼真、蝉翅蝉足、蝈蝈触须极精微工巧，灵动传神，叹为观止。制作时，先用食用染料把糖染成各种颜色，红、绿、黄、蓝都有；再根据形象的需要选用不同色彩的糖料，浇洒成所需的部件，在成型冷凝前趁热加以弯曲、扭转；然后再用同样的糖稀将各部件黏合在一起组成。制作中全凭艺人的智慧和巧手。现在天津的糖塑仍非常兴旺，有很多艺人在文化街及鼓楼东街设摊献艺，边做边卖。

天津糖塑蝈蝈、螳螂

【兔儿鞋】 旧时流行于民间的一种俗服。给幼儿穿用，俗谓穿兔儿鞋可像兔儿一样腿脚利落，行走敏捷，以此祈求康健吉祥。兔儿鞋通常用蓝布、红布或黑布缝制，绣上白鼻、红眼，缀以长兔耳，鞋后口沿缀一绣带，为兔尾，具有浓郁的生活情趣和民俗特色。每逢中秋节，天津等地幼儿均流行穿兔儿鞋。

兔儿鞋

【白沟泥塑玩具】 河北传统工艺产品。据传兴于清代乾隆时期。当时家家以黏土塑制娃娃、公鸡、花狗和狮子。一般都是先用模子磕出其形，而后彩绘。所制人物俊美，动物质朴，色泽鲜艳。泥塑风格受天津杨柳青年画影响，具有浓郁的乡土气息。产品多属节令用品，可供案头欣赏，又可作为玩具，深受当地人民喜爱。

白沟泥塑《麒麟送子》

【玉田泥玩具】 河北玉田泥玩具，质朴生动，色彩鲜艳，品种繁多。玉田的西高桥和戴家屯一带，是当地驰名的泥人之乡及主要产区。品种大体有儿童玩具、戏曲人物、飞禽走兽和草虫小品四大类。儿童玩具代表性作品有不倒翁、泥娃娃和

玉田泥玩具
上：女娃不倒翁
下：花公鸡

泥公鸡等。不倒翁多女娃形象，圆圆的脸，身穿花衣，活泼可爱，来回摇摆，始终不倒，深受儿童喜爱。戏曲人物，生、旦、净、末、丑都有。飞禽走兽有狮、虎、熊猫和孔雀等。草虫小品有青蛙、蝈蝈、鸣蝉等。各种泥制品，多达三百余种。

【蔚县提浆面人】　河北蔚县提浆面人，是一种节令食品，好玩又好吃。其做法是用面粉揉好，中间加入馅料，捺入饼模制作成型，再入炉烤制而成。饼模的形状，常见的有寿星、福娃和吉祥瓜果等，形象朴拙粗放，具有浓郁的乡土气息。河北蔚县一带，民间有一种习俗，在农历七月十五日，家家都要给孩子们买几块提浆面人，以祝福孩子茁壮成长、安康如意。

蔚县提浆面人
上：寿星
下：福娃
（引自李友友《民间玩具》）

【山东民间玩具】　山东传统工艺产品。历史悠久，品种繁多，风格纯朴。按制作方法可分四类：①捏塑类，如泥陶、料兽、江米人、吹糖人等；②削刻类，如旋木、核葫芦、竹龙等；③缝缀类，用布、绸、丝绒、茧、羽毛、皮毛、纸等为材料，以线、铜丝、浆糊等缝缀连接而成；④编织类，用麦秸、高粱秆、苞米皮等编织而成。以潍坊的布玩具为代表。它源于民间的香荷包、针扎，产品有双头虎枕、玩具虎、狮子滚绣球、小斑马、梅花鹿等。是当地传统非物质文化遗产项目，现成批生产出口。

【山东泥塑】　山东工艺产品。山东有许多地区出产泥人和浮雕的泥人陶模，售给广大儿童作为玩具。出产最多的是高密聂家庄。被称为"高密三绝"之一，是一种古老的传统民间艺术，相传始于明代，始传于民间艺人聂福来。清代几乎家家户户都从事其艺。与天津"泥人张"注重写实不同，其造型注意写意，在全国泥塑中别具一格。聂家庄泥塑外表刷白粉着色，形式有男女胖孩、猫、狮、虎、鸟雀、猪八戒等。浮雕泥塑，大多以《水浒》人物为主。在现代化过程中，聂家庄泥塑工艺大胆创新，种类繁多。2012年入选第四批国家级非物质文化遗产，其产品逐步走向世界。

【济南兔子王】　民间玩具。据民间传说，早年济南府的孩子害疮疖的特多，月奶奶虽有治此病的药饼，但不肯给没钱摆供的穷人。为了治病，少年任汉趁八月十五日月奶奶庆寿之际，混入广寒宫，得到仙女的帮助，盗得了药饼。任汉逃回人间时，月中玉兔让仙女剥下自己的皮披在任汉身上，使他变成玉兔钻出云彩。逃回济南后，任汉把药饼塞进七十二泉，全城人喝了泉水，病皆痊愈。后来，为了纪念兔

神，人们把中秋上市的泥塑玉兔尊称为"兔子王"。其造型纯朴、夸张、粗犷，色泽单纯、明快。旧时济南中秋节，买月饼、水果馈赠亲友时，都要捎上一个兔子王。济南兔子王有十几个品种，大小二十多个样式。头王有头盔，身插锦鸡翎和彩旗，下颌、眼、手臂都能牵动，约高80厘米；二王高50厘米；三王高30厘米；四王高20厘米。以上四等又分站式和骑虎式两种。现代艺人在兔子王基础上改进制作的兔宝宝，更具特色。

上：济南兔子王
下：兔宝宝

【潍坊彩塑玩具】　山东传统工艺产品。相传起源于明代中期，主要生产区在潍坊西郊黄家庄等地。主要产品有泥娃娃、皮老虎和摇拉猴等。造型简练、夸张，着重写意，色泽热烈、鲜艳、明快，一笔出效果，极少重复。彩塑玩具装有苇哨（用芦苇做成），由于哨的粗细、大小和结构不一，可发出"哇哇""咕咕""叽叽"等不同的音响。潍坊彩塑巧妙地把塑、彩、声有机地结合

在一起，以增强作品的感染力，深受儿童们的欢迎。所用原料，主要是当地的黏土。色彩用化学色，俗称"品色"。

【潍坊哨音泥玩具】 山东潍坊的哨音泥玩具，简练、夸张、声奇、形美，具有浓郁的乡土气息。哨音的奇异是其最大的特色。潍坊泥玩具大多装有响哨，装哨的历史，相传已有一百余年。哨是用当地的芦苇做成，叫苇哨。装哨的玩具，都在哨处留有空隙，有的分成两段，用柔软而结实的皮革、牛皮纸相连，在人们推、拉、摇、吹时，利用空气流动冲击哨片，使苇哨发声。苇哨又因粗细、大小、结构不一，可发出不同的声响，在娃娃、虎、猴等身上，分别安装不同音响的苇哨，便能发出不同的叫声。

潍坊哨音泥玩具

【高密泥孩】 山东高密早年生产的泥孩，均系手捏成型，造型简单，后改用翻模，产品随之定型和规范化。民国以前的模子多是用泥巴做成，分前后两扇，前扇是泥孩的造型，后扇光素无雕琢。制模时，先构出理想的造型，雕好晒到八成干，后翻出模子。泥模成型后，经焙烧变成陶质模，陶模具有一定的吸水性，易使泥料脱模，而且坚固耐用。20 世纪 50 年代以后，又出现了水泥模和石膏模，这两种模子制作简单，无须置窑烧，晾干即可使用，脱出的泥孩造型较陶模逼真。磕制泥孩，是将熟泥置于模中，压实后磕出，待干后将两片泥坯合拢，再涂以白粉彩绘。色彩有大红、桃红、绿、黄和紫，另加少量金色和黑色，对比鲜亮，绚丽多姿。

高密泥孩"福寿娃"

【高密"拴孩"彩塑】 山东高密一带，民间流行"拴孩"的风俗。拴孩，亦称"拴娃娃""抱孩子"或"扣儿"，是民间普遍盛行的一种求子方式。过去妇女婚后无论怀孕与否，都要到庙里拜神、拴孩，求神赐子。一般城区以农历正月十六日，乡下以正月十八日或十月十八

高密"拴孩"彩塑

日为"拴孩日"。届时庙里的道士或尼姑会在"送子娘娘"坐像面前摆好各种泥孩，供来者选择。求子者付上香火钱，相中哪个泥孩，就把穿着铜钱的红线拴于哪个泥孩的脖子上，用红包袱包好带回家，放在炕头壁龛里，一日三次饭食供奉。生了孩子的，那泥孩就成了真孩的化身，把它小心翼翼地封进壁龛内，意思是押住它，让孩子"长命百岁"。高密彩塑泥孩，造型丰满可爱，色泽鲜艳，还有各种寓意，如抱莲蓬的泥孩，寓意连生贵子；抱桃的泥孩，寓意长寿吉祥；抱石榴的泥孩，寓意多子多孙；还有抱小狗的，狗不娇贵，取好养之意。旧时，"拴孩"的风俗在河南、天津等地亦较流行。

【聂家庄泥玩具】 山东高密聂家庄泥玩具，相传始于明代聂福来。聂福来原系河北泊镇人，明代时迁至聂家庄，以制"锅子花"为副业。"锅子花"为节日焰火，装焰火的为泥制的"泥墩娃娃"，放完焰火后就是一件玩具，在当时很受群众欢迎，此后逐渐演变为独具特色的聂家庄泥玩具。其造型敦厚朴实，手法简练。做法：先捏塑出样品，再翻制成前后身两片模，后即可翻制成玩具泥坯，刷上白粉，最后上色。"三分坯，七分彩"，艺人十分注重上彩。通常在白粉底上，用红、绿、黄、紫等品色点染，最后用金、墨勾线，并运用退晕技法，使作品色彩既有对比又调和。泥玩具一般配有竹哨，有的还有拉线，稍一拉动，眼、耳和手都会活动，惹人喜爱。聂家庄泥玩具最为著名的品种是"大叫虎"，虎身分前后两部分制作，中间用羊皮或韧性强的皮纸连接，胎体空腔中置竹哨或苇哨。前后拉挤泥虎，发出的声音低沉浑厚，犹如号角。

聂家庄泥玩具
上：大叫虎
下：少女泥娃

【河南张村泥娃娃】 山东惠民县皂户李镇河南张村，从清代初年起

河南张村泥娃娃《花妮》

就做泥玩具，男女老少都会做，因以所做娃娃居多，人称"娃娃张"。这种泥塑用当地红黏土为主要原料，用模子制作，以白粉胶液涂底，色用大红、桃红、绿、黄、紫，再以金色渲染，火爆热烈，鲜艳明快。泥娃有"坐娃""躺娃""响娃"（内有哨子）和手摇的"叽哒娃"等，此外用纸身泥底、纸浆灌模的"扳不倒"（即不倒翁）泥玩具，在当地亦很有名。传统作品《猪八戒念经》，耳朵、眼珠、下巴、手都是活动的，有线相连，一拉动主线，各部位即一齐活动，生动有趣，逗人发笑。

【掖县泥玩具】 山东掖县（今莱州）泥玩具，以塔埠村制作的最具特色。老艺人周绍榜创作的《猪八戒背媳妇》，别具匠心。猪八戒和所背媳妇，为一个模翻制，而猪八戒头部是活动的，也可换成书生或壮汉的头，用以表现猪八戒的幻化骗人，以增加趣味性。周绍榜还创作了《猴子换草帽》彩塑，猴子四肢用纸板制作，只需转动横柄，一顶草帽便会轮流戴在两只猴子头上。塔埠村另一老艺人周庭，擅制"不倒翁"、"四老爷打面缸"等活动玩具。他制作的泥托纸胎不倒翁，纸胎的原模为泥制，泥胎设一道环绕的深沟，糊上纸层晾干后，沿深沟割开纸层，取出泥胎，再将纸胎黏合，安在泥托上，上轻下重，便制成一个来回摇晃、永远不倒的老翁。

【临沂彩塑玩具】 山东临沂彩塑玩具，造型简练，质朴粗放，着重夸张呈现人物的外形特征，彩绘较有特色。彩绘时，一般在白粉底上涂以掺胶的大红、桃红、黄、绿、紫等品色，以红或绿为主调，最后用黑色勾画，给人以热烈明快之感。有的玩具还加上苇哨等声响装置。

临沂彩塑玩具

【苍山泥塑玩具】 山东兰陵苍山泥塑玩具以生产戏剧人物、牧童骑牛和摇尾翠鸟等为主，有百余个品种，其中以戏剧人物制作最为精美。戏剧人物以单件为多，高约18厘米。现多为模制，空心，白底色。一般先勾墨线、服饰和脸部，然后再涂各种颜色。墨线挥洒自如，较多随意性。通常表面都涂有一层蛋清，干后油润含蓄，不易脱落。

苍山泥塑玩具

【伏里土陶玩具】 山东枣庄西集伏里村土陶玩具，造型粗放质朴，稚拙古雅。做法：主要用泥模脱胎，内脱胎多用前后或上下两块模具，外脱胎则用一块刻有图案纹样的坯子作模，花纹印在里面。脱胎后的泥制品要放在室内晾干，再进窑烧制。不同的土质和窑温，可烧成红、紫、青灰等不同颜色的土陶制品。一般不用彩绘，纹样凸起。品种有人物、各色立狮、坐狮、卧狮、对狮、老虎、猫狗、兽形烛

台、土陶碟、陶香炉、陶香筒和花罐等。产品主要销往鲁南和鲁西南一带。

伏里土陶玩具
上：老农
下：雄狮

【博山料器】 山东博山料器，已有数百年历史，相传明代初年，博山已"料炉遍地"。主要产品有套料雕刻、花球、珠帘、花插和内画壶等。花色达 3000 多种。套料雕刻，是山东著名的料器工艺品。套料是将颜色不同的料分层地熔合在一起制成器形，然后加工进行雕刻，通过不同色料的利用，可形成"俏色巧用"的工艺效果。主要产品有鼻烟壶、花插、烟缸、灯具等。套料雕刻有阴刻花纹和立体雕刻两种，其中阴刻花纹是博山料器特有的传统产品。花球也是博山著名工艺品。花球以水晶玻璃为基础，用包、拉、搓、扎等方法将制成的花卉、鸟兽虫鱼等包在水晶料器之内，然后制成圆、扁、方塔等各种形状。花球制作要在 1000 ℃的高温下几分钟内完成十几道工序，工艺性强，要求高。1982 年，博山花球荣获全国工艺美术百花奖优质产品。珠帘，有门帘和窗帘两种。是用各种颜色的料珠或料管按一定的

方式编串而成，色彩缤纷，光彩闪烁，具有很强的装饰效果。

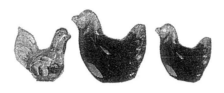

博山料器

【郯城"燕车"木玩具】 山东郯城樊埝村木制"燕车"玩具，质朴有趣，制作巧妙，具有浓厚的乡土风韵。其形制为一辆两轮小车，车上站立一展翅的燕子，推动小车，燕子就会扇动翅膀，与此同时，车前小鼓就会被击响。因燕翅有铁丝与车轮相连接，车轮转动，车前小鼓有皮筋缠绕鼓槌，车轴随之转动，三角轮就会拨动鼓槌敲击鼓面而发声。这种木玩具，传动装置较为复杂，精确灵活，表现出樊埝村木玩具艺人的精湛技艺，令人叹服。

郯城"燕车"木玩具

【郯城棒棒人】 山东著名传统民间玩具。为郯城樊埝村农民制作，历史悠久，风格独具。棒棒人由"耳根神"逐渐演变，以后发展为一种儿童旋木玩具。它是以沂河南岸杨柳木为原料，木质本色脸部，用黑线开脸，身躯满饰彩绘，用笔粗健豪放，色泽对比强烈，具有浓郁的乡土情调。棒棒人有高、矮两种，高者细而长，矮者短而胖。身体和头部分开车制，头的基本形状车成

后，还要在头上削制发型，然后装上身体，再用水色调蛋清绘制而成。

郯城棒棒人

【郯城花棒槌】 山东郯城一种车木民间玩具。亦称"哗啦棒"。适合幼儿玩耍。主要用杨树木车制，棒槌头中间为空心，放入几颗豆粒，后趁棒槌头未干，将棒槌柄塞入棒槌头内，再用水色描绘上花纹即成。玩时摇晃木柄，便会发出"哗啦哗啦"的声响。

郯城花棒槌
（引自李友友《民间玩具》）

【哗啦棒】 参见"郯城花棒槌"。

【山东春公鸡】 山东传统民间玩具。主要流行于鲁西南和鲁北地区。通常由妈妈或外婆用零碎彩色布缝制，在立春日送给孩子作为节日饰物。一般用线缝在小孩子的左衣袖上，以鸡谐"吉"，祝福孩子吉祥如意。在滕县（今滕州）、惠民等地，未种牛痘的儿童所饰春公鸡的嘴上还要叼黄豆，几岁叼几粒，以

鸡吃豆寓意孩子不生天花、麻疹等起"痘"的病。

【菏泽、定陶皮毛玩具】　山东菏泽、定陶地区的泥、布玩具，始于明代。明《曹州风情录》载："泥狗、泥猴、布老虎、布娃娃，亦可算庙会一景。三五顽童，围匠人观之。或做泥猴吃桃，一蹦一跳；或做老虎扑猫，惟妙惟肖；或在布娃背后安装竹哨，吹之有声，玲珑可爱。"上世纪20年代，菏泽西马垓村皮厂首先试制成皮毛玩具。其做法是用纸浆替代泥巴，制成狮、虎、猫、狗等各种动物外形，后用染色羊毛，按动物皮毛长势贴在上面，即制成逼真生动的动物皮毛玩具。因纸浆会引起虫蛀，后改为塑料压模，可经久不坏。艺人王福才又创造出将电子控制装置装入皮毛动物腹腔内，使之能走能叫。他制作的小狗，放在一米远处，只要一拍巴掌，小狗便"汪汪"跑来，生动有趣，十分逗人喜爱。

【山东蝈子葫芦】　用葫芦制作的一种民间玩具。盛产于鲁西一带，相传已有四百多年历史。清顾禄《清嘉录》载："秋深，笼养蝈蝈，俗呼为'叫哥哥'，听鸣声为玩。藏怀中，或饲以丹砂，则过冬不僵。笼剜干葫芦为之，金镶玉盖，雕刻精致。"制法：先将葫芦用锅水煮，后发酵去表层青皮，用枣树皮熬红液，或用荔枝红染料煮浸七色。晒干后用尖、圆、方、棱各种刀具雕刻。为使图形产生红白对比效果，可刻除部分表层红皮，使葫芦壳显出本色。另一种刻法叫"片花"，又称"片葫芦""削花葫芦"。先片顶花，次片中间大花，后片底部底花。更高的技艺是刻人形葫芦。雕刻图案有戏曲故事、历史人物和花鸟等。刻好后有的还用红、黄、绿等颜料进行点缀，用棉花浸食用油擦烟灰涂抹，以显示刻线。最后涂上清漆，以增加光亮。

山东蝈子葫芦

【泰山竹龙】　山东传统民间玩具。以细竹为主要材料，龙身用竹竿分段组成，各节以铁丝相连。艺人又利用竹节枝杈，经修剪、烤弯做成龙角龙爪，然后用油灯熏黑，刻画出龙头及龙身上的花纹，在头部装上两个弹簧丝红绒球。玩时捏住龙尾稍一晃动，竹龙就会左右摆动，龙头的红绒球也随之一起晃动，十分有趣。有的龙尾还做有竹哨，能玩能吹，更增加了孩子们的乐趣。

泰山竹龙
（引自李友友《民间玩具》）

【微山湖虎头祥子】　一种布制刺绣虎头形的祥子。山东微山湖渔民，迄今仍保留着这一古老习俗：孩子出生时，外婆要缝制刺绣虎祥子送给外孙。祥子主要用来在船上拴住幼儿腰部，寄寓辟邪防灾的情意。祥子前端有虎头，色泽鲜明，生动可爱；后面缝有一条红布的尾巴，末端是布制的大菱角。等孩子长大些，再在祥子上拴上一两个红漆葫芦，以防备落水。这种祥子不单实用，并兼具玩具的作用，同时亦是一种儿童腰饰。

微山湖虎头祥子

【冠县面塑】　面塑，既是食品，又是可供玩赏的民间艺术品，由家庭主妇巧手制作。面塑主要以面粉为原料，多流行于山东、山西等北方产麦地区。通常有在蒸熟后再着色渲染的花面塑，有将颜料揉进面团做出的彩色面塑，也有在白面上点缀红枣、豆子的素面塑。题材内容有人物、动物、飞禽和吉祥花果等。山东冠县面塑，朴拙粗放，造型夸张，色泽鲜艳，大多是将面塑蒸熟后再上色，故色彩十分醒目艳丽，具有浓厚的乡土气息。

冠县面塑哪吒
（引自李友友《民间玩具》）

【潍坊核雕】　山东潍坊核雕已有一百多年历史，以都兰桂、考功卿雕刻的较为精美。都兰桂的作品，曾在美国旧金山举办的巴拿马万国博览会上荣获奖章。考功卿的代表作品是《赤壁夜游》和《百万雄师过大江》。《赤壁夜游》船上的锚链由45个小如米粒、细如发丝的椭圆形链环连接而成，环环相扣，转动自如，充分显示出作者精湛的技艺。《百万雄师过大江》生动地再现了渡江战役雄伟壮观的历史画卷，在长不到 3.5 厘米、高不过 2.5 厘米的桃核上，雕刻了 18 名解放军的形象：指挥员手拿望远镜，两眼紧盯着大江对岸；司号员吹号催征；战士们有的射击，有的装弹，神形毕肖，雄健英武。作品主题突出，布局严谨，精细入微。

潍坊核雕《赤壁夜游》
（考功卿作）

【山东陶孩模】　民间俗称"娃娃模""儿童模""火烧模""陶泥模"。是用泥做的孩子玩具模。大小一般三四厘米。陶模分阴刻、阳刻和半浮雕等多种，题材内容有历史故事、神仙人物、飞禽走兽、吉庆纹样和文字等。其做法是先做泥坯，成型为范，半干后用刀刻出图文，后入窑烧成本模，再由本模磕印翻模。陶孩模造型简练朴实，粗放稚拙，生动传神。在鲁西南和鲁北地区较流行。

山东郓城陶孩模
上：小白兔
下：猫捉老鼠

【娃娃模】　参见"山东陶孩模"。

【儿童模】　参见"山东陶孩模"。

【火烧模】　参见"山东陶孩模"。

【陶泥模】　参见"山东陶孩模"。

【河南民间泥玩具】　河南民间泥玩具流传较早，在农村中十分普及。一般是以黑色或白色为底，上面施以彩绘。比较集中的地区有豫东的淮阳和豫北的浚县以及豫西的洛阳、登封等地。淮阳古称陈州，城北有座方圆 870 多亩、建筑宏伟的太昊陵，又叫"人祖庙"，就是传说埋葬伏羲氏头骨的陵园。这里广泛流传着伏羲与女娲结为夫妇、抟土做人、繁衍人类的传说。每逢农历二月初二到三月初三，太昊陵有隆重的祭祀"人祖"庙会，并举行传统的娱乐活动，交流贸易。泥玩具是庙会间主要的卖品。制作地集中在城北金庄、武庄、陈楼、丁楼、五谷台等十多个村庄。泥玩具品种繁多，造型古朴，许多玩具都与伏羲、女娲有关。如伏羲手捧太阳，中间有一金乌，淮阳则有许多类似金乌的泥玩具，像猴头雁、泥雁等背上有圆形且发光的太阳纹；女娲手捧月亮，中间有一蟾蜍，而淮阳有许多与蟾蜍相似的玩具。此外还有人面猴、猫拉猴、草帽老虎、甩尾年鱼等，都给人以一种神秘感，这些造型大都可以在《山海经》中找到相似的根据。可见，淮阳泥玩具多取材于古老遥远的神话传说，其渊源久长。

河南民间泥玩具猴头燕

【淮阳泥塑陵狗】　河南淮阳流行二月人祖庙会。陵狗原先为一种祭祀人祖的供品，俗称"小陵狗""泥泥狗"，后演变为一种泥制玩具。陵狗以当地的黄土合泥制成，用煮黑通染做底色，上绘青、赤、黄、白，合为五色。造型粗犷、质朴，具有浓郁的乡土气息。品种有人祖、泥娃娃、飞禽、走兽、陶埙等。所谓"人祖"，是一种猴面人身泥偶，其中猴的种类甚多，有打火猴、兜肚猴、抱膝猴；燕有飞燕、归燕之分；虎有草帽虎、双头虎；兽有独角兽、多角兽；还有鱼、蛙、龟、狗、鸡、猪、牛、马、羊、蛇和陶埙。所有到庙会祭祖进香的人，都会选购几件。传说泥塑陵狗的名称，是从祭祀人祖之陵的意思得来，发端于抟土造人的传说和求生育的风俗。在淮阳一带，人祖庙会有"挂娃娃"的习俗，已婚未育的妇女为祈求生育，在庙会上选购几件泥娃娃，象征伏羲、女娲捏的泥人，也象征自己要生的子女，供在人祖奶奶像前，或者挂在人祖奶奶身上，认为这样才能在人祖的保护下生儿育女。事后把泥娃娃带回家，以后生育的子女，就能健康成长。这种"挂娃""拴娃"的民间习

淮阳泥塑陵狗

习俗，在山东和天津等地区也有流传。

【小陵狗】　参见"淮阳泥塑陵狗"。

【泥泥狗】　参见"淮阳泥塑陵狗"。

【人祖猴】　河南淮阳地区的一种猴面人身泥玩具。每逢农历二月二日至三月初三，在淮阳城北太昊陵有隆重的祭祀人祖庙会。相传此处是埋葬伏羲头骨的地方。在这期间，有"人祖猴"出售。人祖猴的做法，先用黏土捏塑成型，后焙烧烘干，刷上烟锅灰，最后用颜料彩绘。游春男女视人祖猴为神媒的象征物，都喜爱买两件回去供孩子玩耍。

人祖猴

【淮阳泥埙】　河南淮阳泥埙，亦称"淮阳陶埙"。状如葫芦，大小不一，有双孔、三孔、五孔、七孔之分。有一种双管埙，有两个吹孔。泥埙做好后，还须经焙烧，实际是属于一种低温陶埙。淮阳之丁楼村，以生产泥埙闻名，以艺人丁守林捏制的三孔、五孔埙最为精美，可吹出悠扬高亢的声音，十分动听。

淮阳泥埙

埙是我国一种古老的吹奏乐器，古代祭祀、庆典上均有演奏，后渐失传，而在淮阳泥玩具中，世代相传，迄今不衰。

【淮阳陶埙】　参见"淮阳泥埙"。

【淮阳泥叫虎】　河南淮阳泥叫虎，是一种儿童耍货玩具。造型简单，由上下两部分组成，中间用牛皮纸粘接，内置有哨子，上下两部分稍微用力按动，就会从哨子中发出嗡嗡的叫声。在叫虎面上随意几笔画出虎头，长眉大眼，高鼻阔嘴，表现出稚拙的虎威。这种泥叫虎玩具，价格低廉，曾经很受儿童欢迎。

淮阳泥叫虎

【浚县泥塑玩具】　河南民间特色工艺产品。浚县泥塑产品，以战马和泥咕咕最多，还有独角兽、辟邪、猴子、神话戏曲人物及家畜家禽等。以前有些作品，专门是用来供奉，后来成为独树一格的泥塑艺

浚县泥塑《骑马春游》

术品。泥塑上彩，多以锅烟黑、深棕色松香打底，用鲜黄、粉绿、白色和玫瑰红颜料勾画花纹；也有大红底色的。在浚县一些农村，家家户户做泥塑，一个家庭就是一个小作坊。浚县每年农历正月十五和七月十五，传统庙会都有出售各种泥塑作品，人们争相购买，热闹非凡。

【浚县泥咕咕】　河南浚县泥咕咕，是浚县泥玩具的统称，因每件玩具都能吹响，故名。俗称"唧唧咕咕""咕咕鸡儿"。制作泥咕咕的艺人都居住在城东的杨玘屯村。传说隋末李密部下有一位将领杨玘，曾率军驻扎在山下，故此得名。军中有善捏泥人的兵士，为纪念死难沙场的战友，捏泥人、泥马以祭奠死者。从此，泥塑艺术得以流传。泥咕咕分四类：珍禽瑞兽、家禽家畜、神话人物和战马。最有代表性的有大红马、大黑马、小马、双头马等战马。泥马大头小身，昂首举颈，威武勇猛。泥咕咕有手捏、半捏半印、模制三种。以黑色居多。其做法是，先做泥胎，待泥胎干后，放于火上烘烤，用松香在泥胎上擦抹，松香遇热熔化，便在胎体表面形成一层薄膜，冷却后光润油亮如

浚县泥咕咕

色漆一般。色泽有白、粉红、浅绿和鹅黄等，装饰以花卉纹样为多。

【唧唧咕咕】 参见"浚县泥咕咕"。

【咕咕鸡儿】 参见"浚县泥咕咕"。

【浚县泥塑《毛头狮子》】 河南浚县制作的泥塑《毛头狮子》，质朴粗放，整体以黑色或红色为底，上加红绿白彩绘，艳而不俗。狮头可摇动，与狮身之间用弹簧连接，接头部分用绒毛装饰，既遮盖了内部机关，又起到了点缀作用，生动有趣，非常可爱。

浚县泥塑《毛头狮子》

【禹州瓷玩具《张公背张婆》】
河南禹州扒村窑，是历史上远近闻名的民间瓷窑，生产日用陶瓷器，也制作大批瓷玩具，有各种瓷偶人和瓷狮子等。其中以传统瓷玩具《张公背张婆》制作最为质朴生动。张婆长眉细眼，面含微笑，趴在张公肩上，双手紧抱张公的颈项，两脚跷于张公胸前；张公面目圆胖，双腿微曲，背着张婆，略显吃力的神情。瓷塑施彩点画随意，造型简练传神风趣，具有浓郁的乡土气息。

禹州瓷玩具《张公背张婆》

【方城"好石猴"】 河南方城的石猴玩具，形象质朴淳厚、稚拙夸张，颜色红绿对比强烈，充满乡土气息，具有浓厚的地方特色。有母子猴、大猴和小猴等多种不同造型，当地百姓觉得很好玩，称之为"好石猴"，赋予了吉祥的寓意。

方城"好石猴"

【河南布玩具】 河南的灵宝、淮阳、尉氏、获嘉和郑州等地的布玩具，多种多样，有戴帽小猴、鲤鱼、

河南灵宝布猴

搬脚娃、青蛙、白兔、小虎、小鸭等各种香袋、各式粽子和罗汉钱等。大多为端午节和中秋节时母亲或奶奶特意为孩子们制作的一种节令玩具。主要都是用各种零料彩布缝制，有的还装饰有流苏和绣花。造型质朴稚拙，地方特色鲜明，具有浓郁的乡土气息。

【河南嗡嗡板】 一种民间儿童玩具，流行于河南城乡各地。其做法是用线绳穿过扣子或铜钱等物，两手分别拽住线绳两端，绕动扣子或铜钱，使线绳绞紧，再向两边拉扯，就会发出嗡嗡的声响。这种嗡嗡板玩具深受孩子们喜爱。

【河南秫秸玩具】 用高粱秆或玉米秆制作。其做法是把秫秸秆外皮剥下，破成篾，穿插秆芯，做成小狗、小马等形状，亦可编成造型各异的蝈蝈笼。这种玩具主要流行于河南各地农村地区。

【河南双头娃娃枕】 河南民间制作的双头娃娃枕，既是实用头枕，又是玩具，可供孩子戏耍。娃娃枕两侧各有一个女娃的头，胖胖的红脸，长眉大眼，眉间还点有吉祥痣；头发两端，装饰有蝴蝶结；两只小手伸向前方；枕面画有红黑花纹，枕中缝一条大红布。造型粗犷，稚拙可爱，粗中有细，具有浓厚的乡土特色。

河南双头娃娃枕

【河南花馍】 河南逢年过节，都要做各种花馍，既可玩，又可食。

河南民间习俗，每逢农历正月十六，姥姥要送给外孙面食，称"送羊"，这种风俗，迄今仍有流传。河南沈丘县民间艺人制作的各种动物花馍，色彩鲜艳，生动可爱，妙趣横生。如青蛙花馍，用白面蒸制成一只大青蛙，两眼凸出，四肢粗壮，趴伏在地，呈跳跃状，蛙身用红、绿、黄等颜色彩绘，用笔随意点画，大胆粗放，质朴有趣，具有独特的民间情调。

河南花馍青蛙

【凤翔草编米粽挂饰】　陕西凤翔的草编玩具如米粽等，多是各种小挂饰。其做法是先将麦草染成红、绿、蓝、黄、紫各色，与本色的麦秸秆相互交织编排，编出的挂饰五彩绚丽，精致秀美。作为节日挂饰和儿童玩具，十分切合。

凤翔草编米粽挂饰

【凤翔泥偶】　陕西凤翔彩泥偶，据民间传说，始于明初。主要集中于凤翔六营村一带，家家户户都能制作，且多出于妇女之手。制作泥偶，先取地上的"斑斑土"成型，

再用当地产的白土敷胎打底，而后浓墨勾线、染彩、刷胶水。当地人创作经验十分丰富，如"颜色搭配要均匀，同一颜色不能挨着用"，"英雄无项，表现威武；佳人无肩，表现秀柳；动物眉要皴，眼珠要大，人见了又喜又怕"。凤翔挂虎，眉皴眼珠大，虎面画满石榴、荷花等吉祥图案，双耳各落一只鸟或插上一只蝴蝶，十分质朴有趣。凤翔泥偶过去曾销往甘肃、青海、宁夏等省区，现多销往国外。品种达一百七十多种，分为挂片类、人物类、动物类和小耍货类等。

凤翔泥偶

【凤翔彩塑玩具】　陕西民间玩具。相传已有六百多年历史。据传明初朱元璋驻扎在陕西凤翔六营的士兵，有些是江西瓷都景德镇一带人，善捏泥人。他们定居后，泥货的制作便日益兴盛起来。品种有挂片类（如老虎挂片）、人物类、动物类（坐虎、狮子、卧牛、小狗等）、小耍货类（孩童等）。圆雕式的多中空，内装石子，摇动时会发出响

声。其制法是先取地上的"斑斑土"揉以绵纸成型，再用当地产的白土敷胎打底，然后以浓墨勾线、染彩、刷上胶水。

凤翔彩塑玩具

【凤翔泥挂虎】　陕西凤翔一种泥塑的吉祥挂饰。泥挂虎，亦称"虎头挂片"。以前每年春节，很多人家都会买一个泥挂虎悬挂在家中，民间认为可镇宅除邪、消灾免祸。其做法是用加纸浆的泥胎塑型，干后挂白，先用黑色勾画纹样，再施画色彩，最后罩一层清漆。泥挂虎巨头环眼，阔嘴高鼻，双耳直竖，并装饰石榴、牡丹、莲花等吉祥花

凤翔泥挂虎
（引自李友友《民间玩具》）

草纹样，色彩艳丽，对比强烈，威武神气。有一种黑白挂虎，只画墨线，不施色，亦不施清漆，显现出素雅端庄的气韵。

【虎头挂片】 参见"凤翔泥挂虎"。

【鱼化寨泥叫叫】 陕西著名传统民间玩具。出自西安西郊鱼化寨一带。亦称"戏人泥哨""碎娃唐三彩"。据传始于清代。用当地灰黄胶泥在"按子"（即"模子"）里按压成型，背后留孔。烧制中熏黑，而后彩绘、罩油。黑底，上绘红、黄、绿色，统一协调。题材多取自地方戏曲（如秦腔中的人物等）。为了制作方便，人物轮廓大致相似，在脸谱、服饰、动态等方面，抓住不同人物的特征，表现不同的性格特点。泥叫叫仅寸余大小，却能吹奏出像秦腔宽音大嗓直起直落的气势。

鱼化寨泥叫叫

【戏人泥哨】 参见"鱼化寨泥叫叫"。

【碎娃唐三彩】 参见"鱼化寨泥叫叫"。

【乾县彩塑玩具】 陕西乾县著名民间泥玩具。产品有胖娃娃、小公鸡和小猴等，形象稚拙，生动传神。色彩以白色为主调，加彩绘随意点画，色泽明快谐和，笔触流利洒脱，情趣逗人，具有浓郁的地方色彩。

乾县彩塑玩具

【陕西木玩具】 陕西传统民间玩具。用零碎木料制作，一般都锯成片状，后切割成人物、动物等大体形象，再经雕刻、修整、组装，最后再油漆或上彩。色彩以黄、红、黑为主，用绿、白等色作为点缀。如刀骑人、鸟啄食等木玩具，都以梢钉连接，可做走马、舞枪、啄食等动作。陕西木玩具简练纯朴，色泽鲜明，具有趣味性。

陕西木玩具

【陕西布玩具】 陕西传统民间手工艺品。历史久远，各地均有，风格各异。主要流行于长武、岐山、凤翔和城固一带。题材以虎、狮、猪、兔、鸡、猴和骆驼为多。造型生动，形象饱满，手法夸张，富于想象，用色大胆，鲜艳夺目。制作上因材施艺，能较好地表现材料的自然之美和针法之美，原料一般都是利用日常攒积的各种零碎布头、绸片、彩纸和金属碎片等。大多由家庭主妇制作，以供自己孩子玩耍。

陕西布玩具
（引自李友友《民间玩具》）

【千阳布蛙玩具】 陕西千阳制作的布蛙，千姿百态，各式均有，有红的、绿的、蓝的、红头绿身、红身黄背等；蛙身上都装饰蝴蝶、小人、小虎和小蛙等纹样，还有的蛙背上爬有小龙。青蛙在满族、壮族等少数民族中很受重视，壮族有敬蛙节、蛙婆节等古老风俗，是壮乡卫士和五谷丰登的象征，被认为是吉祥之物。

千阳布蛙玩具

【旬邑布虎枕】 陕西旬邑布老虎枕，以红布作虎身，虎背以蓝布装饰，黑耳朵，黑眉黑眼，白眼珠，黄唇白齿，虎身两面绣有莲花童子。造型简朴，色泽和谐，具有浓厚的地方特色。虎枕约一尺多长，多有两个虎头，今陕西西安仍有出售。宋高承《事物纪原·虎枕》载："《西京杂记》曰：李广与兄游猎冥山北，见猛虎，一矢毙之，断其头为枕，示服也。《事始》记写虎枕之始。"民间认为，小孩睡虎枕、戴虎头帽、穿虎头鞋，具有镇邪和吉祥的寓意。

旬邑布虎枕

【长武狮子枕】　陕西长武传统民间工艺品。为农村妇女自做自用，风格淳朴，造型可爱，具有浓郁的乡土气息。主要以绿布制作，用各种鲜艳的丝线绣扎狮子的头部，双耳、狮尾衬以红色小花，有的在狮身上绣有花卉图案。狮子形象夸张，昂首翘尾，神气可掬。这种狮子枕，既可作枕头，又可作玩具，深受儿童喜爱。

【长武老虎枕】　陕西长武传统民间工艺品。为农村妇女自做自用，主要用布制作。长武制作的老虎枕，分单头虎和双头虎两种。单头虎是一个完整的老虎造型，双头虎则是一具身躯两端各绣一个虎头。虎头用五颜六色的丝线绣扎，虎身稍微下凹，用红布包裹。枕内一般不装棉花，而装凉性的灯芯草、荞麦壳，小孩睡起来舒适平稳。这种枕，亦可作为儿童玩具。全国不少地区都有制作老虎枕。

【长武青蛙枕】　陕西长武传统民间工艺品。为农村妇女自做自用，用布制作。一般高二到三寸。头部是青蛙造型，白布裹腹，绿布包背，背上还有用黄线绣扎的斑点，中间留一口杯大小的孔，以便枕时搁放耳朵，透风走气。这种枕，通常都是作为向老年人祝寿的礼品，

同时也是一种儿童玩具。

【春鸡童帽】　旧时一种饰有公鸡图案的童帽。每年立春日，陕西潼关一带地区，流行妇女给孩子缝制"春鸡帽"。通常用彩布剪一鸡形，昂首翘尾，用红布做鸡冠，用黑豆做鸡眼，缝于小孩帽之前端；也有在帽上绣制一五彩公鸡。民间认为"鸡"与"吉"谐音，立春戴春鸡帽，寓春吉祥瑞之意。

【"五毒"童帽】　端午时节制作的童帽。陕西西安是用布贴绣制，在帽圈的前方，将"五毒"香包缀于上面，两鬓下垂几组彩色小流苏，一般用布制成，亦有用丝绸做的，有的地区称为"端午帽""端阳帽"，制法大同小异。这是民间一种反衬的艺术手法，以毒虫的形象反衬除害辟邪的心愿，寄托长者对孩子的一种良好祝福。"五毒"，通常指蟾蜍、蜈蚣、壁虎、蝎子、蛇，壁虎一作蜘蛛。

【端午帽】　参见"'五毒'童帽"。

【合阳面花】　陕西合阳地区民间风俗，每逢农历四时八节、喜庆婚嫁，都要蒸制面花赠送亲友。面花大的几十厘米，小的仅几厘米，色泽俏丽，形象夸张，以娃娃鱼和大头娃最富特色。娃娃鱼，人面鱼身，从头至尾满饰各色花纹，对比强烈，寓意大吉大利。合阳地区嫁女，须蒸制虎头馄饨，底座是一个大馍，前面做成双眼圆睁的老虎头，

合阳面花《娃娃鱼》

馍上插满五颜六色的花朵和小动物，寓意驱邪纳福、吉祥欢乐。合阳面花，既是食品，又是孩子的玩耍物。

【浙江木玩具】　浙江特色产品。大致有车木、方木玩具两种。车木玩具以车木造型为主，利用木工小车床，通过车削成各种形状，在主要部位加以雕刻、彩绘或点缀其他饰物。车木玩具都由圆柱体、球体和半球体等形体构成，运用夸张变形手法，形成生动有趣、浑圆饱满的独特风格。方木玩具又称"轻工玩具"，以方、圆形体相互结合，有的还装置能动、会响的部件，增加玩具的知识性和趣味性。浙江木制玩具，充分发挥民间车木工艺的特色，并善于运用木材的本色和纹理，因材施艺。特别是泰顺的车木玩具，巧妙地将木偶、车木、彩绘和装饰技法等融为一体，创造出丰富多彩的人物、动物形象，富有鲜明的民族风格和民间色彩。

浙江木玩具《〈西游记〉人物》
（季桂芳设计）

【宁海白木玩具】　浙江宁海民间玩具，用白杨木或白茶木雕刻而成，已有300多年历史。雕刻人物、建筑、动物时，常先用钢丝锯加工成大块形状，再用平凿雕铲，最后用三角刀拉衣纹、瓦楞纹等。作品有牵磨、耕田、划船、黄包车、弹琴等，一般高不过10厘米，不做五颜六色的装点，充满乡土气息。

宁海白木玩具

【泰顺车木玩具】 浙江泰顺车木玩具，为浙南名产。以车木造型为基础，常利用车木的柱体、球体和半球体等便于车出的基本形状，加以组织、装配而成，造型简练、夸张。它把木偶、车木、彩绘和装饰技法等巧妙地结合在一起，创造出丰富多彩的人物、动物形象，具有

泰顺车木玩具
上：《东郭先生和狼》
下：《民族娃娃》（季桂芳设计）

鲜明的民族风格和民间色彩。如季桂芳设计的《民族娃娃》，在圆柱形的身子上彩绘以民族服饰，用弹簧连接球形头部，刻画面部表情，仅寥寥几笔，稚气可爱，虽省略了四肢，却加强了整体感，获得了良好艺术效果。

【瓯塑】 是浙江温州著名工艺美术产品。温州旧称"东瓯"，故名。原名"油泥塑"或"油泥彩塑"。是一种古色古香的彩色浮雕堆塑，具有浓郁的民间特色。据传，早在宋代就在浙南一带流传，当时只是单色或贴金镀银，主要应用于寺院的佛像、门神及家具，嫁妆和礼品等装饰，工艺较粗糙。1949年后，创制出各种彩色油泥，是用精白陶土、熟桐油和矿物颜料混合而成，干后表面结膜生泽，水浸不透，受燥不裂，轻便牢固，不易褪色。同时又吸取其他造型艺术之长处，提高了瓯塑艺术水平。在堆塑技法上，以堆、塑、挑、刮、压等手法，按不同表现对象，采取深浮雕、浅浮雕、线刻等传统技巧，变化无穷，层次清晰，色泽明快，形象生动，立体感强。产品品种既有挂屏、挂镜、壁塑等欣赏品，又有屏风、家具、瓶、盒等实用品，也有一些儿童耍货。题材有风景、人物、花鸟等。瓯塑著名工艺大师有谢香如、周锦云等。瓯塑挂屏《韶山》，曾受到周恩来总理的赞扬。周锦云创作的《西湖天下景》，曾陈列于首都人民大会堂浙江厅。

【油泥塑】 参见"瓯塑"。

【油泥彩塑】 参见"瓯塑"。

【嵊州泥塑】 浙江著名工艺品。形成于20世纪70年代。以造型洗练、注重夸张变形、小巧精美著称。用料主要采用当地的乌黑泥，

质地细腻洁净，黏性好，可塑性强。其制作方法，首先将泥料进行揉碾加工，增强其韧性，然后用手捏塑，待定型后，翻制石膏坯模，最后批量生产。最小的微型泥塑，只有钢笔头大小，姿态分明，嘴眼清楚，生动传神。泥塑敷彩精当，艳而不俗，淡而明丽，"彩""塑"浑然一体，相得益彰。题材以塑制戏曲人物为多。作品《乔太守》，人物身着红袍，手摇折扇，八字眉，笑眯眼，胡子上翘，颈部装有钢丝，头部可摇动，呈现出诙谐幽默的形象。该作品曾荣获浙江省1981年度玩具设计一等奖。

嵊州泥塑《民族娃娃》

【长兴微型紫砂茶壶】 原浙江长兴紫砂厂制作，为紫砂玩赏品。微型紫砂茶壶一套10件，壶式有南瓜壶、扁鼓壶、掇球壶、筋纹壶和一捆竹壶等；色泽有紫、红、黄、绿和赭等诸色；尺寸均微小，最小的高仅3厘米。这套微型茶壶，造型小巧，色彩谐和，制作精工，极具观赏性。

长兴微型紫砂茶壶
（原浙江长兴紫砂厂作）

【杭州竹哨】 民间玩具。用小竹

管制作，有吹孔、音孔，竹管中
插有一根细铁丝，顶端装一棉球。
吹奏时，来回拉动细铁丝，以调
节音响，能发出优美的音调，亦
能奏吹简单的歌曲。竹哨敷彩鲜
明强烈，具有浓郁的地方特色。

【太平箫】　儿童节日玩具。主要
流行于浙江等地区。每年春节，采
用尺余长紫白竹，制作成单管箫，
上开六孔，吹之发音，供儿童吹奏
玩赏，称为"太平箫"。

【景德镇瓷猫】　江西瓷都景德镇
生产的瓷玩具，品种繁多，新颖
别致，色泽亮丽，制作精致。其
中以 20 世纪 60 年代塑制的一组
小猫较为生动逼真。计有八只，
有蹲的，有翻滚，有抓腮，有仰
望，有侧视，有两腿前伸等，只
只小猫都刻画得稚拙有趣，形神
兼备。每只小猫都双眼圆睁，小
鼻，小嘴；胸前饰有一朵花；身
上的绒毛，艺人采用独特的技法，
烧制得极具质感。这套小猫瓷玩
具，当年不但深受儿童喜爱，并
畅销海外。

景德镇瓷猫

【景德镇瓷塑《水牛砚滴》】　江西
景德镇瓷塑作品《水牛砚滴》，运
用夸张变形手法，将牛头夸大，牛
身缩小，牛角短小，牛眼圆睁，牛
鼻上翘，满脸稚气；其形如牛犊，
四腿蹲伏。作品简练粗放，质朴生
动。在明代时，景德镇制作的各种
瓷塑砚滴已十分有名，其中以水牛
砚滴最具特色。

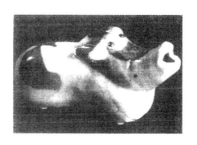

景德镇瓷塑《水牛砚滴》

【广州象牙球】　广州传统特色工
艺产品，誉满国内外。象牙球又称
"鬼功球""鬼工球"。始于宋代，明
曹昭《格古要论》载：球雕三层。
清初高士奇《高江村集》载，他曾
入大内，见一象牙球"周身百孔，
凡九层，亦有七层、五层者，以金
钗自孔中拨之，圆转活动，层层相
似"。乾隆间汪启淑《水曹清暇录》
载，他在琉璃厂见一鬼工球，"对
心四寸许，牙色微黄，其十三层，
以银针拨之，层层可转"。嘉庆年
间广州牙雕艺人翁五章镂雕多层可
转动的通花牙球，成为广州象牙球
的创始人。经翁家五代的苦心钻
研，到翁耀祥已能雕至 57 层，成为
广州牙雕的一枝奇葩。2008 年，在
北京举办的首届全国象牙雕刻精品
百日展上，有一个来自广州的 60 层
的透雕象牙球，它是当今世界体积
最大、分量最重、层数最多的象牙
球。这个球直径达 18 厘米，均为镂
空雕刻，每层薄如丝纸，层层可
动，令人称绝。参见"鬼功球"。

广州象牙球

【鬼功球】　精巧的象牙刻球。又
称"鬼工球"。明曹昭《格古要论·
珍宝论》："尝有象牙圆球儿一个，

中直通一窍，内车数重，皆可转
动，故谓之'鬼工球'，或云宋内院
中作者。"今之广州尚有此种象牙
制作，多至 60 层，雕镂极其精巧。

【鬼工球】　参见"鬼功球"。

【广州橄榄核雕】　广州核雕，以橄
榄核雕为主。广东增城所产的橄榄
最适宜雕刻。其核圆润饱满，肉厚，
色深赭，质比桃核细润坚密，表面
无蜂窝状褶襞，宜深雕细刻。雕成
后，以豆油或核仁擦拭，光泽莹润
如同琥珀。广州最著名的核雕作品
《双层花舫》，上下有 16 扇可开闭门
窗，舫内有 58 个姿态不同的人物，
还在舵、锚、船四周雕刻有各种花
纹。广州橄榄核雕老艺人欧伦雕刻
的作品《水浒》，用 62 个橄榄核雕
刻成梁山泊 108 个英雄好汉，个个
生动逼真、神态各异，技艺精湛，
是广州橄榄核雕中之佳作。

【潮州彩塑】　广东著名工艺产品。
潮州彩塑，因产地在潮州市浮洋镇，
所以又称"浮洋彩塑"。在粤东、闽
南地区，又俗称"潮州涂丁"或"土
安仔"。相传始于南宋末年。至清光
绪年间，甚为兴盛。当时著名艺人有
吴藩乾。潮州彩塑约分三类：第一类
为"粗货"，即用单片或双片模子印
制的"喜童"（泥玩具）、脸谱、神像
等。其中喜童的品种繁多，有胖娃
娃、单童、双童、鲤鱼童等，又称
"涂公仔"，造型简练、夸张。脸谱有
傀儡戏头（即潮州铁线木偶头）、纱
灯头等，小的一寸，大至二尺，生、
旦、净、末、丑各种行当俱全。第
二类是手工捏人像，即艺人直接面
对对象捏塑。第三类为"细货"，是
用模制、捏塑两种工艺兼施而成的
戏曲人物，分"文身"（高七寸左右
的文戏）、"武景"（武戏）、"臣景"
（制作稍粗糙）、"文寸"（较小的一
种）等。潮州彩塑是先塑再渲染配

色，施以彩绘，并开相勾画脸谱，人物生动传神。

【浮洋彩塑】 参见"潮州彩塑"。

【浮洋泥塑毛猴】 广东潮州泥人玩具，主要产于浮洋镇，历史悠久。在清代光绪年间，艺人吴藩乾独出心裁，创新用豆腐捣烂掺入黏土的制法，捏塑出各种动态的小猴，薄涂彩色后收起，日久经过发霉，群猴遍体生毛，如活猴再现，观者叹为绝品。

【潮州香囊】 广东潮州著名工艺产品。外形优美，制作细巧，早在明代已有生产。当时民间有"丢彩"的习俗，就是将香囊、衣带等物，掷给演戏伶人。按过去潮州风俗，将要出嫁的姑娘，须用彩绸、彩线绣制香囊，作为佩饰品和礼品；有的将香囊、蝴蝶分别结在新郎、新娘的鞋头上，以香囊作为姻缘的信物。

【潮州麦秆贴画】 广东潮州著名工艺产品。是 1949 年之后发展起来的民间工艺品，最初是作为家庭副业。1953 年，潮州民间剪纸艺人辜秋泉创作了以绸缎为底版的精致麦秆画，在广州、潮州展出，受到重视，后即成立潮州麦秆画生产组，开始批量生产。1958 年，成功研究出套色麦秆贴画，题材广泛，色彩鲜艳，具有独特的风格。20 世纪 80 年代以来，增加了贺年片、书签、相卡、小画片、圣诞树饰物、茶叶罐等新品种，出口多个国家和地区。副工艺师沈金英设计的礼品盒，造型多样，有方形、圆形、菱形、桃形、鸡心形等，美观实用，在国际市场上一度很畅销。

【广东红猪扑满】 广东生产的红猪陶扑满，稚拙憨态，大头肥身，十分传神。艺人嫌猪肚碰地还不够表现猪的肥胖，特地将猪身做得向外鼓出，使猪腿弯曲下垂，略带罗圈形；同时还使猪的双耳平贴于猪身，这不仅是为了制作方便，而且使滚圆的猪更显得肥美，从而更惹人喜爱。生活中没有红猪，而作者敷以大红色，并在上施以花饰，在猪的头部加绘铜钱图案，说明这是存钱的猪扑满，以诱导孩子储蓄存钱，养成节约的良好习惯。红猪扑满确实是价廉物美、好玩实用的玩具。

广东红猪扑满

【南雄竹玩具】 广东南雄盛产黄竹、金竹、毛竹、箭竹、苦竹和佛竹，玩具艺人利用黄竹、金竹等性能制作各种竹编玩具，如各种动物玩具。编织时先破竹为篾，再编制。如制作响蝉，先选小竹筒做成蝉状，在竹筒两边装上薄薄的两片竹翼，上面吊线，竹筒上面一头蒙纸，旋转时会发出嗡嗡的蝉鸣之声。南雄竹玩具，主要是利用竹筒、竹节、竹片、竹篾和竹枝的自然形态，经拼接、编织等技艺制作完成。如运用一个毛竹节、几条帚枝和一个小竹片，就能创作出生动的竹蟹群，造型可爱，在广交会上外商争相定购。新创的竹玩具《丝路花雨》，更是新颖别致，生动传神。

南雄竹玩具《丝路花雨》

【福建泥塑】 福建著名传统工艺产品。福建的泥塑工艺，以福州和泉州两地较优。过去一般都塑造神像，为庙宇供奉之用。俗称"土人仔"，后有泥塑人物作为玩具、装饰。早年较为兴盛。按月令、年节都有不同的产品，集中在福州台江河口嘴等地制作销售。福州泥塑服饰的花边图案，用粉线开金；泉州泥塑则用漆线开金，特别精细，色泽鲜丽，经久不变。福州泥塑以老艺人陈欲司技艺最精，所塑人物，多以历代名人画为蓝本。当代泥塑艺人以福州的高建新和泉州的詹振辉二人较优秀。《化蝶》和《情探》就是他们两人合作的作品。

【泉州彩塑泥偶】 福建泉州泥人玩具，历史悠久。泉州古称"佛国"，寺庙遍布城乡，为此神像雕塑业发达。泉州泥偶玩具制作精致，色彩鲜艳，形象逼真。清代时出现不少著名艺人，有许陋司及其孙许光益和黄友泽、姚松林和鲍虞等。其中姚松林曾塑造三十六行人物，生动优美，塑制的戏曲人物更为传神。泉州手捏或模印泥玩具，有手指大的"孩儿仔"、福禄寿三星、端午时的"嗦啰嗹"（各种形状的龙王），有中秋节儿童造塔，塔内放有吹笛、打钹、放风筝的小泥孩，以及戏曲人物、不倒翁、老太婆、会叫的泥猫、公鸡和各种泥兽等。模印神佛尺寸不大，有福德正神（土地爷）、送子观音、弥勒佛等，多自制自销。早年泥塑玩具的集中点是在泉州亭前街水巷口至南岳间。

【泉州、莆田纸扎玩具】 纸扎，俗称"纸活"。在福建莆田梧塘、泉州惠安，每逢除夕、元宵和中秋等节日，沿街搭台，搭牌楼，张灯结彩，纸扎是必需的装饰品，用来增添喜庆气氛。纸扎主要用彩色皱纹纸、金银纸、细竹篾等扎制，人物头脸用泥制，上彩开脸，刻画细致，性格鲜明，色彩清朗，多为间色，具有秀美清雅的地方特色。题材多为戏剧故事和民间传说。

莆田、泉州惠安纸扎

【泉州香袋】　福建泉州著名工艺产品。制作精致，名闻国内外。制作时，用不同颜色小绸片剪缝成宽一寸左右、各种形状的小袋，以长方形为多。内装香末，外绣"平安"等字样，画以花草，颇为香雅。端午时节，民间常用此作为礼物互赠，亦有以此奉神者。此外，尚有模印成各种小动物，如虎仔等，常给儿童佩带，不但香味舒神，而且兼有驱邪避灾的用意。

【福州羽毛花】　福建著名工艺产品。主要以羽毛作材料，经染色、加工、制花、缠枝制成。品种有粉蝶、飞禽、牡丹、菊花和海棠等，共计200多种。造型生动，花式多姿，自然轻盈，色泽鲜艳，制作精巧，一度远销国外。

【莆田草编玩偶】　福建莆田草编，运用灯芯草绑扎塑造人物、动物，利用草的特性，夸张形体比例，以

莆田草编玩偶《渔翁》

突出其主要部位，还饰以彩色绸花、金花、飘带。原莆田工艺厂生产的草编玩偶《圣诞老人》《皇家乐队》《琴手》和《渔翁》等，洋溢着童趣，朴拙可爱，造型奇特，别具一格，成为当时国外圣诞节的流行礼品，销路极大。

【莆田竹编子母鸟】　原福建莆田工艺厂制作的竹编子母鸟，运用细竹枝做鸟窝，以薄竹篾、细竹丝做子母鸟。三只幼鸟伏于窝内，伸长颈子张开小嘴作待哺状，母鸟站立窝边作喂食状，表达了母鸟对幼鸟的慈爱之情，生动感人。

莆田竹编子母鸟

【福建郭礼凤竹玩具】　郭礼凤，著名工艺美术大师，出生于印度尼西亚，毕业于福建工艺美术学校。擅长以草、竹为原料制作工艺品，风格独特。他制作竹玩具，多用细竹管和细竹枝，简洁、清新、明快，具有浓郁的风韵。如作品《晚归》，表现一少女站立于木筏上，行进在江河中；她肩负一细竹竿，竹竿一头站两只水鸟，另一头立一只水鸟。整个造型仅用两根竹管和三根细竹枝，主题突出，具有鲜明的时代风格。另一件作品《牧鹅》，表现一少女站立在竹排上，一手持竹竿赶鹅，一手撑着竹排行进在河中，前有五只鹅，后有六只。整体画面也十分简练、生动和传神。《晚归》《牧鹅》为竹玩具中的精品力作。

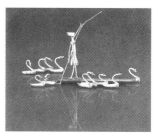

上：《晚归》
下：《牧鹅》
（郭礼凤作）

【山西间间包】　间间包，亦称"将军包"。一种玩具，主要流行于晋东北地区。其做法是用不同颜色布料拼接缝制，呈方形，长宽约6厘米，内装高粱或豆类。玩者多为儿童。玩法：用一手抛起，再接住；或用另一手接住，再抛起，再接住。一边反复做抛接动作，一边唱儿歌。儿歌没有固定的歌词，可即兴编唱。技艺高者可玩出各种花样，如提腿从胯下抛接、翻手从背后抛接等。在抛接过程中，如落地为失利，转由另一参与者玩。玩时可两人或多人一起玩。

上：间间包
下：儿童玩间间包游戏

【将军包】　参见"山西间间包"。

【平遥泥人】　山西著名工艺产品。平遥泥人，主要有两个产地：新南堡和南政。新南堡泥人是以手捏为主，南政泥人大部分是模压的。模子用泥制成，一个泥人有两片模子，压成的泥人中空，分量很轻；因在泥里掺进麻纸浆，泥人较结实。一般在泥胎干后先涂一层白粉，然后涂彩，笔法简练而有生气，有浓厚的乡土味。大的泥人不过一尺，小的只有二寸。作品有骑驴的、骑马的、骑牛的、骑虎的，有老寿星、大头戏娃娃和各种小动物，千姿百态，活泼可爱。

【芮城布鸮玩具】　山西芮城制作的布鸮玩具，造型夸张，粗犷稚拙，质朴有趣，具有浓郁的山野气息。鸮，即猫头鹰，夜间活动，主食鼠类和昆虫，为农林益鸟，民间认为有辟邪之用。在陕西华县太平庄新石器时代遗址有出土陶鸮尊，河南亦出土汉代的陶鸮壶。芮城的布鸮玩具，传承了古代文化遗意，表现出了较浓重的原始风韵。

上：汉代陶鸮壶（河南博物院藏）
下：芮城布鸮玩具

【晋北拨拉子】　山西晋北地区一种传统民间玩具。做法：用胶泥捏成高约 6 厘米的玩偶，胸部镂出 1.5 厘米见方的孔，一侧上下用两个细铁线做成的环固定。晾干后以颜料绘出五官，头部加饰彩色鸡毛，在镂空处糊以牛皮纸，铁丝环内插一木质小柄，在小柄上糊有马粪纸制成的四道瓦楞体，并配以销子使之上下固定。木柄粗细以可在环内灵活转动为度，长 15 厘米左右。上下两环之间绷两条结辫在一起的细线，两线之间横向夹一条小竹签。玩时逆时针摇转小木柄，使泥人转动，竹签一端被马粪纸瓦楞体拨动，另一端与牛皮纸相击，发出有节奏的声音。

晋北拨拉子

【定襄面塑】　山西定襄面塑，是与民俗紧密相连的一种民间工艺品，也称"面羊"。据说是取"喜气洋洋"的"洋"字谐音，意即送喜。定襄面塑的原料是白面、豆类和红枣，制作工具有剪刀、梳子、锥子和镊子。制法是先将精粉（即富强粉）的三分之一或二分之一用凉水加酵子和成酵面，待发酵后把其余面粉加入，反复揉和成面料，然后制作。做好的面塑，要扣在盆下，上面盖上被子，促其再次发酵后，再放入锅面蒸熟。有些小装饰是将面塑的主体蒸熟后和生面加上去的。这样可使小装饰不变形，但不能吃。据说定襄面塑除七月十五日做"面羊"外，春节时做枣山、花糕、钱龙、饭山；寿诞之日做喜馍，多以桃形为主体，上加各种寓意吉祥长寿的装饰，喜馍多用彩色装饰，富丽堂皇。寒食、清明时，则做"寒燕"，插在酸枣枝上，如同停在树枝上的群燕，传说这和敬仰怀念介子推，寒食禁火、冷食一日的典故有关。定襄面塑多为浮雕式，宜于平放或吊挂。体积尺寸不一，小的寸许，大的二尺左右，一般多是五寸至一尺之间。风格粗犷朴素，天真烂漫。2008 年，定襄面塑被列入国家非物质文化遗产项目。

【面羊】　参见"定襄面塑"。

【四川民间玩具】　四川传统民间玩具。历史久远，遍及全省各地，风格各异。玩具种类有绵阳、成都、南充等地的泥哨子、彩纸灯笼、风车、纸型面具、笑头和尚、翻花、叫叫、彩纸龙和泥鸡公、兔、狗、马、龟、绸布小猴、老虎、娃娃、仙女、孙悟空、猪八戒、绣球、金瓜、红辣椒等。造型夸张，色彩鲜艳，动作灵巧，操作简便。它适应婴幼儿的心理发展特点，具备了声音、色彩、形象、趣味等艺术特色，能逗引孩子欢笑，启迪思维，开发智力，并对孩子进行美的教育。

【新都棕编玩具】　四川新都棕编玩具，以棕榈叶为原料，分两种：棕叶编、棕草编。棕叶编以昆虫和动物为主，呈绿色，形象有孔雀、鹤、凤、鹿、羊、猴、蝴蝶和金鱼等。棕叶编技法主要有穿、套、拉和扣等，有单肚皮、双肚皮、簸垫编等。昆虫、动物用红豆做眼睛，蜻蜓用豆壳做眼睛。新都新繁镇以棕草编而闻名，"新繁棕编"誉满天下。编时，用剖草针在棕草根部穿扎，使棕叶分为细丝，后进行浸泡、漂白、染色。新繁的棕编玩具，不用骨架，而用模具，将棕丝缠于模具上，形成经丝，再用纬丝穿插编织，后取出模具，收口完成。产品美观大方，构思奇巧，深受人们喜爱。新繁棕编起源于清代嘉庆年间，至今已有200多年的历史。

新都新繁棕编玩具
上：花猪
下：金鱼

【四川棕叶叫咕咕】　四川传统民间玩具。叫咕咕，蝈蝈的俗称。做法：用嫩棕叶片编结成蝈蝈状，在圆尖的头上粘嵌两颗绿豆，作为蝈蝈的眼睛，用细棕丝做成蝈蝈的一对角须，用两片薄棕叶作为翅膀。蝈蝈全身翠绿，形象逼真，生动传神，十分可爱。

【自贡糖人】　四川自贡糖人，以糖为原料，加入色素，用金属容器盛装，放于文火上加热软化，然后取出适量糖稀，通过吹、捏、剪、贴等手法，固定在小棒上；或用小汤勺舀起溶化了的糖汁，在石板上迅速浇绘成型。作品题材有吉祥花果、飞禽、走兽、文字等，以人物和动物造型最多，一般取侧面形象。可食用亦可玩耍。糖人，俗称"糖泡泡""糖饽饽""糖人人儿"。

自贡糖人

【糖泡泡】　参见"自贡糖人"。

【糖饽饽】　参见"自贡糖人"。

【糖人人儿】　参见"自贡糖人"。

【牙舟陶哨】　贵州牙舟，盛产各种陶瓷玩具，玩具中以各类陶哨最具有地方特色。陶哨大多是取自现实生活中的动物题材，有水牛、小鹿、小狗、小鸟和猫头鹰等。造型稚拙生动，惟妙惟肖。釉色有褐色、绿色、赭色和米色等，沉稳浑厚。陶哨均有吹孔，哨音高亢明亮。

牙舟陶哨

【贵州麦秸编玩具】　贵州的麦秸编玩具，质朴粗放，具有鲜明的地方特点。它主要运用麦秸秆自然的金黄本色，有的在重点部位衬以红、绿等色，明快醒目，富有强烈的乡土气息。编制的骏马和小挂件，编织手法单纯简练，如骏马，仅在头部运用绞编，其他都用捆、扎、绕等最简易的手法制作，而将骏马昂首挺胸的神态表现得贴切到位、生动逼真。

贵州麦秸编玩具

【庆阳香包】　甘肃庆阳的节令玩具。香包，亦称"香囊""香袋"，内装有中草药香料，端午节时给孩子佩戴，可驱五毒，辟邪纳福。庆阳地区盛行端午佩香包，大多是家庭主妇利用零碎色布自己缝制，给自己孩子佩戴。庆阳香包题材丰富，形式多样，有端午老虎、十二生肖、丝缠粽子、福娃、花鸟虫鱼和吉祥瓜果等。有一件《双驴抬轿》香包，作品表现轿中坐一新娘，头披红纱巾，身穿彩绸衣，由两头彩驴抬着，下垂有石榴、双鱼、仙桃、彩粽等各色吉庆挂件，色彩红火鲜艳。作者运用彩绸、刺绣等制作，形式别致，题材新颖，表现出巧妙的构思和高超的手艺。现庆阳市每年端午节都举办香包民俗文化节，届时各个区县的香包大量上市，展览销售，品种无数。庆阳香包从业人员遍布城乡，香包已成为庆阳的标志性品牌。

庆阳香包
上：双驴抬轿
下：龙凤呈祥

【建水陶哨】 云南著名工艺产品。云南建水以盛产陶器著称，其中陶哨玩具深受人们的喜爱。多为各种动物题材，供小孩玩耍。制作时，在带有沙质的胎体上略施薄釉，烧制后，陶哨的釉色黄中泛绿，绿中有褐，给人一种朴素古拙的意趣，造型简洁，色泽淳厚，具有独特的地方特征。

建水陶哨

【长沙棕编玩具】 湖南长沙棕编工艺品，被誉为"江南一绝"，棕编之巧与湘绣之美、菊花石刻之奇，并称为"长沙三绝"。长沙棕编有纯叶派、全棕派两派。纯叶派单纯用棕叶编织，精于编织虫鸟等小物件，具有精致小巧的特点。主要运用编扣、穿插和打结等手法，单肚皮、双肚皮编法。代表人物为易正文、周佳霖等。易正文被誉称为"棕编易"，擅编各色昆虫玩具，如蜻蜓、蚱蜢、青蛙、虾、蜈蚣、龟、蛇、金鱼、鸡、鹤、孔雀、凤等。件件灵巧可爱，形神兼具，深得各方赞赏。全棕派选用棕树苑、干、叶、枝、籽及干衣、花苞等各部位为材料，作品豪放大方，一般多表现重大题材。代表人物有罗俊扬等。

长沙棕编玩具：金鱼

【狗头帽】 一种民间童帽。石宗仁《湖南五溪地区盘瓠文化遗存之研究》（《中南民族学院学报》，1991年第5期）载：盘瓠族群，曾以"狗头冠"或"犬尾"作为装饰。如湖南五溪地区的小孩，喜戴狗头帽，帽的两耳竖立，耳里还缀满茸毛，异常逼真。还有一种冬天用的狗头帽，从帽后边往后延伸成一条呈三角状的宽尾，苗语叫"尖帽吉刀光"，意为犬尾帽。昔日，这种头饰上的"尾式"，是犬图腾的一种表现形式。在清末民初还流行一种儿童戴的狗头帽，于帽顶两旁并洞，用毛皮做成双耳，用贴绣或彩绘做狗的五官，一般多用色彩鲜艳的绸缎制作，镶有花边或皮毛边，帽前沿镶缀有金银钿等饰物。

【公子帽】 传统童帽。亦称"荷花公子帽"。主要流行于江南地区。因帽上饰有银铸算盘、文房四宝，并配有荷花等彩绣纹样，俗谓"戴了公子帽，长大可求得功名"，故名"公子帽"。一般为四五岁以下儿童戴用。

【荷花公子帽】 参见"公子帽"。

【哈尔滨麦秸工艺画】 黑龙江著名工艺产品，是1958年以后发展起来的一种浮雕式工艺画。《松鼠戏枝》是其代表作品，运用抢毛工艺做成松鼠的毛，然后烙画出松鼠十余种深浅不同的皮毛颜色，生动活泼。另，艺人黄忠礼等创作的各种麦秸首饰盒和挂件，亦深得国外客户好评。

【台湾扑扑噔】 扑扑噔为一种音响玩具，用玻璃吹拉成型。通常分大小两种，多为透明的紫色，亦有浅绿色。小圆嘴，长柄，状如葫芦，底极薄，吹气或吸气，底部随气压大小产生里外振动，会发出"嘭嘭"的响声。扑扑噔以北京琉璃厂生产的最有名。台湾制作的扑扑噔，花色品种较多，尤其在色彩和图案方面更俏丽多姿，更受到儿童们的喜爱。

台湾扑扑噔

少数民族玩具

【满族九九消寒图】　满族民间一种节令玩具。在清代时皇宫亦流行。附图上有清代道光帝御书"亭前垂柳珍重待春风"九字，每字九笔（繁体）。由懋勤殿翰臣双勾成幅，裱成纸屏，题名"管城春满"。自冬至日起，每天用丹朱填廓一笔，（也可在每一笔的丹色上，用白色细笔注明当天阴晴风雨。）待填满九九八十一天，即冬尽春来。参见"九九消寒图"。

满族九九消寒图
（北京故宫博物院藏品）

【冰床】　满族传统玩具。亦称"冰车""凌车""拖床"。用木制，床面呈长方形，下装四足，在左右两足间安装有两根铁条，以利于在冰上滑行。床前面拴有挽绳，由一人牵拉，床上可坐三四人。有的在床四周装有矮栏杆。清汪启淑《水曹清暇录》载："冰床……一人拽，其行如飞。"清富察敦崇《燕京岁时记》载："冬至以后，水泽腹坚，则什刹海、护城河、二闸等处皆有冰床。一人拖之，其行甚速。长约五尺，宽约三尺，以木为之，脚有铁条，可坐三四人。雪晴日暖之际，如行玉壶中，亦快事也。"清魏坤《倚晴阁杂钞》载："明时积水潭，尝有好事者联十余床，携都蓝酒具，铺氍毹其上，轰饮冰凌中以为乐，诚豪侠之快事也。"冰床在明代已相当普遍，至清代盛极一时，当时坐冰床是一种时尚。现在北方冬天仍盛行。鄂伦春族有一种木制玩具冰车，足下无铁条，制作更为简易，也是由人拉行。

上：满族冰床
下：鄂伦春族冰车

【冰车】　参见"冰床"。

【凌车】　参见"冰床"。

【拖床】　参见"冰床"。

【御用冰床】　满族宫廷传统玩具。御用冰床与普通冰床结构和作用大体类似，而在装饰上显得豪华气派。御用冰床上装饰有轿式的顶篷，下为滑行的床架，整个冰床彩绘，雕饰有祥云、行龙和缠枝莲等纹样。冰床亦是由人牵拉。乘冰床游乐是明清时贵族的一种风尚。清道光帝有咏冰床诗："太液冻初坚，冰床胜画船。随风疑解缆，跌坐俨

御用冰床
（引自宋兆麟、高可主编《中国民族民俗文物辞典》）

乘仙。镜面频回复，湖心任引牵。澄清真可鉴，致远达前川。"可见冰床在当时京师和宫廷中流行的盛况。

【卡巴车】　满族一种传统玩具。主要流行于东北和华北满族聚居区。车用猪的下颌骨制成，将猪下颌骨刮净清洗，在前面拴一根麻绳，儿童可在地上拉着做嬉游。

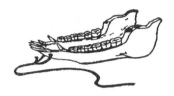

卡巴车
（引自宋兆麟、高可主编《中国民族民俗文物辞典》）

【哈拉巴板】　满族一种传统玩具。用猪的肩胛骨刮净清洗，在肩胛骨两边各挖一个小洞，用绳拴一铜钱，用手摇动，便可发出声响，作用类似于拨浪鼓。

哈拉巴板
（引自宋兆麟、高可主编《中国民族民俗文物辞典》）

【满族绣花荷包】　满族流传绣荷包、送荷包的风俗，在清代，宫廷有赐荷包、官员有贡荷包等定制。荷包用绫罗绸缎缝制，有方形、长方形、寿桃形、方胜形、葫芦形和荷花形等式样。按其内容物、功能，有烟荷包、香荷包、槟榔荷包等。小巧精致，绣制工整，针法多样，针脚平齐。图案有"福禄祯祥"

"八吉祥""连年有余""五福捧寿""金鱼戏荷""万事如意""凤穿牡丹"和"彩蝶恋花"等各种吉庆寓意题材。配色一般绚丽多彩,明快典雅,有的秀美倩幽。绣花荷包作为腰饰,清时男女均佩用。

满族绣花荷包
（引自李友友《民间刺绣》）

【苗族八人秋千】 苗族民间竞技玩具。先在地上安装两个大木杈,再在上面安装一轮盘,轮盘呈车辐式,其上并列安装秋千架八个,每一架上坐一人,然后沿轮盘旋转,转到上面者须唱歌。

苗族八人秋千
（引自宋兆麟、高可主编《中国民族民俗文物辞典》）

【手毽】 苗族传统儿童玩具。在贵州织金县织金洞一带,官寨苗族女孩于春节期间,群集织金洞洞口

避风处,以手对打鸡毛毽。其毽比普通脚踢毽稍大稍重,空手对拍,你来我往,简称"打鸡"。其洞因名"打鸡洞"。现在每年春节期间,仍在织金洞举行"打鸡"活动,其中最古老的手毽,已传数代人。

【打鸡】 参见"手毽"。

【手铃】 苗族传统玩具。金属制,呈圆形,内装有铃铛,上安装长木柄,手摇之有声。这种手铃制作较精细,可供儿童做游戏。在苗族青年跳舞时,也可用手铃伴舞。清代乾隆《皇清职贡图》图录有这种手铃。

清代苗族妇女手摇手铃伴舞
（清乾隆《皇清职贡图》）

【黄平泥哨】 贵州黄平泥哨,俗称"泥叫叫",是黄平一带的苗族民间玩具。产于黄平旧州石牛寨勇村,为苗族泥哨艺人吴国清首创。题材都是苗族山区常见的飞禽走兽、昆虫鱼蟹和神话人物等。泥哨大的如拳,小的似李。做法:将泥先捏成型,后用硬泥印模印上各种装饰花纹,待阴干后,放入地窖,覆盖上谷壳沤烧,24小时后取出,泥哨便变得坚硬黝黑,再绘上五彩,抹以亮油即制成。色彩一般以黑色为底,配以黄、白、绿、蓝、紫各色,对比强烈,鲜明醒目。泥哨尾端均通有吹孔和回气孔,能吹响,哨音清脆明亮。后来黄平泥哨

品种发展到150余种,先后随"贵州民间工艺美展"到北京和国外展出,受到国内外专家的高度赞赏。

黄平兔形泥哨

【泥叫叫】 参见"黄平泥哨"。

【苗族猫头帽】 一种苗族童帽。仿照猫头,用各种色布缝制,故名。苗语称"么别"。猫与虎为同类,虎古称"兽中之王"。苗族习俗认为,孩子戴猫头帽,可借助虎威,使儿童辟邪吉祥、苗壮成长。

【么别】 参见"苗族猫头帽"。

【草龙、木龙】 苗族传统儿童玩具。在黔湘边境苗寨的儿童,喜爱做各种舞龙游戏。舞龙有草龙和木龙两种。草龙,用稻草编扎而成。木龙,用树杈削制成状似龙嘴之形以做龙头,再用若干小木棍扎一草绳做龙身、龙尾。在平时,几个儿童耍龙做各种嬉戏,节庆期间,挨户舞龙祝贺,以资娱乐。

【鸭嗉鼓】 仫佬族传统儿童玩具。系用鸭嗉和竹筒做成。仫佬族逢节杀鸭时,将洗净的鸭嗉破开,绷在一节两头空的竹筒两端,然后用线绕圈扎牢,待干后即成一面小鼓。鼓槌用一根小的细木棍,削尖一头,插进一粒玉米即制成。手持小棍以玉米粒击打鼓面,可发出咚咚的声响,亦可按节拍打击出多种悦耳的声音。

【纸弹枪】 仫佬族传统儿童玩具。

用一节竹子锯掉两头结节，再用一根细棍穿进竹筒中作为推杆，在棍子一头套上半节带结节的竹子作为把手。竹节空心直径约 1.5 厘米，后大前小，前口径约 1 厘米。玩时，将泡软的纸团揉成粒状塞进竹筒，以细棍顶到小口处封严；再塞进一粒湿纸团，以快速动作往前猛推，使筒内空气挤压前一粒纸团而射出，并发出清脆的响声。

【竹球】　仫佬族传统竞技玩具。竹球用竹篾编织而成，外面涂上彩色，球中放有几个铃铛。比赛时，画一个约 20 平方米的圆圈，运动员只能在圈内活动。分甲乙两组，男女混合，用长约 3 米的红布索腰带将双方运动员对应系成组。裁判员哨响，球抛向空中，双方运动员只能在腰带的牵拉中对抗地走、跑、拉、抢、传、投，但不能用手脚接触对方队员身上任何部位，只能拉扯腰带使对方抢不到球。最后以抢到球者为胜。竞争场面热烈而又有趣。

【仫佬族狮子头帽】　仫佬族冬季童帽。帽形似狮子头，故名。帽正中以青布或蓝布缝剪成狮之双眼、鼻、嘴及心形狮耳；用丝线编一棱状网，覆于帽顶，作为狮头之毛发。狮子整体形象夸张，憨态可掬。在帽子两耳处，垂下似弧状，可护住耳朵。帽沿边彩绣蝴蝶、菊花等图案。仫佬族习俗，大人给小孩戴狮子头帽，祈盼儿童吉祥安康、茁壮成长。

【篾球】　仫佬族民间传统竞技玩具。亦称"篾鸡蛋""竹绣球"。篾球为一球径 6 厘米的空心椭圆球，采用竹篾条编织而成。内装两三粒石子，球面施红、黄、绿彩漆。玩时，有抛、踢、挡、拍等活动技法。比赛双方可各为 5 人，以篾球过场

坝中心界线进入对方地盘为胜。球技高超者可得到糍粑等食物奖励，还能得到姑娘青睐。篾球是一项融竞技与节庆娱乐为一体的活动，多流行于贵州毕节的黔西、大方等仫佬族聚居区，一般在春节期间进行。

【篾鸡蛋】　参见"篾球"。

【竹绣球】　参见"篾球"。

【特布克】　蒙古族一种传统健身玩具，即"毽子"。在广大汉族地区，毽子都用鸡毛、铜钱等制作，而蒙古族的是在铜钱的方孔里塞入两寸长的马尾毛缝制而成。卫拉特的蒙古族人，是用牦牛尾、马鬃或羊毛缝制。特布克活动大多是儿童在冬季进行。

【兴头】　蒙古族一种传统玩具。系一种牛皮制的圆球，用来踢玩。做法：用鞣熟的牛皮缝合成圆球，然后在球内塞进充气的湿牛膀胱，牛膀胱的气口要用绳扎紧，不能漏气，最后再用皮绳缝口。以前蒙古族青少年和年轻的喇嘛，都喜爱做踢兴头游戏。

【蒙古象棋】　蒙古族古老独特的

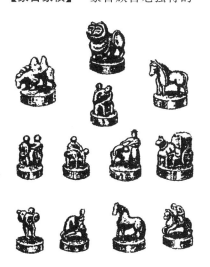

蒙古象棋
（引自宋兆麟、高可主编《中国民族民俗文物辞典》）

博弈游戏。蒙古语称"沙特拉""喜塔尔""夏特日"。相传自元代初年传入内蒙古，其造型、走步与国际象棋相似。流传的棋盘有 64 格和 100 格，以 64 格为常见。蒙古象棋棋子，一般由诺颜（将军）、波日斯（狮子或猎狗）、勒勒车、马、骆驼、小卒 6 种棋子组成。多用木材雕刻，也有用骆驼骨雕刻，还有以银铸的。每个棋子都是独立的圆雕作品。

【沙特拉】　参见"蒙古象棋"。

【喜塔尔】　参见"蒙古象棋"。

【夏特日】　参见"蒙古象棋"。

【帕日吉】　蒙古族传统民间玩具，一种蒙古棋。棋子用贻贝（一种海洋软体动物的褐色厚壳）制成。其制作是磨平贻贝正面凸圆处，再灌入蜡或沥青，凝固后打磨平滑，最后涂以紫、白等色。棋盘用方形或十字形白布绘成，边角绣以花纹。玩游戏人数不限，一人或数人结组，但各组人数须相等。游戏时将棋子掷于棋盘，以正反两面的数字确定棋子行走步数。

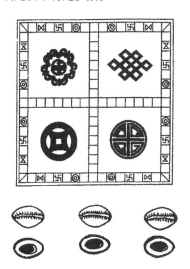

上：帕日吉棋盘
下：帕日吉棋子
（引自宋兆麟、高可主编《中国民族民俗文物辞典》）

【蒙古钥匙】 蒙古族儿童智力玩具。亦称"解九环""度母的钥匙""地狱之锁"。有两种。其一为九环蒙古钥匙,由1把钥匙和9个环环相扣的铁环组成,需反复锁上681次才能解开所有的铁环,即解锁。其二为三环蒙古钥匙,需反复锁上9次才能解锁。蒙古族习俗,此游戏须一做到底,若半途而废则寓意落入地狱。蒙古钥匙既是一种智力玩具,也可锻炼儿童毅力。

【解九环】 参见"蒙古钥匙"。

【度母的钥匙】 参见"蒙古钥匙"。

【地狱之锁】 参见"蒙古钥匙"。

【木偶套娃】 俄罗斯族传统玩具。俄罗斯族语称"玛特廖什卡"。用菩提树木制作,一套少的三五个,最多的达100多个,故名。形如不倒翁,为俄罗斯儿童形象,脸带微笑,天真可爱。外用黄、红、绿、蓝等色彩绘。造型、色泽、花纹,具有俄罗斯族风情。套娃中间可拧开,内套有若干小套娃,依次缩小,最小的如黄豆般大小。

木偶套娃

【玛特廖什卡】 参见"木偶套娃"。

【俄罗斯族玩具熊】 俄罗斯族传统儿童玩具。俄罗斯族语称"米德维若尼克"。由母亲为孩子缝制。一般用咖啡色布或条绒布为原料,熊头较大,眼睛为两颗黑色小圆纽扣,贴一小块黑布做鼻子,一小条红布做嘴巴,然后缝两只耳朵,最后穿上衣服,内填塞棉花或稻壳。造型质朴,稚拙可爱。

俄罗斯族玩具熊

【米德维若尼克】 参见"俄罗斯族玩具熊"。

【冰磨】 赫哲族传统玩具。主要供儿童游戏。赫哲族居住在寒冷的东北黑龙江、松花江和乌苏里江沿岸,冰冻季节很长。此种玩具用一根木柱竖立在冰上做磨心,再将一钻孔横木套于磨心;横木长的一端系一冰爬犁,上坐一二人,短的一端做磨把,几个儿童像推磨一样推动磨把,使冰爬犁转动,越转速度会越快。

冰磨

(引自宋兆麟、高可主编《中国民族民俗文物辞典》)

【拖日乞】 赫哲族传统玩具。系一种"狗爬犁"。赫哲族居住地常年冰天雪地,交通工具之一,是用几只狗挽拉雪橇。自从马匹传入赫哲族地区后,狗爬犁就逐渐演变为儿童游戏用的玩具。

拖日乞

(引自宋兆麟、高可主编《中国民族民俗文物辞典》)

【狍头皮帽】 北方渔猎民族用狍头皮制作的一种帽子。赫哲族语称"阔日布恩出",鄂温克、鄂伦春族语称"妹他阿贡"。达斡尔族亦制狍头皮帽,称"米亚日特玛格勒",式样大同小异。狍头皮帽形式奇特别致,具有狩猎生活特点,男女都可戴。其制法,在剥狍皮时,把头皮完整地剥下,加工后把耳朵和眼睛缝补得与原样相似,再用狍皮做一对帽耳缝上,用狍皮或狐狸的尾巴皮镶边。北方猎民选狍头做伪装皮帽,颇具匠心。狍子为大兽中之弱者,是虎、豹、熊等的捕食对象。猎人趴伏在灌草丛里,微露狍头皮帽,宛如一狍子,可引诱猛兽,出其不意猎之。鄂温克猎人有句谚语:"要想去打猎,别忘狍皮帽;戴上狍皮帽,准保猎获宝。"

狍头皮帽

【阔日布恩出】 参见"狍头皮帽"。

【妹他阿贡】 参见"狍头皮帽"。

【米亚日特玛格勒】　参见"狍头皮帽"。

【桦皮摇篮】　达斡尔族传统玩具。这种玩具，主要供女孩玩耍。摇篮系用桦树皮缝制，呈长椭圆形。用花布缝一儿童人偶睡于摇篮内，摇篮系绳吊起，以供女孩摇动吊篮做游戏。桦皮摇篮为家庭主妇自制，具有浓郁的达斡尔族特色。

桦皮摇篮
（引自宋兆麟、高可主编《中国民族民俗文物辞典》）

【哈尼卡】　达斡尔族女孩传统玩具。亦称"阿涅卡"，俗称"玩偶""纸偶"。相传在清初时，纸张传入达斡尔族地区后逐渐流行。也有用桦树皮、软皮革或碎布制作的。制作的偶人，有男女老少，还配有各种家具、工具、房舍等。平时装在小匣内，在节日期间，儿童们取出偶人，模拟做串门、办婚礼、赶集、出猎和耕作等各种游戏。做法：先用纸筒做出头型，再用彩色绘制五官，再用纸糊成锥形，将尖端剪掉做衣领，下面剪齐做下摆，再从领口插入头部就完成了。哈尼卡一般高五寸左右，海拉尔地区的仅一寸

哈尼卡
（引自宋兆麟、高可主编《中国民族民俗文物辞典》）

多高。有的制作较精细，用细丝线做头发，根据年龄、性别做出发髻、发辫或分头等。

【阿涅卡】　参见"哈尼卡"。

【玩偶】　参见"哈尼卡"。

【纸偶】　参见"哈尼卡"。

【嘎什哈】　达斡尔族传统儿童玩具。亦称"萨克"。用狍子或羊踝骨为原料制成。有两种玩法。其一是，两个或数个孩子平分嘎什哈，然后合在一处，先玩者首先将全部嘎什哈抛在炕上或地上，然后用手指弹其中形状相同（扣落和仰落两种）的两个，弹中了拾起归自己，直到全部弹完为胜；如弹不中，则由下一个人按照前者玩法继续，弹中多者为胜。其二是，将平分的嘎什哈置于手心抛向空中，用手背接，多者为胜。之后合于一处，胜者先抛嘎什哈，用手背接，接住三个就把其中一个再掷向空中，同时迅速用同一只手拾取炕上或地上的三个嘎什哈置于手心，还要把掷空的那一个接住。每人依次如此，直至拾完为止，多者为胜。我国北方古匈奴、契丹、女真族墓葬出土有嘎什哈，有的用铜铸和玉制作而成。嘎什哈曾流传于达斡尔、鄂伦春、蒙古和锡伯族等。

【萨克】　参见"嘎什哈"。

【谑】　藏族一种传统玩具。主要由四种构件组成。其一是"骰盘"，即一个3厘米厚、19厘米直径的圆形皮软垫，黑堂绿边红腰，用毛绳缝制而成，垫内塞羊毛，使有弹性。其二是"谑波"，即一个高4.5厘米、沿宽2厘米、口径6厘米、深3.5厘米的木碗，平口，凸底凹腰，底大口小，收壁。其三是两个

骰子，共42点，1个点1粒海贝，42个点42粒海贝。其四是作签子用的钱币，乾隆、嘉庆、道光麻钱三种钱币共9枚，大小藏币各9枚，共27枚。这种游戏多为三人玩耍，玩时各将三种不同色的钱币作签子，然后掷骰子。按当地习俗上午由长者先掷，下午由幼者先掷，各据自己骰子点数拨同等数量的海贝并下签。在拉萨地区多按顺时针方向轮流，直至签子下完。然后角逐，期间签多者可吃少者，被吃者退回原点，签少者碰上签多者则停留一轮，先将全部签子过完者获胜。玩时边掷骰子边吟素语莘话并用的骰歌。传说这种游戏源于西藏牧区，后传入农区和城镇，流传至今。

【基尼基克】　塔吉克族传统儿童玩具。是用木片、布条和泥土等原料制成的各种彩色人形或动物形玩具。一般为家长自制，呈现各种造型和风格。女孩喜爱人形玩具，并为其穿衣取名。动物形玩具多为鸟类，男女儿童都喜欢。

【米希】　塔吉克族传统玩具。是塔吉克族男子特别喜爱的一种游戏玩具。用牛、羊、鹿等踝骨为原料制成，形状各异，用来撒掷玩耍。制作米希时，须在踝骨腔内熔入铅，撒出时则易竖立。玩的方式有多种，既可于地上玩耍，也可在冰上玩；既能单人玩，也可双人或多人玩。

【其卡拉克】　塔吉克族一种竞技玩具。由男子使用60—70厘米长的木棒和15厘米长的粗木条，按照一定规则玩耍。玩时分为两队，一方进攻，用木棒把木条打向对方；另一方防守，接住对方打来的木条，或在木条落地前用木棒将其打回对方。这种游戏具有浓郁的塔吉克族特征。

【塔吉克族绣花帽】 新疆塔吉克族传统绣帽。有冬夏之分。妇女冬帽，内衬薄棉，圆形平顶，帽顶、帽额和后片都用彩色丝线绣制各种几何形图案，色彩绚烂多姿。男式夏帽，帽顶和帽边都用白布缝制，上绣满各种花纹。绣花色彩，青年的以红色为主，热情豪放；老年的多为绿、蓝和黑色，文静素雅。女式夏帽，亦为白底，上用各色丝线刺绣，图案细密精美，色泽秀美典丽。因习俗和地域等不同，款式、图案和色彩等互有差异，各具特色。

塔吉克族绣花帽
上：男帽
下：女帽

【竹弓箭】 珞巴族传统儿童玩具。珞巴语称"埃朋"。用竹条弯成竹弓；以细绳和皮条绷紧为弦，长约45厘米；以细竹竿为箭（无箭头）。儿童射时，多以石头、树干、竹枝等为靶。这种玩具民族特色鲜明，男孩出生时，珞巴族长辈、亲友和邻居以此作为贺礼赠送，祝福孩子以后成长为一名好猎手。

【埃朋】 参见"竹弓箭"。

【四人荡秋】 哈尼族民间竞技玩具。亦称"四人转秋"。因由四人荡玩，故名。其做法是安装一对梯形木架在地上，其上横一木轴，轴上安一十字形木架，四端横梁拴绳或拴木板，以供坐人晃荡。

【四人转秋】 参见"四人荡秋"。

【碧约小帽】 哈尼族支系碧约妇女戴的帽子。姑娘所戴小帽，以黑色土布缝制而成，有六个角，四周镶有小银泡，帽顶正中镶有一大银泡，在大银泡之下缝一束红线。未成年女子戴一顶，成年女子戴两顶。

戴碧约小帽的哈尼族姑娘
（引自孔令生《中华民族服饰900例》）

【哆毽】 侗族民间古老的竞技玩具。用白木瓜壳制成毽盘，其上缝缀一节插有公鸡尾毛的鹅毛管，管上穿以装饰用的苡仁米珠串饰。玩时，以手掌拍击，男女可以轮流单打或混合双打，以拍得远、接得准者为胜。侗族男女交往中，小伙子发出打哆毽的邀请，姑娘一般不能拒绝。打毽中如果双方互生好感，则由轮流单打变为固定单打，混合双打变为男女单打。据传此游戏源于古代农耕中的相互抛接秧苗动作，元代后逐渐演变为竞技娱乐活动，主要流行于黔东南榕江、黎平等县的侗族地区。每于节日或农闲时，在鼓楼旁常可见对对情侣在打哆毽，以毽传情，民族风情浓郁。

打哆毽的侗族青年
（引自宋兆麟、高可主编《中国民族民俗文物辞典》）

【侗族绣花童帽】 侗族传统儿童凉帽。圆形，无顶，主要用布壳缝制而成。外表为红、绿绫罗，帽冠做成花形，上绣二龙戏珠纹，冠后壁剪贴、镶锁成莲花形，莲花中心饰一银泡。帽沿两侧饰红、绿绫绣花蝴蝶结，下坠黄色流苏。所有绣花都运用结粒盘绣针法，坚实秀美，装饰性强。帽上用绣、锁、贴多种工艺手法，和美协调，精致而巧妙，展示了侗族妇女精湛的绣艺。帽子配色鲜艳明亮，富有情趣。

侗族绣花童帽

【相公帽】 旧时民间传统男童帽。流行于南北各地。旧时受仕途习俗文化影响，喜将男孩童帽做成古代公子帽式样或乌纱帽之形，上绣彩花，饰有绒球，下垂流苏。其意为

贵州肇兴侗族相公帽

祈盼孩子将来仕途辉煌，前程远大，大富大贵。相公帽在贵州肇兴等侗族地区较流行。

【侗族绣花荷包】　侗族传统绣花饰品。多饰于女子腰间，也作为男女定情信物，或作为馈赠礼品。外形有葫芦形、心形和腰圆形等多种。高、宽10厘米左右。以大红、粉绿、金黄丝绸做底料，上用玫瑰红、桃红、群青、草绿、墨绿、金银等色线绣制；纹样多为喜庆吉祥的内容；针法以平绣为主，间以打籽、盘金、凸绣等手法；边缘饰红、蓝色绳边；两侧垂有红、绿、黄等五彩流苏。荷包整体绣制十分精美。

侗族绣花荷包

【独轮车、三轮车、四轮车】　黎族传统儿童玩具。均为木制。独轮车，

黎族独轮车（上）、三轮车（中）、四轮车（下）
（引自宋兆麟、高可主编《中国民族民俗文物辞典》）

亦称"单轮车"，是生产生活用的独轮车的小型化，前有一小轮，两根车把较长，儿童可用来推拉玩耍。三轮车上有车厢，儿童可乘坐。四轮车，前后各两轮，前后有轴，轴间装梁，前拴一木棍，用以挽车前行，后有供儿童坐的车厢。

【单轮车】　参见"独轮车、三轮车、四轮车"。

【竿球】　台湾高山族竞技玩具。亦称"顶球"。由羽毛球（或棕皮球）和顶端带尖刺的长竿组成。玩时，先将羽毛球向空中高高抛起，各人紧接着各举长竿顶球，刺中者为胜。

台湾高山族竿球
（引自宋兆麟、高可主编《中国民族民俗文物辞典》）

【顶球】　参见"竿球"。

【台湾钱仔球】　民间儿童娱乐玩具。钱仔球的制作方法，是用布或韧软的纸，把中央有方孔的铜钱穿包制成。玩时，上抛钱仔球，用足底反复踢，以踢满预先言定的次数者为胜。输者要罚"饲酒"，即由输者将球投向胜者，以便胜者踢回，接着输者要再把它踢过去。有时，为避免对方容易踢回，赢者会故意过近或过远地踢很难接的球，输者则被罚拾球。玩钱仔球，主要流行于台湾地区。

【高山族陶人小玩具】　复旦大学收藏有台湾高山族陶人小玩具。这些小陶人，均作坐姿，有的怀中抱着小孩，有的肩上爬有小动物，造型粗犷质朴，形象夸张，捏塑随意，带有纯真的原始形态。可能这些陶人小玩具，制作年代较早。

【高山族羽冠】　台湾高山族阿美部族和曹部族等，都流传戴饰羽冠的习俗。阿美人善制各式羽冠，多种多样，阿美妇女亦喜爱戴花冠。曹人喜戴皮帽，在皮帽上插饰种种羽毛，制成羽冠，男女都戴。

高山族羽冠
（上：引自孔令生《中华民族服饰900例》）

【高山族鹿头冠】　台湾高山族排湾贵族男子所戴暖帽。因用鹿头皮

高山族鹿头冠
（引自孔令生《中华民族服饰900例》）

制成，故名。一般保留鹿角或鹿耳，在鹿鼻上插饰两支豹牙，于额上穿插一兽皮条；外围以兽皮圈作帽檐，皮毛外翻。戴用这种鹿皮头冠，主要象征着富有和荣誉。

【高山族花冠】　台湾高山族妇女传统头饰。流行于台湾东部、南部地区。阿美女子盛装时，用鲜花编成环状头冠，戴在头上或头巾外，头冠上缀以小铁片穗子和小铜铃，并插有镀银发簪。

高山族花冠

【壮族绣球】　壮族民间竞技玩具。流行于广西南部的壮族地区。每于节日或集会时，常举行投绣球比赛。绣球是用彩色绸布或花布缝绣

壮族绣球
（引自宋兆麟、高可主编《中国民族民俗文物辞典》）

成的圆形或方形袋，内装绿豆、棉籽或细砂子，下端系五彩丝缨，重约 150—200 克。比赛时，在场地中间竖一约 10 米高的木杆，顶端钉一块 1 米见方的木板，中间有一直径 60 厘米的投球洞孔。游戏时，参赛者分为人数相等的若干队，分别将绣球往投球孔中投掷，以投中多者为胜。

【虎头童鞋】　我国南北方都有给儿童绣制虎头鞋的习俗，尤其在广大农村，十分盛行。材质一般都用棉布，亦有用绸缎的。上有刺绣，运用贴绫、贴布、补花等工艺，用彩线缝绣。穿虎头鞋，主要是希望自己的孩子像老虎一样强健壮实，健康成长；同时小孩好动，鞋端极易磨破，用布或皮在鞋头、鞋帮缝制虎头图案，不仅使童鞋耐穿，而且兼具美观和童趣。彝族、壮族民间亦流行虎头鞋。彝族虎头鞋为婴儿和老人穿用。婴儿鞋以两片鞋帮在鞋头部位拼成，用刺绣绣出眼睛、鼻子、额头上的"王"字和嘴边的胡须，外观朴拙可爱；老人鞋以黑布剪贴工艺为主，鞋头微向上翘，色泽沉稳。彝族虎头鞋是彝族民间虎崇拜在衣饰上的一种反映。壮族儿童的虎头鞋，用黄布做鞋面，上用绿、白色线绣成虎斑纹，前部用红布剪成虎头形，并用黄、黑色线绣成虎的双目、鼻、口和须，虎头边缘缀以棉絮，再剪两小块椭圆形黄布，绲以红线边作为虎耳。

虎头童鞋
（引自骆崇骐《中国鞋文化史》）

【猫头鞋】　旧时流行于民间的一种俗服。给幼儿穿的童鞋，民间约定俗成：从幼儿学走路起始，要求穿破七双。鞋面通常用彩布或绸缎缝制，用蚕茧剪成猫眼、猫鼻，用兔毛做猫耳，用棕丝做猫须，以彩线精心绣制，色泽鲜丽，纤巧精致，生动可爱。在古代猫虎曾受到人们祭祀，民间称老虎为"大猫"。猫为吉祥物，可以庇佑孩童茁壮成长。父母给小儿穿猫头鞋，盼孩子像猫一样轻盈、灵敏，避灾避邪。清王誉昌《崇祯宫词》载："白凤装成鼠见愁，细钩碧绦锦绸缪。假将名字除灾祲，何不呼为伏虎头。"注：明代崇祯年间，宫人在鞋面刺绣兽头图纹，取名"虎头鞋"。与虎头鞋一样，猫头鞋也是古代虎文化的一种延伸。壮族、水族民间亦流行给儿童穿猫头鞋的传统习俗。壮族儿童的猫头鞋，鞋面用红布，两侧及后面用蓝、黄、黑等彩线刺绣图案，鞋头用五彩丝线绣猫头图案，边缘缀以棉絮。整体配色五彩缤纷，造型朴拙可爱，极富童趣。水族儿童的猫头鞋，是一种男性鞋式，鞋尖呈方形，略向上翘，用深色布剪成两只猫耳状，嵌饰于鞋头，后跟两侧镶饰流云纹饰。这种猫头鞋，一直到民国初年还较盛行。

【草球、布球、皮球】　纳西族古老的竞技玩具。是一种足球活动，纳西族古已有之。明代云南丽江土司、纳西族诗人木公《春居玉山院》有咏足球诗句："飞红舞翠秋千院，击鼓鸣钲蹴踘场。"纳西族足球经历了草球—布球—皮球的演变过程。草球，用锦葵叶（一种草本植物）做球心，外用线缠绕裹成。布球，用棉花或破布缠绕，再用麻线绕紧，亦有用五彩线绕成花纹，最后用针线缝成。皮球，为近代丽江制革名艺人刘暄（璞山）研制，是丽江第一个真正接近现代足球的

皮球，此后纳西族足球运动便遍布城乡。

【丢花包】　傣族民间一种传统竞技活动。是傣族青年男女交往和选择情侣的一种形式。花包是用花布制成圈形或心形，其内填充棉籽、谷子、干花、绵纸等，下摆和中心缀有彩色线穗五条。泼水节期间，男女对阵分列，互抛花包，在游戏中挑选意中人。相互有意时，男青年便假装接不到花包而向姑娘认输，随即双双离场谈情说爱。1949年后，这一活动发展为一项男女竞技活动，具有浓郁的民族特色。

【藤球】　傣族、布朗族传统球类玩具。藤球用细篾或细藤为原料编制而成，空心，直径 15 厘米左右。玩时用脚踢藤球，可正踢、侧踢、后踢；有时也用腿、肩、头挡或头顶。既可单人踢、两人对踢，也可若干人围踢。这一游戏主要流行于中缅边境一带的傣族、布朗族地区。

【泥弹弓】　基诺族传统民间玩具。因弹丸用陶土制成，故名。其做法是在一块有槽的木板上，安一有弹性的竹片，将弹丸放在木槽前方，然后弹射出去。这种玩具，可用于训练儿童的捕猎射击能力。

基诺族泥弹弓
（宋兆麟、高可主编《中国民族民俗文物辞典》）

【鸡毛球】　基诺族传统玩具。球用油布包扎木炭，其上插一束鸡毛制成。有一人玩和两人玩两种。两人玩时，在场地画一中线，各站一边，互相将鸡毛球打向对方，接不到者为负。

基诺族鸡毛球
（引自宋兆麟、高可主编《中国民族民俗文物辞典》）

【嘎拉哈】　东北地区满族、锡伯族等少数民族儿童传统玩具。用羊后腿膝盖骨或狍子、猪、猫等的腿骨为原料制作而成，有的涂有彩色。玩耍时，多在室内地毯上，三五个孩子围坐一起，中间放置若干嘎拉哈，相互抓接游戏。也有弹子儿、掷子儿等玩法。

锡伯族女孩在玩嘎拉哈
（引自宋兆麟、高可主编《中国民族民俗文物辞典》）

【八人秋千】　彝族民间竞技玩具。在地上竖立 4.5 米高的木架两个，其上固定一横木，以两副长方形木架穿过横木中央，木架两端各自悬绳吊板，四座板可坐或站八人。以横木为轴心，晃动长方形木架，带动四座板做荡秋千游戏。

【彝族鸡冠帽】　彝族传统女帽。流行于云南红河、昆明郊区等彝族地区。因以鸡冠作为帽形，故名。传说古代有位彝家姑娘，被恶魔所缠，忽有公鸡鸣叫，吓走恶魔，姑娘得救，特做鸡冠帽戴在头上，以示纪念。现形成彝族女子的一种特有帽饰，以寓康泰、祥瑞和幸福。帽用绸缎、布帛作面料，帽形似雄鸡之冠，帽上施彩绣，并缀有银泡等饰品，闪闪发亮，象征月亮和星星。色泽鲜丽明快，款式独特。昆明郊区彝族支系撒梅人的鸡冠帽主要用刺绣和缀穗方式制作，黑底上绣着鲜艳的花纹，就像雄鸡火红的冠子。禄劝彝族甘彝姑娘戴的鸡冠帽叫"吴柏"，形似鸡冠，前面正中绣一只雄鸡。红河南岸彝族妇女的鸡冠帽则用硬布剪成鸡冠形状，再用大小 1000 多颗银泡镶绣而成。

戴鸡冠帽的彝族妇女
（引自田顺新《中国少数民族头饰》）

【吴柏】　参见"彝族鸡冠帽"。

【彝族喜鹊帽】 云南峨山彝族少女的一种传统冠帽。管彦波《文化与艺术——中国少数民族头饰文化研究》载：喜鹊帽，一般帽顶做空，帽尖缀一银泡，帽尾向后翘起，用黑白相间的布料做成，状如喜鹊，故称。帽子的周围都用彩色丝线绣成艳丽夺目的花边，有的在正面镶上一排碧绿的玉石小佛或银制桂花作为装饰，更使喜鹊帽熠熠生辉。姑娘们有的让长长的辫梢从翘起的帽尾后露出披在背上，有的则直接将辫梢盘在帽上。

戴喜鹊帽的彝族妇女
（引自田顺新《中国少数民族头饰》）

【土吹鸡】 彝族儿童传统陶质玩具。小鸡造型，小巧稚拙，憨态可掬，对准其上哨眼可吹出悦耳的声音，乡土气息浓郁。云南昭通的"土吹鸡"称"彩绘百陶"，造型古朴，不上色釉；建水的"土吹鸡"施色釉，造型较为精致。

【投石索】 普米族一种古老的运动玩具。其做法是用一条绳索，中间结一网兜，两端分别为绳套和绳

普米族投石索
（引自宋兆麟、高可主编《中国民族民俗文物辞典》）

结。玩时，用右手拇指套住绳套，兜内盛石子，握住绳结挥动，看准后松开绳结，将石子投向既定目标。可一人玩耍，也可同时多人竞技。

【毛牙】 东乡族传统民间运动玩具，是一种毽子。其做法是将两块同样大小的马钱并在一起，在方孔内塞入羊毛，然后用骨头渣塞紧，最后磨平。玩时或使脚尖，或以脚侧，或用脚背，或翻脚底，可踢出十几种花样。既可两人对赛，也有多人比赛。比赛方法有十席（每个花样踢十次）、五席（每个花样踢五次），以中途跌落者为输，先连续踢够所有花样者为胜。

【白族端午玩具】 白族儿童传统节日玩具。为一种织绣类玩具，主要流行于云南大理、洱源、剑川、鹤庆等地。端午节前，白族妇女用彩色碎布、棉花和艾绒为自家孩子制作。主要品种有童子登莲、童子抱金瓜、猴子捧桃、老虎、佛手、桃子、南瓜以及彩线镯头等。这种织绣类端午玩具，质朴大方，稚拙秀美，具有浓厚的白族民俗文化特点。

【白族泥玩具】 白族传统玩具。白族大部分居住于云南大理地区，具有古老而丰富的民族文化艺术。白族崇尚白色，以红、黑等色相配。白族泥玩具，大多也是以红、黑、白为主，衬以绿、黄等色。泥玩具《女娃骑马》，红马昂首挺胸，女娃坐于马上，双目注视前方，一脸稚气，活泼可爱；马头以铁丝相连，可任意摆动，极为有趣。《大公鸡》泥塑，公鸡红冠黄嘴，大眼垂尾，五色彩羽，粗放朴拙，神气优美。泥玩具以泥玩屯生产为多，大的有 30 多厘米高，小的仅拇指粗。

白族泥玩具
上：《女娃骑马》
下：《大公鸡》

【白族凤凰帽】 云南白族姑娘的传统冠帽。管彦波《文化与艺术——中国少数民族头饰文化研究》载：凤凰帽，为云南大理洱源县凤羽、邓川一带白族姑娘之帽饰。清代至民国初甚为普遍，现仅部分山区流行。帽子是用两瓣鱼尾形的帽帮缝合而成，故亦称"鱼尾帽"。帽身就像一只凤凰鸟，上覆以月牙形帽罩，两边镶佛像和"长命富贵"的银牌，边角镶龙绣凤，周围钉满银泡，帽的前部为银制的凤凰头帽花，后部呈鱼尾状。其来源，可能与鸡图腾有关。相传，凤羽有白王的避暑山庄和牧场，白王三公主常到凤羽，喜与百姓朝夕相处，老百姓很喜欢她，鸟吊山的凤凰便把凤冠赠给她作帽子。凤凰帽，有的地区称"凤冠帽"。

白族凤凰帽

【鱼尾帽】　参见"凤凰帽"。

【凤冠帽】　参见"凤凰帽"。

【白族鸡冠帽】　云南白族妇女的传统冠帽。其帽顶部形如鸡冠之形，故名。帽身一周饰以花瓣形装饰，上彩绣各种图案，五彩纷呈，秀美艳丽。白族年轻姑娘都喜爱戴这种色彩亮丽的鸡冠帽。

戴鸡冠帽的白族姑娘
（引自孔令生《中华民族服饰 900 例》）

【白族绣鞋】　云南大理白族绣鞋，通常有三种：一种为船形，鞋头高翘，鞋尾有尾扣，鞋帮满绣彩蝶、青蛙、公鸡、梅、菊和石榴等花纹，因鞋形像船，故名。一种为圆口鞋，仅于鞋头绣一组梅、桃、

白族绣鞋
（引自云南省民族研究所民族艺术研究室
编《云南少数民族织绣纹样》）

山茶等花卉图案，都为对称形。一种为绣花凉鞋，鞋帮为白布面与布壳黏合，后用色布绳边，上绣各种几何形纹样，鞋头饰以绣球，革底。前两种都为妇女穿用，后一种为男女青年穿用。绣花鞋，均自绣自用，绣工精细，色泽鲜艳，耐穿实用。

【树皮摇篮】　鄂伦春族传统儿童玩具。鄂伦春语称"恩母充"。用桦树皮制作。摇篮呈长椭圆形，两头略翘起，长 22 厘米，宽 12 厘米。两端系有绳索，可吊起，前后或左右可摆动，供女孩玩耍。

鄂伦春族树皮摇篮
（引自宋兆麟、高可主编《中国民族民俗
文物辞典》）

【恩母充】　参见"树皮摇篮"。

【博古盘】　鄂温克族传统民间游戏玩具。是一种 26 子简易棋。甲方白棋，仅 2 子，象征野鹿一对；乙方黑棋，24 子，寓意围猎者 24 人。棋盘由一个正方形（象征围猎场）和大小两个三角形（分别寓意大、小山头，交叉处为山口）组成。此游戏由两人对战游玩。

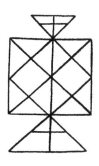

博古盘
（引自宋兆麟、高可主编《中国民族民俗
文物辞典》）

【树皮蝈蝈笼】　鄂温克族传统儿童玩具。用桦树皮缝制，呈三角形，两侧挖制有若干小气孔，将蝈蝈放置其中，蝈蝈时常会鸣叫，叫声悦耳动听。装入蝈蝈的桦皮笼，儿童喜爱挂于墙上或床边，以供玩耍。鄂伦春族也有用桦树皮制作的蝈蝈笼，形制与制作方法和鄂温克族的类似。

上：鄂温克族蝈蝈笼
下：鄂伦春族蝈蝈笼

【鸡总陀螺】　佤族民间传统玩具。鸡总为当地的一种蘑菇，佤族制作的陀螺，外形似鸡总，故称"鸡总陀螺"。玩时，在小木棍或细竹竿上系一绳索，用绳甩击抽打陀螺，陀螺即在地上旋转。

【土族秋千】　土族民间竞技玩具。土族习俗，春节期间，很多人家都在自家屋檐下架置简易秋千，以供孩子玩耍。其中最有特色的是"轮子秋千"。其做法是拆下大板车轴竖在地上，轮上压重物，然后将一

土族秋千
（引自宋兆麟、高可主编《中国民族民俗
文物辞典》）

架梯子固定于上轮，在梯子两端拴上皮绳，把长条形木板固定在梯子下端。玩时孩子坐在木板上，双手扶住皮绳来回荡秋千。

【羌族莲莲帽】 羌族一种传统童帽。圆形，平顶，帽顶两侧饰白色鸡毛绒球，或用野鸟毛羽装饰；帽身用色布缝制，四周均彩绣有花鸟和各种几何形图案，色泽鲜艳，绣工精美；帽两边垂饰流苏、银铃和银链等饰品。莲莲帽都是羌族母亲自缝自绣的，用平绣、纤花、纳花等针法绣制，图案均寓意吉祥。

羌族莲莲帽

【羌族云云鞋】 羌族名绣品之一。云云鞋，有"彩花凉鞋""踩堂鞋""满花尖尖鞋"和"包包鞋"等。运用平绣、纳花、纤花、链子扣等手法绣制，图案多为卷云纹，亦有缠枝花纹和团花纹等，色彩有红、黄、蓝、绿、紫等，鲜艳热烈，有的浑厚深沉，还有的采用间晕，别具一格。据云来自四川汶川羌族传说：海子里有位鲤鱼姑娘，爱上一位牧羊少年，她见牧羊少年冬天还赤着双脚，就从天上摘来彩云，地上摘来羊角花，为牧羊少年做了一双漂亮的云云鞋。后在羌族中形成一种传统风俗，男女青年只要相爱，姑娘就要为对方绣制一双精美的云云鞋，以作定情的信物。1979

年，汶川雁门乡羌族妇女陈支文绣制的云云鞋，工艺精绝，还被北京民族文化宫珍藏。

羌族云云鞋

【霸王鞭】 少数民族游艺道具，亦是儿童玩具。亦称"连厢棍""金钱棍""花棍儿"。流行于蒙古、满、土、彝、白等少数民族地区，现已盛行全国各地。竹或木制，圆柱形，长约百厘米，相距5—10厘米挖一长方形凹槽，内置二三铜片作响片；棍身髹红、黄、蓝诸色，两端系红绸布条。奏时单手执棍，或双手执双棍，摇晃或敲击手、臂、腰、肩、腿、脚等部位，使棍上响片撞击发出有节奏的铿锵之音。亦有二三人对击对敲，或边歌边舞。

【连厢棍】 参见"霸王鞭"。

【金钱棍】 参见"霸王鞭"。

【花棍儿】 参见"霸王鞭"。

现代玩具

【机动玩具】 按一定科学原理制造的会动的玩具。根据内部机械结构和外力做功方式，可分为惯性玩具、发条玩具、电动玩具，此外还有弹力玩具、磁力玩具等。

【惯性玩具】 机动玩具。是一种由于外力做功，使变速箱内飞轮高速旋转，依靠其旋转惯性贮存一定能量，使玩具做出动作的玩具。其构造由惯性变速箱、身壳等部分组成。按外力的做功方式不同，可分为推惯性玩具和揿惯性玩具两类。惯性玩具大部分依靠摩擦来驱动飞轮旋转，故又称"摩擦玩具"。

【摩擦玩具】 参见"惯性玩具"。

【推惯性玩具】 机动玩具。指用手握玩具在桌面上推几下，使其内部飞轮凭借惯性旋转，通过齿轮传动使玩具驱动的玩具，如惯性小汽车、小坦克等。

【揿惯性玩具】 机动玩具。指以手指揿动扳机时，即可使变速箱内的飞轮高速旋转，做出动作的玩具，如枪类玩具。

【慢惯性玩具】 机动玩具。指一种使飞轮的增速系数提高、贮存能量增大、动作时间延长和加大负重能力的惯性玩具。

【双速惯性玩具】 机动玩具。是一种在外力推动时，轮轴转动速度较慢，而在动作阶段时，轮轴速度却突然加快的惯性玩具。它可以克服慢惯性玩具动作慢的缺点。

【发条玩具】 机动玩具。是一种利用发条弹性的储能来作为动力的玩具。通常是通过外力使发条上紧，并通过发条释放带动齿轮，使玩具做出动作。根据外力做功方式的不同，通常可分为一般发条玩具和拉发条玩具。有动物类和车辆类等。

【拉发条玩具】 机动玩具。是一种发条玩具。不需要用扳手上紧发条，而是用手拿着玩具使其车轮紧压桌面向后拉动一段距离后，即可上紧发条，当玩具放回桌面，发条释放，玩具就会飞驶向前。

【爬行类发条玩具】 机动玩具。玩具上足发条后，即可做速度缓慢的扭摆爬行动作。可模拟乌龟、海狮爬，也可模拟婴儿匍匐爬。是一种形态逼真、逗人喜爱的机动玩具。

爬行类发条玩具

【大头娃走路】 发条玩具。拨动发条，大头娃会天真地摇着头，微动双手，两脚跨步，慢慢行走。大头娃眯缝着眼，小鼻小嘴，双手张开，身穿连衣裙，造型简洁，色彩

大头娃走路
（袁文蔚设计）

明快，形象生动，逗人喜爱。此玩具为原上海玩具八厂设计师、工艺美术家袁文蔚设计。

【电动玩具】 机动玩具。它是一种以电池作为电源，依靠玩具电动机把电能转换为机械能，从而做出各种动作的机动玩具。一般可分为回轮类、不落地类、行走类、操纵类、轨道类、模拟类等。

【回轮类电动玩具】 机动玩具。此类玩具以车辆居多，主要动作特点是玩具在行驶中如遇障碍物即能自动拐弯，在避开障碍物后，仍能继续前进。由于其自动拐弯的动作是依靠底部的回轮来实现的，故名，如照相汽车。

【不落地类电动玩具】 机动玩具。该类玩具以车辆类居多，主要动作特点是玩具驶到桌面边缘不会落地，而能自动拐回再继续前进。

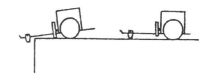

不落地类电动玩具动作原理示意图

【行走类电动玩具】 机动玩具。这类玩具以动物类居多，主要动作是模拟动物爬行和走路，并配以其他辅助动作。根据玩具的行走方式不同，可分为四足爬行、两足走路和模拟行走等。

【操纵类电动玩具】 机动玩具。是一种由游戏者手持外接电池箱，通过开关或按钮来进行操纵的玩具，如车辆、动物等。

【轨道类电动玩具】 机动玩具。电动玩具的一种，如轨道火车和轨道赛车。

【模拟类电动玩具】 机动玩具。是一种模拟各种动物的独特动作，并对动作加以夸张，使之富于情趣的玩具，如母鸡下蛋、猴子吃奶等。

【气哨发声玩具】 机动玩具。这类玩具体内的发声器，由风箱和共鸣腔组成。风箱内装有风叶，风叶由电动机带动着高速旋转。在风箱上方还有一个进风口，上面盖着一块有弹性的遮风片。平时，遮风片遮住进风口，空气无法流入，风箱内不产生高速气流，所以不会发声；当遮风片被抬起时，空气从进风口进入风箱，在高速旋转的风叶作用下高速气流吹向风口，引起空气振动而发出声音。共鸣箱的作用是使声音更加洪亮。

【气动发声玩具】 机动玩具。这类玩具体内的变速箱上部装有一套特殊的发声器。发声器由簧管和气囊两部分组成。气囊压缩，使气流吹向簧管，引起簧片振动而发出声音。

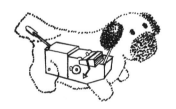

气动发声玩具

【电子玩具】 机动玩具。是一种应用现代电子技术制作的玩具。按产品工艺技术与功能结构，可分为声控玩具、光控玩具、遥控玩具、机械玩具、气动玩具、电动玩具、电脑网络玩具、太阳能玩具、红外线玩具、激光玩具等。

【声控玩具】 机动玩具。电子控制类玩具的一种。通过使用声波来控制玩具动作变换。由发声器和玩具本体两大部分组成。玩时，游戏者使用发声器发出一定响度或一定频率的声波，经空气传播后被玩具本体内的感受器接收并进行转换，把音频信号转换为电子信号，然后输入电子线路进行多级放大，最后带动末级微型继电器工作，控制电动机改变旋转方向或启动、停止，以此达到控制玩具动作的目的。声控玩具内部可分为电子线路和变速箱两大部分，二者进行有机结合后，则可使玩具做出惟妙惟肖的动作。

【光控玩具】 机动玩具。电子控制类玩具的一种。此类玩具系采用光波来控制玩具的动作，由发光器和玩具本体两大部分组成。光控玩具的工作原理是发光器发出光波，被玩具中装置的光敏元件接收，转换为电信号，输入放大电路，最后控制继电器工作，达到使玩具转换动作的目的。它的设计形式以打靶类玩具居多，也有动物类和车辆类玩具。

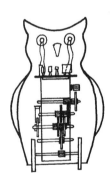

光控玩具猫头鹰

【无线电遥控玩具】 机动玩具。此类玩具由袖珍发射器和玩具本体两大部分组成，系采用高频无线电波来控制动作的玩具。一般以车辆类居多。使用时，只需在发射器和玩具中分别放入电池，拉出发射器上的天线，通过控制发射器按钮开关，即可从发射天线上发出高频电波。当电波被玩具上所装的天线所接收，输入接收机线路，经检波、放大等一系列处理后使末级继电器工作，即可达到控制玩具动作的目的。根据遥控玩具的线路方式和动作特点，一般可分为单通道遥控玩具、多通道遥控玩具和比例遥控玩具。

【单通道遥控玩具】 机动玩具。无线电遥控玩具的一种。线路结构较简单，只能控制玩具做出一个动作，如前进变为倒退，停止变为启动等。

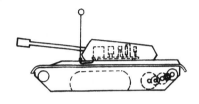

单通道遥控玩具

【多通道遥控玩具】 机动玩具。无线电遥控玩具的一种。由于装置中有多个继电器来执行动作，故可控制玩具做出多个动作。常见的多通道遥控玩具可控制前进、后退、左转、右转等动作。

【比例遥控玩具】 机动玩具。无线电遥控玩具的一种，属较高级型。它不但可以控制动作状态的变化，还可以精确地控制动作量和动作角度。如它不仅可控制汽车右转弯，还可精确地控制汽车转弯的角度大小，使玩具的动作基本达到与操纵者同步，因此模拟真实感特别强。

【电声类玩具】 机动玩具。电子玩具的一种。此类玩具的主要特点是以电子线路为主，很少采用机械结构。根据功能的不同，可分为通话玩具、扩音玩具、电子拟音玩具和电子音乐玩具等品种。

【通话玩具】 机动玩具。电声类玩具的一种。每组共有电话机两个，由导线连接。每个电话机均有话筒和听筒，并且都装入低频放大线路和电池，当任何一方拿起电话机时，开关自行接通，只要对着话筒讲话，其声音即可变为电信号，经低频放大后输入对方的电话机听筒，发出声音。另一种玩具电话只有单个电话机，其内部装有小型录音机，事先由成人录下一般打电话的常用话，当儿童拿起电话时，录音机即自动接通，听筒里即可传出说话声音，儿童便可一面听内部录音机中发出的话语声音，一面进行回答。这实际上也是一种教儿童学会打电话的智力玩具。

【扩音玩具】　机动玩具。电声类玩具的一种。此类玩具的特点是能把声音进行扩大，再配以相应的动作，构成一种以音响为主的玩具。

【活动扩音玩具】　机动玩具。扩音玩具的一种。这种玩具是在扩音的基础上再配以机械结构，使玩具能按声音的节奏做出相应的动作。它由话筒和玩具本体构成。当儿童手持话筒唱歌或讲话时，一方面玩具内低放线路板将声音扩大而放出声音，另一方面，经放大后的音频信号再控制继电器，按声音的节奏闭合或释放，于是就使变速箱也按此节奏工作起来，如小熊跳舞玩具。

【电子拟音玩具】　机动玩具。电声类玩具的一种。此种玩具系采用电子振荡线路来产生音频信号，再经过一系列处理后通过扬声器、压电陶瓷片放声来模拟各种动物的叫声或其他声音。代表作品如电子鸟。

【电子音乐玩具】　机动玩具。电声类玩具的一种。此类玩具的最大特点是，不但能发声，还可以奏出乐曲，使儿童受到音乐的陶冶。它的工作原理是在玩具中装有电子线路，由音频振荡器产生多种频率的信号来构成音阶，然后按乐曲的需要，经过一定方式控制音频振荡器发出不同音阶频率的信号，组成旋律。根据控制音频振荡频率的方式不同，可分为玩具电子琴和音乐发声玩具等。

【电脑玩具】　机动玩具。电子玩具的一种，也称"计算机玩具"。由于它集中了微计算机、图像显示等先进技术，应用了大规模集成电路，具有信息存储、逻辑运算等各种计算机所特有的功能，属于一种高级玩具。

【计算机玩具】　参见"电脑玩具"。

【电子游戏机】　机动玩具。电脑玩具的一种。此类玩具采用了大规模集成电路存储游戏程序，通过屏幕显示进行各种游戏。其种类有电视游戏机、袖珍电子游戏机和大型电子游戏机三种。

【人工智能玩具】　机动玩具。电子玩具的一种。内部均装有微型电脑，故能与人斗智。例如电脑国际象棋，由棋盘和机械手组成，内装微型电脑，平时存有各种高手的棋谱。当人与电脑对弈时，每走一步，由于棋子的磁性会产生信号，输入电脑，于是其中心处理单元开始工作，通过运算，做出对策，并选择最佳方案，发出指令控制机械手动作，移动棋子。因此，一般人与电脑对弈均难以取胜。

【编程玩具】　机动玩具。电子玩具的一种。在玩具中装入微型电脑，通过编程，使玩具做出动作。如有一种电脑汽车，打开前盖即有一排按键，可通过按键输入程序，使玩具汽车做出各种动作。此种玩具可以培养人们自编程序的能力。

【娃娃鹅车】　拖拉玩具。供孩子学走路时玩耍。拖着玩时，娃娃会手扶鹅颈，点头摇动，鹅双翅展开，边走边发出叫声。娃娃鹅车，娃娃圆脸、大眼、小鼻、小嘴，鹅身下装有四个轮子，造型简练，色泽鲜艳，形象可爱。该玩具为原上海玩具八厂设计师、工艺美术家袁文蔚设计。

娃娃鹅车
（袁文蔚设计）

【魔术方块】　智力玩具。简称"魔方"，是一种与数学有关的智力玩具。广义上指各类可以通过转动打乱和复原的几何体，包括正阶魔方（2阶至33阶等）、异型魔方等。狭义上指三阶魔方。它是由26块小方块加一个转动装置组成的一个大立方体。其6面（每面由9个小正方面组成）分别为红、橙、黄、绿、蓝、白6种颜色，可以上下、左右、前后围绕轴心转动，从而使大立方体各面出现五颜六色、变幻无穷的各种彩色图案。一般是竞速玩法，将魔方色块打乱，然后在最短的时间内复原。这种玩具能锻炼儿童的逻辑思维、空间想象能力以及坚毅的意志品质。

【魔方】　参见"魔术方块"。

【魔棍】　智力玩具。其游戏原理类似魔方。由24块三角体组成。每一三角体都可作90°或360°旋转，就像一支可任意伸屈的棍子，能转成蛇状、交通标志、风车、小狗、花等3000种以上的花款。它有利于发展儿童智力，特别是逻辑思维能力和空间想象能力。

【迷宫】 智力玩具。迷宫也叫"迷津"，是一种图画游戏。要求儿童从中寻找通路，抵达目的地。

【迷津】 参见"迷宫"。

【几何图形嵌板】 智力玩具。在一块木板上刻出各种凹入的几何图形（正方形、长方形、圆形、半圆形、菱形、三角形等）。玩时，儿童将各种几何图形板块嵌入板上相应的图形内。它有助于幼儿认识几何图形，发展认知能力。

几何图形嵌板

【识数嵌板】 智力玩具。将一块薄木板分成上下两部分。在板的上部画上圆点，下部写上与圆点相对应的数字（可做成1—10的数字和圆点的嵌板）。上下部分嵌合处用曲线。儿童可以按要求从几个分开的圆点、数字中找出符合圆点的数字，并在曲线处嵌好。它可用于提高儿童数数、识形的能力，借以增强儿童对数字的概念。

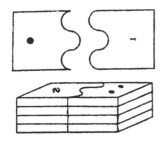

识数嵌板

【结构拼图玩具】 结构玩具。它是通过一定数量的部件组成形象的玩具。其种类繁多，从材料的属性分，有纸质（硬质纸、纸板）、木质（三夹板、火柴杆）、塑料（纽扣、牙膏盖）、石料（石子）等。从材料占有空间的形式分，可分为点状材料（如米、豆、石子、纽扣等）、线状材料（火柴杆、线形巧板）、面状材料（纸板、三夹板等，七巧板、益智图多属此类）、块状材料（积木等）。从图形的性质分，可分为几何形（七巧板、益智图等）和有机形（豆子、石子）。结构拼图玩具材料易得，制作简便，变化无穷，对发展儿童的观察力、想象力、思维能力、创造能力以及培养儿童艺术爱好方面有着重要作用。它最适合于幼儿园大班及小学低年级儿童玩耍。

【积木】 结构玩具。是一种用于构建各式各样的建筑物或物体的玩具。积木形式多种多样，有大型空心积木、大型实心积木、小型积木、民族形式建筑积木、捷克式大小型积木，此外，还有交通积木、动物积木、海陆空军事模型积木、农庄积木、工厂积木、商店积木、宇航模型积木、太空设计室积木等。积木玩具，可以锻炼儿童动手能力，培养观察力，启迪智慧。

【六面拼接积木】 结构玩具。由九块正方形木块组成。九块木块平列组合时可形成一个面，每块有六个面，分别组合成不同的画面。玩时，将木块打散，然后寻找同一画面的局部，并拼合起来。

六面拼接积木

【空心积木】 结构玩具。用三夹板制成各种大小立方体、长方体、柱体等。幼儿用这些形体可搭成小桥、汽车、轮船、桌椅、动物园、公园等。在建筑游戏中可以发展幼儿观察力、记忆力、想象力、创造力，同时也可培养幼儿团结互助的良好品德。

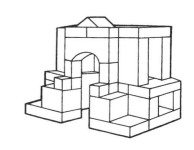

空心积木

【万能积塑玩具】 结构玩具。以塑料为材质，用多种形状的零件，通过插接，拼搭成房屋、车辆、人物、动物等立体形象，形状千变万化，创造性极强。是一种增长幼儿智力及结构能力的玩具。

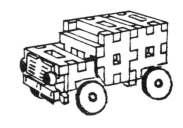

万能积塑玩具

【会游行的小船】 自制玩具。它是用塑胶片如底片或塑胶瓶盖等制成一艘小船，较尖的一端为船头，另一端为船尾。在船尾凹进去的地方放置一小块樟脑。玩时，将小船轻放在水面上，因樟脑和水接触后产生反应所形成的张力，就会推动小船前进。

会游行的小船

【飞盘】 体育运动玩具。由塑料制成，形似餐具盘子。玩时，由甲方扔向乙方，乙方力求捉住飞来之物，因称"飞盘"。据说此游戏起源于美国，因受美国青年喜扔餐具碗碟做游戏的启发而问世。

【沙袋】　体育运动玩具。在布袋中灌满沙封口即成。有大型、小型两种。大型沙袋用于击打健身，小型沙袋用于投掷游戏。玩时，取小型沙袋五六枚，以一袋抛向上空，然后迅速地将桌上其他沙袋撸在一起抓在手中，并接住落下的沙袋。

【彩色气球玩具】　气球是用天然乳胶加硫化剂、配合剂等进行硫化和浸渍而成。其特点是球皮强力高，柔软易吹，厚薄均匀，收缩率好，色泽鲜艳，物理机械性能良好。吹出的各种动物形象简练、夸张，特点明显，深为儿童们所喜爱。

【风力春米机】　自制玩具。是一种利用力学的原理制成的玩具。由风轮、支架、转轴、杵、臼组成。风轮由软木塞和火柴盒片组成（在木塞上开上斜槽口、插入火柴盒片）。支架由底板、轴套管、粗铅丝组成。套管可用废毛笔杆或细竹管、塑料管制作，用铅丝缠绕后固定在底板上。轴穿过套管，一头插在风轮木塞上，一头做成方向相反的两曲轴。曲轴上连接两杵，两杵下为竹筒做的臼。当风吹动风轮转动时，曲轴带动杵一上一下开始"春米"。

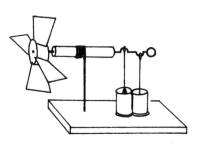

风力春米机

【母子鸡】　电动玩具。只需拨动开关，母鸡即能点头张嘴，推着有两只小鸡的童车边走边发出咯咯嘎、咯咯嘎的声音，并生下一个个鸡蛋。母子鸡电动玩具，极具趣味性，为原上海玩具八厂设计师、工艺美术家袁文蔚设计。

母子鸡

（袁文蔚设计）

【薄翼鸟】　机动玩具。由塑料薄膜翼、尾及塑料壳体组成。玩时，将橡皮筋绞紧，启动鸟胸前的开关，投向天空，于是鸟便在空中飞翔，并发出噗噗声。

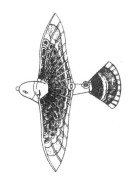

薄翼鸟

【火柴盒玩具】　自制玩具。它是利用火柴盒为主要材料制成的玩具。用火柴盒可以做出各种器物，如汽车、火车等交通工具，桌子、椅子、床、沙发等家具，箱子、提盒等各种用具，拖拉机、起重机、吊车等生产工具。火柴盒玩具制作简便，取材容易，便于儿童自己动手设计、制作，是以前孩子们的重要玩具。

【童车】　供儿童游戏的一种玩具车。主要用金属管经弯管、喷漆和电镀等制成。一般分四类：①推车：用于婴儿，具有坐、卧两种功能，有的还可折叠。②学步车：又称"学步架"，可以帮助幼儿学习行走，由圈架和座架组成，底部有万向滑轮，幼儿站在圈内不会跌倒，走路时，圈架随之移行。③三轮车：一般供3岁以上儿童乘骑，由车架、鞍座、车轮组成。前轮为主动轮，两侧装有踏板，儿童蹬骑时，前轮转动，驱动整车前行。④儿童自行车：结构与一般自行车相似，只是在后轮两侧各装一个保护小轮。儿童学骑时，小轮可支持车身不致倾倒。四类儿童车，在市场上又有诸多花色品种。

各式童车

【学步车】　体育运动玩具。由支架、轮子、坐垫、栏杆组成。婴儿站在车内，握好扶手，练习走步时可不致跌倒，且可以走一走、坐一坐。

【配对图片】　智力玩具。它由24—36张图片组成，图片上画有各种图形，每种图形均有2张。玩时，先依次把图片分给每个儿童，进行配对，以配完的先后决定胜负。具体玩法有三种：①大家轮流出图片，假如自己手中有与别人拿出的图片相同者，就拿出来配成对，放在自己一方桌面上。②每个儿童依次轮流从旁边的儿童手中抽取一张图片（不看图片正面），若抽出的图片与自己手中图片有相同的，就配成对，放在自己一方桌面上。如果不能配成对，就插入自己的图片中。③先由一个儿童说出自己手中的一张图片的形象和功能等，其他儿童即从自己的图片中选出对应的图片来进行配对，然后按序轮流。

配对图片

【接龙图片】 智力玩具。每套接龙图片是16—24张。图片两端各画上人物、水果、蔬菜或各种动物等图形。每种图形都有两个，分别画在图片两端，以便玩时能对着同样的图形接上。玩时，先依次把图片分发给几位小朋友，每人把自己的图片拿好，不让别人看见。然后依次出一张图片，假如能接上的就接上；如果自己手中的图片都跟别人出的图片接不上，就让别人接。谁先接完，谁就胜利。

接龙图片

【滑稽人】 自制玩具。是一种能使人形伸缩的玩具。由头、伸缩架、把手及衣服四部分组成。头用硬纸剪画而成。伸缩架是用细木条交叉做成连续的菱形，在木条交叠处要以铅丝或钉子做销子，务必使木条能自由活动。最后在人形外面穿上衣服。玩时，将拇指、食指分别伸入把手的圆圈中，当把手张开时，伸缩架变宽，人体便变矮；当把手聚拢时，人体便会拉长。由于

人体变得忽高忽矮，因而显得滑稽可爱。

滑稽人

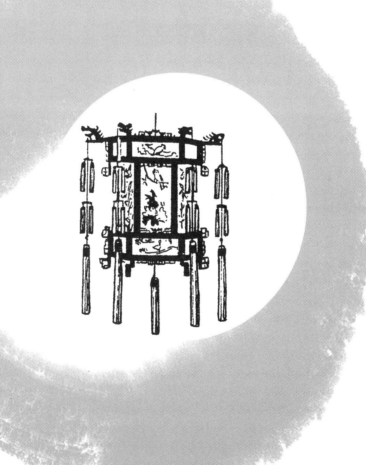

节令玩具

灯彩一般名词

【镫】　战国灯具名称。《楚辞·招魂》："兰膏明烛，华镫错些。"周代，"镫""登"通用，指的是瓦豆。豆是古代一种盛放食物的器皿。《尔雅·释器》："木豆谓之豆，竹豆谓之笾，瓦豆谓之登。"古人以"镫"称灯，应是假借，也反映了灯的形制，可能从豆演变而来。晋郭璞注《尔雅·释器》"瓦豆谓之登"云："即膏登也。"人们最早是借用盛大羹的瓦豆（登）来点灯，以后豆就演变成灯。最早的灯名应是"镫"，它是从豆名"登"假借而来。

镫
（《三才图会》）

【灯节】　我国灯节，相传源于西汉武帝时期。《艺文类聚》卷四载："今夜游观灯，是其遗迹。"汉代燃灯时间为元宵十五夜，满城燃灯。据僧史"烧灯表佛"，东汉明帝曾下令士族、庶民燃灯，以表示对佛教的尊敬。隋代灯节延至三夜，燃灯沿街绵亘八里，通宵达旦。诗句"灯树千光照，花焰七枝开"，就是对当时灯节盛况的描述。唐朝时灯节增至五夜，在长安城安福门外，搭有十二丈高的灯轮，点燃花灯五万余盏，万民欢聚灯下歌舞。明初，朱元璋定都南京，将灯节增至十夜，下令沿秦淮河燃点水灯数万盏，夫子庙灯会盛极一时，民众盛妆夜游观灯，乃至车马拥挤，难以

通行。清代北京灯与市合二为一，谓之灯市，十字路口，曰灯市口，彩灯高悬，伴着秧歌，"春在京华闹处多，放灯时节踏秧歌"诗，即描写这一盛事。

灯节放灯

【元宵节】　亦称"上元节""元夕节"，简称"元宵""元夜""元夕"。流行于全国各地。每年夏历正月十五晚上举行。因是一年中第一个月圆之夜，故名"上元"。通宵张灯，供人观赏为乐，故又叫"灯节"。相传东汉永平年间，明帝为提倡佛教，于上元夜在宫廷、寺院"烧灯表佛"，令士族、庶民家家挂灯。此后相沿成俗，成为民间盛大节日。参见"灯节"。

【上元节】　参见"元宵节"。

【元夕节】　参见"元宵节"。

【元宵】　参见"元宵节"。

【元夜】　参见"元宵节"。

【元夕】　参见"元宵节"。

【灯彩】　亦称"花灯"。古称"篝灯"，又称"灯笼"。民间工艺之一种。相传创始于西汉，唐宋时已十分盛行，有影灯、莲灯、珠子灯、无骨灯、万眼灯、灯轮和灯球等诸多品名。相沿迄今，各地均有生产。现著名的有四川的龙灯、苏州的走马灯、泉州的料丝灯、浙江海宁碌石的联珠夹纱灯等。灯彩多用于节日烘托喜庆气氛。每年元宵佳

节，闹灯、赏灯成为我国传统习俗。灯彩框架材料多用竹、木、金属等，再糊制以轻薄透明的纸、纱、绢、绸等料，上作绘画或刻制，有的饰有流苏。亦有用麦秆、兽角、藤草制作的。品种繁多，造型奇巧，内容丰富，装饰华丽。

灯彩

【花灯】　参见"灯彩"。

【篝灯】　即外罩有竹笼的灯火。参见"灯彩"。

【灯笼】　灯名。以纱、葛或纸为笼，以竹条或铁丝为架，里面燃烛，以防风灭。《宋书·武帝纪下》载："床头有土障，壁上挂葛灯笼、麻绳拂。"

【春灯节】　即元宵节放灯。此风俗全国很多地区都流行。广东佛山灯、福建泉州灯、江苏南京秦淮灯、苏州苏灯、浙江海宁夹纱灯等，都是著名的"春灯"。旧时蜀中亦甚盛行元宵放灯。《芦山县志》卷一载，民国时，将正月十五元宵节改名"春灯节"。届时，各家各户燃爆竹祭祖。市中灯火繁盛，四角城门皆有火树（灯山）燃放，火树高三四丈，取义三十三天，则燃灯三十三盏。另外还有"百果灯""鳌山灯棚"等，形形色色，名称不一，赏灯者人山人海。

【灯市】　我国民间习俗，农历正月十五为元宵节，亦称"上元节"，在此前后五天、七天、十天、半月，

在大街陈设、出售各色花灯，旧称"灯市"。北京的灯市口、琉璃厂，都是老北京的灯市。南京的夫子庙和上海的城隍庙以及苏州的阊门、观前街均是旧时的灯市。每年的正月，这些地方人山人海，都是购灯、观灯的群众。

灯市

【闹花灯】 我国有"正月十五闹花灯"的习俗，元夕除悬挂供人观赏的灯彩外，还有以瑰丽缤纷的各种灯彩为道具的舞蹈表演，从四面八方，竞相舞向街心广场，宛若一道道璀璨的灯河，汇成五光十色的灯海。有数人舞一灯，有一人舞数灯，有一人舞一灯。在争奇斗艳、炫人眼目的舞灯表演中，有龙灯、鱼灯、蚌灯、虾灯、鹤灯、凤灯、百鸟灯、蝴蝶灯、生肖灯、六合灯、船灯、车灯、花篮灯、莲花灯、绣球灯、碗灯、盒子灯、桥灯、抬角灯、骨排灯、黄河九曲灯、顶灯、滚灯、七巧灯、云灯、伞灯、串灯、担灯、转灯、穿灯、勾灯、九莲灯、阴灯、阳灯、九幽灯、双喜灯、板凳灯、瓦瓮灯等。花灯，是光明、喜庆、吉祥的象征，它给人以欢乐，给生活以情趣，寄寓着人们迎新春、祝丰年的美好愿望，所以闹花灯流传千年，长久不衰。

闹花灯
（清代民间年画）

【耍灯】 元宵节玩耍彩灯。在我国很多地区，元宵之夜都盛行"耍灯"。人们扎制各色彩灯、龙灯，遨游巷里，伴以歌舞，尽情玩乐。清嘉庆十八年（1813）《南充县志·风俗》载："城郊好事者，（元宵）又或扮龙灯、狮子，彩女唱秧歌、采莲曲，遨游街巷间里，通宵达旦，鼓乐不歇，谓之'耍灯'。"

彩扎狮头

【灯画】 贴于彩灯上的一种装饰画。主要用于元宵彩灯和喜庆花灯。

灯画
（上：山东杨家埠木版灯画
下：河南安阳木版灯笼画）

有木版彩色套印的；有只印墨版，后再手绘上彩的；有全部手工绘制的。内容题材有历史人物、神仙传说、戏文故事、美女娃娃、花卉鸟兽、名胜山水、诗词吉语等。灯画，须画于透明或半透明纸上，亦有绘于纱绢上的，还有的采用透空镂刻再彩绘。主要使其透光，人物在灯光映衬下，剔透玲珑，若影若幻，引人入胜。苏州桃花坞、山东杨家埠、河北武强、河南安阳等地，都有专业生产如"走马灯画""灯笼画"和"灯方"等彩色木版画，各具特色。

【烛奴】 一种灯具。五代王仁裕《开元天宝遗事》载："（申王）每夜宫中与诸王贵妃聚宴，以龙檀木雕成烛跋童子，衣以绿衣袍，系之束带，使执画烛，列立于宴席之侧，目为烛奴。诸官贵戚之家皆效之。"

【灯婢】 一种用木材雕刻成侍婢形象的灯架，古称"灯婢"。五代王仁裕《开元天宝遗事》载："宁王宫中，每夜于帐前罗列木雕矮婢，饰以彩绘，各执华灯，自昏达旦，故目之为灯婢。"

【灯具】 照明用具。材质有陶、瓷、金、银、铜、玉、纸、布及现代各种化纤材料等。以使用方式区别，分摆式灯、吊式灯和行式灯等。其中又有单枝式和多枝式之别。历代灯具，以铜灯造型变化最多，有人俑灯、朱雀灯、凤鸟灯、牛灯、羊灯、雁足灯和连枝灯等。人类早期照明，可能应用松明，松脂燃烧时间持久而且特别明亮，并以此续接，现有的少数民族地区仍以此照明。人类开始使用油灯后，随着时代的进步，不同地域的能工巧匠们根据不同的用途、不同的材质，创造了千万种形态各异的灯具；同时，自唐宋以来，陆续发展

出了种种灯彩，更是花样繁多，异
彩纷呈。

灯具
上：战国连枝灯
下：汉代凤鸟灯

历代灯彩

【隋代灯彩】 隋代时，每年举行盛大灯会招待外国使者。隋炀帝《上元夜于通衢建灯夜升南楼》诗云："灯树千光照，花焰七枝开。"《隋书·音乐志》载，隋炀帝"每岁正月，万国来朝，留至十五日，于端门外建国门内，绵亘八里，列为戏场。……大列炬火，光烛天地，百戏之盛，振古无比。自是每年以为常焉"。相传隋炀帝在江苏扬州，秋夜出游，不燃灯火，取萤放之，灿若星光，其处即名"萤苑"。元张翥诗"骑行不用烧红烛，万点飞萤炫川谷"，即咏其事。

【唐代灯彩】 唐刘肃《大唐新语》载："神龙之际，京城正月望日，盛饰灯影之会。"后晋刘昫《旧唐书·中宗纪》载："（景龙）四年（710）春正月乙卯，……丙寅上元夜，帝与皇后微行观灯。"唐张鷟《朝野佥载》卷三载："睿宗先天二年（713）正月十五、十六夜，于京师安福门外作灯轮，高二十丈，衣以锦绮，饰以金玉，燃五万盏灯，簇之如花树。"明刘侗、于奕正《帝京景物略》载："上元三夜灯之始，盛唐也。玄宗正月十五前后二夜，金吾弛禁，开市燃灯，永为式。"

【宋代灯彩】 宋代，汴京（今河南开封）扎做"灯山"，上有文殊、普贤神佛各骑跨狮子、白象等状的灯彩，随着神佛手指的频频摆动，各出水五道，如同瀑布，可见当时的灯彩已构思奇妙，制作精巧。乾道、淳熙年间，宫廷有琉璃"灯山"，并在宫殿窗户、梁栋间墙上做壁灯，灯上彩绘历史故事、龙凤戏水等内容。宋周密《武林旧事》载："灯品至多，苏、福为冠；新安晚出，精妙绝伦。所谓无骨灯者，其法：用绢囊贮粟为胎，因之烧缀，及成去粟，则混然玻璃球也。景物奇巧，前无其比。又为大屏，灌水转机，百物活动。赵忠惠守吴日，尝命制春雨堂五大间，左为汴京御楼，右为武林灯市，歌舞杂艺，纤悉曲尽，凡用千工。外此有鰌灯，则刻镂金珀（宋刻犀珀）玳瑁以饰之。珠子灯，则以五色珠为网，下垂流苏，或为龙船、凤辇、楼台、故事。羊皮灯，则镞镂精巧，五色妆染，如影戏之法。罗帛灯之类尤多，或为百花，或细眼，间以红白，号万眼罗者，此种最奇。外此有五色蜡纸、菩提叶，若沙戏影灯，马骑人物，旋转如飞。又有深闺巧娃，剪纸而成，尤为精妙。又有以绢灯剪写诗词，时寓讥诮，及画人物，藏头隐语，及旧京（汴梁）诨语，戏弄行人。有贵邸尝出新意，以细竹丝为之，加以彩饰，疏明可爱。穆陵（南宋理宗皇帝）喜之，令制百盏；期限既迫，势难卒成，而内苑诸珰，耻于不自己出，思所以胜之，遂以黄草布剪缕（镂），加之点染，与竹无异：凡两日，百盏已进御矣。"南宋《西湖老人繁胜录》云："庆元间……巷陌爪扎，欢门挂灯，南至龙山，北至北新桥，四十里灯光不绝。城内外有百万人家，前街后巷，僻巷亦然。挂灯或用玉栅，或用罗帛，或纸灯，或装故事，你我相赛。州府扎山栅，三狱放灯，公厅设醮，亲王府第、中贵宅院，奇巧异样细灯，教人睹看。"

宋人《观灯图》

【元代灯彩】 元代时，元宵灯节，各地亦张灯，以庆贺佳节。宫廷在天坛祭祀，共置绛纱灯笼790盏，以示对天的尊敬。

【明代灯彩】 明太祖朱元璋规定，从正月初八晚开始张灯，至十七日晚落灯。明成祖朱棣建都北京，仍沿旧制，放灯十天。明刘侗、于奕正《帝京景物略》载："而上元十夜灯，则始我朝，太祖初建南都，盛为彩楼，招徕天下富商，放灯十日。今北都灯市，起初八，至十三而盛，迄十七乃罢也。"明刘若愚《明宫史》载："上元之前，或于乾清宫丹陛上安七层牌坊灯，或于寿皇殿安方圆鳌山灯，有高至十三层者。"明成祖在东华门辟二里长灯市，入夜花灯烟火照耀通宵，鼓乐杂耍喧闹达旦。《明宪宗元宵行乐图》中，描绘了明代宫廷元宵张灯的种种场景。

《明宪宗元宵行乐图》中之灯彩（局部）

【清代灯彩】 清代时，元宵灯节，各地都燃灯庆贺佳节，北京、南京、苏州、扬州、潮州、泉州、昆明和上海等地扎制的花灯，千姿百态，式样奇巧新颖。清代宫廷也张灯庆元宵，乾隆朝元宵节时，在乾清宫前建鳌山，这种灯山与以前的

不同，在头年秋天就收养蟋蟀，张
灯时放置其中，蟋蟀在灯中发出唧
唧鸣叫声，别具情趣。清赵翼《檐
曝杂记》描绘上元皇家灯火，"日
既夕，则楼前舞灯者三千人，列队
焉，口唱《太平歌》，各执彩灯，循
环进止，各依其缀兆一转旋，则三
千人排成一'太'字，再转成'平'
字，以次作'万''岁'字，又以次
合成'太平万岁'字，所谓'太平
万岁字当中'也。舞罢则烟火大
发，其声如雷霆，火光烛半空，但
见千万红鱼奋迅跳跃于云海内，极
天下之奇观矣"。

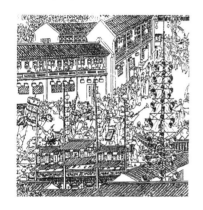

清代"京师放灯"
（大可堂版《点石斋画报》）

各种灯彩

【常满灯】 古代一种彩灯。《西京杂记》："长安巧工丁缓者，为常满灯，七龙五凤，杂以芙蕖莲藕之奇。"

【九光灯】 古代灯名。《汉武帝内传》："七月七日……然（燃）九光之灯。"

【九枝灯】 古代一种一主干分有九枝的花灯。《艺文类聚》卷三十四南朝梁沈约《伤美人赋》："拂螭云之高帐，陈九枝之华烛。"唐卢照邻《幽忧子集·十五夜观灯》诗："别有千金笑，来映九枝前。"

【百目瓶】 古代一种多孔灯笼。因笼壁多穿小孔，故名百目。《毗奈耶杂事》卷十三："苾刍夏月然灯损虫，佛言应作灯笼。……此更难得，应作百目瓶。苾刍不解如何当作。佛言令瓦师作如灯笼形，傍边多穿小孔。"

【百枝灯树】 盛唐开元、天宝时期一种大型组灯。华灯千百，高若参天之树，明亮通彻胜月光。五代王仁裕《开元天宝遗事》："韩国夫人，置百枝灯树，高八十尺，竖之高山，上元夜点之，百里皆见，光明夺月色也。"

【灯轮】 用万盏彩灯组成之灯轮。为唐代元宵节的一种华灯。唐张鷟《朝野佥载》卷三："睿宗先天二年（713）正月十五、十六夜，于京师安福门外作灯轮，高二十丈，衣以锦绮，饰以金玉，燃五万盏灯，簇之如花树。"

【长明灯】 燃灯供佛前，昼夜不灭，故谓"长明灯"。长明灯一般都为花灯，施以各种装饰。

【轮灯】 一种式样如轮之灯，故名，挂于佛前。《广弘明集》卷二十八下陈文帝《药师斋忏文》："十方世界若轮灯而明朗，七百鬼神寻结缕而应赴。"唐释皎然《酬李侍御萼题看心道场赋以眉毛肠心牙等五字》诗："定起轮灯缺，宵分印月斜。"

【松脂灯】 古代灯具之一种。据传在五代时，有莘七娘在某次作战时，曾用竹篾扎架，糊纸，做成灯笼形，下用松脂点燃，利用热空气上升力量，使灯飞上高空，作为军事信号，时称"松脂灯"。南宋范成大《上元纪吴中节物俳谐体三十二韵》诗云"掷烛腾空稳"，并注曰："小球灯时掷空中。"

【琉璃屏灯】 古代名灯之一种。亦称"无骨灯"。圈骨为琉璃所做。宋周密《武林旧事》载其制法："所谓无骨灯者，其法：用绢囊贮粟为胎，因之烧缀，及成去粟，则混然玻璃球也。景物奇巧，前无其比。"

【无骨灯】 参见"琉璃屏灯"。

【灯球】 一种球状彩灯。宋孟元老《东京梦华录·元宵》："宣德楼上皆垂黄缘，……两朵楼各挂灯球一枚，约方圆丈余，内燃椽烛。"

【一点红水灯】 宋代一种施放于水上的彩灯。南宋时，浙江百姓风俗，中秋祭钱塘江神，入夜放灯水上，灯用羊皮制作。宋周密《武林旧事·中秋》："此夕，浙江（即钱塘江）放一点红羊皮小水灯数十万盏，浮满水面，烂如繁星，有足观者。或谓此乃江神所喜，非徒事观美也。"

【放河灯】 古代于中元节（农历七月半）或中秋节在河中放灯，故名。自宋代以来，历代均有此风俗。宋吴自牧《梦粱录》卷四："七月十五日……后殿赐钱，差内侍往龙山放江灯万盏。"宋周密《武林旧事·中秋》："此夕，浙江（即钱塘江）放一点红羊皮小水灯数十万盏，浮满水面，烂如繁星。"明刘侗、于奕正《帝京景物略》："十五日，诸寺建盂兰盆会，夜于水次放灯，曰'放河灯'。"清富察敦崇《燕京岁时记》："至中元日……晚间沿河燃灯，谓之'放河灯'。"中元节，民间谓祭祖日，家家追荐祖先亡灵，并有放河灯等活动，意为超度亡魂。广西壮族于中秋节在河中建竹排房，全家在水上赏月；姑娘则在水上放花灯，以测一生幸福。在苏州地区，有于荷花生日放河灯的风俗。清代《南京采风记·岁时琐志》："六月初四日，俗谓荷花生日。凡有池塘植荷者，以纸作灯，燃之放于中流，以为嘏祝。"

上：榴开百子河灯
下：福寿双全河灯

【万眼灯】 宋代灯彩名。亦称"剪罗万眼灯""万眼罗"。以红、白两色的碎罗砌成，多至万眼，故名。宋时江浙一带较流行。南宋范成大《上元纪吴中节物俳谐体三十二韵》

诗云"万窗花眼密",自注:"万眼灯,以碎罗红白相间砌成,工夫妙天下,多至万眼。"范成大有专咏万眼罗之诗:"弱骨千丝结,轻球万锦装。彩云笼月魄,宝气绕星芒。檀点红娇小,梅妆粉细香。等闲三夕看,消费一年忙。"又有"剪罗万眼人力穷""剪彩球中一万窗"等句。宋周密《武林旧事·灯品》:"罗帛灯之类尤多,或为百花,或细眼,间以红白,号万眼罗者,此种最奇。"可见,南宋时的苏州、杭州制作的万眼灯,十分精美。也作"万眼圆"。宋姜夔《观灯口号》诗之三:"游人总戴孟家蝉,争托星球万眼圆。"

【剪罗万眼灯】　参见"万眼灯"。

【万眼罗】　参见"万眼灯"。

【万眼圆】　参见"万眼灯"。

【藕丝灯】　古代一种珍贵彩锦灯彩。材质贵重,造型奇丽。宋蔡絛《铁围山丛谈》卷六:"藕丝灯者,乃梁武帝时物也。谬言藕丝织成,实不然,但疑当时之最上锦尔。其所织纹,实《华严》会释氏说法相状,凡七所,即所谓'七处九会'者是也。有天人、鬼神、龙象、宫殿之属,穷极幻眇,奇特不可名。政和后索入九禁。宣和初既大黜释氏教,因复以藕丝灯赐宦者梁师成。吾昔在钱塘见之,复于梁师成家得详识焉。师成于靖康间籍没,而藕丝灯者莫知所在。"

【羊皮灯】　古代彩灯。用羊皮加工点染制作,故名。宋周密《武林旧事·灯品》:"灯品至多,苏、福为冠;新安晚出,精妙绝伦。……羊皮灯,则镞镂精巧,五色妆染,如影戏之法。"明文震亨《长物志》卷七:"闽中珠灯第一……羊皮灯名手

如赵虎所画者,亦当多蓄。"

【七星灯】　古代宗教所用燃有七盏灯火的一种明灯。因其排列像天上的北斗七星之状,故名。《史记·天官书》:"北斗七星,所谓'旋、玑、玉衡,以齐七政'。……斗为帝车,运于中央,临制四乡。分阴阳,建四时,均五行,移节度,定诸纪,皆系于斗。"七星亦名贪狼、巨门、禄存、文曲、廉贞、武曲、破军。隋萧吉《五行大义·黄帝斗图》:"一名贪狼,子生人所属;二名巨门,丑、亥生人所属;三名禄存,寅、戌生人所属;四名文曲,卯、酉生人所属;五名廉贞,辰、申生人所属;六名武曲,巳、未生人所属;七名破军,午生人所属。"古代巫师、道士信仰七星有左右乾坤、生克生命之作用,所以用象征七星的明灯祭神和厌魅。

【九莲灯】　古代灯彩名。用莲花灯九盏,相连成串,俗称"九莲灯"。

【莲孩】　古代一种彩灯名。于莲花中作婴孩,故名。宋周必大《三月三日,适值清明,会客江楼,共观并蒂。魏紫偶成二小诗,约坐客同赋,答欧阳宅之》:"况是上元佳节近,华灯万点看莲孩。"

【鳌山】　亦称"灯山""彩山"。元宵节的一种灯景,以彩灯布置如巨鳌形状的灯山,称"鳌山"。南宋《草堂诗余》载向伯恭(子谭)《鹧鸪天·上元》词:"紫禁烟花一万重,鳌山宫阙隐晴空。"宋孟元老《东京梦华录·元宵》:"灯山上彩,金碧相射,锦绣交辉。面北悉以彩结,山沓上皆画神仙故事。……彩山左右,以彩结文殊、普贤跨狮子、白象。"南宋都城临安(今杭州)每年元夕,在宣德门、梅堂、

三闲台等处,起立鳌山,灯之品极多。吴自牧《梦粱录》、周密《武林旧事》均有类似记载。至明清,仍盛行元宵扎制鳌山。

鳌山
(明木刻元宵灯景)

【灯山】　棚上挂红结彩,悬挂各种彩灯,叠成山林形状,称"灯山"。宋孟元老《东京梦华录·元宵》:"正月十五日元宵,大内前,自岁前冬至后,开封府绞缚山棚,立木正对宣德楼……灯山上彩,金碧相射,锦绣交辉。"

【彩山】　参见"鳌山"。

【小鳌山】　古代元宵灯节用千百彩灯扎缚的一种小灯山。元施耐庵《水浒传》第三十三回:"清风寨镇上居民,商量放灯,……去土地大王庙前扎缚起一座小鳌山,上面结彩悬花,张挂五七百碗花灯。"清代仍然盛行。陈学夒《榕城景物录》载:福州的闽山庙,"每年十三至十五,架鳌山,玲珑飞动,人物花卉,都以裁缯剪彩为之,高挂异样奇灯"。

【仙球】　古代一种球形大彩灯。宋苏轼《次韵王晋卿上元侍宴端门》诗:"光动仙球缒,香余步辇回。"王文浩辑注:"师曰:'上元,端门放灯。至夜阑,彩山上缒下仙球,则天子乘步辇还内。'施注:上元御楼,灯自楼而缒,则听民纵观。"

【灯楼】　古代张灯用的彩楼。唐玄宗时,南方都匠毛顺,多巧思,

以缯彩结为灯楼，高一百五十尺，悬珠玉金银，微风一至，锵然成韵。

【灯塔】 旧时灯景。在塔上燃点许多盏灯以供游乐，常用于节日。唐薛能《影灯夜》诗："偃王灯塔古徐州，二十年来乐事休。"

佛山灯塔

【灯树】 亦称"火树"。整体彩灯的放置如树形，故名。灯树以唐代为盛。唐张鷟《朝野金载》卷三："睿宗先天二年（713）正月十五、十六夜，于京师安福门外作灯轮，高二十丈，衣以锦绮，饰以金玉，燃五万盏灯，簇之如花树。"五代王仁裕《开元天宝遗事·百枝灯树》："韩国夫人，置百枝灯树，高八十尺，竖之高山，上元夜点之，百里皆见，光明夺月色也。"

【火树】 参见"灯树"。

【叠玉千丝灯】 古彩灯名。为南宋时苏州灯彩的一种，制作十分精巧。以料丝制成，每一缝隙映成一花，又名"琉璃球灯"。南宋诗人范成大《灯市行》一诗中有"叠玉千丝似鬼工"之句。

【琉璃球灯】 参见"叠玉千丝灯"。

【影灯】 古代彩灯之一种。唐宋时期河南、江南地区已较流行，制作精巧，万眼罗、琉璃球，均属影灯，与后世之走马灯相近。唐冯贽《云仙杂记·上元影灯》："洛阳人家，上元以影灯多者为上，其相胜之辞曰'千影万影'。"宋范成大《吴郡志·风俗》："上元影灯巧丽，它郡莫及，有万眼罗及琉璃球者，尤妙天下。"当时的苏州影灯已誉满全国。

【夹纱灯】 古彩灯名。明黄一正《事物绀珠》："夹纱灯，南京赵雪林制。"《苏州府志》："赵萼，嘉靖中制夹纱灯，以剡纸刻成花竹禽鸟之状，随轻浓晕色。镕蜡涂染，用轻绡夹之。映日则光明莹澈，芳菲翔舞，恍在轻烟之中，与真者无异。"

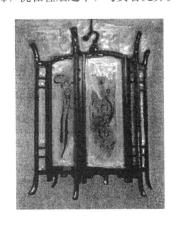

夹纱灯

【羊角灯】 彩灯名。又称"琉璃灯"或"明角灯"，是用羊角和牛蹄制成。制造这种灯，需要六七道复杂的工序：先用冷水将羊角浸透半月，柔软以后剥去衣皮，用铁板夹紧打平，剪成薄片；再用烙铁压烫，用芦灰、席草等摩擦，使其透明发亮；然后根据造型需要，划成片子，互相粘接起来，粘接处仍用烙铁烫牢。羊角灯边沿，大都用牛蹄浸烂以后贴上去，比较坚厚；也有仍用羊角的（小灯）。可染色，用沸水溶入颜料，将原坯浸染，红、黄、绿、紫等色皆可，经久不变。后再以铅

丝涂金银粉，盘曲成图案花边，镶于接缝处，四周垂以五色排须或珠串。羊角灯在我国玻璃没有普及以前是最透明匀净的一种灯彩，比纸灯坚固。可制成各种提灯、台灯、挂灯和风灯等。明张岱《陶庵梦忆·世美堂灯》载："儿时跨苍头颈，犹及见王新建灯，灯皆贵重华美。珠灯、料丝无论，即羊角灯亦描金细画，缨络罩之。"明刘侗、于奕正《帝京景物略》记载："灯则烧珠，料丝则夹画、堆墨等，纱则五色明角，及纸及麦秸……"五色明角灯，也就是五色羊角灯。因其有透明感，故曰"明角"。邓云乡《红楼风俗谭》载："羊角灯是胶质硬罩，有透明感。因而俗名又叫明角灯。"其制灯原料，除羊角之外，也可用牛角，还可用鱼鮸（即鱼脑骨）。

【琉璃灯】 参见"羊角灯"。

【明角灯】 参见"羊角灯"。

【鮸灯】 古以鱼脑骨架制成的灯。宋周密《武林旧事·灯品》："外此有鮸灯，则刻镂金珀（宋刻犀珀）玳瑁以饰之。"明亲王仪仗有鮸灯。

【菊灯】 形如菊花的彩灯。宋周密《乾淳岁时记》："禁中例于八日作重九排当，于庆瑞殿分列万菊，灿然眩眼，且点菊灯，略如元夕。"

【高檠荷叶反光灯】 辽代灯具。1990年10月，在河北省张家口市宣化下八里村辽代韩师训墓后室东南壁壁画中，发现绘有一架高灯。按画中人体比例推算，灯檠高达一米以上。下部置有五足圆形底座，檠柱立于底座中央，两侧斜出两叶状饰片。柱顶以托盘承灯盏，中立柱供点火。檠柱上部分出一弯杈，擎一圆形荷叶，叶面向下偃俯，叶心正映灯火。这种灯的荷叶，可起

反光作用，使灯光集中于需要照亮的部位，并能增强灯光照明度。在这种灯下看东西，分外真切。

高檠荷叶反光灯
（河北张家口宣化下八里村辽代韩师训墓后室壁画，局部）

【摩羯灯】　辽代一种瓷灯具。摩羯为印度神话中的一种长鼻利齿、鱼身鱼尾的动物。这种水怪通过佛教经典、印度与中亚的工艺品等传入我国。内蒙古哲里木盟（今通辽市）库伦旗五号辽墓出土的一件白瓷灯，其造型与摩羯纹相合，后卷的鼻子和向前伸的尾巴靠在一起，在后部形成把手，又使底部形成适合于灯檠的曲线，生动优美。（参阅孙机：《摩羯灯——兼谈与其相关的问题》，《文物》，1986 年第 12 期）

辽代摩羯瓷灯
（内蒙古通辽市库伦旗五号辽墓出土）

【料丝灯】　古代彩灯。又名"缲丝灯"，简称"丝灯"。明郎瑛《七修类稿》："料丝灯出于滇南，以金齿卫者胜也。用玛瑙、紫石英诸药捣为屑，煮腐如粉，然必市北方天花菜点之方凝，而后缲之为丝，织如绢状，上绘人物山水，极晶莹可

爱，价亦珍贵。盖以煮料成丝，故谓之料丝。"清檀萃《滇海虞衡志》载，料丝灯系太监钱能出镇云南时始有，并进至宫中，不使外人烧造，到钱能离滇后，才大量烧造流传。明钱谦益《列朝诗集》载明薛蕙《咏料丝灯》诗云："淮南玉为碗，西京金作枝。未若兹灯丽，擅巧昆明池。霏微状蝉翼，连娟俸网丝。烟空不碍视，雾弱未胜持。碧水点葱郁，彩石染荬蕤。霞叠有无色，云攒深浅姿。焚兰发香气，对竹映红滋。明月讵须侈，夜光方可嗤。"

【缲丝灯】　参见"料丝灯"。

【丝灯】　参见"料丝灯"。

【犀皮彩灯】　明代灯彩珍品。犀皮彩灯，为立地灯，高二米，灯柱用紫檀木雕成，灯罩为犀皮制作，上彩绘有山水画。晚间点燃烛火，犀皮灯面会透出奇异柔和的光芒；烛火点燃一晚，灯罩不热；长久使用，不会变色；烛光摇曳中，画中枝叶随风轻摇，河水闪出粼粼波光。因牛皮耐高温，特用牛皮做灯罩，用铁笔勾稿，上施彩粲，画面具主体浮雕效果。贵族之家，采用韧度更强、更耐高温的犀皮做灯面，艺术效果更佳。明代犀皮彩灯现存有一对，藏于美国堪萨斯州纳尔逊博物馆。犀皮彩灯十分罕见，为彩灯稀见精品。

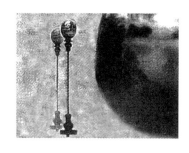

明代犀皮彩灯

【明代立地灯】　明代宫廷、贵戚家的立地灯，式样繁多，用材珍

贵，雕饰精美，色彩典丽。有"云凤杆宝盖立地灯""龙头挑立地圆灯""螭头福寿立地灯""云头花篮立地灯"等。

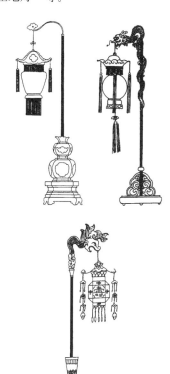

明代各式立地灯

【黄河九曲灯】　是民间古老的一种灯彩歌舞活动，在农历正月十一日至十六日夜晚举行。主要流行于华北和西北城郊乡村，亦称"九曲黄河阵""黄河阵""转九曲"。通常在平坦地面，栽有 361 根长 1.5 米的木桩或秫秆，用绳相连，横竖 19 行，桩上遍燃花灯，形成方圆几十米的灯阵，阵内为纵横交错又相连的迂回通道，象征黄河八弯九曲的河道，故名。当举行转九曲时，灯阵内人流滚滚，秧歌、高跷等各种民间舞队争相在九曲阵中狂歌纵舞，男女老少摩肩接踵，赏灯游阵。灯阵只有一个进出口，须费一番心思才能走出灯阵，转出来象征新的一年吉祥如意，有俗语"串串黄河阵，一年百事顺"。相传举办

黄河阵，能风调雨顺，五谷丰登；转了黄河阵，能消灾避祸。明刘侗、于奕正《帝京景物略》载："十一日至十六日，乡村人缚秫秸作棚，周悬杂灯，地广二亩，门径曲黠，藏三四里，入者误不得径，即久迷不出，曰'黄河九曲灯'。"

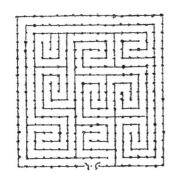

黄河九曲灯阵示意图

【九曲黄河阵】　参见"黄河九曲灯"。

【黄河阵】　参见"黄河九曲灯"。

【转九曲】　参见"黄河九曲灯"。

【卵灯】　古代一种卵壳灯。明胡应麟《甲乙賸言·卵灯》："余尝于灯市见一灯，皆以卵壳为之，为灯为盖为带为坠，凡计数千百枚。每壳必开四门，每门必有欂拱窗楹，金碧辉耀，可谓巧绝。"

【禅灯】　一种采用高丽窍石制成的石灯，窍内置灯油。因石质不同，光色各异。白色的为月灯，红色的为日灯。明文震亨《长物志·禅灯》载："高丽者佳。有月灯，其光白莹如初月；有日灯，得火内照，一室皆红，小者尤可爱。高丽有颛仰莲、三足铜炉，原以置此，今不可得，别作小架架之，不可制如角灯之式。"宋赵希鹄《洞天清录》载："禅灯，高丽者佳。"

【包灯】　古代灯彩名。指明代包壮行制作的彩灯。壮行字稚修，号

石囿老人，扬州人。明崇祯十六年（1643）进士，官工部主事。工书善画，喜爱叠石，并能用纱绸剪裁制成奇石、树木、车马、人物、宫室等的灯彩，夜间点上烛光，好似一幅山水画。当时流行他的这种制作方法，称誉其为"包家灯"。沈机《包灯行》诗："君不见，隋家剪彩亡天下。如何包主事，不爱山真爱山假。移取江山入图画，作画为灯供我要。到今遗法广流传，百巧争先供纨绮。寄语看灯人，此制创自明文臣。明文臣，八股生，官工部，职在组与纵，一座江山绣大明。"后通州每年举行灯市，虽非包制，仍沿称"包灯市"。包灯流传到清代，还为人所宝爱。清厉鹗《樊榭山房集》："乡思酒边怀越酒，旧闻灯下话包灯。"黄易于乾隆五十六年（1791）在山东济宁度元宵节，当时还有人从扬州携包灯往山东，他曾赋《包灯诗》记盛："绾金剪彩艳朝霞，绝胜徐熙没骨花。点缀良辰铺锦绣，匡扶卿月露英华。广陵市上春初丽，宪府筵前兴自赊。却忆家园行乐处，看桃时节问包家。"诗见他所著的《秋庵遗稿》。

【米家灯】　明代一种民间花灯。明代北京著名书画家米万钟，擅长扎制花灯，以细铁丝扎制成各种人物、花鸟、走兽等形的灯架，糊以纱绢，于灯面上彩绘，形象生动，色泽雅致，时人称为"米家灯"。

【赵氏灯】　古代灯彩名。明代制灯彩高手赵瞻云，所制彩灯精巧优美，名闻一时，称"赵氏灯"。所做嵌珠玲珑奇妙，宝光四射，大略仿建灯而更为艳丽。参阅明张大复《梅花草堂笔谈》。

【钮灯】　清代康熙年间，扬州钮元卿善制花灯，时制新样，人称为"钮灯"。清孔尚任曾写《钮灯行》

诗盛赞其灯艺："此灯制出钮元卿，丝丝琉璃制屏幔。人马禽鱼百花丛，间以锦文分七段。红蜡遍点透精光，色色活跳来几案……一到江南货可居，顿使楼台增灿烂。家家仿样娱时人，谁知钮氏年年换？"

【倒垂荷叶彩灯】　古代一种莲荷造型的彩灯。明清时期较流行，用青铜或珐琅等制作，工艺精致。明文震亨《长物志·书灯》："有青绿铜荷一片檠，架花朵于上，古人取金莲之意，今用以为灯，最雅。"清曹雪芹《红楼梦》写"荣国府元宵开夜宴"，花厅上每一席前竖着倒垂荷叶一柄，叶上有彩烛插着。这荷叶乃是錾珐琅的，活信可以扭转向外，将灯影逼住，照着看戏，分外真切。这种彩灯，可将光逼住，专照一处，视物十分真切，类似现代之台灯。

【明式木制烛台】　明代室内照明灯具。常见有两种灯架类型。一、固定式，灯杆不能升降。其结构是用十字形或三角形的座墩，中立灯杆，用四块或三块站牙挟抵。根据灯杆上端的变化，又可分为直端式和曲端式两种。直端式的杆端置烛盘，下饰花牙。盘心有烛钎固定蜡烛，外置羊角或牛角灯罩，传世实物较多。曲端式的灯杆上端曲转下垂，灯罩则悬垂其下。二、升降式。灯杆能升降，灯架主体结构与固定式不同，略似座屏的基本结构，但形体耸窄。灯杆下端有一横杆成丁字形，横杆两端出榫，可以在灯架主体立框内侧长槽内上下滑动。灯杆从主体上横框中央的圆洞中穿出，孔旁设一下小上大的木楔，当灯杆提到所需高度时，按下木楔，通过摩擦阻力，就把灯杆固定在所需的高度部位。升降式灯架南方俗称"满堂红"，传世有一些实物。

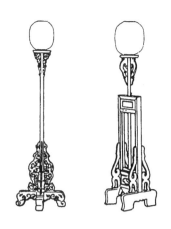

明式木制烛台

【走马灯】　彩灯的一种。亦称"转灯"。是我国一种传统民间工艺。其原理是利用燃烧加热的空气（燃气）推动纸轮旋转，史籍上有较多记载。宋范成大《石湖居士诗集》中记有"转影骑纵横"，并自注为"马骑灯"。元人谢宗可有《咏走马灯》的诗句："飙轮拥骑驾炎精，飞绕人间不夜城。风鬣追星来有影，霜蹄逐电去无声。……"宋元时期走马灯中的影人多骑马持枪，为历史人物故事题材。走马灯的构造，是在一个立轴的上部横装一个叶轮，俗称伞。各叶片的装置方法，与小孩玩的风车相似。在叶轮的下边、立轴底部的近旁装上烛座，当烛燃烧时（今有用电灯替代），产生的热气上腾，便可推动叶轮，使它发生回转。立轴的中部，沿水平方向横装几根细铁丝（一般为四根），每根铁丝都外粘纸剪的人马。

走马灯

夜间点烛后，纸剪人马随着叶轮和立轴而旋转，十分吸引人。

【马骑灯】　参见"走马灯"。

【珍珠灯】　古代一种用珍珠装饰的彩灯。极为贵重，都为豪门贵戚家特制，以此争奇斗艳，竞相夸耀。《天水冰山录》载：查抄严嵩家产，有珠灯名"嵌宝银象驼水晶灯"二座，上有宝盖珍珠索络，重一百九十八两。据传清初吴三桂女婿王永宁住苏州拙政园，家藏珍珠灯一对，每年上元，挂灯宴客，以此夸富。

【珠子灯】　彩灯名。用珠子装饰的彩灯。南宋周密《武林旧事·灯品》："珠子灯，则以五色珠为网，下垂流苏。"

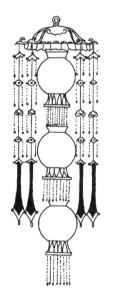

珠子灯

【宫灯】　原为古代皇宫中所用的灯，故名。各种造型的宫灯，和我国古代宫廷建筑形式极为协调，悬挂或陈设在室内，不但可照明，而且能美化环境。宫灯的历史由来已久，从 8 世纪以来即已盛行，发展到 17—19 世纪，种类更多。宫灯一般用珍贵的花梨、紫檀、红木等作为木架，镂空透雕出各种图案，再

镶以玻璃、纱绢，并在玻璃、纱绢上彩画人物、山水和花鸟等。宫灯形式有四角、五角、六角，有的灯架上端加灯檐，也有制成亭子形的。宫灯一般都是成堂论对的。现代宫灯作为特种工艺美术品还有生产，深受人们喜爱。著名的宫灯产地有北京、洛阳等。

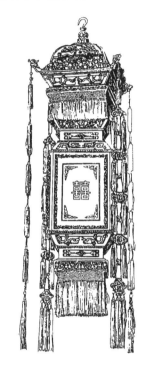

清代御用宫灯
（北京故宫博物院藏品）

【故宫养心殿宫灯】　悬挂于故宫养心殿的巨型六角宫灯，用珍贵的名木制作，上镂雕精美吉庆图案，灯面工笔彩绘，灯顶四周饰排须，

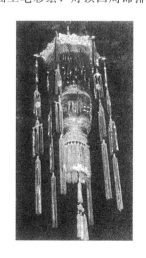

故宫养心殿宫灯

六角垂挂四层绛红流苏，中间饰珠玉，灯底饰金黄流苏一圈，下又饰流苏二层。宫灯整体豪华气派，庄重而典雅。

【宫灯邮票】　宫灯邮票于1981年2月19日发行，全套6枚，有"花篮灯""龙球灯""龙凤灯""宝盆灯""牡丹灯""草花灯"。由邹建军设计，并运用工笔重彩描绘，绘画工整细致，十分精美。

1981年发行的宫灯邮票

【花灯邮票】　1985年发行的花灯邮票共4枚，上端花边中书"中国人民邮政"6字，下面各系一花灯，为8分、8分、8分和70分面值。4枚为"九莲献瑞""龙凤呈祥""百花争艳""金玉满堂"，分别为黄、绿、粉、青蓝底色，饰以象征祥瑞的莲花、龙凤、花卉及其金鱼，五彩缤纷。

【大堂灯】　灯彩珍品。藏于浙江东阳卢宅肃雍堂大厅。大堂灯由主灯上下组接，以三条铁臂为整个灯的骨架，构成六角形，每面六只珠串蝙蝠下俯，围以珠裙，组成宝盖索络，四周以琉璃灯、彩珠灯、蝴蝶、彩盘珠串相围；中央由羊皮灯、料丝灯、琉璃灯三盏主灯上下组接，各面分别垂挂四盏小型琉璃灯、彩珠灯，六角悬以珠串蝴蝶与彩盏组成的飘带，每片彩珠灯片以丝线盘旋串联编织成各种花卉、动

物纹样和文字装饰。大堂灯高达5米，重达百余公斤，犹如一座灯山。制作精巧，色彩斑斓，华贵典雅，辉煌夺目。东阳卢宅为明清建筑群，规模宏大，内涵丰富，为全国重点文物保护单位。

浙江东阳卢宅大堂灯

【联三聚五彩灯】　古代一种大华彩灯。清曹雪芹《红楼梦》写"荣国府元宵开夜宴"，花厅"两边大梁上，挂着一对联三聚五玻璃芙蓉彩穗灯"。"联三聚五"，是一层层，一圈圈，连接三层，每层五盏灯聚于一起；以玻璃彩画为饰，下挂五色丝穗。此灯悬于大梁，表明其高大，当近似于现代之巨形花吊灯。

【云霄飞凤灯】　民间传统花灯。凤，民间称为"百鸟之王"，为"四灵"之一，是吉祥、美丽的象征。汉许慎《说文解字》载："凤，神鸟也。天老曰：凤之象也。鸿前麟后，蛇颈鱼尾，鹳颡鸳思（腮），龙文虎背，燕颔鸡喙，五色备举，出于东

云霄飞凤灯

方君子之国，翱翔四海之外，过昆仑，饮砥柱，濯羽弱水，暮宿风穴，见则天下大安宁。"云霄，象征高空。云霄飞凤灯，飞凤饰五色彩羽，展翅翱翔于云霄之上，晚上亮灯后，五彩斑斓，极具气势。

【凤船灯】　清代灯彩。凤昂首衔花，作为船首；凤身作船舱，舱上设有舱房，雕梁画栋，上插有"凤船"等旌幡彩旗；凤尾翘起，作为船尾；以大刀作船桨。整艘船上彩绘精美图案，下垂鹅黄流苏，豪华气派。

凤船灯

【松鹤长春灯】　民间传统灯彩。松，常绿树，枝叶繁茂，松龄长久，经冬不凋，四季常青，斗霜雪，抗严寒，坚毅不拔。鹤，象征长寿。《淮南子·说林训》载："鹤寿千岁，以极其游。"民间常用"鹤寿""鹤龄""松鹤延年"祝人长寿，松鹤长春花灯，也寓长寿延年之意。造型生动，扎制精巧，色泽清丽典雅。

松鹤长春灯

【鸳鸯灯】　鸳鸯，古称"匹鸟"

"相思鸟"。鸳鸯雌雄偶居不离，民间以其比喻夫妻，象征相亲相爱、白头偕老。《搜神记·韩凭夫妇》描写韩凭夫妇墓间的相思树上有鸳鸯"雌雄各一，恒栖树上，晨夕不去，交颈悲鸣"。鸳鸯彩灯为一对，一雌一雄，相对而视，畅游于碧波之间。造型生动，色彩鲜艳，扎制精巧。

鸳鸯灯

【鹦鹉灯】　民间传统灯彩。鹦鹉，俗称"鹦哥"，能模仿人语，唐代时，人们就喜爱养鹦鹉。鹦鹉灯为一鹦鹉站立于鸟架，回首作远视状，双翅略展，尾下垂，姿态优美，左右两侧和鸟架下方，装饰有流苏。色彩秀雅，为苏灯中之佳作。

鹦鹉灯

【金鸡报晓灯】　金鸡，古代象征大赦吉辰。颁布赦诏之日，设金鸡

金鸡报晓灯

于竿，以示吉辰。金鸡报晓彩灯，为一大公鸡在假山疏竹前，引颈翘尾，司晨报晓，以示黎明将至。公鸡红冠彩羽，色泽鲜艳，造型生动传神。

【喜鹊登梅灯】　喜鹊，民间认为是喜庆的象征。五代王仁裕《开元天宝遗事·灵鹊报喜》载："时人之家，闻鹊声者，皆为喜兆，故谓灵鹊报喜。"唐韩愈《晚秋郾城夜会联句》："室妇叹鸣鹊，家人祝喜鹊。"古人认为鹊能报喜，鹊声是喜事的预兆，是谓"鹊噪兆喜"。喜鹊登梅灯，为两只喜鹊在红梅间鸣叫，以表现"喜报春光"。喜鹊、红梅扎制逼真生动，色彩典雅清丽。

喜鹊登梅灯

【滚灯】　民间于元宵节供儿童玩耍的彩灯。相传始于明代。主要流行于江浙地区，北京亦有。用竹编制成网状球形物，有的呈六角孔，球中悬彩灯，可在地上转动，故名。明末清初彭孙贻《轮灯》诗自序：每逢元宵，"儿童缚竹为轮，展转相环，悬灯环中，旋转飞覆，而灯不倾灭。壮士运之，衢中腾掷不休，曰滚灯"。明田汝成《西湖游览志馀·偏安佚豫》："以纸灯内置关折，放地下，以足沿街蹴转之，谓之滚灯。"清同治《上海县志》：元宵灯节，"乡村编篾作火球，曰滚灯。与龙相遇必斗，曰龙抢珠"。表演时，组合成托举、腾跳、侧手翻、倒立、窜扑、叠罗汉等杂技动作，形成生动惊险的程式，其名称有

"刘海撒金钱""蜘蛛放丝""仙鹤生蛋""跳鞍马""众星托月"等。

滚灯
（《升平乐事图》局部）

【转灯】　民间一种能转动的彩灯。主要依靠推动齿轮转动，带动彩灯快速转动，灯面绘制各种图纹，使人目不暇接，极具趣味性。儿童最喜欢玩这种转灯。

转灯

【蒿子灯】　民间节令玩具。亦称"星星灯"。蒿子是一种艾类草，两年生草本，叶状如丝。蒿子灯，是用一株带根的香蒿，直立绑于架子上，在每条叶子上用纸条粘一点燃的香头。清潘荣陛《帝京岁时纪胜》载："以青蒿缚香烛数百，燃为星星灯。"清代《北京民间风俗百图》著录有《点蒿子灯图》，旁题注："此中国点蒿子灯之图也，七月十五日以蒿子一棵，上以纸条内裹包许多香头，以火点之，似星星。又有用荷叶一个，中心插蜡，

名曰'荷叶灯'。俱系婴儿玩物。"

点蒿子灯

【星星灯】 参见"蒿子灯"。

【荷叶灯】 古时儿童玩具彩灯。因以荷叶为灯,故名。流行于京津等地区。用红烛插于荷叶中心,入夜燃烛,小孩举柄耍玩。清于敏中《钦定日下旧闻考》引《陔志》:"燕市七月十五夜,儿童争持长柄荷叶,燃灯其中,绕街而走,青光荧荧若磷火然。"

【戳灯】 古时木制的一种长柄灯。一般放于坐椅两边或床头,底座直接放在地上。若制成防风式,可作室外照明用。形制有多种。灯高约2米,灯体一般为圆形、椭圆形、六角形等,亦有做成花篮等形的。灯面上绘彩画,有的镂孔刻花。亦有的灯杆、底座都雕刻有各种图案,灯下四角配有流苏。另一种戳灯,为长柄灯笼,可插在座子上,戳立于地上照明;也可以扛在肩头,

戳灯

作为仪仗的一部分,照明于路途。还有一种为木制髹红漆,高与人齐,顶端一方亭,四面糊纸,上饰桐油,内烧蜡烛,下有十字形底座。再一种为石制,多为宫殿或庙宇用,底座为上圆下方。

【戳纱宫灯】 用纱绫制作的宫灯,上以书画和剪纸等作装饰,下垂彩色流苏。民国朱启钤《存素堂丝绣录》著录"乾隆御制戳纱宫灯"两帧式样:"白色象眼纱地,各高一尺二寸五分,阔七寸。一为蜻蜓秋卉,上有篆书,题句云'毕竟汉宫秋色好,犹堪余艳醉蜻蜓'。一为小鸟紫藤,题句云'幽鸟偶窥蜂暗度,一枝飞蹴紫藤花'。皆用戳纱法,透视自成花影,宫灯之遗也。"

戳纱宫灯

【珠囤】 一种传统大型珠串宫灯。亦称"珠篰"。流行于浙江温州一带。灯呈六角形,高4米多,周围12米,重700余斤。用明清时各种釉彩瓷珠和玻璃珠穿结制成。有大小不同近70盏宫灯,分三层,一行一行悬挂下来。内中有八角大灯、六角灯、珠球灯、莲花灯、长篮灯、对联灯等。当里外都点上灯烛时,灯和灯交叠,飘带垂拂,珠光闪烁,五颜六色,光彩耀目,形成圆形的灯网,蔚为壮观。珠囤制作精巧,造型华丽,风格独特,具有浓

烈的民族特色。每年元宵闹灯时,该地就以此灯作为吉祥喜庆的象征。

【珠篰】 参见"珠囤"。

【万象更新灯】 为清代的一种吉庆灯彩,造型繁复别致。此灯为一种牵引车灯,供儿童系绳牵引玩耍。灯的主体为一白象,背驮莲座宝瓶,瓶中有如意戟,戟上悬"卍"字双钱;"卍"字与"象"喻为"万象","瓶""戟"比喻"平安如意","双钱"象征"福寿双全",合称为"万象更新"。

清代万象更新灯
(《升平乐事图》局部)

【虎跑灯】 虎跑,在浙江杭州西湖西南隅大慈山下,相传唐代元和年间,高僧寰中偕弟子性空来杭居此,苦于无水。一日梦见神人告知"南岳有童子泉,当遣二虎移来"。清晨果见"二虎跑地作穴",泉水涌出,故名"虎跑"。实则泉自后山石英砂岩中渗出,甘洌醇厚,向有"天下第三泉"之称。虎跑灯,一虎

虎跑灯

从山岩中跳出，双目圆睁，张口作吼叫状，岩下有青松翠竹，山间有泉水涌出，形象刻画逼真生动，色泽清丽明净。

【龙灯】　民间一种龙形长灯。我国舞龙风俗历史悠久，在汉代《春秋繁露》中，已有记载。清道光年间《沪城岁事》载："游手环竹箔作笼状，蒙以绤，绘龙鳞于上，有首有尾，下承以木柄旋舞，街巷前导为灯牌，必书'五谷丰登，官清民乐'。"舞龙灯流行于中国很多地区，在传统习俗中，人们把"龙"当作吉祥的化身。每逢喜庆节日，各地都有玩龙灯的习俗。"龙"的形象各有特色，一般用竹、木、纸、布等扎成，节数不等，但均为单数。舞时，由一人持彩珠戏龙作舞。此外还有用荷花、蝴蝶组成的"百叶龙"，用长板凳扎成的"板凳龙"等多种形式的龙舞，还有一种用稻草扎成的"草龙"。南宋吴自牧《梦粱录》载："又以草缚成龙，用青幕遮草上，密置灯烛万盏，望之蜿蜒，如双龙飞走之状。"香港"火龙"较为特殊，龙身用珍珠草扎成，共32节，长70多米。节内能燃烛的称"龙灯"，不燃烛的称"布龙"。舞龙灯的套路很多，最常见的有"龙吸珠""龙打滚""龙摆尾""龙串柱""跳龙门""金龙盘玉柱"等。舞龙灯多在节日的夜晚举行，舞姿矫健，气势雄伟。有的同时施放烟火爆竹，"龙"在烟雾火花中翻滚跳跃，使节日气氛更加热烈欢快。

浙江杭州一带，旧时有给龙灯开光的风俗。农历正月灯节，杭州吴山龙神庙举行龙灯开光点睛盛会，并进行竞赛，自古相沿成习。清范祖述《杭俗遗风》："（吴山）山右有龙神庙，俗称龙王堂。灯节，城厢内外所行龙灯，于（正月）十二日，到庙点睛参谒挂红，名曰'龙灯开光'。"是日各方龙灯都要赴龙神庙点睛披红，届时吴山上下，群龙起舞，欢腾翻飞，灯光闪耀，相互竞技，观者如云，十分壮观。

舞龙灯

【板龙灯】　民间传统大型灯彩。亦称"板龙""灯桥""长灯"。主要流行于江西和浙江等地区。因用木板做龙底，扎制成龙形，故名。清光绪《诸暨县志》："暨俗有龙灯，首尾为龙形，鳞爪毕具；其中翘装联络，缀以人物故事。灯桥多者至四百许，一望辉煌，杂以锣鼓旗帜。"灯底木板长五六尺，宽八寸，称"桥灯板"，中心置木柄做舞灯把手。每节活动相连，可灵活转动拐弯，又能随意延长。龙头、身、尾用篾制，纱糊彩绘，置于木板底座之上。龙头特大，高约一丈；龙身多两层，亦有三四层者，层层置有花篮；唯顶上一层最为突出，饰有凤凰、麒麟或戏文人物等。江西抚州扎制的"全阁老龙板灯"较为闻名。龙灯总长100余米，由50多名青壮年才能舞动。龙头高约4米，悬宫灯、花篮灯、八宝灯、鲤鱼灯19盏；还竖立有杨宗保、穆桂英等戏曲人物形象。龙身由200多节稻谷、牛羊等造型组成，象征五谷丰登、六畜兴旺。装饰如此丰富、规模巨大的板龙灯较罕见，龙灯舞动时，气势壮观。江西、浙江各地的"板龙"，大同小异，各具特色。

【板龙】　参见"板龙灯"。

【灯桥】　参见"板龙灯"。

【长灯】　参见"板龙灯"。

【布龙】　布龙每节都不燃烛，一般长十多节。舞起来左耸右伏，九曲十回，时缓时急，蜿蜒翻腾。布龙的特点是动作快、幅度大、舞姿轻捷矫健，多由两条布龙一起表演"二龙抢球"。布龙的动作有"金龙喷水""雪花盖顶""白鹤展翅""双跳龙门"等。布龙灯都在元宵前后表演，我国很多地区均有。

【草龙】　草龙，主要用稻草扎制而成，故名，有的亦兼用青藤或柳枝。有的地方还在龙身上插满香火，所以也称"香火龙"。一般于农历五月和六月间的夜晚舞草龙，舞起来星光闪闪。过去闹虫灾时多舞；有的地方在祈雨时舞弄，并向龙泼水，故又称"水龙"。草龙灯，主要流行于南方地区的稻米之乡。

草龙
（引自刘锡诚、王文宝《中国象征辞典》）

【香火龙】　参见"草龙"。

【水龙】　参见"草龙"。

【麒麟灯】　民间传统节日灯彩。主要流行于华东、中南、西南和西北等地区。麒麟被民间认为是祥瑞的象征。每逢新春佳节、嫁娶喜庆，各地多在广场以贺喜的形式表演。一般由两人披麟形道具扮麒麟，另一人领舞，由锣鼓伴奏，又载歌载舞，唱恭贺、祝福的吉祥之词。如遇主家新婚，有的在麒麟背上坐一小孩进入新房，谓之"麒麟送子"。

麒麟灯

【云母灯】　取天然云母石片，以大而明滑白者为佳，数片连接成形，上绘山水花卉。清朱彝尊词《十二时·云母灯》云："是何人、碧山深处，潜入仙厨私窃，把石粉云英堆积，蒴蒴层层叠叠。面面装成，棱棱作就，细染红笺贴。正夜静、改席西园，紫凤吐珠，曾否铜槃吹灭？闲更思、梨花院落，定自十分清绝。宿鸟窥来，飞蛾拂去，不道成冰雪。谩认他是灯，分明一片冷月。　也只消、抛残小扇，玉面当前终怯。怎得携归？江南乐事，闹向元宵节。看翠眉几许、屏风影中低说。"

【龙凤灯】　民间传统灯彩。龙、凤，历来被作为祥瑞吉庆的象征，春节、元宵民间舞龙凤灯，即取龙凤呈祥之寓意。河南的龙凤灯，有青色、红色两条龙，每条长21米，9人舞之，龙身上装饰铜铃；凤凰灯，长8米，三人持舞，凤身上装饰20多只灯碗；另有二三百人分别持鱼灯、蚌灯、蝙蝠灯、云灯等围绕龙凤灯起舞。由锣鼓伴奏，加之

鞭炮声、呼喊声，场景壮观。福建的龙凤灯主要是在元夕围村寨游舞，舞队由持松明火者引路，后随者分别执龙、凤、鱼、蝶等各式花灯，穿插走各种队形。游舞之后，到各家各户"送灯"，把灯悬挂于厅堂，祝福人们吉祥如意、人丁兴旺。

【龙飞连珠灯】　清代民间传统灯彩。《周易·乾》载："飞龙在天，利见大人。"《疏》："若圣人有龙德，飞腾而居天位。"汉张衡《东京赋》："我世祖忿之，乃龙飞白水，凤翔参墟。"三国吴薛综注："龙飞凤翔，以喻圣人之兴也。"龙飞连珠灯，上书"龙飞"二字，灯以串珠连接，故名，寓吉祥飞腾之意。灯彩用材珍贵，扎制精美，装饰典雅，色泽清丽。

清代龙飞连珠灯

【竹枝灯】　元宵彩灯之一。因彩灯悬挂于竹枝，故名。亦称"子孙蓬"，简称"枝灯"。主要流行于浙江北部等地区。每逢元宵灯节，各家都采伐青竹数枝，高约丈余，去叶留枝，将精心制作的"荷花灯""菱角灯""金鱼灯""花瓶灯""花篮灯""荔枝灯""西瓜灯""方胜灯""八角灯"等悬挂于竹枝；每枝竹枝少的挂七八盏，多

则二三十盏，有的成串系之。灯架用竹篾，灯面用纱罗，上剪镂人物或彩绘花鸟山水等加以装饰。元宵节将竹枝灯立于场院，入夜燃灯，光彩照人，十分好看，极具喜庆气氛。

【子孙蓬】　参见"竹枝灯"。

【枝灯】　参见"竹枝灯"。

【百鸟灯】　浙江民间传统灯彩。以百鸟为题做灯，故名。在青田一带较流行，相传创始于20世纪二三十年代。以细竹篾做灯架，用纱绢、透光纸做灯面，上施五色彩绘。通常制作的有"彩凤灯""孔雀灯""仙鹤灯""青鸾灯""喜鹊灯""黄莺灯""斑鸠灯""锦鸡灯""金鸡灯""春燕灯"等。每年春节、元宵节时表演，以江南丝竹、民间锣鼓伴奏。表演的节目有"百鸟朝凤""丹凤朝阳""喜鹊登梅""松鹤延年""金鸡报晓""莺歌燕舞"等。百鸟彩灯，造型优美，色彩明媚，舞姿婀娜，乐声悠扬，给人一派吉庆、欢快、祥和的节日气氛。

【跑马灯】　古代元宵彩灯之一。亦称"竹马灯"。用细竹篾和铁丝扎制马头、马尾灯架，以纱绢糊之，上施彩绘，分别绑于演员前胸、后臀，灯内点燃烛火，由若干人组成一"马队"，由丝竹锣鼓伴奏，边歌、边舞、边唱、边走、边演，故名"跑马灯"。宋周密《武林旧事》载：杭州上元节，"如傀儡、杵歌、竹马之类，多至十余队"。明清时，更为流行。清郭钟岳《瓯江竹枝词》（瓯江，即今浙江温州）："歌唱新年乐意腾，满城争演上元灯。滚龙走马喧通夕，火树银花烧不尽。"南方马队一般由儿童组成，马头灯下并悬有银铃，走动时叮当有声。关中、陕南一带，"跑马灯"

只演不唱，表演的都是骑马的武戏，有《三英战吕布》《长坂坡》和《挑滑车》等。

浙江跑马灯

【竹马灯】　参见"跑马灯"。

【马灯舞】　旧时流行于江苏太湖地区的节日灯舞。于春节时演出，相传为纪念李闯王抗清挑灯夜战的事迹。用竹篾、纱布扎成马头、马身，加以彩绘，内燃灯，边缘饰有各种珠饰，珠光闪烁，十分好看。有雄马、雌马、旗蠹、旦婆，代表义军；一丑角穿清官服，代表清军，俗称"丛黄郎子"。表演时，由十番锣鼓、火流星等演奏开路，在广场上不断变换队形，有八卦阵、梅花阵、长蛇阵等，欢畅热烈，并具有战斗气息。另浙江、福建等地也有马灯舞。

【万寿灯】　旧时一种节日彩灯。流行于南方各地。通常用丝绸罗纱或透明彩纸糊制，上彩绘或镂刻种种历史故事、神话传说、花鸟虫鱼、风景山水和祝颂吉语，均为祥瑞福祉题材。于元宵、中秋节庆悬于门楣、庭院，有的用竹竿挑起，悬于高空。家家户户门前挂"万寿灯"，以祈求延年益寿，岁岁如意安康。

【玻璃灯】　古代用玻璃制作的一种灯具。清周生《扬州梦·梦中事》："灯以玻璃为上，琉璃次之。玻璃有方有六角，琉璃有圆有长，皆有华盖有绥（丝穗）。绥有线有

珠，色有红有彩，素者用白用蓝。"

【满堂红】　一种彩绢方灯。清翟灏《通俗编·器用·满堂红》引明徐充《暖姝由笔》："满堂红，彩绢方灯也。"按："今所谓满堂红，其制又别，盖属近时起矣。"

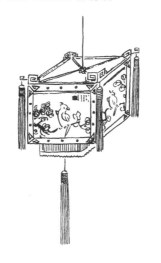

清代满堂红

【船灯】　旧时一种船上灯彩。相传始于清代初期，流行于昆山、常熟、吴中等地区。亦称"划灯""水上灯会"。一般在每年七八月间举行。在船两舷安装各色彩灯，船头尾立八角大伞灯和龙、狮灯，大伞灯面，镂雕、彩绘《红楼梦》《三国》和《水浒》等戏曲画面，伞顶并饰有凤、鹤、龟、兔等纸制动物形象，可以线牵动，生动有趣。船中舱有亭，亭内装有二三尺高活动彩色纸影人物，人隐伏舱中，牵线操纵，可演出多种戏剧，若皮影之戏。入夜在音乐伴奏中，几十艘灯船行于水中，气氛热烈，十分壮观。南京秦淮灯彩，亦放在船上，名曰"灯船"。

【划灯】　参见"船灯"。

【水上灯会】　参见"船灯"。

【灯船】　参见"船灯"。

【洋灯】　古代一种灯具。清周生《扬州梦·梦中事》："别有洋灯，上下锡盘，中安台，贯以钩索，有四面镜，紫檀十字架，镶花板面。镜前短签插烛正中，亦有绥（丝穗）。"

【铁灯】　以安徽芜湖铁画做成的一种灯具。亦称"铁画灯"。清梁山舟《铁画歌·序》，称汤鹏（天池）"能锻铁作画，兰竹草虫，无不入妙；尤工山水，大幅积岁月乃成，世罕得之。流传者径尺小景耳。以木范之若屏障，或合四面以成一灯，亦名铁灯。炉锤之巧，前代所未有也"。《芜湖县志》载：以锻铁做成山水、花卉、人物、虫鱼、鸟兽，合四幅成一灯，镂空处透光，名曰"铁灯"，肥瘦阴阳，均极其妙，为清康熙艺人汤鹏所始创。

安徽芜湖铁灯

【铁画灯】　参见"铁灯"。

【花篮灯】　一种民间传统灯彩。民间表演花篮灯，分挑灯、提灯、持灯和转灯四种形式。挑灯，表演者用软竹扁担挑一对大花篮灯，伴随高跷灯、龙灯、采莲船等即兴表演，或边歌边舞表演；提灯即表演者用彩棍提着花篮表演；持灯即舞者一手拿花篮，一手持彩扇，或者双手皆提花篮表演；转灯是在花篮底部装上木灯托，把花篮固定在灯托上，舞者手握灯托，花篮可以随意转动。花篮灯制作精美，绚丽多姿，象征着幸福美好。表演时，常

用胡琴、笛子、唢呐等民族乐器伴奏，唱腔多源自民歌小调。花篮灯主要流行于江南地区，具有鲜明的地方特色。

花篮灯

（引自刘锡诚、王文宝《中国象征辞典》）

【荷花灯】 民间传统灯彩。亦称"莲花灯"。荷花灯通常用竹篾扎制，裱糊以丝绢或薄纸，上饰彩绘。春节、元宵灯节，各地民间都流行跳荷花灯舞。少年女子身穿荷花衣，手持荷花灯，有的举起，有的提着，有的担在肩头，有的挂在腰间，有的缀于腿部，有的顶在头上，有的置于地上推着。夜晚表演时，灯内燃烛。常见的是九个少女联袂逶迤而舞的"九莲灯"，也有男女对舞的。一般是载歌载舞，并以多变的旋灯技巧和队形变化为其主要特点。舞姿轻盈柔美，节奏欢快活泼。

荷花灯

（引自刘锡诚、王文宝《中国象征辞典》）

【莲花灯】 参见"荷花灯"。

【花神灯】 古代赛花神会扎制的花灯。江浙和上海等地区，在花朝节，都举行赛花神会。是夜大放花神灯，其中尤以"缬灯"最为著名。缬灯亦称"伞灯""凉伞灯"。有六角、圆形等多种，其状如伞形，故名。制作时，用竹、木、铁丝为灯架，以彩色"谈笺"为灯面，上镂刻、彩绘精致人物、山水、花鸟，有的上书诗词歌赋、灯谜，细微处如茧丝一般。谈笺，为明代上海人谈仲和所创制的一种五色笺纸，薄似蝉翼，近乎透明。用作灯面，上刻绘丹青彩画，灯光透影，如雾中景色。入夜，人们高举花神五色彩灯，伴以十番锣鼓，笙箫齐奏，观者似潮，盛赞花神灯工艺之精美。

【缬灯】 参见"花神灯"。

【伞灯】 参见"花神灯"。

【凉伞灯】 参见"花神灯"。

【鳌鱼灯】 在古代神话中，女娲曾以鳌鱼作为支撑大地的柱子。鳌鱼为龙头鱼身，气势威严，被视为祥瑞的象征。在春节、元宵舞鳌鱼灯，寓有祝福驱灾之意。鳌鱼灯，主要流行于广东、湖南、湖北和江西等地区。鳌鱼灯通常用竹篾扎制，以纸裱糊，上加彩绘。舞灯时模仿鱼在水浪中游弋、觅食、翻滚和逐浪等动作；小的一人舞一灯，大者数人舞一灯，也有六七人作群

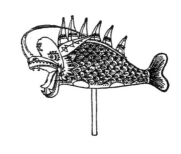

鳌鱼灯

舞。夜晚舞耍时，有的还可于鳌鱼口中喷吐烟火，火花四射，蔚为壮观。

【鱼灯舞】 民间春节传统灯彩。传说起始于唐代，元末明初时，在浙江青田一带较盛行。明刘基《古镜词》："鱼灯引魂开地府，夜夜晶光射幽户。""愿循蟾蜍骑上月，将与嫦娥照华发。"民间传刘基为推翻元朝统治，曾募义兵，借鱼灯舞以操演兵阵，每年春节，各乡相约，至各村巡演。以鱼龙灯、鲤鱼灯、鲫鱼灯、青鱼灯、乌鱼灯、金鱼灯、螃蟹灯等组成鱼群，以"大红鱼珠灯"为领队，以"三足金蟾灯"忽左忽右、忽前忽后跳跃于群鱼之间逗趣。灯舞以走阵为主，阵式套路，繁而不乱。自"双龙喷水"开始，俗称"进门阵"，继有"春鱼嬉水""夏鱼跳滩""秋鱼泛白""冬鱼结龙"等部分，最后以"鲤鱼跃龙门"结束，象征青云直上之意。用大锣、大鼓、大钹伴奏，热烈奔放，既具娱乐欢快气氛，又具军事演练特色。在浙江南部渔乡，新春亦有鱼灯舞之习俗，主要表现渔家吉庆有余、丰收喜悦之情怀。有黄鱼灯、墨鱼灯、鲳鱼灯、豚鱼灯、鳌鱼灯和马鲛鱼灯等，都为渔民熟悉之海鱼。以"龙珠灯"指挥，表演各种海鱼在大海中的优美游姿。舞灯者一律穿"龙衣"，腰系大红彩带，打绑腿。用江南弦乐、唢呐伴舞。与青田之鱼灯舞相比，又是另一种情趣韵味。安徽无为的鱼灯舞由八种鱼灯组成：头红（鲤鱼）、二绿（鲲鱼）、三黄（黄鱼）、四黑（黑鱼）、五金（金鱼）、六鲢（鲢鱼）、七鲫（鲫鱼）、八鳜（鳜鱼）。并借头红、二绿、三黄、四黑象征春、夏、秋、冬四季，五金、六鲢、七鲫、八鳜谐音"今年吉贵"，连起来即"四季如意，今年吉贵"之意。

鱼灯舞
（引自刘锡诚、王文宝《中国象征辞典》）

【鲤鱼灯】　一种民间灯彩。相传起源于明末清初。包括九条鲤鱼、一条虾子、一条鳌鱼，皆由竹篾扎成骨架，外面裱以纸或蒙上绸绢，用彩色画笔加以点缀，鱼的中部装一短木柄，便于舞者举拿。通过表现鲤鱼在水中游弋的姿态，象征人们对自由、幸福的追求。表演鲤鱼灯舞时，要借助吐珠、穿梭、戏水等动作及波浪等场景来表现。

【西瓜灯】　用西瓜皮制作的灯彩。明末清初时期，就已有"西瓜灯"的文字记述。清代诗人黄之隽，曾作过一首《西瓜灯十八韵》诗："瓣少瓤多方脱手，绿深翠浅但存皮。纤锋剖出玲珑雪，薄质雕成宛转丝。"诗中将西瓜灯的工艺制作和功能作用，描述得十分清楚细致。西瓜灯一般于农历七月十五中元节制作。制作时，将西瓜瓤掏尽，雕镂西瓜皮，燃烛其中即成。清潘荣陛《帝京岁时纪胜》载："镂瓜皮，掏莲蓬，俱可为灯，各具一质。"

西瓜灯

【中秋竖灯】　旧时中秋悬灯习俗。亦称"竖中秋"。盛行于广州等地区。中秋节前，各家用竹篾、铁丝做灯架，以绢纱、彩纸为灯面，扎糊鸟兽、虫鱼、花果等各色花灯，上绘彩画，配以流苏；也有的堆砌成字形；有的用若干小红灯相连，组成"串灯"。于八月十五中秋之夜，点燃彩灯，悬挂于竹竿之上，高竖于住房高处，名为"中秋竖灯""竖中秋"。当夜满城彩灯，如满天繁星闪烁，以庆贺中秋佳节。

【竖中秋】　参见"中秋竖灯"。

【天灯】　古时年节，民间有在高处悬灯之风俗，彻夜通明，名为"天灯"。明杨慎《甲午临安除岁》诗："邻墙儿女亦无睡，岁火天灯喧五更。"清潘荣陛《帝京岁时纪胜·十二月·祀灶》："廿三日更尽时，家家祀灶，院内立竿，悬挂天灯。"孙犁《白洋淀纪事·天灯》："今年正月……却看见东头立起一个天灯，真是高与天齐，闪亮的灯光同新月和星斗争辉。"《漳州府志》："每中元节，家家以竹竿燃灯天际，联缀如星。"《崖山志》："自元日至此（元宵前后），昼打秋千，夜放天灯。"陕西扶风农村常在夏历正月十五进行。天灯为圆锥形，大小有如背篓，用竹片做骨架，外面糊白纸或红纸，灯底部绑着一个十字架，装一盏菜油灯。放时，灯贴着地面，点燃油灯后，周围用土密封。当灯火将罩内氧气燃完，仅剩二氧化碳气体后，取掉灯周围的土，灯就自动上升，高度可达 500 米左右。天灯在空中随风飘荡，直到灯火熄灭，才慢慢降落。

【五谷灯】　每逢农历正月初八、初九日，农民把自己制作的灯点于田间，谓之"点五谷灯"，认为这样可以驱除不祥，使农作物免遭虫害而获得好收成。这是一种祈求丰年的象征活动。流行于川东、川西一带农村。

【谷壳灯】　民间传统彩灯。用稻谷的壳黏砌成的宫灯，玲珑精巧，朴素明净。将灯点亮，光线透过谷壳间的空隙，缀成玲珑的图案，具有象牙雕刻一样美丽的效果。和明代张九眼所制的麦穗灯异曲同工，具有一脉相承的传统。

【诸葛灯】　有两种。一种即天灯，又传乃诸葛亮发明，亦称"孔明灯"。清薛福成《振百工说》："诸葛亮在伊尹伯仲之间，所制有木牛流马，有诸葛灯。"另为古代一种夜行用灯。一面透光，前置凸镜，后置凹镜，光线远照所向处，而他人不能见持灯之人。以其机巧，故称"诸葛灯"。

【孔明灯】　参见"诸葛灯"。

【酥油灯】　也叫"酥灯"。佛前的油灯。酥油是蒙古族、藏族等民族人民的一种食用油，可用来点灯，供奉于神明之前，以获福德福报。元萨都剌《上京杂咏》（其五）诗："院院翻经有咒僧，垂帘白昼点酥灯。"

【酥灯】　参见"酥油灯"。

各地灯彩

【北京灯彩】 北京传统名产。简称"京灯",亦称"京华灯彩"。灯彩形式很多,具有代表性的是宫灯和纱灯。宫灯用紫檀、红木、花梨木等为框架,再镶以玻璃、纱绢,有的再彩绘制成。此外也有用骨刻、铜铸、烧蓝、雕漆等作为立柱的。分六方宫灯和花灯两种。六方灯是传统六角形的宫灯;花灯是从六方宫灯发展而来的,其品种很多,有客厅、礼堂用的吊灯,桌上的台灯,坐椅两旁的戳灯以及安装在墙壁上的壁灯等。过去纱灯是用生长三年的竹子劈削成篾条,糊扎成椭圆形,然后裱上纱绢制成的。北京纱灯的主要品种有红庆灯、彩纱灯、道具灯、民用灯等。其中红庆灯和彩纱灯,是逢年过节或喜庆布置环境不可缺少的工艺品。北京灯彩历史悠久,制作精致,古雅明净,色泽沉着,灯饰大方,具有浓郁的地方特色。

【京灯】 参见"北京灯彩"。

【京华灯彩】 参见"北京灯彩"。

【北京红纱灯】 由纱绢糊制而成。因灯内燃烛风吹不灭,又名"气死风灯"。传统的多为长形、圆形,后逐渐演变为椭圆形。最常见的是大红色,也有粉红、金黄等色。规格小的高 35 厘米,大的高 150 厘米。其制作,以前用铁丝扎骨架,后改为上下用两个木圈,在木圈周围锯口安上竹篾,糊以绢或绸,再加以流苏作装饰。北京天安门城楼,每逢大庆之日,都会悬挂八盏大型红纱灯,使城楼显得分外庄重富丽。红纱灯,各地均有制作,以北京的最为精美。

北京红纱灯

【气死风灯】 参见"北京红纱灯"。

【北京彩纱灯】 北京著名传统工艺品。既能照明,又能点缀装饰环境。彩纱灯的制作,是把成材的竹子削成条,做成框架,然后将白纱染成黄、蓝、粉、绿等各种颜色,蒙制成各种彩灯,再运用国画技法绘上花鸟、山水、飞禽、鱼虫等图案,灯上还配上金色的云朵和各种颜色的流苏。这种灯一般供喜庆节日使用,以增添欢乐气氛。

北京彩纱灯

【北京莲花灯】 农历七月十五中元节时的儿童玩具灯。清富察敦崇《燕京岁时记》载:"中元,市人之巧者,又以各色彩纸制成莲花、莲叶、花篮、鹤鹭之形,谓之莲花灯。"灯上粘一圈剪纸穗,灯心横竹上插一小红蜡烛。晚上,孩子们举着点燃小烛的莲花灯在院中街上玩耍,边走边唱:"莲花儿灯,莲花儿灯,今儿个点了明儿个扔!"

北京莲花灯(张连友作)
(引自王连海《北京民间玩具》)

【北京三才灯】 一种宫廷花灯。天地人,俗称"三才"。此灯高九尺,径四尺,灯杆有三,名为"三才杆"。由工部监造,太常寺经理,悬挂燃火,巨烛如椽,分别于北京天坛、地坛、日坛和月坛使用。清汪启淑《水曹清暇录》载:"天、地、日、月各坛三才灯,方广盈丈,以坚木为框,以铁丝为网,烛巨如椽。工部监造,太常寺经理,悬挂燃火。"

【北京走马灯】 北京走马灯主要有三种:一是宋代式样,中轴带动人马旋转,灯面镂有孔洞,兵马依次自孔洞经过,形似"走马";二是灯面如舞台,绘上各种刀马人,手足用纸片另做,再用细铁丝插于灯面,灯内与中轴铁丝"拨头"相对,中轴转动,拨头牵动细铁丝,灯面刀马人会摇头、抬手和举足,十分生动有趣;三是正面为灯面,做成垂檐、栏杆,灯面不镂空,留白纸为屏幕，中轴贴有刀马人剪纸，投影于灯面。

北京走马灯

【清代北京走马灯人物底样】　清代北京走马灯人物底样，计一套，上墨线勾画七个戏剧人物，有七品县官、捕快、公差、犯人等，表情服饰各不同，但可看出是一出戏的人物。刻画粗放质朴，逼真生动。

清代北京走马灯人物底样

【北京绒制凤凰花灯】　北京的绒制工艺品，十分有名，绒制的凤凰花灯，新颖独特，别具一格。凤凰

北京绒制凤凰花灯

灯是一对，相对而立，左为凤，右为凰，相互呼应。凤凰花灯五彩斑斓，色泽艳丽，下衬以牡丹，夜晚亮灯，更显俏丽优美。

【北京放河灯】　放河灯，亦称"放荷灯"。老北京的荷花灯，大多是用天然的荷叶插上点好的蜡烛做成的。也有用西瓜、南瓜和紫茄子做的，将里面掏空，插上点好的蜡烛，将这些灯往河里送，顺水漂流而下；排成一队"水灯"，随波荡漾，烛光映星，相映成趣。旧时北京过中元节时，什刹海、北海、积水潭、泡子河、东直门外的二闸、御河、护城河等地，到处一片烛光，月下百姓云集，热闹非凡。胡朴安《中华全国风俗志》载：河灯制法简单，先用三寸正方厚纸做灯底，后用芦柴一根，长约三寸，中穿一眼，装竹签钉于底部。另用红纸折四方形，就灯底四面糊之，即成其所谓河灯矣。沿河将灯上竹签装上油纸捻，燃置河中，此之谓"放河灯"。

北京放河灯（闫万军作）
（引自王连海《北京民间玩具》）

【放荷灯】　参见"北京放河灯"。

【苏州灯彩】　江苏苏州传统灯彩。历史悠久，品种繁多，制作精巧，名闻中外。南宋周密《乾淳岁时记》："禁中元夕张灯，以苏灯为最。圈片大者，径三四尺，皆五色琉璃所成。山水人物，花竹翎毛，种种奇妙，俨然着色便面也。"明

王鏊《姑苏志》："吴灯，往时最多，范成大诗注有琉璃球、万眼罗二灯，尤为奇绝。或生绡糊方灯，图画史册故事。他如荷花、栀子、葡萄、鹿、犬、走马之状。掷空小球灯，滚地大球灯，又有鱼魫、铁丝、麦秆为之者。一种名'栅子灯'，在鱼行桥，盛氏造，今不传。或悬剪纸人马于傍，以火运动，曰'走马灯'。"清顾禄《清嘉录》："腊后春前，吴趋坊、申衙里、皋桥中市一带，货郎出售各色花灯，精奇百出。如像生人物则有老翁少、月明度妓、西施采莲、张生跳墙、刘海戏蟾、招财进宝之属；花果则有荷花、栀子、葡萄、瓜藕之属；百族则有鹤凤鸲鹊、猴鹿马兔、鱼虾螃蟹之属；其奇巧则有琉璃球、万眼罗、走马灯、梅里灯、夹纱灯、画舫龙舟，品目殊难枚

苏州灯彩

举。"苏灯是剪纸、绘画、装扎、糊裱等工艺的巧妙结合，具有造型优美、结构精巧、色彩鲜艳、装饰华丽、画工精致、花样出奇的艺术特色。其中以走马灯最能表现苏灯特色。点燃时，光华璀璨，只见在碧瓦飞檐亭阁内，人物故事循环往复，引人入胜。现代苏灯制作技艺精益求精，新的花色品种不断涌现，并有大型电动壁灯和座灯问世。

苏州灯彩除了精美的灯画，还有华丽的灯饰，在每个上翘的飞檐下，都悬璎珞彩坠，灯身更用五彩、金银刻花纸糊裱，给人以金碧辉煌之感。

【清代苏州吉祥人物灯画】 这套清代灯画，纵长 1.2 米，宽 29 厘米。木版彩色套印。灯画绘有 12 组吉庆主题，有"和气致祥""满载而归""和合二圣""张仙送子""福禄寿星"和"麒麟送子"等，均为新年时人们喜闻乐见的传统题材。这套灯画是供贴于走马灯纸轮上旋转的祈福灯人，刻绘精美，人物生动，色泽鲜明。

清代苏州吉祥人物灯画

【苏州龙灯】 苏州龙灯的扎作，亦十分优美精巧。有 7 节、9 节、11 节、13 节之分，特别是龙头，巨口大眼，形神兼备，而且纹饰精巧无比。舞时，明珠滚动，玉龙翻舞，变化万端，使人目眩心醉。

【明代苏州夹纱灯】 《苏州府志》载：赵萼，嘉靖间人，擅制夹纱灯，用剡纸刻成花竹禽兽，晕以颜色，涂蜡，夹在薄纱内，在日光中可映出莹澈的花纹。

【苏州紫檀、黄杨吊灯、桌灯】 苏州灯彩，素以做工精巧、用料考究、形式优美、色泽典雅名闻中外，其中尤以紫檀、黄杨制作的吊灯和桌灯，华丽典雅，最受人们的赞赏。用紫檀或红木做骨架，以黄杨镂空透雕的花饰镶于四周，灯面彩绘工笔仕女和花鸟，四角配以淡黄、粉绿、水红等流苏，工巧精致，十分喜人。

苏州紫檀、黄杨吊灯、桌灯

【梅里灯】 苏州梅里制作的剪纸夹纱灯，在清代名扬一时，称"梅里灯"。清顾禄《清嘉录》载："旧府志，彩笺镂细巧人物，出梅里，名梅里灯；剡纸刻花竹虫鱼，轻绡夹之，名夹纱灯。"

梅里剪纸夹纱灯

【南京灯彩】 亦称"秦淮灯彩"。南京名特产品，久负盛名。相传明代洪武年间，朱元璋下令闹花灯，以示与民同乐，共庆升平。数百年来，秦淮河一带扎制灯彩，相沿成习。南京灯市在太平天国前已驰名中外。清末民初《金陵岁时纪》记载：俗以正月初八、十三、十五为灯节，凡是庵庙皆上灯。南京灯彩的名目繁多，主要品种有宫灯、挂灯、壁灯、球灯、花灯、转灯、各种动物灯等。其艺术特色是造型夸张、结构简练、装饰大方、色彩明快。现代南京灯彩，在民间灯彩的基础上加以创新发展，用各色绢绸、尼龙、胶片为材料，从著名的南京云锦、剪纸、牙雕、绒绢花造型和纹样中汲取营养，还把传统工

上：南京秦淮灯彩

下：南京兔子灯（陆有文作）

艺与现代电子、声控、光导技术结合为一体，具有更好的艺术效果。每年元宵节，夫子庙秦淮河畔，观灯、买灯者人涌如潮，产品供不应求。

【秦淮灯彩】　参见"南京灯彩"。

【金陵灯会】　南京素有"六朝古都"之称，自古就有新年赏灯的习俗。据文献载，六朝时，每年元宵佳节，金陵彩灯满市，为全国之冠。唐宋时期，灯节更盛。明初朱元璋将放灯五夜增至十夜，是我国历史上为时最长的灯节，当时南京"家家走桥，人人看灯"。清甘熙《白下琐言》："笪桥灯市，为金陵一胜。正月初，鱼龙纷遝，有银花火树之观。其中剪彩，五光十色，尤为佳妙。后乃移于评事街。"每逢春节，从笪桥至评事街，两旁扎满松棚，四周缀满华灯，棚中箫鼓声声，街上时有高跷队、花轿队助兴，人山人海，汇成灯的海洋。清代后期，夫子庙街市兴起，金陵灯市遂移至夫子庙一带，一直沿袭至今。夫子庙灯市，每年正月初八为上灯节，十八日为落灯节。

清代金陵灯会
（《点石斋画报》）

【南京宫灯】　南京传统灯彩之一。亦称"秦淮宫灯"。南京宫灯富丽华贵，雍容典雅，庄重大方。传统宫灯的制作，先用硬木做成六角、八角或十二角等框架，在其外表配上镂空透雕出相应图案的饰件，有时还在其上端加以灯檐。再镶以纱绢或玻璃作为灯片画屏，上面绘有特定主题的人物、山水或花鸟画等。而宫灯内部则设置灯源，最后在每个灯角下悬饰金黄色或大红色的流苏。

【秦淮宫灯】　参见"南京宫灯"。

【南京荷花灯】　南京灯彩最具地方特色的品种。亦称"南京莲花灯"。南京荷花灯造型优美，色泽鲜明，入夜点灯后，满室生辉。传统荷花灯的制作，先将一根经过防虫处理的篾竹弯曲成圆形后，用铅丝（古麻绳）固定。再用两根长短相等的篾竹，以垂直角度相互交叉后用铅丝固定交点，各端点弯曲后与事先扎好的圆形篾竹边缘固定，荷花灯的骨架便做成了（对体形较大的荷花灯，要适当增加篾竹根数）。然后在外侧依次裱糊衬纸、花瓣。给外侧底部中点向外伸出的几根铅丝套糊上荷花枝叶，内侧底部中点向上伸出的铅丝则作为蜡烛底座。在内侧圆形篾竹上等距离地拴住三根铅丝，固定在花灯挑棍的一头，花体下方悬挂纸制的莲藕、装饰用的流苏。灯外表裱糊的纸张，主要有各色蜡光纸或类似设计描图所用的复写拷贝纸等。由于该纸薄而有韧性，量体裁衣后用"浸

南京荷花灯
（陆有昌作）

染法"染上不同颜色，晾晒干后再用特制模具机压定型，从而使纸张产生花瓣样皱褶的视觉效果。

【南京莲花灯】　参见"南京荷花灯"。

【金陵纱灯】　金陵灯市，明代最盛。至明末清初时期，时兴纱灯，丝帛织成，薄如蝉翼，裱糊竹木框上，有圆形、扇形、桃形、梅花形、方胜形等；大的高过半人，小的仅三寸；上绘历史人物、戏曲故事、神话传说、花鸟虫鱼、金陵八景以及书写灯谜等，色泽鲜艳，画面生动。入夜，内燃蜡烛，通明透亮，喜气洋溢，展出金陵俗文化一景。

金陵纱灯

【秦淮灯船】　金陵秦淮灯船，相传自明代起即负盛名。聚宝门、通济门和桃叶渡、秦淮河两岸，入夜灯船荡漾，盛极一时。清余怀《板桥杂记》："秦淮灯船之盛，天下所无。……薄暮，须臾灯船毕集，火龙蜿蜒，光耀天地。扬槌击鼓，蹋顿波心。自聚宝门外水关至通济门水关，喧阗达旦。桃叶渡口，争渡者喧声不绝。"清吴敬梓《儒林外史》第四十一回："话说南京城里，每年四月半后，秦淮景致渐渐好了。……到天色晚了，每船两盏明角灯，一来一往，映着河里，上下明亮。自文德桥至利涉桥、东水关，夜夜笙歌不绝。"朱自清《桨

声灯影里的秦淮河》："夜幕垂垂地下来时，大小船上都点起灯火，从两重玻璃里映出那辐射着的黄黄的散光，反晕出一片朦胧的烟霭；透过这烟霭，在黯黯的水波里，又逗起缕缕的明漪。在这薄霭和微漪里，叫着那悠然的间歇的桨声，谁能不被引入他的美梦去呢？"

【高淳杨家村板龙灯】 南京高淳杨家村板龙，分龙头、龙身、龙尾三部分，由 24 节连接，象征一年二十四个节气。竹篾扎制。在长方形木板上用竹篾扎圆形龙身，板下装撑棍，将龙身蒙上布，绘龙鳞纹，逐节与龙首、龙尾连接。龙头高达 3 米，龙身粗 1 米，单节长约2—4 米，每节腹中可插置蜡烛，底部木板前后两头配轴环以相互套接，连接长达 50 多米。板龙头部装饰，按不同色的龙分为：黄龙头饰二冠，鼻形呈卷书式；红白二龙头饰三冠，红龙鼻形为印信式，白龙鼻形成笔架式。龙灯舞以"堆稻饼"最为壮观。这时以黄龙居中，象征稻谷；红白二龙一左一右，喻指太阳和雨水，随着"呜嘟嘟嘟"的喇叭声，锣鼓齐敲乐齐鸣，烟花爆竹直冲云霄。舞龙者各执龙段，一番紧跑，边跑边呼"拉圆了！""拉圆了！"，在这威武一致的号子声中，龙阵盘旋缩小，最后成为圆饼形。中间龙头高昂，由下逐节支撑而上，龙身越收越紧，龙头昂得越来越高。周围烟花爆竹燃放产生的硝烟，使堆筑起来的龙身仿佛在

云遮雾罩之中。远看黄龙昂首威武，近看稻谷堆积如山，农民祈盼丰年的欢乐沸腾之情达到高潮。

【栖霞西湖村柴龙灯】 南京栖霞西湖村柴龙，龙头特大，约 2.5 米长。用当地淡竹编扎，外糊白光纸。整个龙头固定在一块长板上，用铁丝捆扎。灯板上有两根铆钉，供插蜡烛。龙头的背脊处有一风盘，为扁圆形。风盘上部安有一溜"脊翅"。龙嘴和上颚分别有一个风球，风盘、脊翅和风球都是竹篾扎制的。风球和风盘上用红、黄、绿、白纸贴饰，白纸上装饰剪纸图案。龙上下嘴唇粘贴用白纸剪成的龙须。上颚两侧插凤花龙眼，为两个涂黑的鸡蛋壳，周围用红纸剪成红圈贴饰，龙眼上方装饰一个黄纸板，上面贴"王"字。龙角也是用竹篾编成，糊上纸后刷上黑色。"龙划水"装在龙头后面，上面贴红双"喜"字。龙尾与龙头均呈倒S形，龙尾约 2 米长，龙尾的尖部也要插一把凤花，用红、黄、绿色纸剪成须状裹在竹丝上。龙身有 7节，每节竹篓子有 1 米长，竹篓子捆扎在一块木板上，木板两头各凿一个圆孔，两节之间用一根树棍作为插销相连，同时也成为举龙人的龙灯手柄，篓子外面用白光纸裱糊，

栖霞青年在舞柴龙灯

然后再顺长度从头至尾贴一道红纸剪成的齿状纸条作为"脊翅"。篓子中间留一圆孔，供舞灯人点蜡烛用，圆孔外还有个圆门，门上贴一剪出的红双"喜"字，门可关起来，防止风把蜡烛吹灭，篓子里面有铁钉可以插蜡烛。龙头上有许多贴花，多为吉祥图案。柴龙灯，由百名男青年舞动，舞时上下来回盘旋，极具气势。

【扬州灯彩】 亦称"维扬灯彩"。多以竹、木扎制，配以丝绢及图案，风格清秀雅致，是上乘的民间工艺品。集彩扎、裱褙、绘画、书法、剪纸、诗文艺术为一体，具独特的地域风韵，历史悠久。相传隋炀帝在扬州，整日笙歌燕舞，入夜不燃灯，聚萤光代灯取乐，于是就有了最早的"萤虫灯"。唐代扬州盛行以灯彩庆贺佳节，唐诗有"夜桥灯火连星汉""夜市千灯照碧云"等诗句，反映了扬州灯会之夜的繁华景况。宋代徽宗时期，有珠子灯、罗帛灯、走马灯等。明清两代，扬州为全国重要商埠，扬州灯彩技艺日精，成为名扬四方的名品。琉璃灯、羊角、料丝灯尤富特色，纤丽精巧，炫目生辉。清康乾年间，盐商于灯节间斥巨资在城内亭阁、郊外水域挂置宫灯，排放灯船。现今城内仍存的灯笼巷，即是昔日以精制灯笼而著称的社区。扬州的民间灯彩，大致有三类：一提灯，体小而轻，多花卉造型，有荷花灯、莲藕灯、瓜果灯、球灯等，供儿童提玩；二举灯，亦称挑灯，多鳞介昆虫造型，有鱼灯、虾灯、蛤蟆灯、秋虫灯、蝴蝶灯和各式鸟灯等；三牵灯，以兽类动物为主，有兔灯、马灯、象灯、狮灯、麒麟灯和各种人物灯等。唐代扬州花灯已十分盛行，唐于邺《扬州梦记》曾称，"扬州胜地也，每重城向夕，倡楼之上，常有绛纱灯万数，辉罗

高淳杨家村板龙灯泥塑龙头

耀列空中。九里三十步街中，珠翠填咽，邈若仙境"。清嘉庆《重修扬州府志》载：雍正至嘉庆时，"郡城自十三至十八夜市，架松棚结幔，悬灯其下，观者踏臂行游，漏尽不休。更有龙灯、花鼓、杂技喧阗。各灯肆斗巧夸奇，更炫人目"。1992年，扬州体育场举行维扬灯展，计25组大型花灯，其中《琼花仙子》灯长25米，宽15米，高10米，50只仙鹤展翅腾飞，琼花仙子舞姿优美，万人瞩目，引人入胜。

扬州灯彩

【维扬灯彩】　参见"扬州灯彩"。

【扬州琉璃灯】　琉璃灯，扬州当地亦称"羊角花灯"。其灯用羊角制成。先用水将羊角浸透，待柔软后用铁板夹紧打平，剪成薄片，再用烙铁压烫，用席草摩擦，使其透明发亮，后根据需要划成片子，相互粘接，可染色，亦可描金细画，缨络罩之。因其质透明，故又称"明

扬州琉璃灯

角灯"。其光滑如琉璃，故名。琉璃灯点烛其中，富丽堂皇，十分好看。有歌谣云："天上星星地下灯，苏州扬州琉璃灯。"

【扬州料丝灯】　料丝，是细如毫发的玻璃丝，用其编织成灯，画以彩绘，纤巧通明，在烛光映照下，珠光宝气，炫目生辉，有"料丝颜色胜玻璃，辟易光芒万丈齐"之赞语。扬州料丝灯，清代已负盛名，清李斗《扬州画舫录》卷十一载："土人制料丝灯……其式方、圆、六角、八角及画舫、宝塔之属……近日城内多用料丝作大山水灯片。薛君采诗云'霏微状蝉翼，连娟伴网线'谓此。"

【扬州灯船】　清代扬州盐商巨贾为宴乐游兴，常于城外做水上灯船之戏。清李斗《扬州画舫录》卷十一载："灯船多用鼓棚……中覆锦棚，垂索藻井，下向反披。以宫灯为丽，其次琉璃，一船连缀百余，窅窊而出。或值良辰令节，诸商各于工段临水张灯，两岸中流，交辉焕采。时有驾一小舟，绝无灯火，往来其间，或匿树林深处，透而望之，如近斗牛而观列宿。"时有诗人查悔馀作《灯船》诗云："琉璃一片映珊瑚，上有青天下有湖。岸岸楼台开昼锦，船船弦索曳歌珠。二分明月收光避，千队骊龙逐伏趋。不为水嬉夸盛世，万人连夕乐康衢。"

【扬州萤火虫灯】　以萤火虫照明的一种料丝灯。相传隋炀帝在扬州，秋夜出游，不燃灯火，取萤放之，灿若星光，其处即名"萤苑"。元代诗人张翥诗："骑行不用烧红烛，万点飞萤炫川谷。"即咏其事。清李斗《扬州画舫录》卷十一载：扬州"北郊多萤，土人制料丝灯，以线系之，于线孔中纳萤；其式

方、圆、六角、八角及画舫、宝塔之属，谓之火萤虫灯。近多以蜡丸热之，每晚揭竿首鬻卖，游人买作土宜"。

【扬州龙形彩灯】　龙形彩灯，分三节，一节为龙头，一节为龙身，一节为龙尾。头尾为红色，龙身为橙黄；龙鳞排列整齐，均为镂孔；黄须黄爪。整条龙轻盈小巧，可供儿童提着玩耍，晚上燃灯，龙身灯光四射，引人注目。

扬州龙形彩灯

【扬州天鹅灯】　民间传统灯彩。天鹅，亦称黄鹄。《汉书·昭帝纪》："（始元元年）黄鹄下建章宫太液池中。"注："黄鹄，大鸟也，一举千里者，非白鹄也。"清朱骏声《说文通训定声·孚部》："鹄，形似鹤，色苍黄，亦有白者，其翔极高，一名天鹅。"《楚辞·惜誓》："黄鹄之一举兮，知山川之纡曲；再举兮，睹天地之圜方。"李白《大鹏赋》："岂比夫蓬莱之黄鹄，夸金衣与菊裳？"按：太液池中曾起三山，以象瀛洲、蓬莱、方丈，故曰"蓬莱黄鹄"。黄鹄为瑞鸟，象征高贵与吉瑞。天鹅，鄂温克族人认为其象征吉祥，裕固族人认为其象征爱情，哈萨克族人认为其象征心灵美。有天鹅传说故事与舞蹈，如《天鹅姑娘》《天鹅湖》和《天鹅舞》等。天鹅灯全身洁白，体态轻盈，弯颈翘尾，浮游于碧波湖上，四周饰以莲瓣，表现出宁静和高贵。花灯造型优美，色泽秀净，制作精致。

扬州天鹅灯

【扬州兔子灯】 扬州民间传统灯彩。兔子灯是最为普及的民间花灯之一，是孩子们最喜爱的玩具灯。扬州新设计的兔子灯，品种多，材料新，色彩鲜丽，有翠绿、鹅黄、淡蓝；兔身用镂孔薄膜裱糊，晚上燃灯后，灯光从薄膜刻花孔中透出，更通澈明亮。兔胸前装饰有大红、水红等花结；兔耳上还绲贴有花边，更显得新颖别致，别具一格。

扬州兔子灯

【扬州金鱼花灯】 扬州制作的金鱼花灯，新颖别致：黄头蓝眼，红身橙尾，鱼身下部还衬有盛开的红绿鲜花，鱼身制成网格镂孔，晚上燃灯后，灯光从网孔中射出，别具情趣。花灯造型优美，色彩鲜丽，轻巧生动。

扬州金鱼花灯

【扬州莲荷船形花灯】 维扬灯彩，名闻四方，屡有新作。近年制作的莲荷船形灯，构思巧妙，富有时尚气息。鲜红的荷花，中为黄芯；蓝色的莲蓬，橙色的莲芯，镂孔的小船，船身四周均饰有五彩小花。整件花灯优美灵动，别具风韵。

扬州莲荷船形花灯

【江苏段龙】 舞段龙，主要流行于苏南地区，通常在元宵灯节进行。段龙灯，龙头、龙身和龙尾互相不用布相连，只在龙头和每节龙身上扎 230—300 厘米红绸。段龙多由妇女舞弄，轻盈优美，具有江南水乡舞蹈特色。

【南通花灯】 江苏著名传统民间灯彩，盛行于明清。主要为各种艺术造型灯，其次是宫灯等。艺术造型灯中以鸟灯为主，还有瓜果、草虫、鱼虾等。各式灯彩有数千种，其中鸟灯是代表作。鸟灯的主体，先用铅丝做骨架，再裱糊丝绸做羽翎，然后进行彩画装饰。有单个的，有成双相配的，也有数个成组的。其特点是造型优美，小巧玲珑，变化无穷。这些鸟灯既像自然界的鸟类，又像童话故事中的飞鸟，很具装饰趣味。以鸟灯为主的南通灯彩，多次出国参加展销，深受日本、澳大利亚、加拿大等国人民的欢迎。

南通花灯

【通州灯会】 江苏通州（今南通）民间灯会，具有浓郁的江海文化特色。主要有农历春节的"新春元年灯会"、正月十五的"元宵灯会"、五月十五的"兴灯会"和七月十五日的"盂兰灯会"等。通州灯会源自南宋，清代为盛期。清道光李琪《崇川竹枝词》记通州灯会："街东踏臂又街西，十字街前路欲迷。为看球灯三百六，一双红袖唤郎携。"元宵灯会，俗称"闹灯"，正月十八俗称"落灯"，还有二月初二的"大落灯"。灯会期间，有小型的兔儿灯，也有高达数丈的灯楼。

【丹阳料丝灯】 江苏丹阳料丝灯，在清代初期盛行于当时的京师北京。清高士奇《灯市竹枝词》："堆山掐水米家灯，摹仿黄徐顾陆能。愈变愈奇工愈巧，料丝图画更新兴。"自注云："近代丹阳料丝灯，仿宋元画，愈觉雅艳。"明姜绍书《韵石斋笔谈·丝灯记略》："丝灯之制，始于云南。弘治间，邑人潘凤，……随杨文襄公至滇中，见料丝灯，悦之，归而炼石成丝，如式仿制，于是丹阳丝灯达于海内。……灯虽种种，唯料丝之光，皎洁晶莹，不啻明珠照乘。"参见"料丝灯"。

【武进帮灯】　旧时一种祭祀花灯。流行于江苏武进一带。每年农历二月初二，举行祭祀土地神灵的仪式，以求五谷丰登。祭时都扎制彩灯，以竹木、铁丝为架，用绢纱、透光薄纸做灯面，上绘历史故事、山水花卉，名谓"帮灯"。清光绪《武进阳湖县志》："二月二日祭社，点方灯，灯木架列五六行，行十余方，（灯上）绘山水、花木及故事，曰'帮灯'。"

武进帮灯

【江苏麦秸灯】　亦称"麦灯"。明末清初时，江苏有制作麦灯者，用麦系五谷，烛燃其中。麦灯者，当以麦秆编织或劈丝编制而成。清汪启淑《水曹清暇录》载："国初，江苏有制麦灯者，亦曾充贡。上以麦系五谷，后苑张灯，悬之中央。故王士骐诗云：'江南五月麦初黄，野老殷勤进上方。织就丝丝冰比洁，镂成叶叶玉分光。谁高市上千金价，不比宫中七宝装。闻道圣人昭俭德，莹然一盏照中央。'近时竟不复见。"

【麦灯】　参见"江苏麦秸灯"。

【太仓直塘马灯】　江苏太仓直塘马灯，用铁丝或竹篾做骨架，糊纸

设色扎成各种造型。宣统元年（1909），当地艺人创造出走兽双重骨架法，所扎动物全身可动。动物扎制顺序为：飞禽从嘴开始，走兽从鼻开始。扎制材料除用纸外，还有用彩绢。

【太仓剔画绢灯】　江苏太仓著名传统花灯。骨子用细篾或铅丝做成，绢上绘着各种五彩粉底的人物和花鸟，绢底渲染淡墨，粉彩经过淡墨衬托，使彩画格外清晰突出，仿佛古色古香的金碧青绿绢画。清代太仓王继香曾制作这种绢灯，非常美丽。过去道教拜忏打醮，晚上放焰口做法事，经常悬挂这种剔画绢灯，用以布置经坛，甚至台围佛幡都用剔画绢灯装饰，富丽堂皇。

太仓剔画绢灯

【睢宁上元灯会】　江苏睢宁传统习俗，每年都要举行上元灯会，各乡镇敲锣打鼓，剪彩作狮，一人擎首，一人摆尾，到处舞跃。有的地方糊纱为龙，中燃红烛，十数人持竿迎龙，游行城乡，灯火照耀得像白天。各式鸟兽灯、鱼灯、花篮灯，精致优美，五色齐备，穿插于舞狮龙灯之间，更显热闹红火。

【广东灯彩】　据《广东新语》《佛山忠义乡志》等载，清代广东的灯彩非常丰富，品种主要有茶灯、树

灯、八角灯等。佛山的茶灯"以极白纸为之，剔透玲珑，光透于外"；树灯是挑选树枝多而树梢平的树干为灯杆，"缀莲花（灯）于枝头，多至百余朵，燃之如绛树琼葩"。八角灯为八角形，中间"作大莲花（灯），下缀花篮，八面环以璎珞（珠子）"。柚灯是"以红柚皮雕刻人物、花草，中置一琉璃灯盏"，灯光透过晶莹的红柚皮，"朱光四射"。折灯是"可折而藏之"，伞灯是"可持而行者"。最著名的是素馨灯，所谓"粤中之素馨灯，为天下之至艳"，它是用素馨花缀于灯之四围，"雕玉（琢）冰，玲珑四照"，竟夕芳香。此外，高州每逢正月十五，"城南灯市甚盛，每隔五家缚一灯棚，以竹为之"，灯则"多用杂色糊球（圆形）为灯，剪红、白纸，缀成玲珑万眼灯，光彩夺目"。（引自朱培初《广东工艺美术史话·彩灯》，刊《广东工艺美术》，1979年）

广东元宵灯会
（《点石斋画报》）

【广东灯俗】　广东民间习俗，张花灯有多种俗行，如请灯、开灯、庆灯、闹灯、游灯、接灯头、送灯等。每到上元节，就至庙里选灯，灯上写有吉语，用红纸写上"某宅敬请"字样，敲锣将灯送至请灯人家，民间谓之"请灯"。正月十三，神庙、宗祠都挂起许多花灯，敲锣打鼓，非常热闹，谓之"开灯"；一般人家，也要准备茶菜，邀请亲朋一同吃喝赏灯，这叫"庆灯"，又称

"喝灯茶"。翁源之俗，在宗祠大厅吊挂花灯，中置一油灯，吊时放鞭炮敲锣鼓，称"闹灯"；潮州旧俗，元宵节晚上，抬着神像出游，每人提一花灯，随着神像一路游行至各姓宗祠，便大放焰火，称"游灯"。

【广州红木宫灯】 广州著名传统手工艺品。历史悠久，工艺独特，装饰华丽，名闻各地。以红木为灯架，上雕镂精致纹饰。用彩画玻璃做灯面，图案内容有神话故事、历史故事、山水风景、花鸟虫鱼以及各种书法等。四周悬以朱红彩穗，式样古雅大方，风格华美。

广州红木宫灯

【广州素馨灯】 叶春生《岭南风俗录》载：广州以素馨花交织成素馨灯，或以彩丝穿成花梳，做成馨球、流苏宝带，成为珍贵的装饰品。这在明末清初，是广州盛行的一种风俗。每年七八月间，素馨花盛开，花田妇女天未明就去摘花，用湿布裹着，以免一见阳光花就开放。素馨花苞一粒粒像珠子，卖时以斗量之。清屈大均《广东新语》载："城内外买者万家，富者以斗斛，贫者以升"，"一时穿灯者，作串与缨络者"，满城皆是，"无分男女，有云髻之美者，必有素馨之围，在汉时已有此俗"。秋末冬初作清火雕时，千家万户皆挂素馨灯，结成龙凤诸形，精致玲珑，光艳绝伦。所以当时一些见过这种灯的外省人赞叹道："粤中素馨灯，天下之至艳者。"

【潮州花灯】 广东名产。潮州花灯式样奇巧，工艺精致，具有浓郁的地方特色。过去，用于祭祀、迎神赛会等活动。一般分为挂灯和屏灯两大类。挂灯用竹篾、铅丝、木板条构成骨架，裱上纸帛，彩绘小说故事、岁朝花果之类题材。品种有灯笼、宫灯、水果灯、走马灯，还有用萝卜镂刻的菜头灯等。屏灯是装在台座上的人物花灯，可放可抬，便于参加游行、赛会，一般以戏曲故事题材为主，人物都穿戴绫、绢、丝绸的袍服，并绣饰金花银边。还有一种花灯叫作"活灯"，是指会活动的花灯，由真人化装而成。这种由真人临时装扮的"屏灯"，是急就应付用的，可使游灯活动更增添生动热烈的气氛。

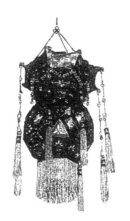

潮州花灯

【潮州屏灯】 广东潮州屏灯，是装在台座上的大型人物花灯。叶天津《潮州民间花灯》载：潮州屏灯，一般以戏曲题材为主，人物都穿戴绫、绢、丝绸的袍服，并绣饰金花银边。规格上，屏灯人物高50厘米以上，头部为纸塑脱胎，饰以毛发，涂以彩色，身体用竹篾、铅丝扎成人物的外形，穿上服饰，腹中可置灯燃亮，叫火灯；屏灯人物高

50厘米以下，头部用泥土塑造，身体各部用竹、木、纸、草扎成各种动态，穿上盔甲、袍带，这叫纱灯。这两种人物花灯，往往都在屏座上衬以相应的亭台楼阁、山水草木为背景，形成完整的艺术品。这些屏灯凝聚了潮州灯彩艺人的艺术智慧和才能，他们在灯彩中创造性地运用书画、雕刻、彩扎、刺绣、剪纸、编织等民间工艺，集匠心于一体。花灯又结合赛会、游行时的潮州音乐和喜庆佳节时妇女吟唱的潮州歌谣，形成"灯火家家市，笙歌处处楼"的富有地方特色的综合艺术。相传潮州屏灯，共有百屏之多。清代末年，潮州花灯著名艺人杜淞、杨云楼两人创作的《红楼梦》《白玉盂》两座屏灯于宣统二年（1910）在南京举办的"南洋劝业会"上展出，荣获大奖。

【意溪坝闹灯】 广东潮州意溪坝街习俗，元宵灯节要举行闹灯活动。叶春生《岭南风俗录》载：元宵之夜，意溪坝街彩灯高照，灯火通明。夜幕降临，三声礼炮之后，鞭炮齐鸣。汽灯开路，两盏宫灯映照着"欢度元宵"横匾，接着是两只香木炉花篮，后面是一条长火龙，由9个单位1000多人组成。然后是秧歌队，姑娘浓抹盛装，手提花篮，踏歌而进。紧跟着是各种人物扮相，均是潮剧人物造型，除扮演传统剧目《陈三五娘》《三国》《水浒》《封神演义》外，还有充满生活气息的《公背婆》以及反映现代社会建设内容和成就的现代戏。这些人物造型，有的以真人化装，有的以大型纱灯塑造，无不栩栩如生。最后是以打击乐器为主的潮州大锣鼓，吹打弹唱，边奏边行。队伍游遍各个乡镇村庄和居民点，观者如潮。所到之处，鞭炮、锣鼓声不断，处处欢声笑语。元宵夜闹至十二点，"重元宵"十六日夜闹到

凌晨两点多。

【新会纱龙】　广东新会新春时流行耍龙灯。一般的"龙灯"长 2 丈余到 3 丈，有 9 至 13 节，多为单数，而新会的纱龙却有 24 节，长 14 丈，龙头高 3 米，制作精美。龙头龙身用竹篾、铁丝扎成骨架，轻巧灵活，以轻纱衬托，龙鳞花斑，宛如在云海中漫游，给人一种缥缈神秘的感觉。表演时配以纱扎鲤鱼灯、彩凤灯等各种纱灯，星星点点，浮游不定，十分好看。新会纱龙独创一格，具有鲜明的地方风格。舞纱龙的阵式和步法，有"蛟龙漫游""龙头钻裆子""摆尾脱皮""团龙反脊""龙蟠九叠""穿龙门""过桥"和"大小梅花桩"等，舞姿优美，花样繁多。广东江门地区，灯节期间也有舞纱龙活动，以庆贺佳节。

【顺德大良鱼灯】　广东顺德大良灯节赛鱼灯，清代就已盛行。1987 年《顺德县修志简报》载：每至鱼灯赛会，万人空巷，盛极一时。扎鱼灯原料为透明薄纱、竹、纱纸、颜料等。鱼形多为红鱼、鲈鱼、鳜鱼、狮子鱼、石斑鱼、火鲤、鸡笼鲶鱼等。制作鱼灯，先按图形用白粉画出鱼形，后用竹篾扎成骨架，铺上银纱，浆上麒麟菜胶晾干，再蒙上涂满匀滑光洁的石花胶薄纱，以颜色绘染鱼体各部位，再用鳞模蘸色印上鱼体，装上活动的玻璃眼，并安灯座于鱼肚内，最后扎牢支柱和挂钩。制成的鱼灯亮起来通体透明，色彩鲜艳。鱼灯长度，一般为七尺至丈余，重十余斤，行进时手持支柱，鱼灯太长，则首尾多添两人，用竹竿叉着鱼嘴和尾鳍钩来助力。

【海丰拾灯】　广东海丰民间风俗，元夕于江上放灯，举行拾灯活动。

清屈大均《广东新语》卷九载：海丰之俗，元夕于江干放水灯，竞拾之。得白者喜为男兆，得红者谓为女兆。或有诗云："元夕浮灯海水南，红灯女子白灯男。白灯多甚红灯少，拾取繁星满竹篮。"广州灯夕，士女多向东行祈子，以百宝灯供神，夜祈灯取彩头，凡三筹皆胜者为神许。许则持灯而返，逾岁酬灯。生子者盛为酒馔庆社庙，谓之灯头，群称其祖父曰灯公。八月十五之夕，儿童燃番塔灯，持柚灯，踏歌于道曰："洒乐仔，洒乐儿，无咋糜。"塔系累瓦碎为之，象花塔者其灯多，象光塔者其灯少。柚灯者，以红柚皮雕镂人物花草，中置一琉璃盏，朱光四射，与素馨、茉莉灯交映。盖素馨、茉莉灯以香胜，柚灯以色胜。

【佛山花灯】　粤中著名传统彩灯。当地称为"佛山灯色"，是"佛山秋色"之一种。明代兴起"秋色赛会"后，得到很大发展。至清代，各种"扎作行"大增，品种繁多，技艺日进，秋色赛会盛行，花灯远销国外。直到今天，佛山花灯依然可见明代"纸马火龙"的热烈风采。佛山花灯，造型精巧，手法多样，色泽鲜艳，辉煌富丽，具有强烈的地域风格和乡土特色。品种有鱼鳞灯、刨柴灯、走马灯、头牌灯、鸟兽灯等几十种。一般以金纸为底，粘贴铜衬剪纸，以绢画为屏，画有梅、兰、竹、菊、荷等，配以五彩排穗、七彩绣球、明镜、璎珞或彩胶片等，以增强金碧辉煌的艺术效果，渲染热闹欢乐的气氛。佛山花灯有三大类，一类为竹织灯，一类为纱灯，一类为开合伞灯。竹织灯用石花菜糊面，纱灯用铁丝制，伞灯像伞，能开合。竹织灯名称比较多，有福（福货）、斗（斗方）、腰（疏中）、元（元货）、手（大小旦八）、粗（粗货）、旦（旦形）、莲

（莲子）八种。规格不一，福货有尺二、尺三、尺四、尺六、尺八；斗方只有一个规格；腰即腰灯，灯箱名称叫大疏中、细疏中；元货有元头号、元二号、元三号；手灯（即提灯）叫大旦八、细旦八；粗货有粗一尺四寸、粗一尺二寸、粗中；旦形有旦中、旦三；莲子形有莲尺二、尺四、尺六、尺八和莲中。纱灯名称有兰盆、八方、六角、四方等，制作规格灵活，没有限制。除以上名称的灯款外，还有许多样。伞灯即像现在伞形开合的天安灯。中秋灯是中秋节用的彩灯，其造型千姿百态，有橙灯、四方宫灯、六角灯、鲤鱼灯、蝴蝶灯、龙凤灯、莲花灯等数百个花色。传统灯色多以各色玻璃纸、丝绸锦缎印上各种花纹图案蒙制而成，色彩斑斓绚丽，还衬上铜铝箔剪纸于彩灯之上，金碧辉煌。此外，还有绸孔雀、绸小兔、吉庆鱼、飞马等四十多种

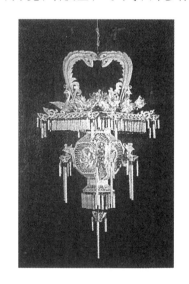

上：佛山灯芯灯
下：佛山金鱼灯

动物中秋灯色。年宵灯，即春节贺灯。历史上最早的年宵灯造型简单，是用竹条和薄纱蒙成的，造工粗陋。现在的年宵灯以绸灯为主，造工精细，是灯色中较大的灯类，如龙柱灯、福鼠龙柱、绸彩凤、绸古狮、绸麒麟等传统灯色，均使用铜衬剪纸、五彩绒球、排穗璎珞装饰，用细腻的笔法绘上各种图案纹样，五彩缤纷，富丽堂皇。这类产品，以香港用户订货居多。

【佛山灯色】 参见"佛山花灯"。

【佛山瓜果灯】 广东"佛山秋色"艺术品之一，它是利用瓜果形状的特点来雕刻成各种物品。如用冬瓜雕刻莲船，用木瓜雕刻大红宝鼎等。刻成以后剔去瓜瓤，里面安上灯。瓜上所刻山水、人物、花卉图案清晰。这种瓜果灯别具一格，具有鲜明的地方特色，儿童最喜爱玩耍。

【佛山上元开灯】 民国《佛山忠义乡志》载："上元，开灯宴。普君墟为灯市，灯之名状不一。其最多者曰茶灯，以极白纸为之，剔镂玲珑，光泄于外。生子者以酬各庙及社，兼献茶果，因名茶灯。曰树灯，伐树之枝稠而杪平者为灯干，缀莲花于枝头，多至百余朵，燃之如绛树琼葩。曰八角灯，中作大莲花，下缀花篮，八面环以璎珞。曰鱼灯，曰虾灯，曰蟾蜍灯，曰香瓜灯，则象形为之。曰折灯，可折而藏者。曰伞灯，可持而行者。自元旦为始，他乡皆来买灯，擎灯者鱼贯于道，通济桥边、胜门溪畔，弥望率灯客矣。"

【榕城花灯】 闽中著名传统灯彩。亦称"福州花灯"。南宋梁克家《三山志》载：福州"上元燃灯……自唐先天始"。表明榕城花灯已有一千多年历史。南宋国都临安（今浙江杭州），每年上元节都举行花灯赛会。南宋周密《武林旧事》载：福州选送花灯，"纯用白玉，晃耀夺目，如清冰玉壶，爽彻心目。……灯品至多，苏、福为冠"。《三山志》亦载："（上元）燃灯，……官府及在城乾元、万岁、大中、庆城、神光、仁王诸大刹，皆挂灯球、莲花灯、百花灯、琉璃屏及列置盆燎。惟左右二院灯各三或五，并径丈余，簇百花其上，燃蜡烛十余炬，对结彩楼，争靡斗艳。又为纸偶人，作缘竿、履索、飞龙、戏狮之像，纵士民观赏。"反映出当时福州花灯已用"灌水转机"之法，使人物灯能爬竿走绳，活动自如，工艺精巧。明文震亨《长物志》卷七载："闽中珠灯第一，玳瑁、琥珀、鱼魫次之。羊皮灯名手如赵虎所画者，亦当多蓄。"至清代，福州灯会灯期长达二十天。《福州府志》载：大街通衢挂灯结彩，大庙中还架设鳌山，燃放烟火。著名的灯有琉璃屏灯、料丝灯、刺孔多角灯和橘灯等。

榕城花灯

【福州花灯】 参见"榕城花灯"。

【泉州花灯】 福建著名灯彩。相传始于两宋，盛于明清。泉州自古就是"月牵古塔千年影，虹挂长街十里灯"（1982年元宵节，泉州南音大会演唱词，作者琴子。见泉州图书馆手抄本）的名城。清陈德商《温陵旧事》记泉州灯艺，"周围灯火，缘以练锦，缀以流苏，鼓鸣于内，钟应于外"。《泉州府志》载："灯火三层，蘸沉檀其中，香闻数里。"泉州花灯按制作工艺，有彩扎灯、料丝灯、针刺无骨灯等，其中以传统的料丝灯最具特色。1954年，名艺人李尧宝吸收传统技巧，将料丝与纸工艺结合，生产出了新中国成立后的第一盏多角料丝灯。这种灯由165个纸制等边三角形组成，外镶玻璃珠，灯光透过纸上刻出的花纹，玻璃珠闪烁异彩，十分引人入胜。根据使用的材料，泉州花灯可分为木制骨架、铁丝扎骨、竹篾扎骨几种，还有用纸折成方柱形的纸管组成的骨架，是工艺制作中较精致的一种。花灯经过扎骨成型后，表面糊上丝绸或纸张，然后采用框线剪贴，结合包堆（薄雕）、彩绘等方法作装饰，有的还配上诗文和书法作品，也有的运用针刺、镂刻手法。然后

泉州料丝灯
（李尧宝作）

根据灯的结构和要求，制成可以悬挂、平放、手提、拖牵、挥舞等多种形式的花灯，品名有素馨灯、玉簪灯、卷书灯、绣球灯和多角灯等。泉州花灯中最奇特的是"香灯"和"千秋火"。香灯呈八角形，垂练、棱线、流苏等全部用香珠串成，八面镶有香土塑成的八仙，上下置有两个大香盘，点燃之后，幽香阵阵。千秋火灯的重心可始终保持稳定，用脚踢之，灯在地面滚动，火光不灭。

【古田字灯】　闽中著名传统灯彩。清代时，制作就已很精美。每灯一字，集字为联。长句达74字，短的14字。每年灯节，利用贯城河道，沿岸张挂，长达里许，月光灯影，映照水中，极为壮观。每组字灯的形式和色泽，统一规定，全城一体。据《古田县志》载：一般将全县城分三区，分头筹划，进行比赛。此外，用鱼龙装饰舢板船，进行水上花灯游行，别具情趣。

【宁化文武灯、高棚灯】　在福建宁化元宵传统灯会活动上的各种花灯中，最具地方特色的要属池家村的文武灯和淮土的高棚灯等。文武灯系仿先祖的战阵，有团伙阵、龙门阵、回门阵、八卦阵、金锁阵和长蛇卷地阵等，以此表达对祖先的怀念。高棚灯高约8米，为正方形灯楼，用竹做框架，以彩纸糊制，

宁化高棚灯

正面排列100多盏各种鸟灯，晚间都点上蜡烛，五光十色，十分好看。出游时伴随排子锣鼓和诸多花灯，热闹红火。

【抢灯】　福建厦门、泉州等地区，旧时民间流行一种习俗，凡女儿出嫁三年之内，娘家在每年元宵节都要送给婿家一对花灯。当地方言"灯"与"丁"谐音，遂以"送灯"象征"添丁"，祝福女儿早生贵子。当送灯者走至途中，对方要来抢灯，抢灯即"出丁"，寄寓人丁兴旺之意。

【奇河打马灯】　福建永安小陶镇奇河村传统风俗，正月新春都要举行打马灯活动。马灯采用竹篾扎制，过去多以红纸或白纸糊制，灯内配以点燃的蜡烛，近年来为了防止雨水淋湿，改用红白绸缎缝制，灯内改为电池和电珠。马灯的制作技术代代相传，而且越做越好。奇河村的马灯共有三角品、四角传祥、围篱笆等多种阵法。马灯是由4匹红马和12匹白马组成的，红马由男人持舞，白马由妇女持舞，通过发号施令、催马曲的演唱等来协调动作。为了这场灯会，奇河村民从腊月底就开始准备工作，立春前接连表演几天，走了东家串西家，目的只有一个：为村民祈福，为永安人民祈福。

【闹伞灯】　古代的一种灯彩。其彩灯形如飞盖，故名。福建和台湾等地区在元宵节时盛行，与歌舞同行，共庆元宵佳节。《漳州万历壬子志》："别有闲身行乐善歌曲者数辈，自为俦伍，缚灯如飞盖状，谓之'闹伞'。"郑大枢《风物吟》："花鼓俳优闹上元，管弦嘈杂并销魂。灯如飞盖歌如沸，半面佳人恰倚门。"

【台湾贯脚灯】　台湾元宵节习俗，有"弄龙""弄狮"和"贯脚灯"的俗行。这天夜里妇女多去参拜"注生娘娘"，祝生麟儿。有谚云："贯脚灯，生生抛；过脚灯，生生抛。"所以她们多悬灯彩于自家的屋檐下，又提了灯在悬着的灯下走过，民间认为这样此年就能生男宝宝。有的地区在元宵节盛行扎制"闹伞灯"，并与歌舞同行，共庆佳节。有的地区文人学士集合于彩灯下共同射文虎，谓之"灯猜"。

【海南放风灯】　惠西成、石子《中国民俗大观》载：海南岛西南沿海地区原属古崖州，几百年来流传群众性的放风灯活动。农闲随时都可放，而以元宵夜最盛，后面放风灯发展成文娱竞赛活动。风灯呈圆锥形，高2米左右，底圆，直径1米左右，中空，用竹扎成支架，糊纸即成。它依靠多烟燃烧物燃烧积聚的气体的冲力升上夜空，升空后随风飘移，故名"风灯"。乐东县九所区于1985年元宵节举办放风灯大赛，盛况空前。各乡参赛的风灯形形色色，一声号令，堆堆燃烧物依次点燃，接着一盏盏风灯冉冉上升，直冲云霄。风灯升至一定高度，就会响起一阵鞭炮声，那是挂在风灯上的"过池炮"响了，表明风灯已上升到"上天"，人们便报以热烈的掌声和锣鼓声。

【硖石灯彩】　浙江著名的传统灯彩。海宁硖石灯彩相传始于唐代，盛于南宋。宋以后，元宵节迎灯盛会，以火流星开道，火流星殿后，中间则是无数花灯，水面船只云集，岸上火树银花，彻夜不散。至清代技艺更高，品种更多。一般分小件、大件两类。小件有走马灯，虎、豹、狮、象走兽灯和各种飞鸟灯，大件有亭台、楼阁、宝塔等各种仿古典建筑灯。其中以"联珠伞

灯"最为奇特、著名。(参见"硖石联珠伞灯")硖石灯彩不但在国内久负盛名,而且在国际上也声誉卓著。1910年南京举行的"南洋劝业会"和1934年的"法国巴黎灯彩赛会"上,硖石灯彩均荣获奖章、奖状。新中国成立后,硖石灯彩多次参加广交会展出,有的还被送往亚非一些国家展览,深受赞扬。1955年,周恩来总理赠送给斯里兰卡贵宾的礼品,就有一对硖石花篮灯彩。在香港"宋城西湖花灯会"上展出的"品字亭花灯",硖石艺人用层次重叠的手法,扎制了一件高1.54米、宽1.06米的"品"字古建亭,共针刺30多万孔,亭内62盏小宫灯都是用"针片"裱糊的,在灯光的辉映下,显得琳琅满目,气势雄伟,盏盏花灯玲珑剔透,巧夺天工,使观灯者赞叹不已。

【硖石联珠伞灯】 浙江著名传统灯彩。制作精巧,工艺独特。灯面一般用四层宣纸糊裱,后用钢针按图案稿纹线条刺成连续的细圆孔,形似联珠,灯如伞状,故取名"联珠伞灯"。这种精细的针工,俗称"引线工"。刺制完成后,再加彩绘,然后粘贴于极薄的轻纱上。图案内容有神话故事、历史故事、花鸟走兽、山水和书法等。经灯光照射灯面,光亮从花纹细孔中透射出来,如雾一般幽雅柔美,耐人寻味,别具一格。如一件长180厘米、宽28厘米的"龙舟灯",从龙首到龙尾,周身共针刺20万孔。在灯光辉映下,龙纹若隐若现,扑朔迷离,奇妙生动。这种联珠伞灯,以前浙江嘉兴也有制作,具有浓郁的乡土特色。

【西湖放灯】 杭州有六月份在西湖放灯的习俗。清范祖述著、民国洪如嵩补辑《杭俗遗风》载:六月夜,"有好事者,且于湖中大放花灯。其法用纸扎成荷花形,下缀以木片,轻浮水面,中燃红烛,多至千余盏,随波流荡,煞是好看"。

【仙居针刺无骨花灯】 浙江名产。因其灯面纹饰,系由刀凿针刺成孔,灯身无骨而得名。相传源于唐代,俗称"唐灯"。这种花灯造型别致,空间感强,立面多样,色泽俏丽,具有浓郁的地方特色。

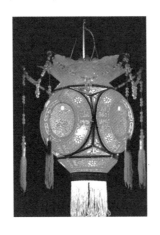

仙居针刺无骨花灯

【唐灯】 参见"仙居针刺无骨花灯"。

【海盐夹纱灯】 浙江海盐夹纱灯,名闻全国,具有浓郁的地方特色。夹纱灯,多为六角形、八角形;灯面为主体,刻绘有花鸟、人物和风景等图案,下部为各色书法;灯沿饰有排须,四周挂有大红流苏。因画面以纱夹之,故称"夹纱灯"。灯内点燃红烛,画面若隐若现,极富情趣。

海盐夹纱灯

【海盐滚灯】 浙江海盐地区一种元宵活动。传统滚灯有文灯、武灯。文灯一般只进行游行表演;武灯则融合武术、杂耍、舞蹈等多种形式,加以锣鼓伴奏,热闹非凡。

【宁波跑马灯】 浙江宁波灯节传统花灯。跑马灯活动于每年正月初一开始,至正月十五灯节达到高潮。这一灯节风俗遍及每个村镇以及深山海岛。跑马灯形式多样,制作方便,有两盏马灯、四盏马灯、五盏马灯、八盏马灯的。规模最大的要数象山石浦镇的"延昌马灯",传说已有近200年历史,表演者达20人,即3个守城门,4个马童,2个旗手,8到10匹马。用竹扎制马灯架子,以布或纸糊(蒙)成马眼,马灯的眼睛会亮,表演时表演者口唱歌谣俚曲,击马灯于人身之前后为乐,气氛欢快热烈。另一种表演形式,是4个马童身穿彩衣,面部化妆,手挥马鞭,各自"骑"着马灯,分立四角,一边唱着《马灯调》曲子,一边穿梭、翻腾、转身、跳跃,表演灯舞,同时燃放花炮。

【桐乡剔墨纱灯】 浙江桐乡传统节日灯彩,为桐乡濮院镇所创。清沈涛《补东畬杂记》:"沈则庵名宋,南蘋之孙,德清县之新市人,流寓在(秀水濮院)镇,善画花鸟,能于纱上用灯草灰作剔墨之画,以纱绷灯,照以火光,则纱隐无质,而花鸟浮动如生,亦绝技也。海盐黄文光,名景昭,亦侨居于此镇,得则庵画法,故剔墨纱灯,吾镇独多。"民国夏辛铭《濮院志》有相似记载。关于剔墨纱灯,明曹学佺有《咏墨纱灯》诗:"质裂横疑水,光生薄似苔。凭将彩笔画,认作剪刀裁。鸟向空中度,花从镜里开。细看若无力,不畏晓风催。"剔墨纱灯为六角形棱柱体，由六块灯面跟六棱支架组装而成。高 65 厘米，直径 56 厘米，灯面宽 25 厘米。支架由红木制成。连接两块灯面的棱柱，外檐装雕有龙头的灯脚，龙嘴挂金黄色流苏。灯面上下端和灯脚外檐均附贴白色花饰。灯面以绢纱绷蒙，纱上绘花卉仕女，灯光透过绢纱，纱隐画显。作画时，先在绢纱上勾勒轮廓，然后用胶汁涂于绢面，待胶汁干后，即在胶上勾墨着色。画毕，再用灯草烟灰或墨汁将画外空白绢画涂黑，最后用绣花针将墨汁从纱孔中剔出，使之透光。

桐乡剔墨纱灯

【浙江百叶龙灯】 浙江传统灯彩。元宵灯节期间，浙江很多地区都举行舞百叶龙灯活动，以庆贺佳节。活动开始时，舞龙青年分别手持装有木柄的荷花灯、荷叶灯和蝴蝶灯穿插起舞。最后，一盏大荷花灯变作龙头，蝴蝶灯化作龙尾，其他灯结成龙身，舞动时，犹如一条花龙腾空而起，十分壮观。

【三门板龙】 浙江三门的元宵节风俗，必有舞板龙活动。三门县《亭旁杨氏宗谱》载，三门板龙全长 249 米，由 138 节组成，需 200 余名青壮年抬举，还伴有五兽、古亭、台阁等仪仗队与鼓乐队，规模庞大，蔚为壮观。板龙每节用长约 1.7 米的木板做底座，两端凿圆孔，用长约 1.5 米的木棒连接，既可直线行走，又可左右盘旋。板龙的

头、身、尾及各种彩灯的骨架均采用竹篾做成，再糊上彩纸，裹上花布，饰以龙须、龙眼、龙眉、龙角、龙珠，贴上龙鳞、龙鳍，画上花纹图案。舞龙于元宵节晚上举行，行龙路线长 15 千米。舞龙队列出发时，三声炮响，灯火通明，鼓乐喧天，鞭炮火铳齐鸣。狮猊先导，白象开路，蜿蜒数里的长龙缓缓而行，队伍必经田地集中之处，预示祥龙普施甘露，风调雨顺，国泰民安，五谷丰登。

【浙江桥灯】 桥灯亦称"灯桥""敞灯"，金华、兰溪、衢州称"板龙"，浦江地区称"长灯"。清代《诸暨县志》："暨俗有龙灯，首尾为龙形，鳞爪毕具，其中翘装联络，缀以人物故事。灯桥多者至四百许，一望辉煌，杂以锣鼓旗帜。"其灯分"龙头"和"灯桥"两部分。"龙头"以竹篾扎成，外裱绵纸，描以彩色龙鳞、云彩，腮挑龙须，嘴衔龙珠，四肢擎有各种彩灯，背上插以旌旗数面，上建"天灯"，下挂"地灯"，托以木板，放在支架上。"灯桥"由各农户自行制作。灯下托一板，约六尺，谓"桥灯板"。两头各凿一孔，以前后连锁接灯。板上设有灯架，每板两支，套于架上的叫"桥灯壳"。"灯壳"以竹篾扎制，裱以绵纸，描上彩图。其形千姿百态，有花鸟虫鱼、亭台楼阁、器具人物等。迎者还可以板下细绳操纵物象，使之活动。每年夏历正月初八后，开始挨户募款，称"写龙头"；逢家约灯，称"写桥灯"。"龙头"制成后，先用红绸包住"龙眼"，后择良辰，设祭解去所系红绸，鸣放爆竹，奏以鼓乐，谓"开眼"。"开眼"后，每餐"设斋"，谓之"养龙"。桥灯大多连迎三夜，以正月十四、十五、十六三夜为重。十四日傍晚，"龙头"出来游村，旗牌灯引路，

锣鼓唢呐伴奏，意为"催灯"。"龙头"游村一周，各户"灯桥"纷出，于场院和"龙头"相接，连成一列，俗谓"接灯"，有多至四五百板。接毕，正式开迎。其形式有"铁索箍""肚里滚""青蛇溜""麦饼挑""荷花旋""剪刀股""双开门""绕房柱"等，极为精彩惊险。十五日夜，桥灯出村迎赛。外村桥灯进村，主村桥灯须到村口迎接，谓"接客"。几列桥灯相遇，则要"赛灯"；龙头赛高或灯列赛阵，尽献其技，鼓吹高奏，爆竹齐放，欢声雷动，迎灯活动渐入高潮。

【敞灯】 参见"浙江桥灯"。

【新塍纸凉伞灯】 浙江嘉兴秀洲区新塍地区盛行，源自于新塍鳌山灯会，是清朝以来流传的一种独特民间灯彩。制作工艺十分繁琐，先要在宣纸上手绘山水、人物、花卉或戏剧题材图案，然后粘贴在油纸上，针刺孔眼，将刺好的图案围成一顶圆形巨伞。燃灯后，画面上的图案被映射得晶莹剔透。

新塍纸凉伞灯

【平湖西瓜灯】 浙江平湖地区盛产西瓜，皮薄甜润，多枕头瓜，名闻江浙。平湖制作的西瓜灯，都为仿西瓜之形制作，用竹木扎制，上糊透光彩纸或薄纱，彩绘花鸟、人物、山水，灯下饰排须，四角垂挂流苏。也有将西瓜瓤掏尽，雕镂西瓜皮，灯燃其中，别具一格。

平湖西瓜灯

【台州放橘灯】 旧时用红橘做灯，放于河中为乐，以庆元宵佳节，故名。元宵放橘灯风俗，主要盛行于浙东台州等产橘地区。正月十五元宵节夜晚，当地各家橘农聚于澄江上游，举行放橘灯盛会。事先在橘子上部开一小口，取出橘肉，于橘壳中盛满灯油，点燃灯芯。千万橘灯放入江中，浮满水面，灿若闪亮红星，极为壮观。观者欢呼跳跃，以庆贺橘子丰收。

【上海灯彩】 上海灯彩以花纹图案细致、色彩鲜艳著称。过去流行于真如、大场等近郊地区，市区的扎灯业主要集中在六马路一带。艺人们扎制的"万象回春灯""绣球灯""青狮灯"和"荷花灯"等，都具有朴素的民间特色，构思巧妙，敷彩谐和大胆，造型优美耐看，制作细致精工。上海灯彩以灯彩老艺人何克明的作品最为突出，在国内享有盛名，他也被誉为"江南灯王"。何克明擅长扎制龙、凤、鹤、鸡等，代表作有《百鸟朝凤》和《龙凤呈祥》等。他扎制的灯彩，在

保存搓、扎、剪、贴、裱、糊、描、画等传统制灯技术要领的基础上，还结合多年的制灯实践，总结出了制作灯彩的六大审美特征：匀、正、紧、挺、齐、鲜。现代上海的宫灯、木雕灯、电转灯等，都保留了上海传统灯彩的特色。上海元宵灯节，都要舞龙灯，龙灯通常有18节长，需36位男青年着锦衣彩裤，手持灯棒，在锣鼓声中表演舞龙灯的花样。

上海灯彩

【松江刻纸夹纱灯】 上海名产。松江的刻纸夹纱灯，明代时就已盛行。明代绘画和明版书中的木刻插图，如《西厢记》，都已有形似刻纸纱灯的灯彩。这种刻纸类纱灯，是用竹篾张起轻绡，做成芯子，在极薄的轻绡上粘着精细的刻纸图案，名谓"锦堂"。刻纸有一色的，也有五色的，在锦堂内刻有戏文、花鸟图案和文字等。把这一片片刻纸锦堂装配成六角、八角形的灯彩，上下并有刻纸的盖幡，四周垂有流苏，远远望去，嵌空玲珑，若即若离，如雾里烟花，美丽绝伦。现南京博物院珍藏有这类古代刻纸夹纱花灯。

【上海花篮吊灯】 上海制作的花篮吊灯，为八瓣荷花形，以竹木为灯架，上糊绢面，彩绘有人物、花鸟、山水，色泽典雅，周边饰有流苏，造型精美，轻盈小巧，既有古

典气派，又有时尚特色，新颖而实用。

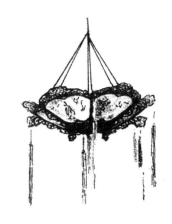

上海花篮吊灯

【上海灯具】 上海传统名产。上海使用现代灯具较早，约在20世纪20年代已有电灯。20世纪50年代，上海已为北京"十大建筑"和中苏友好大厦制作部分配套灯具。到20世纪60年代，一个独立、完整、协作配套的灯具行业开始形成，以后灯具生产水平得到迅速发展。上海灯具在灯罩上，采用玻璃喷金、磨砂、刻花车料、塑玻组合、金属镂

上海灯具
上：壁灯
下：落地灯

丝以及藤竹等新工艺；在基座和连接件上，采用异型轻金属、陶瓷、大理石、铁木以及塑木组合结构等新材料；在装饰涂料上，采用喷镀古铜色、仿金、一次氧化多次着色以及真空涂膜等新工艺；在花色品种上，由单一、分散，向成套、系列方向发展。大量产品除了满足国内市场的需要外，还出口到许多其他国家和地区。

【安徽板龙】 皖南、皖东元宵传统习俗，灯节都要举行舞板龙活动。板龙用木板或竹板制成，每节长 6 尺左右，每节板面固定 5 个瓜形灯笼，笼内燃香烛。龙头构造较复杂，用料多，有 50 余斤。皖东的板龙，节数一般为奇数，以 9 节、11 节居多，每节下面装一木柄，以便舞龙人握举。皖南山区规定：每村出龙一条，按户或按丁出节，村大户多则龙身长，村小户少则龙身短；龙头必须由族长或德高望重的富户承担制作。元宵前后几天，各村镇都要进行舞板龙表演，热闹红火，欢快热烈。

【舞草龙】 亦称"舞香龙""舞火龙"。安徽、江西和香港等地民间传统习俗，春节、元宵节、中秋节时，为庆贺佳节和祈求丰收都要举行舞草龙活动。在皖南地区，民间用新收的稻草扎成龙形，有头、身、爪、尾，外糊色纸。龙身有长有短，长者需数十人共舞，短者一人即可舞动。香港的草龙则用珍珠草扎成，全长达 24 丈，龙身分 32 节，全部插满长寿香，要连续三夜在大街小巷飞舞，俗谓能驱散瘟疫，保佑地方平安，一直流传至今。通常，草龙都用稻草扎成，包括龙头、龙尾，一般以 5 节、7 节、9 节构成。每节长约 35 厘米，直径约 20 厘米。龙头是将一把稻草分为两半，一半为上额，一半为下颚，

龙尾前大后小，前圆后尖，中间各节大小匀称。每节都装有一根长 1.1 尺的木棍，供表演者持撑。舞草龙白天、夜晚均可表演，也可以多条集体表演。夜晚表演时，通常全龙插上香火，故又称"香龙""火龙"或"香火龙"。

【舞香龙】 参见"舞草龙"。

【舞火龙】 参见"舞草龙"。

【淮北蒸灯】 淮北地区制作的蒸灯，系用麦面和黄豆面制成，有"生肖属相灯""十二月份灯""神龙灯"和"母鸡灯"等。灯碗内倒入麻油，用棉花做灯芯，于元宵节晚上点燃面灯。龙灯放于粮囤，老母鸡灯放于鸡窝，以此祝祷粮食丰收、六畜兴旺。

【泉城放河灯】 山东济南民间习俗，农历七月三十日有放河灯活动，相传这一天是佛教地藏王菩萨成道之日。河灯，是先用湿面捏成灯碗，晾干之后，放上菜油，用棉花搓成灯芯，然后点燃起来，放在河里，让它顺流漂去。张继平《泉城忆旧·放河灯》：七月三十日这天傍晚，居民们都在家中点燃线香，遍插院落墙根和甬道两旁。"在黑虎泉东侧的护城河畔，搭起一座半在河中半在岸上的彩棚，众善男信女手执信香分列两侧。在阵阵笙管铙钹的奏鸣声中，几十名僧人身披锦绣袈裟，诵经文做佛事后，鞭炮震响中，将丈余长的大纸船焚化，火光映红河面，蔚为壮观。众信徒此时将数百盏河灯点燃后放入河中，……只见各色河灯缓缓顺流而下，映照出粼粼波光，树影婆娑，其景美不胜收。顽童们欢呼雀跃地在岸上追逐着河灯奔跑。"

【青州料丝灯】 山东青州，清代时

也烧造料丝灯。康熙年间曹贞吉《珂雪集·灯市叹》："……自识雍门客到稀，入眼先看青州士。料丝五色称绝伦，镂空绘影增鲜新。草野那知此物贵，千金诧我薄游人。都门好手皆可辨，剪彩迷离惊创见……"

【博山龙灯】 山东博山民间传统灯彩。相传始于明代永乐时期。最初用竹条扎制骨架，独节，由一人舞动。清初由独节纸糊龙灯发展成数十节的贴金罩纱龙灯，需数十人同舞。现代的博山龙灯用竹条、铁丝扎制，头、身、尾连为一体，几丈长的龙体活动自如。龙腹内装有蜡扦，蜡扦下坠一铅块，无论龙体怎样舞动，烛火始终向上，不会熄灭。这种龙体直径约 1 米，共 49节，每节安一木柄，供人手持舞动。龙灯表演有单龙舞、双龙舞。单龙舞有"盘头""盘尾""龙打滚""闹龙门"等数十种花样，双龙舞有"二龙戏珠""姐妹同欢"等多种形式。

【德州盒子花灯】 山东德州传统风俗，元宵灯节要举行燃盒子灯活动。盒子灯亦称"迭套灯"，即灯中有灯，灯中套灯。最多的盒子套灯有 16 层，每层画面内容都不同，题材均取自民间传说和戏剧故事，有"和尚变驴""炮打襄阳城""三战吕布""猪八戒背媳妇"等。燃放盒子花灯时，先用一根长竹竿将盒子灯高高挑起，然后点燃导火线，随着导火线的燃烧，一套套灯便依次变换，引人入胜，十分有趣。因技艺独特，为当时人们所推崇，被称为"花灯之王"。现这种技艺几乎失传。

【迭套灯】 参见"德州盒子花灯"。

【德州、滕州等地放河灯】 山东德州、滕州、济南章丘等地，民间传统风俗，中元节晚上都要举行放

河灯活动。德州中元河灯,场面壮观。人们用瓜皮、面碗、纸张制成各种灯,以街巷为单位,制作特大纸船。到晚上,把大小的灯和纸船一齐放入城边运河中,河上顿时灯火通明。灯与纸船顺流而下,漂流摇曳,如同天上点点繁星。运河两岸百姓,纷纷涌到河堤上看河灯。滕州也有放河灯的习俗,形式与德州大体相同。不同的是,滕州在放河灯之前,要摆香案、念佛经,佛师一边念经,一边朝台下撒小馍馍。小孩们蜂拥而上,抢吃馍馍,俗信吃了能消灾。放河灯时,人们还会根据河灯的走势,讲述许多传说故事。

"太平有象"河灯

【蓬莱渔灯节】 山东蓬莱沿海渔村民间元宵习俗,都要过"渔灯节"。渔灯节在元宵节之前,即正月十三日。他们称元宵节的灯事活动为"送麦灯",而称渔灯节的灯事活动为"送渔灯"。渔灯节的晚上,要送好多萝卜灯到海神庙中,并在海岸边摆放灯盏。然后到自家的渔船上燃灯放鞭炮,船头、船尾、船舱也都要摆上萝卜灯。最后到海边,将一盏盏灯放在事先用高粱秸扎制的小船上,顺风放入人海,名为"放海灯"。届时村里村外,船上岸上,陆地海洋,处处灯火,风光壮丽。

【山东萝卜灯】 山东民间元宵风俗,很多地区用萝卜、胡萝卜制作彩灯。制作过程,俗称"割灯"或"切灯"。简单的,就是切下一段萝卜,用小铜线在中心旋一个灯碗,插上灯芯,注入蜡油即成;精致的,则用萝卜雕刻,如雕一盏"寿桃灯",用大萝卜做桃体,以翠绿萝卜皮做叶,用胡萝卜做花,红红绿绿,精美可爱。滕州山村的萝卜灯做得特别漂亮。元宵节傍晚,男孩子提着满篮的灯到村外摆放,名为"放灯"。每隔几十步放一个,从村头一直摆到山顶。凭目远眺,就像一条火链,远接天宫,近连村庄,很有些奇幻之感。

【威海面灯】 面灯,亦称"面盏"。山东威海一带的面灯,是与灯节相关的一种民间工艺品。威海有一种古老习俗,每逢正月十五,很多人家都会用玉米面、豆面和白面等混和起来的面团,把家庭成员的生肖捏塑出来,然后蒸熟,既作为装饰、玩具,又可食用。因早先以捏灯为主,故名"面灯"。捏制灯状如粮囤,十二个,上边盘有几条小蛇,名曰"圣虫",借以祈祷五谷满仓。捏塑的动物,嘴里嵌红枣,牛眼用扁豆镶嵌,猴眼用绿豆,豆子脐部的一点白色,正好当作提神的眼光。《威海县志》载:"元夕,以面作盏,边捏月份,按其干湿卜旱涝。"胶东、临沂等地区,也有元宵蒸面灯的习俗。《胶澳志》载:胶东地区"上元蒸面作灯,注油点之,视其烬花,以占五谷丰歉,曰灯花"。

【河南灯彩】 河南的民间灯彩,主要由民间艺人或农民自制。制作时,用木条或竹片扎制成长方形的简易花灯架,上糊透明薄纸,绘以戏曲人物和花鸟图案。自制的兔子灯,用竹篾扎制,下置四个小木轮,用彩纸剪成排须作为兔毛,以极简练的线条勾勒出兔眉、兔眼,前系一长绳,以供孩子拖拉玩耍。这些民间灯彩,粗犷质朴,具有强烈的乡土特色和醇厚的农耕文化意蕴。

河南灯彩

【洛阳宫灯】 河南洛阳传统名产。历史悠久,相传在东汉时就已相当兴盛。以制作技术精湛,品种众多,造型独特,色彩绚丽,具有浓郁的民族特色而驰名中外。产品有造型端庄、气氛热烈的红纱宫灯和设计精巧、富丽堂皇的六角雕龙宫灯等二十余种。

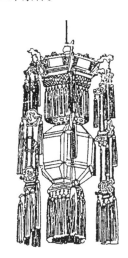

洛阳宫灯

【汲县灯节】 河南汲县传统习俗,于每年正月十四、十五、十六三天,各处搭起牌坊、灯棚,扎制鳌山,放烟火,演秧歌戏,欢度元宵佳节。

【三峡灯会】　重庆三峡灯会，展示了三峡工程的壮丽景观和库区浓郁的民俗风情。"三峡大坝"大型灯组，把三峡枢纽工程及防洪发电、航运等景观微缩展现，让人们目睹三峡的宏伟风采；"石刻瑰宝""峡女沐浴""三峡壮游"等灯组，展现三峡地区特有的民俗风情；"瞿塘春姑""巫山神女""神女吹笛""三游洞"等灯组，表现美丽的神话传奇；"小平旧居""龙凤呈祥"等灯组，表现人民对改革开放总设计师的热爱和敬仰之情。

【万县元宵灯会】　重庆万县民间习俗，从农历正月初六至十六举行"元宵灯会"。有莲花灯、狮灯、鸟灯和鱼灯等。同时还举办各种灯彩比赛。

万县莲花灯

【四川龙灯】　四川著名传统灯彩。造型独特，色彩强烈，形式多样，气氛热烈，具有浓郁的民族特色和地域特点。四川龙灯主要有彩龙、火龙、水龙三种形式，龙头、龙身、龙尾的骨架和表面处理方式各不相同。川东铜梁县（今属重庆），以扎作彩龙见长。1984年，为庆祝新中国成立35周年，铜梁县长平乡纸扎工艺师蒋玉林等3位老艺人，制作了9条色彩斑斓的巨龙，运往北京参加庆典。每条龙共35节，长74米，由200名健壮青年操舞。宣汉县的"桃龙"更为别致，用一大串寿桃灯彩组成复合型的龙身，中间燃烛，具有浓厚的喜庆气氛。

四川龙灯

【铜梁龙灯】　铜梁龙灯，别具一格。《巴县志》载：元宵节，"市人以鞭炮、筒花、聚烧龙灯"。铜梁龙灯以慈竹、柏木构架，丝绸、绢带裱面，浓墨重彩描绘，集狮头、鹿角、虾眼、鱼脊、蛇身、鱼鳞、虎掌、鹰爪、金鱼尾于一身，构造出50多米长的大龙灯。铜梁人称舞龙灯为"烧灯"，比赛时不光要看舞得好不好，更要看龙尾巴能否经得起烧，这就得要求掌龙灯尾的人灵活、机智了。

【灯竿会】　蜀中东西部地区流行的一种传统习俗灯会。正月初九举行。入夜，将扎制的各色彩灯悬于竹竿，插于田头、街边、巷口、道旁、门前，祈愿风调雨顺、五谷丰登、驱邪纳福、平安康宁。彩灯用竹篾、铁丝做骨架，外糊彩纸、绢纱。灯名有"玉皇灯""五谷灯""天灯"和"雁鹅灯"等。

【川东灯火节】　此俗由唐宋上元节"灯夕"发展而来，清代时很盛行。农历正月十五日夜，各家各户室中遍张灯笼，家人围坐一桌，饮食欢笑相庆。

【成都花灯】　四川成都传统名产。每年都要在成都青羊宫内举办灯会，各种灯彩千姿百态，有吊灯、壁灯、挂灯、走马灯、荷花灯、鲤鱼灯、鳌山灯、大花篮等。其题材则取自于群众喜闻乐见的川剧剧目、历史故事、民间传说和工农业建设等。构思新颖、制作精美，具有浓厚的地方特色，集中展示了成都民间彩扎技艺和书法绘画等传统艺术。成都的龙灯和狮灯，在农历正月初九就出灯。龙灯有摆龙、双龙、火龙三种。摆龙、双龙大都在白天玩，前用舞元宝来引导；火龙在夜里出迎，前面有流星火球开道；狮灯也是晚上出迎，有笑头和尚、孙猴子等一起表演，十分有趣。

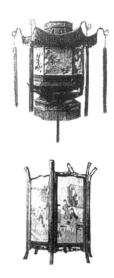

成都花灯

【川西灯山会】　四川西部一带传统习俗，在清代至民国时较流行。每年夏历正月十五元宵节前后，邻里相约，轮流设酒席聚饮。通常从正月初九"开灯"时办试灯宴，一

川西花灯

直延续到十六日。聚饮时家家室内厅堂挂灯亮盏。《峨眉县志·方舆志》载:"上元,约集比邻供灯,轮次聚饮,曰'灯山会'。"灯有各色花灯,扎制精美,五彩缤纷,十分红火。

【四川五谷灯】 主要流行于川东和川西一带的农村。每逢农历正月初八、初九日,农民把自己制作的灯点于田间,谓之"点五谷灯",认为可以驱除不祥,使农作物免遭虫害而获得好收成。这是一种祈求丰年的象征活动。

【万安麒麟狮象灯】 江西万安民间传统灯彩。万安自古就用篾扎纸糊做成麒麟狮象灯,挂在厅堂或持之舞耍,以象征风调雨顺、人寿年丰、六畜兴旺。舞队由一支紫色麒麟灯、一支红色公狮灯、一支绿色母狮灯、一支白色象灯和两支吉祥灯组成。每逢元宵节,除在祠堂表演外,还要走村串户演出,每到一村,先鸣锣鼓报讯,这时村里家家户户,男女老少都涌到村口,鸣炮欢迎。表演分四个程序:一、念"赞词",祝人们万事如意,如"狮灯送福,子孙满堂;五谷丰登,六畜兴旺",或"麒麟狮象贺新年,家家幸福日子甜;麒麟狮象祝元宵,仓满猪肥人人笑"。二、舞队表演十字、汇合等队形,象征为民带来四方财宝;各家打开四门,意在招财纳宝,迎新接福。三、舞队围着村中戏台大跳急舞,象征为民消灾驱邪。四、麟、狮、象鞠躬,表示送上吉祥,并舞"单缠住"动作队形,象征将幸福紧紧缠住。全舞毕,村民争相将麟、狮须扯下一些,贴在自家门楣、牛栏等处,据说这是留下"狮威",可消灾避邪。

【江西火虎灯】 江西民间传统灯彩之一。亦称"篾老虎灯"。表演火虎灯时,一人身穿彩衣,手持引虎火棍,引出老虎;众人双手将火虎灯举过头顶,追随着火棍奔跑、跳跃、翻腾,快速地变出各种队形。因灯上的木炭粉末未燃烧后遇到空气冲击,噼里啪啦地发出清脆的响声,空中便会形成火星四溅的壮丽景象。同时用唢呐和打击乐吹奏着喜庆欢乐的民间小调,火虎灯给各家拜年祝福,祈求人寿年丰。相传这一民间习俗,已有近千年的历史。

【篾老虎灯】 参见"江西火虎灯"。

【东乡蛇灯】 江西民间传统灯彩。主要流行于江西东乡县一带。蛇灯长18米左右,由蛇头、蛇尾和五节蛇身组成,并有两个蛇珠。蛇头、蛇尾、蛇身的骨架系用篾条制作,蛇的外表蒙以白棉布,再画上蛇纹。蛇身中横穿一根木棒,为表演者撑蛇灯之用。表演时动作较复杂,一般有"顺钻花""小翻九楼""换棋盘""过铁门""大过""大钻""关龙门""画梅跳界"八套动作。多用打击乐和唢呐伴奏。

【长沙灯会玩龙】 湖南长沙民间习俗,元宵从正月十一到十五,都要举行灯会玩龙。灯会时,几百人执各式花灯在乡村或城市游行。玩龙是先由拿"珠"的人引龙到空地,大舞特舞,把龙结成"卍"字形等吉祥字样,具有独特的地方特色。

【桃源板龙灯】 湖南桃源传统风俗,正月十五灯节,有舞板龙灯的活动。板龙的龙头、龙尾和牌灯系纸糊篾扎,且与龙身脱节。龙身由若干块木板连接,每块灯板长6尺、宽5寸、厚2寸,上扎彩色灯笼三盏,内燃蜡烛;板中下装手柄,板的两端各凿一孔圆眼,相邻灯板用木楔插入圆孔连接,短的可连数十节,长的可连数百节,构成气势雄伟、千姿百态的板龙灯。《湖南民间舞集成》载:板龙灯流传于桃源北部的漆河、九溪、双溪口等地。传说可保参加者人丁兴旺、五谷丰登。领头的是一位头缠白头巾、身穿缀有神龙图案和"寿"字大红背心的长者,他舞着硕大的龙头,率十杆九眼铳在队伍前开道,一面队旗、一支号角、两班土锣鼓、四把唢呐、八个排灯箱等依次出阵。珠灯、虾子灯、蚌壳灯、仙鹤灯和狮子船、彩龙船载歌载舞,响器大作,惊天动地。玩板龙灯的人群参拜四方,虔诚地祈祷新年风调雨顺、国泰民安。

桃源板龙灯

【七巧龙灯】 主要流行于湖南的桂阳、衡阳和嘉禾等地区。每年农历小年开始出灯,至元宵节后收灯。表演时,先由一两条长21节的凤头龙身的灯绕场一周,灯上粘贴

麒麟狮象灯
(引自刘锡诚、王文宝《中国象征辞典》)

东乡蛇灯

有五彩鸡鸭羽毛，色泽鲜丽，形象独特；接着七巧龙灯入场表演，后两灯相互穿插共舞，舞姿多样而优美，舞至高潮处，观者呐喊助势，笑声四起。

【湖南乡间纸龙】　纸龙，只有 10 — 13 厘米宽，一条数米长的皮纸条系在一条短棍上，一人持短棍挥舞，纸条便似龙一样盘旋飞舞。这种龙舞只求神似，不求形似。纸龙主要流行于湖南乡间，具有浓郁的地方特色和乡野情趣。

【湖南虾灯】　以前湖南等地于每年春节流行扎制虾灯，至各家各户表演灯舞，以庆新年。虾灯分头、尾等若干节，用竹篾做灯架，外以白纱布缝制，上施彩绘，头尾下有木把，每节虾腹中都点燃红烛，双人舞灯，虾灯每节能随意伸曲转动，夜间舞动时，真似红虾在水中嬉游，十分有趣。亦有两只虾灯对舞，更为热闹。今有用竹木为骨架扎制的大型虾灯，长达 20 多米，数十名青壮年才能舞动。

【桃源虾灯】　湖南桃源"虾灯舞"，既有单独表演的小虾灯，又有双人或三人舞的大虾灯，还能与板龙灯、鹤灯、螃蟹灯、鲤鱼灯等配套演出，具有宏大的气势和壮观的场面。虾灯舞道具的制作十分讲究，不仅选材、工艺要求严格，还要保证虾身造型美观形似，也要满足表演要求，必须让虾身特别是虾尾弯曲自如。虾灯舞主要有表现虾子在水里游玩戏耍的"日头过垄"，虾在激流中腾跃奋进的"鹞子翻身"，虾在回水湾悠闲恣意、缓缓游动的"鸦鹊漫步"，还有"雪花盖顶""黄龙抱腰""青藤缠树""左右插花""母子团圆""步步高升"等近 20 个表演动作，展现了虾在水中遨游、搏击等种种神态，粗犷处展露灵

巧，豪放中显现细腻，活灵活现地再现了群虾戏水的场面。

【昆明料丝灯】　云南昆明料丝灯，从明代时便制作精美，名闻中外。江苏丹阳和山东青州制作的料丝灯，都学自于昆明。将玛瑙、紫石英捣成屑块，煮腐为粉，再用北方的无花菜水调制成丝，制成的料丝花灯，晶莹可爱，古朴优美。

【楚雄花灯】　云南楚雄传统习俗，正月要展灯唱戏。正月初二龙的"生日"时开始制作彩灯，排练戏文，初八演出。正月初八日乃传说中土主的生日，故于土主庙表演。先由司仪唱仪，后展灯唱戏。传统灯班有众多彩灯，分排灯和提灯两大类。排灯又称抬灯，有纱灯、印灯、鱼灯、白鹤灯、莲花灯、狮子灯、麒麟灯、龙灯、猫灯、龟灯、青蛙灯等。正月十五夜演出完毕，由狮灯引路，到土主庙外烧掉彩灯，是谓"送灯"。

楚雄纱灯

【云南跑星灯】　首先将 28 个燃灯碗按二十八星宿图的位置摆于广场上，以象征吉星高照。舞者 9 人，领舞两人，手击小铙；其他人各持打击乐器，随领舞者在灯图中往返穿插，边敲边走。跑星灯表演，民间认为，可祈求吉祥幸福，避灾安康。

【陇东十二月面灯】　甘肃陇东地

区制作的面灯，具有浓郁的地方习俗寓意。面灯既可供农家在灯节时观赏，又具有祈求五谷丰登的象征意义。陇东乡间灯节有蒸面灯、面人的习俗，面灯一般高二寸，直径一寸左右，每盏面灯的沿口均有精巧而细密的齿形花边，其中有十二盏灯的，分别代表十二个月，灯沿口有几个齿牙则代表几月。面灯蒸熟，揭开锅盖后，哪个月的灯里有水，则象征着当年那个月有雨。水多者雨多，水少者雨少，干者象征干旱。然后，用棉花缠蒿枝做成灯捻子插入每个灯碗内，再逐个倒入清油，一齐点燃。首先用一盘子灯（23 盏）祭灶神；粮囤架上点康健老灯，象征人寿年丰，鸡窝旁点驮灯鸡灯，象征吉（鸡）祥如意，吉灯高照；槽头旁点驮灯马灯，象征六畜平安、槽头兴旺；其余面灯，置于窗台、院子、水缸、面缸等处。陇东面灯，通常用荞麦面制作。庆阳地区，正月十五村社集会，将各色面灯摆成高低起伏的"灯山"，供人观赏。也有的做成牛、马、猪、狗、羊、龙、蛇等十二生肖灯，别具一格。

【宁县彗星灯】　古代一种灯彩。放灯时，遥望似天上流星，故名。宋代庄绰《鸡肋编》载：甘肃宁县，农历上元节，人们于南山巅系一长绳，垂至山脚，以瓦缶盛薪火，贯以环索，自上坠下，其速极快，遥望似大流星，民间曰"彗星灯"。

【冰灯】　一种用冰做装饰的灯彩。黑龙江哈尔滨等城市，在元宵节前经常举办传统冰灯游园活动。冰灯的造型有人物、动物、花卉、建筑等，五光十色，美不胜收。冰灯的制作，可分为冷冻和冰雕两种。一般小型冰灯，要先做好模具，然后向模具注水，送到室外冷冻成型。制造冰峰、冰兽、冰塔、冰楼等大

型冰灯制品，则需根据设计要求，用天然冰块砌成不同的冰堆，然后用斧、锯、铲等工具加以精雕细刻。大小冰灯中的电灯，都是制作者凿洞放进去的。人们把冰雪和灯光巧妙地配合，造型成景，别具风格。

【哈尔滨冰灯节】　黑龙江哈尔滨民间传统灯节，都在农历正月举行。冰灯作为观赏艺术品，至少有上千年历史。清代西清《黑龙江外纪》："上元，城中张灯五夜。……有镂五六尺冰为寿星灯者，中燃双炬，望之如水晶人。"正式定为节日，始于 1963 年。此间举办冰灯游园会，各式冰灯、冰雕交相辉映，争奇斗巧，气象万千。

哈尔滨冰灯节

【武昌弄龙灯】　湖北武昌民间习俗，从正月十三到十五元宵节期间，一连三天"弄龙"欢度佳节。龙灯长度，从十多节到几十节，每节长度有三四尺到五六尺。过去"弄龙"的两村要互相宴请，就是甲村的"龙"到乙村去赴宴，甲村的男女老少要跟着去，往往一天连吃十几桌，这叫"龙换酒"。

【黄陂灯会】　湖北黄陂传统风俗，每年元宵节，各村都出灯会，牙牌上书"风调雨顺""国泰民安""五风十雨"和"万紫千红"等吉祥词，其后有高跷队、锣鼓队等，十分红火热烈。

黄陂纱灯

【河北元宵张花灯】　河北很多地区民间习俗，都要于元宵期间张灯庆贺佳节。昌平（今属北京）和永平地区，称正月十五为灯节的正日，都要张挂各种花灯。永平望日上元，通衢张灯，谓之"正灯"。保定和新河，街道上张灯结彩，箫鼓喧腾，有的还点火树、玩狮灯。吴桥和良乡的文人，十四日要游文庙、走洋桥、放花炮。

河北花灯

【蟠龙戏珠灯】　河北扎制的蟠龙戏珠花灯，刻画精美，天蓝色的龙身配上朱红色的彩珠，对比鲜明，艳丽夺目。龙身的鳞片，采用间晕画法，具有层次感，排列有序，十

河北蟠龙戏珠灯

分耐看。河北的蟠龙戏珠灯彩，相传清代时就已很著名，传承至今，更为精致优美，富有浓厚的地方特色。

【宁夏灯节】　宁夏地区传统习俗，每年元宵节前后三夜，街市都要燃点灯彩，锣鼓喧天，欢度佳节。各式灯彩主要有阁灯、牌灯、亭灯和大型的鳌山灯等。各式灯彩扎制精巧，色泽红火，具有鲜明的地方特色。

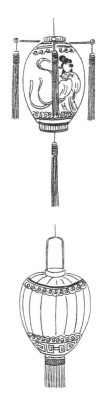

宁夏花灯

【贵阳长龙】　贵州贵阳元宵节都要舞龙灯，当地俗称"长龙"。贵阳扎制的长龙，眼睛比碗还大，须长三尺，吐出龙舌。龙前有人擎着宝珠，上下舞动，叫"龙抢宝"。龙灯经过，燃放"泥台花"，称为"接龙"。

少数民族灯彩

【拉萨花灯】　西藏著名传统灯彩。明清时制作已很精美，风格独特。藏历一月十五日为"花灯节"，藏语称"局昂曲巴"，意为"十五供奉"，又称"元宵供"，即酥油灯会，是西藏四大佛节之一，为纪念释迦牟尼诞辰而设。每逢一月十五日晚上，大昭寺四周的八角街上搭满了木架，木架上塑制各种色泽鲜艳的七珍八宝、人物花卉、飞禽走兽、传奇故事等造型。大昭寺门前的灯架最大，高达7—8米，图案造型精美生动。在灯架的前面点燃很多酥油灯，塑制精巧，色泽鲜丽，丰富多彩。这天晚上，僧俗百姓都来观灯，八角街上人山人海，举城狂欢，歌舞庆祝，通宵达旦。

拉萨灯会

【局昂曲巴】　参见"拉萨花灯"。

【十五供奉】　参见"拉萨花灯"。

【元宵供】　参见"拉萨花灯"。

【燃灯节】　藏传佛教一种灯会。藏语称"噶登昂缺"，为西藏四大佛节之一。喇嘛教徒为纪念格鲁派创始人宗喀巴（1357—1419）逝世，逐渐演变而形成。每年藏历十月二十五日夜，西藏、青海、四川等地的藏传佛教徒，在寺院、室内的房顶燃灯供佛，以示纪念，表示祝福、超度。此外，僧众们还要在各个经堂里诵经祈祷，信徒们在家门前用白土撒上吉祥图案，在房顶上燃烧柏枝，念诵赞经，并围绕八角街转经。这天又是"换服节"，过去达赖和僧俗官员都在这天换穿冬衣。

【噶登昂缺】　参见"燃灯节"。

【酥油灯会】　藏传佛俗灯会。意为"供花节"，故亦称"酥油灯花会"。西藏、青海和甘肃等藏族地区，清代已十分流行。每逢藏历元月十五，各地著名寺院都要隆重举行酥油灯会。拉萨大昭寺内，矗木架数层，置万余盏大灯，缀以五色油面人物、鸟兽龙蛇和殿阁楼台造型，制作精巧，色泽艳丽，通宵达旦燃灯。青海塔尔寺灯花会，亦极具声誉，尤以佛传故事和神话题材的酥油人物群塑而闻名，如《文成公主入藏》《释迦牟尼故事》和《西游记》等。甘肃拉卜楞寺、四川甘孜理塘寺等亦较有名。届时藏民信徒皆盛装前往观赏，欢度酥油灯会佳节。

【酥油灯花会】　参见"酥油灯会"。

【塔尔寺灯节】　塔尔寺在青海湟中县。塔尔寺酥油花灯，中外闻名，亦称"塔尔寺灯""塔尔寺酥油花"。塔尔寺灯节于每年农历正月十五日举行。这天晚上，从青海各地以及西藏、四川、云南、甘肃、内蒙古等地来的成千上万农牧民，在万盏灯火下饱览享有艺术盛名的酥油花。酥油花又叫"油塑"，是塔尔寺"三绝"（绘画堆绣、木刻和油塑）之一。酥油花系用晶莹洁白、松软细腻的酥油配上各种颜料，塑成各种珍奇的花朵、人物或其他形象，用木架支撑，陈列于讲经院及诸殿之前。油塑具有独特的艺术风格，规模宏大，内容丰富，有奇花异草，有千姿百态的珍禽异兽，有生动逼真的山川图案，有小巧玲珑的亭台楼阁，有取材于佛经故事的历史人物等。这些五彩缤纷的酥油花雕塑，在灯火照耀下，与四周金碧辉煌的殿堂交相辉映，十分壮丽好看。

【塔尔寺灯】　参见"塔尔寺灯节"。

【塔尔寺酥油花】　参见"塔尔寺灯节"。

【壮族、瑶族舞火龙】　壮族、瑶族民间传统春节、元宵活动。亦称"舞烧龙""火烧龙"。主要流行于广东连山、丰顺的壮族、瑶族地区。相传清乾隆初年已有此俗。龙身用纸扎成，系上鞭炮，舞者须赤膊袒胸，任由炮火烧身，也须舞至炮火熄灭，火龙被烧掉。传说这是为纪念为民斩除恶龙的英雄张共而兴起的活动。民间多在春节、元宵之夜举行，用以驱邪压鬼，祈求丰收。至今仍在演出，大都作为一种节庆娱乐。

【舞烧龙】　参见"壮族、瑶族舞火龙"。

【火烧龙】　参见"壮族、瑶族舞火龙"。

【壮族中秋灯会】　广西靖西壮族流行的一种传统风俗灯会。在中秋节夜举行，故名。入夜，儿童手持各种"兔儿灯""虾公灯""彩蝶灯""蜻蜓灯""公鸡灯"等上街，以庆祝、祈愿五谷丰登、百业兴旺。同时以两灯相碰撞，比试谁家的彩灯扎制得更结实牢固。彩灯都以竹篾做框架，上糊彩纸。

【壮族、瑶族放天灯】　天灯以竹青做灯架，外糊薄绵纸，底部放一小油灯，大小无规定，状如水桶。天灯点燃后，因灯内气温增高，灯徐徐上升，顺风迅速飘荡，至灯火熄灭，始缓缓下降。民间有"拾天灯"的活动，每逢喜庆节日和丰收后举行。比赛时，先鸣鞭炮三响，待天灯升空，各村选手奔跑着去拾天灯，以拾得者为胜。放天灯，主要流行于广东连山壮族和瑶族自治县。民间认为放天灯象征吉祥和健康长寿。

【侗族舞龙灯】 侗族民间传统元宵活动。亦称"舞栋龙灯""舞龙栋"。主要流行于广西、湖南、贵州三省交界地区。于正月初三到元宵节期间举行。其制作以铝线扎成龙头，外糊各色绫纱，除首尾之外，龙身有7—11栋，每栋用竹片扎成桶形，外糊白纸，再贴上半绿半红的纸鳞。各栋之间用白布连接，龙头和各栋里面有木板可插蜡烛，各栋有三尺左右的木柄，从栋身顶上直到龙腹下面，用来手持舞动。晚上各姓龙灯点好蜡烛，纷纷出动。舞动时，前有滚动的"龙宝"，龙头跟着"龙宝"左右翻滚，龙身各栋亦随着左右蜿蜒翻动。要把全寨的各个岩坪都舞过数圈才收牌。如两个族姓的龙灯碰在了一起，还要来一场"双龙抢宝"，一直赛到一边力不能支退出赛场为止，获胜者摇头摆尾凯旋。

【舞栋龙灯】 参见"侗族舞龙灯"。

【舞龙栋】 参见"侗族舞龙灯"。

【侗族疱颈龙灯】 主要流行于广西北部的侗族地区。制作方法：先用竹片扎成一条龙，全长三四十厘米，龙颈下扎有一个大包，以便点蜡烛。龙的身尾都很短，占龙长的三分之一，外糊薄纱纸，贴上龙鳞。疱颈下有一长约20厘米的木柄，便于手握。由一人一手摇舞，另一人舞一个直径约20厘米的"龙宝"。每年夏历正月初到元宵期间

的晚上舞疱颈龙灯。舞时，在场地中间摆一张八仙桌，两人围绕桌子舞动，在桌角或桌中间翻滚倒立、跳跃嬉戏，互相追逐，表现出高超的技艺，并配有锣鼓，舞至高潮处，常博得观众阵阵喝彩。

侗族疱颈龙灯

【侗族、瑶族舞春牛】 主要流行于侗族、瑶族地区。亦称"春牛舞""舞水牛"。相传明代时已有此风俗。牛头用竹篾扎成，比真牛大一倍，角为木制，牛身、牛尾为布制。牵牛人演唱"春牛调"，称颂牛，祈求风调雨顺、五谷丰登。侗族在立春日之夜举行。一般的大寨子都有舞牛队伍，由本寨劳动能手和能歌善舞者组成。先在本寨活动、表演，然后到别寨走访。由两名青年披一块大白布或棉被，呈前后位置，形如牛身和牛脚。用竹篾编扎成牛头和牛角，用纸糊好，以麻丝做牛尾，舞牛队以写有"立春"二字的大红灯笼为前导，每到一寨的岩坪，便舞唱起来，跟随在牛旁的扮演者，有的拿锄头，有的握犁耙，有的提鸭笼，有的背鱼篓，载歌载舞，表演耙田、施肥、播种等春耕动作。被访的人家，必以上香茶、放鞭炮迎接，并献上红糖、粑粑等食品。

【春牛舞】 参见"侗族、瑶族舞春牛"。

【舞水牛】 参见"侗族、瑶族舞春牛"。

【朝鲜族燃灯会】 为朝鲜族一种风俗，流行于东北朝鲜族居住地区。农历四月初八燃灯，名曰"灯夕"。灯夕前，每家竖立灯竿，竿顶饰雉尾彩帛为旌旗，有的插青松。灯以绫绢、高丽纸做灯面，上加彩画；品种有"五行灯""日月灯""莲花灯""福寿灯""白鹤灯"和"蒜灯"等几十种。按家中子女人口数悬灯，以灯光明亮和造型美观为吉庆祥瑞之兆。

朝鲜族莲花灯

【白族中元节放河灯】 白族民间传说：远古时，九龙山上有一大部落，老祖母有两个儿子，大儿子在平原成了汉族首领，小儿子在山区成了白族首领。后来外族攻打汉族，汉族力不胜敌，向白族求援。白族答应帮助解决物质供应，但是运不了粮食。后来母亲和弟弟把独木挖成猪槽船，装上粮食，借助照明设备，船顺流而下，送到了汉族手中，帮助汉族打了胜仗，击溃了入侵之敌。为了纪念这一历史事件，后来白族的猪槽船遂演变为河灯，成为白族祭祀祖先，加强汉族、白族之间友谊的一种娱乐活动。

花开富贵河灯

【满族元宵竖红灯】　满族民间传统习俗。主要流行于东北、北京等地。每年农历除夕，满族人家在住宅前正中或偏西处竖一木杆，高五六米，顶端扎松枝或红色小旗，并安装滑轮和绳索，绳之一端系于红灯笼的提梁架上，以便升降点熄。正月初一至十六日，每晚将红灯点燃升于杆顶，使红灯高照，象征吉祥如意，人寿年丰。

【满族冰灯】　满族年节风俗。节前，满族人家于大门口、庭院影壁前堆起雪台，上置式样奇巧的晶莹冰灯，象征光明、吉庆、平安。传说古时松花江沿岸有一个部落，原本过着太平安乐的日子，后来一只九头鸟飞到这里，遮住了日月星辰，残害人们。部落中有一个阿济格萨满，用乌西哈阿林（星山）上的天落石战胜了九头鸟，砍掉了它的八个脑袋，自己也被九头鸟的污血淹没。九头鸟只剩下一个大头，仍要趁人们过年欢乐的时候进宅滴污血。于是人们用亮宝石制成冰灯，九头鸟就不敢作祟，后来便留下了用冰灯避邪的习俗。

【满族糠灯】　古代满族一种照明灯具。以米糠为燃料，故名。亦称"虾棚""霞棚"。用蓬梗或麻秆做灯芯，长短不等，将加油渣的米糠调以水或米汁，粘于秆上，晒干插于糠灯架上，燃时似烛。清代时糠灯主要流行于东北一带。

【虾棚】　参见"满族糠灯"。

【霞棚】　参见"满族糠灯"。

【布朗族唱灯】　布朗族旧时正月放灯习俗，亦称"玩灯""耍灯"。为云南布朗族民间风俗。通常在夏历正月上、中旬进行。因一面耍灯，一面歌唱，故名"唱灯"。事先用彩纱、色纸、竹篾等扎制各色"瓜子灯""方灯"和"姑娘灯"等，上施彩绘。唱灯时，以方灯开道，姑娘灯次之。灯队进入主人庭院，将花灯齐举堂前，灯头先唱祝词，祝贺主人事业兴旺发达，人丁吉祥安泰，同时进行歌舞杂耍表演。后主人赠礼于灯队。如此至各家唱灯，气氛十分热烈。

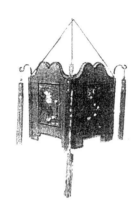

布朗族方灯

【回族红枣灯】　因灯形似红枣，故名。福建泉州一带的回族，男婴出生在勒麦丹月（即斋月，伊斯兰教历第九月），婴儿的父母须置红枣灯一对，悬挂于清真寺礼拜殿前。穆斯林认为这个月是一年中最高贵、最吉庆的月份。从封斋至开斋，每日傍晚连续点红枣灯一个月，以示知感真主恩赐贵子。红枣灯成为回族吉祥幸福、喜生贵子的象征。

【布依族放河灯】　布依族民间风俗，每逢夏历七月十五日晚，青年妇女各备一只碗或缝成船形的笋壳，各扎配花草，内装菜油，插上灯芯，到河边急流处放灯。灯随水面漂泊，要注意灯的去向，谁的灯亮的时间长，流得远，谁今年就有好运和幸福。放河灯，主要流行于贵州长顺、紫云和望谟等布依族地区。

【纳西族灯彩舞】　纳西族民间传统习俗。主要流行于云南丽江、中甸纳西族地区。年节时举行，预祝全年吉祥如意，风调雨顺。表演由除夕开始，至正月十六日止。舞时，场中放一方桌，四周点燃花灯。先由一人头戴寿星面具，手持拐杖，随锣鼓节奏出场，宣布舞蹈开始。第一场由20名手持花灯的男女儿童和两个骑竹马的男孩穿插起舞，以示新年快乐；第二场是鹿鹤舞，一人披鹤形道具，一人戴梅花鹿面具，于桌上桌下起舞，称"鹿鹤同春"；第三场是麒麟和凤凰舞，二人饰麒麟，一人扮凤凰，张翅徘徊于麒麟旁，谓之"麟凤呈祥"；第四场是牦牛舞，表演牦牛生小牛，象征"六畜兴旺"。正月十六日为送麒麟日，将舞蹈道具全部焚烧，象征麒麟已返天国，待来年新春再与万民同庆。

【傣族孔明灯】　傣族于泼水节之夜燃放孔明灯。孔明灯是一种气球状花灯，具有气球、花灯和礼花的特色。泼水节夜晚，西双版纳傣族地区的上空，就会升起一团团灯火，如一盏盏明灯在无尽的苍穹中闪烁。孔明灯是用有韧性的构皮纸84张，糊成一个直径达数米的球，下留一孔，孔之周围垂4条数米长的绳，绳端系一篾圈。先由多人将纸球张开，用柴火在孔外熏之，数分钟后，球便膨胀，产生升力，然后将一个缠着浸透了生油的白布的十字木架引燃，把木架绑于篾圈上，一放手，球便载着一团火冉冉上升，进入天空。初如一盏明灯，继而像一颗闪烁的星。球下之火可燃烧十多个小时，待油尽火灭后，球仍可完整落下。有的球下再缀许多火花球，用药线互相牵引，上升时点燃药线，升到半空，火花球便陆续爆开，犹如群星乱坠，十分壮观。燃放孔明灯，在云南德宏的景颇族地区亦较流行。

【傣族漂水灯】 亦称"荷花漂流"。傣族民间传统节日风俗，主要流行于云南西双版纳和德宏等傣族地区。通常在傣历新年龙舟竞渡的当天晚上举行。用竹、木做成大小不一、样式繁多的灯。常见的是荷花灯、佛塔灯，与各种祭品同置于竹筏上，点燃蜡条，放入河中，任其漂向远方。传说乌巴乎（海神龙王）随佛祖果达玛来到勐兴弘扬佛教，反对派帕雅满呼风唤雨破坏诵经大会。乌巴乎与帕雅满斗法，打败了帕雅满。从此，每当傣历新年划龙舟的晚上，都要举行赕乌巴乎的仪式：将各种白色供品放在竹筏上，点燃蜡条，顺河漂送给海神乌巴乎，象征送走霉运灾祸，迎来吉祥如意。

【荷花漂流】 参见"傣族漂水灯"。

【傣族麒麟灯舞】 主要流行于云南腾冲傣族地区。麒麟灯系竹篾扎制，用纸裱糊，上饰彩画。舞时由三人表演，两人各耍一条，另有一个小伙身穿竹麻彩画衣，手拿木（竹）棍，腰系铜铃，与麒麟逗乐嬉戏，表演小翻、大翻、小跳、大跳等多种动作。灯场上还有六个彩色小灯笼，有时还加两个大排灯，皆由化装的小卜少唱歌跳舞相伴，并喊吉利的话来祝贺。有鼓、大小链、大小钹、铛子作闹场，歌声、击乐声起落交错，异常热闹。

【畲族马灯舞】 畲族民间习俗，于春节或喜庆时举行马灯舞，以示庆贺。舞者一般由十三人组成。前面一人手提龙灯引路，紧跟着的四个人分别提着一对鲤鱼灯和两只花篮，象征"鲤鱼跳龙门，鲜花开畲乡"。后面八个人身上各绑马灯一盏，作骑马状。跳时灯内明烛高照，锣鼓伴奏，且歌且舞，十分热闹好看。此舞主要流行于江西东北

部畲族地区。

【赫哲族长寿灯】 赫哲族民间习俗，新婚之夜须点燃长寿灯。按当地风俗，人们闹洞房时，不能闹整夜，后半夜闹房人去后不要熄灯，谓之点长寿灯，象征能过一辈子太平日子。长寿灯主要流行于黑龙江同江、抚远、饶河等赫哲族地区。

【土家族七星灯】 点七星灯，为土家族流行的一种婚姻习俗。七星，指北斗七星。男家迎亲，花轿进门，在洞房内，由夫妇偕老者数人，预设七星灯一座，列置灯草与茎，注豆油点燃。或由两位妇女扶新娘走进大门，男家在大门脚下用一只大碗盛满菜油，内中燃着七根灯芯，让新娘从其上跨过。民间以为灯能照破不祥，可以除邪。或于新娘坐的花轿抬至男家门口时，一人将一筛子置于堂屋门口，筛子内放七块豆腐，每块豆腐上插一支蜡烛，或以杯子盛茶油，上置七盏清油灯，新娘下轿进屋须从上面跨过，然后将筛子移放新娘床下。民间认为七星灯象征天上七姊妹，由她们护送新娘出嫁，新人会幸福美满。

【阿昌族齐心灯】 主要流行于云南陇川阿昌族地区。用齐心灯为阿昌族的一种婚姻习俗。在筛盘内放置一个七股红纸制成的灯芯和适量植物油，七根灯芯同时点上火，称"齐心灯"，象征吉祥如意。婚礼日，新郎接新娘进家门时，由两个中年妇女用此灯在新娘身上绕三周，祝新娘与新郎齐心协力、相敬相爱、白头偕老。

【德昂族千油灯】 主要流行于云南德宏德昂族地区。用千油灯为德昂族一种信仰习俗，在每年农历正月十五日捐资进行。事前，寨中老

人用木棒搭成一个一米高的正方形架子，架中央插一根木杆，杆顶上钉一块小平板，放置油碗。届时，信众赕佛，听佛爷念经，祈祷人畜平安。晚上点燃木板上的油灯，象征众心向佛。

爆竹

【爆竹】　节令玩具。亦称"炮仗""炮竹""爆仗""纸炮""响炮"。是在卷紧的纸筒内装入火药，点燃后产生爆炸声响的一种产品。品类主要有单响、双响、连环响、鞭炮、排炮等。此外，根据包装、火药成分和引爆方法的不同，又可分为花炮仗、红炮仗、黑药炮、白药炮、硝光炮、拉炮和摔炮等品种。生产工艺分卷筒、切筒、糊底、戳眼子、灌泥、灌药、栽引火药、封眼等。爆竹的起源，据西汉东方朔《神异经·西荒经》载："西方深山中有人焉，身长尺余，袒身，捕虾蟹。性不畏人，见人止宿，暮依其火，以炙虾蟹。伺人不在，而盗人盐以食虾蟹，名曰山臊（山魈）。其音自叫。人尝以竹着火中，爆烞而出，臊皆惊惮。犯之令人寒热。"这是关于爆竹的最早记载。南朝梁宗懔《荆楚岁时记》载："正月一日，是三元之日也，《春秋》谓之端月。鸡鸣而起，先于庭前爆竹、燃草，以辟山臊恶鬼。"两者均表明，古人燃放爆竹是为驱鬼辟邪。隋唐时始将黑火药装入竹筒，称"爆竿"。宋代改进为用纸筒包裹火药，并出现了鞭炮。南宋周密《武林旧事》载：爆仗，内装有药线，一爇连百余不绝。以前全国许多地区均有生产，以广东东莞、南海，湖南浏阳、醴陵，江西万载、萍乡，广西北海、合浦，江苏建湖等地产品较为著名。

爆竹

【炮竹】　参见"爆竹"。

【爆仗】　参见"爆竹"。

【纸炮】　参见"爆竹"。

【响炮】　参见"爆竹"。

【爆竿】　参见"爆竹"。

【炮仗】　即"爆竹"，亦称"炮竹"。在卷紧的纸筒内，装入火药，点燃后产生爆炸声响。外形以花纸包装的称"花炮仗"；以红纸包装的称"红炮仗"；内装黑火药的称"黑药炮"；内装白火药的称"白药炮"；内装黑火药和铝粉的混合物，点燃后以声和光同时并发的称"硝光炮"；以敏感烟火、起爆药制成，以撞击方法引爆的称"击炮"；以拉动绳线引起摩擦引爆的称"拉炮"；以抛投引起摩擦引爆的称"摔炮"，又称"砂炮"。

【花炮仗】　参见"炮仗"。

【红炮仗】　参见"炮仗"。

【黑药炮】　参见"炮仗"。

【白药炮】　参见"炮仗"。

【硝光炮】　参见"炮仗"。

【击炮】　参见"炮仗"。

【拉炮】　参见"炮仗"。

【摔炮、砂炮】　参见"炮仗"。

【单响】　爆竹的一种。是点燃后仅发出一声响的爆竹，是最常见的一种。俗称"单响"。

【双响】　爆竹的一种。是点燃后发出两声响的爆竹，也是最普通的一种。内部火药分两层，下层火药点燃爆响，将爆竹升上高空，即引发上层火药凌空发出第二声爆响。山东地区俗称为"双响子""二驴踢脚"，清代称"二踢脚"。

【双响子】　参见"双响"。

【二驴踢脚】　参见"双响"。

【二踢脚】　参见"双响"。

【鞭炮】　亦作"鞭爆"。成串的小爆竹。俗名"小鞭"。

【小鞭】　参见"鞭炮"。

【鞭爆】　也叫"小鞭""鞭炮"，爆竹的一种。将许多小型爆仗用火药线像长鞭似的串在一起，点燃后，爆响声不绝，故取名"鞭爆"。

【霸王鞭】　爆仗名。连串的爆仗，燃之爆竹声不绝者，名"霸王鞭"。有的霸王鞭多至千万头。

【钢鞭】　爆仗名。系用牛皮纸密裹火药，爆响时声音清脆响亮，如钢铁之声，故名"钢鞭"。

【起花】　爆竹的一种。亦称"旗火"。制作方法，是用彩纸卷火药，附于一段苇秆或细竹竿上，点燃后连同苇秆一起高高升空，民间俗称为"起火"。起花爆竹，清代时已有生产。

【旗火】　参见"起花"。

【起火】　参见"起花"。

【节鞭】　鞭炮的一种。是在每十响的小爆竹中，安置一两个大爆竹，点燃后即可发出高低不同、有节奏的爆响，故名"节鞭"。

【花鞭】 在我国南方地区，盛行用各色彩纸制作鞭炮，燃放时被崩碎的花纸纷纷飘落，十分好看。用粉红色纸的，取名"遍地桃花"；用淡黄色纸的，称"落英缤纷"；用金色纸的，则称"洒金鞭"。

【遍地桃花】 参见"花鞭"。

【落英缤纷】 参见"花鞭"。

【洒金鞭】 参见"花鞭"。

【水老鼠】 爆竹的一种。亦称"火鼠出水"。制作方法，是用三层油纸，做一尺五长的筒子，一头装上一个用软木做的鼠头，另一头做鼠尾，筒子内装四节起花，把四节的线连接在一起，最后的引芯由鼠尾引出。点燃后放在水中，炮身在水中窜上窜下三次，每出水面时即放花，最后是一声炮响，十分有趣。

【火鼠出水】 参见"水老鼠"。

【连花带炮仗】 爆竹的一种。是在燃放时，先开花后爆响的爆竹，山东民间俗称"连花带炮仗"。

【花炮】 即鞭炮和烟花的总称。

【北京花炮】 北京名产。历史悠久。清潘荣陛《帝京岁时纪胜》记述："烟火花炮之制，京师极尽工巧。有锦盒一具，内装成数出故事者，人物像生，翎毛花草，曲尽妆颜之妙。"清富察敦崇《燕京岁时记》载：清代光绪年间，"每至灯节，……花炮棚子制造各色烟火，竞巧争奇，有盒子、花盆、烟火杆子、线穿牡丹、水浇莲、金盘落月、葡萄架、旗火、二踢脚、飞天十响、五鬼闹判儿、八角子、炮打襄阳

城、匣炮、天地灯等名目"。现代北京花炮采用机械化生产，生产效率和产品质量都大为提高，尤其是烟火剂配方，已改为以硝酸盐、过氯酸盐为主的感度小、安定性好的剂型。同时由于镁、铝、合金和各种染色剂的运用，光度越来越大，色彩也越发艳丽。其星体由菊花类发展成为波类、闪烁类，并由单色星体发展成为变色星体。烟火部件的制作，在吸取传统民间烟火精华的基础上，发展了麦筒、横打筒、蜂子、群蝶、雷等部件，可以表现出小花、麦穗、谷子、直线、曲线、螺旋线、飘移、闪光、爆炸、鸟鸣、虎吼等各种造型与音响效果。同时又将单个降落伞发展成为双伞的伞灯，可以在高空中展现出红灯、梅花、红星、齿轮等造型图案，光彩夺目，景象万千。

【浏阳花炮】 湖南名产。浏阳花炮，素以绚丽多姿、工艺精巧、品种繁多、花色齐全、声音洪亮清脆、装潢精致著称。据《浏阳县志》记载，早在公元1740年，浏阳县就已普遍生产花炮。到1885年，产品已经向朝鲜、日本、印度等许多国家出口。新中国成立初期，浏阳花炮以鞭炮为主，烟花只占很小一部分。后来，花炮的品种已经由新中国成立初期的8种发展到360多种，分鞭炮、烟花、大型烟火三大类。炮竹又分电光炮、啄木鸟、金鹿红、雷鸣等50多种。有一串串的快引，有大小夹编的雨夹雪，有单响、双响、连响等。一串鞭炮少的十来个，多的可达十万响；小的像一根火柴棍大小，大的有茶杯那么粗。不论什么型号，燃放的时候声音洪亮清脆，爆炸以后纸屑碎细均匀。后又创制了以响带花、有声有色的"声声报喜"炮竹，别具风格。1986年，浏阳出口花炮厂的产品代表中国参加摩洛哥第21届国际烟花

节比赛，荣获第一名。

【上海砂炮】 砂炮，是上海的一种创新产品，其特点是不用火药，无爆炸力，无危险性，很安全，形似小蝌蚪，随意一摔一踩或一捻，就会发出悦耳的"叭叭"声，与放鞭炮相似，但无烟无味。这种砂炮，是20世纪80年代国际市场上最流行的娱乐产品之一，美国人称它为"小家伙"。

【谷城花炮】 湖北名产。谷城县素称"花炮之乡"。花炮种类繁多，色、光、声、形俱佳。炮竹有单响炮、双响炮、连环响炮、排炮、卷装炮、冲天炮等数十种，点燃后，声响轰鸣，气氛热烈；烟花点燃后，放射出各种美丽的形象和色彩。后来谷城的花炮把传统技艺同先进的科学技术结合起来，用化学烟花剂取代了过去的"一硝二磺三木炭"的做法。在烟花的种类上，发展了地面、低空、高空、手持和吊线烟花等。在制作难度较大的高空烟花中，除了有夜晚燃放的"满天红""大闹天宫""九莲灯""飞碟"等30多个品种外，还有供人们在白天燃放的烟花，这种烟花的特点是以烟为主。另有一种"烟火架"，或称"盒子烟火"，把烟火盒吊在木架上，一经点燃，随着火花喷射，在空中展现出亭台楼阁等奇景，甚为壮观。

【王口花炮】 河北名产。束鹿县（今辛集市）的"王口炮"，相传已有400多年历史。据说明代是用碱土熬硝，用麻秆烧炭，采用"一硝二磺三木炭"的土配方，生产"双响""小鞭"等爆竹。到了清朝时，王口炮开始兴隆起来，产品花样增多，由"双响""小鞭"发展到"铁筒花""礼花""盒子灯""铁树开花""老鼠偷葡萄""关老爷看《春

秋》”等四十几个品种。王口炮的特点是打得高，响声亮。后来王口生产的小型烟花，出口到日本、美国、英国和瑞士等十几个国家。同时又制出了“战地黄花”“鸣笛吐珠”等新品种，能生产60多种工艺独特、形式美观、花色艳丽、声音洪亮和装潢精美的出口小型烟花。

【射阳龙凤花炮】　江苏射阳花炮，在清代时已是有名的贡品。《宝应县志》载：“炮竹，射阳镇营此业者最多，以王万顺号最著名。宣统二年（1910），南洋劝业会给有奖状。”王万顺号，开业于清咸丰年间。据传清光绪二十年（1894），慈禧六十寿辰，各府州县筹备贺礼，扬州府饬令宝应县射阳镇王万顺号赶制烟花爆竹进贡，王锦福精心制成有龙凤纹饰的花炮，交官府送京。慈禧见盒内卧龙状的桃色花炮盘绕，鞭作鳞，炮作爪，烟花贯穿首尾，形态生动，喜形于色，传旨当众燃放。有人将一丈多长的花炮提尾悬挂于竹竿，点燃作为龙须的引信，刹那间龙头龙尾喷珠射玉，龙身左舞右摆，矫健如真龙凌空。随着清脆洪亮的鞭炮响声，桃色纸屑飘坠，如凤蝶飞舞，声、光、形、色无不佳妙。慈禧心中大悦，下旨赐“龙凤旗”一面，以示嘉奖，从此龙凤花炮传遍四方。射阳制作的“架子烟花”亦很有名，1967年，为庆祝国庆和南京长江大桥通车，南京市政府专程至射阳定制6台架子烟花和大批鞭炮，于国庆节夜在玄武湖公园燃放。数以万计的观众齐集在燃放地点，在火树银花中看到了牛郎织女“鹊桥会”、许仙与白娘子在西子湖畔的“断桥会”、梁山伯与祝英台在祝府的“楼台会”、惊险奇巧的“炮打四门”、喷银射玉的“天鹅生蛋”，“凤凰”展翅腾飞、“百鸟”簇拥欢叫不已，令人惊叹。

【芦溪花炮】　江西芦溪花炮，相传始于明代。芦溪是我国花炮传统产地之一。炮竹分黑药炮、硝光炮、电光花皮炮等多种，其中“吨鞭”是世界上最小的一种炮竹，制作精细，响声悦耳，曾获1980年全国优质产品奖。烟花有火箭类、花筒类、地面礼花类、旋转类、手持类、吐珠筒、降落伞等。其中“茶花香”烟花，小巧玲珑，点燃后旋转自如，似满树茶花色彩鲜艳，燃放时间长，价格低，被评为旋转类烟花王牌产品。“电光花”花色可爱，燃放安全，曾经深受儿童喜爱。

【潍县鞭炮】　山东潍坊市的潍城区，旧称潍县，历史上以产鞭炮闻名。爆竹以齐家埠为中心，有14个村庄生产。爆竹的制作，是先将花药、响药配好，再经裁纸、潮纸、赶筒、锉顶、囤顶、做泥顶、安芯、糊腔、装药九道工序制成。电光鞭以前官庄为中心，有28个村庄生产，药物主要用氯酸钾和麻秆子灰，制作工序为裁纸、赶筒、捆块、锉筒顶、糊底、装药、放锥、安芯、编鞭、包鞭等。

【临清花炮】　山东临清花炮起源于明成化、弘治年间。清乾隆时，临清有白、化、李三家炮铺。乡间也有制花炮的，松林镇制炮的人最多。临清花炮的品种有单响、双响、连环、编炮、手提、悬挂、旋转、升空、起花、火鼠出水等。白万顺炮铺品种最多，万声炮、火鼠出水最有名。

【五莲花炮】　山东五莲县也盛产鞭炮焰火，民间的焰火与鞭炮花色众多，有起花、地花、文鞭、武鞭、大花雷子、小炮仗儿、滴滴锦儿等名目，而最有吸引力的就是“起花楼子万盏灯”。参见“起花楼子万盏灯”。

【起花楼子万盏灯】　为山东五莲县的名产。亦称“杆花”，相传起源于明朝末年。其制作方法是，将五根木杆栽在地上，前四根各高出地面四米，每根杆顶都罩有伞灯，木杆中间处各缚四米长横木一根，分别吊有杏花、桶花、梨花、斗花和风火轮，称作“一杆四坠”，最后一根木杆高出地面六米，等距离四米长的横木六层，从底层起，分别为“葡萄花”“和尚变驴”“对联”“九层莲花灯”“万盏帘子灯”“起花楼子”。在起花楼子万盏灯周围，另设有起花楼子、桶花、地花、人扛虎花、武鞭、灯花等，谓之“开场花”。表演时，开场花燃放完毕后，即点燃第一根杆花，异彩纷呈，落英缤纷。忽听一声炮响，伞明子腾空而起，照得大地一片通明。这时一个“老鼠”炮仗自伞灯下方顺斜绳窜至第二根杆花底下并点燃火索，又迅速返回第一根杆顶，这便是有名的“老鼠点火”。按顺序，将前四根杆花全部放完，又自动点燃第五根杆花，烟花进入高潮。先是一声巨响，烟雾散后，一串串紫中透亮的“葡萄”升腾起来，天空大地紫气缭绕。这时，第一根横杆上的“等信子”炮仗正忽明忽暗地发出讯号。在一声巨响中，“葡萄花”消失，显出一个笑嘻嘻的“胖大和尚”，胸前佩一串彩珠，两手各擎一盏烛灯，头顶上伞明子同时喷花，只见佛光闪闪，“胖和尚”如在万花丛中；忽然一阵烟雾，“胖和尚”摇身变为一头“黑驴”，在一阵哄笑声中，“黑驴”消失，第三层横杆上的伞明子点燃，玉树琼花，光明耀眼，花丛间出现一副“天下太平，国泰民安”的红对联。接着，第四层横杆的“九层莲花灯”被点燃，串串宝莲争奇斗艳；忽听一声巨响，第五层横杆的烟花开始喷花，像一道瀑布直泻而下，这便是"万盏帘子灯"；几乎同时，杆顶起花楼子上的千万枝起花似离弦之箭，带着哨音不断飞向天空，在极高处发出"噼噼啪啪"的爆炸声，在高潮中结束了"起花楼子万盏灯"的燃放全程。

【杆花】　参见"起花楼子万盏灯"。

【佛山大爆】　清代时，广东佛山真武庙每年三月都要举行放大爆竹享神的仪式，渐成风俗。清屈大均《广东新语》卷十六"佛山大爆"载："佛山有真武庙，岁三月上巳，举镇数十万人，竞为醮会，又多为大爆以享神。其纸爆，大者径三四尺，高八尺，以锦绮多罗洋绒为饰，又以金缕珠珀堆花叠子及人物，使童子年八九岁者百人，倭衣倭帽牵之，药引长二丈余，人立高架，遥以庙中神火掷之，声如丛雷，震惊远迩。其椰爆，大者径二尺，内以磁罂，外以篾，以松脂、沥青，又以金银作人物、龙鸾饰之。载以香车，亦使彩童推挽。药引长六七丈，人立三百步外放之。拾得爆首，则其人生理饶裕，明岁复以一大爆酬神。"

【南海花炮】　广东名产。佛山市南海区是中国爆竹、烟花的传统产区，明末清初时，生产者就遍及全县千家万户，产品远销东南亚各国。当时只有棚架烟火、盒装烟火和"九龙火箭""土药爆"等几个品种，后来发展为声、烟、光、色、造型等多种综合的效果，达400多个花色品种。除了满足喜庆节日需要外，还为文艺演出、航海、军事训练、气象测空等需要生产"道具爆竹""道具烟火""救助火箭""信号烟弹""测空火箭"等。传统的黑土药经过加工处理，威力增强，制成的土药爆，声似雷鸣，所以在德

国曾有"雷鸣爆"之称。1979年研制成功的笛音剂，能使烟花在燃放时连续发出七个音调的悦耳笛音，有声有色，在国际市场上独树一帜。1982年，南海花炮"报喜火箭"在全国工艺美术品百花奖中荣获银杯奖。

【傣族放高升】　傣族民间娱乐活动。流行于云南傣族聚居地区。高升，傣语称"蒙菲"。一种用火药、竹筒、竹竿等制成的土火箭。高升大则重数十斤，长7—8米；小则重几两，长1米多。燃放时，将高升缚在发射架上，点燃导火线，即飞上高空。高升上装有竹笛，点火飞升时，能发出鸣响。按传统习惯，进入高潮时，要在一个最大的高升里装上五样东西，据说谁捡到这些东西，谁就能交好运。高升在节日的白天或晚上都可放飞。

【蒙菲】　参见"傣族放高升"。

【唐代爆竿】　唐代时，称爆竹为"爆竿"。唐代来鹄《早春诗》："新历才将半纸开，小庭犹聚爆竿灰。"此时已将黑火药装入竹竿，用来燃放，故名"爆竿"。相传在初唐时期，一些地方瘟疫四起，有个叫李田的人在小竹筒内装上硝，引火爆炸，以硝烟驱散山岚瘴气，缓解疫病传染。这是最早的装硝爆竹。

【宋代爆竹】　至宋代时，始用色纸密裹火药，制成"纸炮"。宋庄绰《鸡肋编》载：澧州（今湖南澧县）除夜，家家爆竹，每发声，即市人群儿环呼曰"大熟"，如是达旦。这是当时澧州民众对年景的一种美好祈愿。南宋周密《武林旧事》载：至于爆仗，有为果子、人物等类不一。而殿司所进屏风，外画钟馗捕鬼之类，而内藏药线，一爇连百余不绝。此种"百余不绝"者，应是

一种鞭炮。

【元代爆竹】　有一幅传世的元代缂丝《宜春帖子岁朝图》，上织有爆竹多种，最大的一个上面装饰有太极图纹，小爆竹上也饰有小花纹；另有一串鞭炮，有数十个颜色不同的小爆竹连缀而成；有一捆较大的爆竹，色泽也各不相同。这幅缂丝图，显示出当时的爆竹品种已很多，而在元代实际生活中，爆竹的花色品种一定更为多样。

元代缂丝《宜春帖子岁朝图》中的各种爆竹

【明代爆竹】　明刘若愚《明宫史》载："正月初一日，五更起，焚香，放纸炮。"传世名画《明宪宗元宵行乐图》描绘明宪宗成化帝坐于黄帷帐中，观赏太监燃放各种爆竹。一只大红漆箱内装有爆竹，两名小太监手捧成串爆竹去燃放，有的爆竹为小瓜形，白色，中系红色腰带，

明代《明宪宗元宵行乐图》中宫中燃放爆竹的情景

（北京故宫博物院藏品）

燃放时可倒置横放。从《明宫史》和《明宪宗元宵行乐图》中可知，明代时正月初一和元宵节都要燃放爆竹，庆贺佳节。

【清代爆竹】　清顾禄《清嘉录》载："岁朝，开门放爆仗三声，云辟疫疠，谓之'开门爆仗'。"清代时，我国很多地区盛行于除夕、新年和元宵时燃放爆竹，这也成为一种民间风俗。清李光庭《乡言解颐》中有"乡谚"："糖瓜祭灶，新年来到。闺女要花，小儿要爆。"李声振《百戏竹枝词》："一声爆竹除残腊，换尽桃符逐祟回。且缓屠苏守岁饮，听他万户震天雷。"清代时的爆竹花色品种，名目繁多。清富察敦崇《燕京岁时记》载：有旗火、二踢脚、飞天十响、匣炮和天地灯等诸多花色。台北故宫博物院藏清代丁观鹏绘的《太平春市图》中，描绘了市民购买各色爆竹的情景，较为真切。

傅铁丝上，取如糜者乘热倾二板间，急搓之，凡十数次，搓纸卷铁丝上如软竹。置石灰中养之，一炊许，坚如铁石矣。复有二板，上板密排多刃，下板密排多槽，槽与刃相受相距，皆以寸。取所搓者数百枚，拔去铁丝，置此切之，皆寸断为短筒。又有二板，下板有多孔，深八九分，圆径与短筒等，孔底铺黄泥如细粉者一层，厚二分许。取短筒一一植于孔中，上板有多针，与孔数相应，长八寸许，较搓时铁丝略粗，剡下方上，短筒既植立，取针板压之，针从铁丝旧痕而入，但使稍大，能容火药，筒底黄泥受压，皆入筒二分许挤紧矣。取去针板，倾火药其上，寸许厚，另取平板压之至二三次，震动筒板亦二三次。药尽入筒，取铁锤遍锤筒顶，取胶水涂之，欲其弥缝无隙也。俟干，取针板刺之，尽其剡，不尽其方，取药线插所刺孔中，而爆竹成矣。日成爆竹二万……"

清丁观鹏《太平春市图》中售卖爆竹的情景
（台北故宫博物院藏品）

【清代搓爆竹机】　清代光绪年间，湖南袁姓女发明搓爆竹机，日产爆竹两万枚，表明当时爆竹业的兴旺。徐珂《清稗类钞》载："光绪时，湖南某邑有逆旅主人袁某，有女，年十八九，慧甚，能制搓爆竹机。其法，先用二板中横铁丝十余枚，取滑藤及糯粥煮纸为糜，以油

烟花

【烟火】 亦称"烟花""焰火""礼花"。指引燃烟火剂后发出各色喷射状焰火和形成各种造型、景观的一种产品。主要有喷射、旋转、旋转升空、火箭、礼花弹烟火等品种。唐宋时出现了"火药什戏"一类烟火，可呈现瓜果、动物、鬼怪形状。架子烟火在南宋已较流行。宋吴自牧《梦粱录》载："十二月有卖爆仗、成架烟火。"明代烟火内用药线连接，置于木架上，可连续施放，其间出现各种不同颜色的灯火、流星、爆竹等，时时变换，且不时出现花鸟、建筑等形象。较早的放烟火图，可见于明代《金瓶梅词话》插图。现烟花重点产地，主要有广东东莞、南海，湖南浏阳、醴陵，江西万载、萍乡，广西北海、合浦，浙江苍南、江苏建湖等地。其中以南海、东莞、浏阳所产的烟花较为著名。烟火能放出各种不同的颜色，是因为在火药里掺入了不同的物质：

烟火
上：红芯锦冠
下：四星高照
（杨定月设计）

黄色烟火掺钠盐，紫色烟火掺钾盐，红色烟火掺锶盐，绿色烟火掺钡盐，蓝色烟火掺铜盐。烟火射上天空，这些物质就会放射出不同颜色的光芒，所以人们都习惯地称它们是烟火的染色剂。

【烟花】 参见"烟火"。

【焰火】 参见"烟火"。

【礼花】 参见"烟火"。

【地老鼠】 民间烟花的一种。烟花点燃后，会在地上来回旋转，形如老鼠，俗称"地老鼠"，北京称为"耗子屎"。北京"耗子屎"的制法：先用黄泥搓成橄榄形，稍加扭曲，内装火药。燃放时，将一头泥土挖开，露出火药，用火点燃，利用火药喷射时的反作用力，使其旋转乱窜，并发出吡吡声响，其形声都似老鼠，故取名"耗子屎"。

【耗子屎】 参见"地老鼠"。

【泥筒花】 民间烟花的一种。亦称"狮子花""老头花"。先用黏土塑出狮子、寿星形象的泥胎，胎内装入火药和发光剂，顶端留出引线，用火点燃后，会喷射出火花。造型为狮子的，称"狮子花"；造型为寿星的，称"老头花"。

【狮子花】 参见"泥筒花"。

【老头花】 参见"泥筒花"。

【滴滴金】 民间一种小烟花。山东称"滴滴锦儿"，俗名"解闷儿"。制法：用较薄的色纸包裹火药，搓捻成细绳状。点燃后金光闪烁，不断有金花落地，状如水滴下落，故名"滴滴金"。此种烟花最受儿童喜爱。

【滴滴锦儿】 参见"滴滴金"。

【解闷儿】 参见"滴滴金"。

【小黄烟】 民间小烟花的一种。其做法是将火药装入小泥丸内，上有引线。点燃后只冒黄烟，而不喷火花，故俗称"小黄烟"。

【喷花烟火】 以喷射火苗、火星、火花为主的一种烟火。大体可分为地面喷花烟火、手持喷花烟火、插地喷花烟火和水面喷花烟火四种。

【旋转烟火】 利用烟火燃烧时，从喷口喷出的火焰和气体推动花炮自身旋转的一种烟火。大体可分为地面或水面旋转烟火、线吊旋转烟火、手持旋转烟火和钉固旋转烟火四种。

【旋转升空烟火】 利用烟火药燃烧时从喷口喷出的火焰和气体，推动花炮自身旋转升空，并通过自身旋转起稳定作用的一种烟火。大体可分为喷气式旋转升空烟火和旋翼式旋转升空烟火两种。

【火箭烟火】 利用发射药燃烧时从喷口不断喷出的火焰和气体，使花炮竖直升空，并依靠稳定杆或尾翼稳定方向的一种烟火。大体分三种：发射药装量每只在 2 克以下的，称为"小型火箭烟火"；发射药装量每只在 2.1—20 克之间的，称"中型火箭烟火"；发射药装量每只在 20.1 克以上的，称"大型火箭烟火"。

【礼花弹烟火】 以发射筒将弹体发射到高空，爆发出各种效果的一种烟火。大体分两种：花型成开包形的，称"开包型礼花弹烟火"；花型成菊花形的，称"菊花型礼花弹烟火"。

礼花弹烟火"百菊盛开"

【北京礼花弹】　北京礼花弹结构与炮弹相似，由弹体与发射装药两部分组成。礼花弹弹体由弹壳、导火索、炸药、烟火装药四个部分组成。弹壳包括内壳、外壳。内壳用草板纸压制成，是收容装填物的容器，外壳用厚牛皮纸贴成，要求既能承受礼花弹发射时的膛压，又能使爆破时有一定的压力，以发挥炸药的效果。导火索的作用是控制礼花弹从发射到爆炸所需的时间。炸药的作用是经导火索点燃后将礼花弹爆破，同时点燃烟火星体及烟火部件，是星体等飞行的原动力。烟火装药包括烟火星体及烟火部件，以构成礼花的各种光色、声响、造型、变化等效果。根据不同花型要求，弹体内的装药有菊花型、抛物型两种。菊花型又有波型和闪烁型，由单色发展为变色。北京礼花早年有 100 多个品种，大部分为出口产品。

【浏阳玩具烟花】　湖南浏阳名产。玩具烟花分升空、旋转、手持、喷射、水面、爆鸣等类共 250 多种，小巧玲珑，携带方便，燃放安全。其中的"全家乐"烟花，点燃以后先发出银白色的光彩和像笑声一样的嘻嘻声，随即出现一阵热烈的掌声，顿时升起一股光彩夺目的焰火。最后，一串鞭炮从万紫千红中飞出，发出噼噼啪啪的连响，金星四溅。哨声、响声、花色一齐迸射，气氛热烈，被美国人赞为"有声有

色的烟花"。还有一种"马戏烟花"，只有火柴盒那么大，纸盒上画着狮子、大象、熊猫等图案。在地面燃放时，先散发出彩色花瓣，接着变成各种各样的动物形象，在地面上跳跃前进，好像马戏团里的各种小动物，惹人喜爱。此外，还有"大地花开""银菊花""大伞群"和"地舞银花"等品种。浏阳的玩具烟花，曾深受广大儿童的欢迎和喜爱。

【东莞烟花】　广东名产。东莞是我国著名的烟花传统产地之一。据传，明清时期东莞就已生产烟花外销暹罗（今泰国）等地。20 世纪 80年代，全市从事烟花生产的多达 10万人，出口量占全国烟花出口量的 40％左右。烟花品种达 500 多种，行销 50 多个国家和地区。东莞，素有"烟花城"的美誉。东莞烟花分高空礼花弹和小型烟花两大类。礼花弹属烟花中的高档产品，有彩旗、纸碎、烟幕、灯笼、和平鸽、全球、半球、带爆竹、带光、带响等多个款式，每款有多个品种。燃放时可直升高空达二三百米，爆开成各种奇异图案。小型烟花可分为火箭、花筒、玩具、伞灯、吐珠、旋转、吊挂、水面等类别，每一类都有数目不等的款式和品种，燃放方便、安全，为广大人民所喜爱。

【合浦玩具烟花】　广西合浦生产的玩具烟花，相传已有 200 多年历史。分高空烟花、低空烟花、旋转升空烟花、手持烟花、吊线烟花、地面烟花、水面烟花和造型烟花八类。高空烟花有"彩色火箭"和"笛音火箭"等，升空高度可达四五米。"笛音火箭"升空时，可发出悦耳的笛声。水面烟花，是放于水面燃放的烟火，有"水莲花""水仙花"和"水球"等品种。水莲花点燃后放于水上，只见银光四溅，旋

转不停，在碧波中开出一朵红莲，经久不谢。水仙花燃放时，红叶中生出条条绿枝，似多枝水仙盛开于涟漪水面，亭亭玉立，十分好看。

【万载烟花】　江西名产。万载烟花，起始于宋，盛行于清。2005年，万载全县有 500 多家烟花从业企业，从业人员占全县人口三分之一，产品销往欧、美、东南亚等 40多个国家和地区。万载烟花，品种独特，产品达千种以上，大型广场上放的和庭院嬉戏的，射上天的和拿在手中的，低空飞舞的和地下跳跃的，应有尽有。包装精美，每一纸盒均有鲜艳图案；纸盒内的焰火，都用彩色图案纸外套塑料纸包裹。

【盒子花】　民间烟花的一种，明代时极为盛行。制作方法：用金属丝为骨架编排成各种形象，金属丝上密裹火药，折叠存放在木盒子内。燃放时，盒子置于高架上，自下点燃，烟花逐层向下脱落，幻化成各种造型。根据需要，可装置不同的发光药剂，形成多彩造型，如"珍珠帘""葡萄架""长明塔""梅兰竹菊"等。又有设置机关使烟花

清代《十二月令图》中放盒子花的场景
（引自王连海《北京民间玩具》）

变化活动的做法，可表现"炮打泗州城""芦蜂追癞子"等故事情节，亦可组成文字，如"五谷丰登""天下太平"等。

【鲁藩烟火】 山东兖州鲁藩制作的烟火，奇妙壮观，花色繁多。明张岱《陶庵梦忆·鲁藩烟火》载："兖州鲁藩烟火妙天下。烟火必张灯，鲁藩之灯，灯其殿，灯其壁，灯其楹柱，灯其屏，灯其座，灯其宫扇伞盖。诸王公子、宫娥僚属、队舞乐工，尽收于灯中景物。及放烟火，灯中景物又收为烟火中景物。天下之看灯者，看灯灯外；看烟火者，看烟火烟火外。未有身入灯中、光中、影中、烟中、火中，闪烁变幻，不知其为王宫内之烟火，亦不知其为烟火内之王宫也。殿前搭木架数层，上放'黄蜂出窠''撒花盖顶''天花喷礴'。四旁珍珠帘八架，架高二丈许，每一帘嵌'孝''悌''忠''信''礼''义''廉''耻'一大字。每字高丈许，晶映高明。下以五色火漆塑狮、象、橐驼之属百余头，上骑百蛮，手中持象牙、犀角、珊瑚、玉斗诸器，器中实'千丈菊''千丈梨'诸火器，兽足蹑以车轮，腹内藏人，旋转其下。百蛮手中瓶花徐发，雁雁行行，且阵且走。移时，百兽口出火，尻亦出火，纵横践踏。端门内外，烟焰蔽天，月不得明，露不得下。看者耳目攫夺，屡欲狂易，恒内手持之。"

【葛家村焰火】 山东潍坊坊子区葛家村制作焰火，相传始于宋代，发展于元代，鼎盛期在清朝中期，发展创新则在现代。他们制作的焰火，以硝、磺、木炭等为原料，掺入锶、锂、铅、钡、镁、钠、铜、铁等金属盐类，用纸裹成，附在铁丝做的鱼、鸟、虫、兽、花树、草木的造型上，用竹竿架起或发射到空中燃放。民间老艺人珍藏的手抄本《花谱》上，记载着各种焰火的制作方法。起初只能做灯笼花、罗圈花、杆花、淌花、手花、泥垛子、滴滴锦儿等10多种。后经多年发展，创造出了声、光、色俱佳的百余种花型，形成了独具特色的杆花、地上花、空中花三大类，有几百个花种。葛家村焰火取材广泛，自然风物、地理人情、历史故事、民间传说，无所不有。杆花类分暗、明、魔三式，有"菊花""花篮""万盏灯火""鲤鱼跳龙门""西瓜变葡萄""草船借箭""金猴戳蜂窝"等上百种；地上花有喷、转、走之别，品种有"吊花环""全家乐""地老虎""顶花""灯花"等120多种；空中花有礼花弹与彩竹筒两大类，品种有"金蛇狂舞""迎春花""满天星""万紫千红""嫦娥奔月""天女散花"等几十种。葛家村年年都举办大型放花晚会，表演焰火。表演时，放花场上，热闹非凡，响的、飞的、转的、上天的、入地的，红、橙、黄、绿、青、蓝、紫，五光十色，十分艳丽。"万盏灯火""赛月明""金丝菊""玉鞭蓉"，百花争艳；"天女散花""嫦娥奔月""草船借箭""乌龟""螃蟹"，栩栩如生，真是一个通体生辉的花花世界。

【北宋烟火】 宋孟元老《东京梦华录》卷七"驾登宝津楼诸军呈百戏"条载："忽作一声如霹雳，谓之'爆仗'，则蛮牌者引退，烟火大起，有假面披发，口吐狼牙烟火，如鬼神状者上场。着青帖金花短后之衣，帖金皂裤，跣足，携大铜锣，随身步舞而进退，谓之'抱锣'。绕场数遭，或就地放烟火之类。又一声爆仗，乐部动《拜新月慢》曲，有面涂青碌，戴面具金睛，饰以豹皮锦绣看带之类，谓之'硬鬼'。或执刀斧，或执杵棒之类，作脚步蘸立，为驱捉视听之状。又爆仗一声，有假面长髯、展裹绿袍鞝简如钟馗像者，傍一人以小锣相招和舞步，谓之'舞判'。……又爆仗响，有烟火就涌出，人面不相睹。烟中有七人，皆披发文身，着青纱短后之衣，锦绣围肚看带，内一人金花小帽，执白旗，余皆头巾，执真刀，互相格斗击刺，作破面剖心之势，谓之'七圣刀'。忽有爆仗响，又复烟火……"这表明北宋皇帝观看百戏表演时，其中穿插有烟火爆竹节目，作为串场、引子等。

【南宋烟火】 南宋周密《武林旧事》卷二载：当时南宋宫廷于元宵节大放烟火，"宫漏既深，始宣放烟火百余架，于是乐声四起，烛影纵横，而驾始还矣。大率效宣和盛际，愈加精妙"。这表明当时南宋元宵放烟火仍沿袭北宋宣和之制，而其场面、制作，已大大超越北宋。

【明代烟火】 明代烟火比宋时更为精妙，品种更多。明沈榜《宛署杂记》卷十七"民风一"载："放烟火：用生铁粉杂硝、磺、灰等为玩具，其名不一，有声者，曰响炮，高起者，曰起火。起火中带炮连声者，曰三级浪。不响不起，旋绕地上者，曰地老鼠。筑打有虚实，分量有多寡，因而有花草人物等形者，曰花儿。名几百种，其别以泥函者，曰砂锅儿。以纸函者，曰花筒。以筐函者，曰花盆。总之曰烟火云。勋戚家有集百巧为一架，分四门次第传爇，通宵不尽，一赏而数百金者。"明代北京用高架燃放"盒子花"烟火，最为流行。明刘侗、于奕正《帝京景物略》载："烟火则以架以盒，架高且丈，盒层至五，其所藏，械寿带、葡萄架、珍珠帘、长明塔等。于斯时也，丝竹肉声，不辨拍煞，光影五色，照人无妍媸，烟罥尘笼，月不得明，露不得下。"《金瓶梅词话》第四十二回"逞豪华门前放烟火，赏元宵楼上醉花灯"，描写西门庆元宵放烟火情景，叙说详细具体："都说西门大官府在此放烟火，谁人不来观看？果然扎得停当好烟火。但见：一丈五高花桩，四周下山棚热闹。最高处一只仙鹤，口里衔着一封丹书，乃是一枝起火。一道寒光，直钻透斗牛边。然后，正当中一个西瓜炮迸开，四下里人物皆着，爆剥剥万个轰雷皆燎彻。彩莲舫，赛月明，一个赶一个，犹如金灯冲散碧天星；紫葡萄，万架千株，好似骊珠倒挂水晶帘。霸王鞭，到处响亮；地老鼠，串绕人衣。琼盏玉台，端的旋转得好看；银蛾金弹，施逞巧妙难移。八仙捧寿，各显神通；七圣降妖，通身是火。黄烟儿，绿烟儿，氤氲笼罩万堆霞；紧吐莲，慢吐莲，灿烂争开十段锦。一丈菊与烟兰相对，火梨花共落地桃争春。楼台殿阁，顷刻不见巍峨之势；村坊社鼓，仿佛难闻欢闹之声。货郎担儿，上下光焰齐明；鲍老车儿，首尾迸得粉碎。五鬼闹判，焦头烂额见狰狞；十面埋伏，马到人驰无胜负。总然费却万般心，只落得火灭烟消成煨烬。"据王连海考证，此段内容是集明代中叶烟火资料而写成。（参阅王连海《北京民间玩具》）

【清代烟火】　清代烟火，比前朝品类更多，制作更精，以康熙、雍正、乾隆三朝最盛。清赵翼《檐曝杂记》卷一载："上元夕，西厂舞灯、放烟火最盛。清晨，先于圆明园宫门列烟火数十架，药线徐引燃，成界画栏杆五色。每架将完，中复烧出宝塔楼阁之类，并有笼鸽及喜鹊数十在盒中乘火飞出者。……舞罢，则烟火大发，其声如雷霆，火光烛半空，但见千万红鱼奋迅跳跃于云海内，极天下之奇观矣。"清潘荣陛《帝京岁时纪胜》载："烟火花炮之制，京师极尽工巧。有锦盒一具，内装成数出故事者，人物像生，翎毛花卉，曲尽妆颜之妙。其爆竹有'双响震天雷''升高三级浪'等名色。其不响不起、盘旋地上者曰地老鼠，水中者曰水老鼠。又有霸王鞭、竹节花、泥筒花、金盆捞月、叠落金钱，种类纷繁，难以悉举。至于小儿顽戏者，曰小黄烟。其街头车推担负者，当面放大梨花、千丈菊。又曰：'滴滴金，梨花香，买到家中哄姑娘。'统之曰烟火。勋戚富有之家，于元夕集百巧为一架，次第传爇，通宵为乐。"

明代《金瓶梅词话》中放烟火的场景

表演玩具

皮影一般名词

【皮影】　是舞台演出用具，同时也是一种精美的民间工艺品。皮影戏，是以灯光照射用兽皮或纸板做成的人物剪影进行傀儡表演的一种民间影子戏。又名"灯影戏""土影戏""驴皮影""影戏"。影戏在我国起源很早，相传始于汉而兴于宋。据传汉武帝曾用灯在帐上照出他妃子的影子。皮影戏在北宋已有演出，南宋耐得翁《都城纪胜·瓦舍众伎》载："凡影戏，乃京师人初以素纸雕镞，后用彩色装皮为之。"据说，元代曾传入西亚，并远及欧洲。皮影初以素纸制作，后采用羊皮或驴皮雕形，故名"皮影"。皮影影人，一般高约一尺，身上有若干关节，根据动作需要，安有三五根钢质操纵细杆，操纵者在幕后演唱，通过灯光投影，影人在影幕上表演出各种动作，形象优美。由于流行地区和剪影原料等的差别，形成了许多不同风格和类别，其中以河北滦州（今属唐山地区）一带的驴皮影和西北的牛皮影较著名。

皮影
上：《宫廷仪仗》（陕西华县张华洲刻）
下：《火焰山》

【灯影戏】　参见"皮影"。

【土影戏】　参见"皮影"。

【影戏】　亦称"影灯戏"。为"皮影戏""纸影戏"之古名。南宋耐得翁《都城纪胜·瓦舍众伎》："凡影戏，乃京师人初以素纸雕镞，后用彩色装皮为之。"清富察敦崇《燕京岁时记·封台》："影戏借灯取影，哀怨异常，老妪听之，多能下泪。"南宋吴自牧《梦粱录》："更有弄影戏者。元汴京初以素纸雕镞，自后人巧工精，以羊皮雕形，用以彩色妆饰，不致损坏。杭城有贾四郎、王昇、王闰卿等，熟于摆布，立讲无差。其话本与讲史书者颇同，大抵真假相半。公忠者雕以正貌，奸邪者刻以丑形，盖亦寓褒贬于其间耳。"影戏初以素纸雕形，后用彩色装皮为之。清时影戏，有用驴皮、牛皮雕镞的，也有剪纸制作，涂以桐油，以增加透明度。

皮影艺人在表演影戏

【影灯戏】　参见"影戏"。

【纸影戏】　古代用纸镂刻彩绘的一种影戏。相传始于汉代，以后的皮影戏是由纸影戏发展演变而来。南宋耐得翁《都城纪胜》："凡影戏，乃京师人初以素纸雕镞，后用彩色装皮为之。"清代时较流行。陈赓元《游踪纪事》中《影戏》一诗说："衣冠优孟本无真，片纸糊成面目新。千古荣枯泡影里，眼中都是幻中人。"纸影戏在福建、广东、香港、台湾等地均有演出，以福建漳州和广东潮州一带的最为有名。

【羊皮影戏】　南宋时，出现了羊皮影戏，它是在北宋纸影戏的基础上发展而来的一种皮影戏。南宋耐得翁《都城纪胜·瓦舍众伎》载：南宋影戏"用彩色装皮为之"。南宋吴自牧《梦粱录》载："自后人巧工精，以羊皮雕形，用以彩色妆饰，不致损坏。"

【驴皮影】　用驴皮雕镞而成的皮影，故名。皮影材质，因地制宜，各有不同，所用皮质，早期有羊皮，后有牛皮、驴皮和马皮等。河北和山东地区的皮影，多用驴皮制作。

【乔影戏】　为宋代伎艺，即现代的皮影戏，约出现于宋徽宗崇宁、大观年间。南宋孟元老《东京梦华录·京瓦伎艺》载：丁仪、瘦吉等，弄乔影戏。宋代伎艺名目中，很多都带"乔"字，如南宋周密《武林旧事》卷二"元夕"篇载舞队有"乔迎酒""乔乐神""乔像生"等。"乔"字有假扮和滑稽之意。乔影戏，似为一种滑稽影戏。

【大影戏】　南宋周密《武林旧事》卷二"元夕"篇载："或戏于小楼，以人为大影戏。"有学者认为，这是一种大型皮影戏；也有学者认为，是有真人在内动作。《武林旧事》中无详情记载，尚待考证。

【手影戏】　即"影子戏"。为宋代影戏之一。以手指、手势、手掌的伸缩变化，映烛照壁，借光弄影做各种惟妙惟肖的表演，属于"弄影"之戏。南宋耐得翁《都城纪胜·瓦舍众伎》有"手影戏"的记载。南宋洪迈《夷坚三志·普照明颠》载："三尺生绡作戏台，全凭十指逞诙谐。有时明月灯窗下，一笑还从掌握来。"

【影子戏】 参见"手影戏"。

【皮影人物造型】 皮影人物，归纳起来可分为生、旦、净、末、丑五类。根据人物的不同身份特点，夸张其眉、眼、鼻、嘴和胡须五部分。皮影在平面布幕演出，只能左右动作，因此决定了皮影人物的造型特点多为侧面投影。脸谱外形，分正侧面、斜侧面和正面三种。躯体一般分正侧面和斜侧面两种。脸为五分脸，身子都是七分。不论是正侧面还是斜侧面的人身，其腿部都分前后，使人看后产生立体感。上彩有红、绿、蓝、黑等色，每色有深浅之分。雕镂方法，一般文武小生、旦角、白净及其他表演白脸膛者，都用透雕；黑头、红净和花脸等，都用半透雕。全身分头、胸、手、腿等部分，用胡琴的琴弦绞连。皮影具有特别丰富的动作美和韵律美。

【头楂子】 皮影的术语，即皮影人物的头部。亦称"头梢子""人头茬"。皮影头和身体都是分开的，头部可以插到身子上端的颈套里。皮影五分侧面观，不同的部位又有不同程度的扭转。而且在同一个部位，也体现了侧面观、斜侧面观、仰视、俯视甚至正面观的综合图像。这种表达的原理，充分体现了我国古代对立体多角度透视原理的理解。虽然皮影头部是五分侧面的表达形式，但它既不受脸型及比例的限制，也不受透视角度的限制，因此在皮影脸部的造型上，表现得更概括，对比更显明，特征更夸张，个性更突出。头楂子大体分十三类，有帅盔、扎巾、反王、太子、文

旦、武旦、文生、武生、王帽、纱帽、神头、妖魔和甩头。一般影箱有头楂子近千个。

各种人物头楂子

【头梢子】 参见"头楂子"。

【人头茬】 参见"头楂子"。

【戳子】 皮影的术语，指皮影人物的身躯。亦称"身段""桩桩"。影人身上的冠戴和服饰，大多采用半侧面的"七分相"形式表现，即通常所谓的"五分相貌，七分装束"。种类有蟒、靠、掩衫、花衫、铠、皮氅、穷衫、仙衣、抱衣、官衣、囚衣等。影子身段服装，从领口端向下，一开始就转向六分前斜侧的身段，从腰部往下，则又为七分或八分前斜侧面，同时又把后侧转过来，一直到足，这样就使整个

人物服饰自头盔至足履各个部位最有代表性的形象，表现在平面影身上。

皮影戳子

【身段】 参见"戳子"。

【桩桩】 参见"戳子"。

【景物道具】 景物道具，都是根据影戏的内容设置。有"小件""大件"之分。小件有桌椅板凳、箱柜屏风、花草树木和小桥流水等；大件有亭台楼阁、书房绣楼、金殿龙亭、军营帅帐、茅舍草庵和仙山佛寺等。大件长约2米，高1.2米。景物小件底部留有联结的平线，便于在幕上摆设。大件上半部分是实景，下半部分除支撑的柱、帘和墙外，留有大面积空白，这样可使影人活动时不会形成重叠。

皮影景物道具

【空脸】　皮影术语。系指雕镂阳刻影人之面部，用以表现书生、旦角一类人物。主要运用"取皮留线"的技法雕镂，以突出人物脸谱的个性和特征。

空脸
上：书生
下：旦角

【满脸】　皮影术语。俗称"实脸""肉脸"。系指雕镂阴刻影人之面部，用以表现净角和丑角一类人物。主要运用"取线留皮"的技法雕镂，以突出人物脸谱的个性和特征。

满脸
上：净角
下：丑角

【实脸】　参见"满脸"。

【肉脸】　参见"满脸"。

【皮影各种名称】　我国对皮影的称谓，各地不一。黑龙江、辽宁和吉林，统称"东北皮影"，其中各地区又另有叫法：黑龙江称"驴皮影"，松花江一带称"双城皮影"，辽宁称"辽南皮影""边外皮影"。在早年的河北，皮影名称更多，有"乐亭皮影""唐山皮影""天津皮影""滦州皮影"和"北京皮影"；而北京皮影又分"东城派"和"西城派"。陕西称"碗碗腔皮影"，分"东路派"和"西路派"。四川称"灯影戏"。湖南和湖北称"影子戏"。江浙一带称"皮囝囝"。山西太原称"月影戏"，晋南称"曲沃皮影"，孝义又有"纸窗影"和"纱窗影"两种称谓。福建、广东和台湾称"皮猴戏"和"竹竿影"。青海称"皮影儿""影子"。云南腾冲称"皮人影"和"灯影子"。

【皮影博物馆】　我国专门的皮影博物馆有：一、山西孝义市皮影木偶艺术博物馆。建于1987年，收藏国内皮影、木偶和相关文物计5000多件。集收藏、研究、制作和演出为一体，并有皮影专用舞台实体陈列。二、中国美术学院皮影艺术博物馆。2003年成立，藏品是著名雕塑家赵树同捐赠，有明代以后不同历史时期包括唐山、陕西等地区的影偶4万余件，另有1600余卷皮影手抄本。三、中国西安皮影博物馆。该馆队伍庞大，有研究设计、雕刻、演出人员，收藏一定数量的清代、民国时期的皮影。四、台湾高雄1993年成立的皮影馆，收藏不同国家和地区的影偶，其中以中国皮影为主。五、郭乃谦于2001年创办的家庭皮影博物馆。藏品有数千件，并在陕西西安和河南洛阳博物馆展出，深得好评。六、2006年10月在四川成都建成的中国皮影博物馆。2012年5月27日，在成都举行的第21届国际木偶联合大会暨国际木偶节上，中国皮影博物馆举办了"偶·影·戏——中国木偶皮影精品特展"，展出了1583件木偶、皮影文物。七、2008年6月上海七宝镇建立的"七宝皮影艺术馆"。除此之外，还有一些综合性博物馆、民俗博物馆等也收藏有皮影实物，如四川成都市博物馆、四川大学博物馆、山西博物馆、陕西历史博物馆、唐山市民俗博物馆等。

皮影：辕门射戟
（中国美术学院皮影艺术博物馆展品）

皮影历史

【西汉为皮影戏雏形期】 《汉书·外戚传》载：西汉武帝李夫人亡故，武帝十分思念，有"方士齐人少翁言能致其神。乃夜张灯烛，设帐帷，陈酒肉，而令上居他帐，遥望见好女如李夫人之貌，还幄坐而步"。方士似用皮革或其他材料雕镂李夫人像，貌似，并可走动，表演时设纱帐，用灯烛，武帝于他帐观之。此似已具备皮影戏的雏形。

【北宋为皮影戏形成期】 宋孟元老《东京梦华录》载：北宋京都汴梁瓦肆（娱乐场所）众多，百戏中有"影戏"，著名影戏艺人有董十五、赵七和曹保义等。宋高承《事物纪原》载："宋朝仁宗时，市人有能谈三国事者，或采其说加缘饰，作影人。"据南宋吴自牧《梦粱录》载："汴京初以素纸雕镂（影人），自后人巧工精，以羊皮雕形，用以彩色妆饰，不致损坏。"可见，初期为一种纸影戏，以后才逐渐演变为皮影戏。

【明清为皮影戏兴盛期】 明代正德戊辰三年（1508），京都举行百戏大会演，也有皮影戏演出。到清代，皮影戏雕镂技艺更加精湛，剧目日益丰富。皮影戏演出简便，富有神奇色彩，可完成真人无法做到的表演，深受农民和市民的喜爱。在清代皮影戏几乎遍布全国各地。清代嘉庆年间，每逢喜庆年节，便令皮影班至宫内演出，供王妃、阿哥们观赏。各王府还购置戏箱，重金聘请著名艺人长期为他们演出。清嘉庆《滦州志》卷一载：影戏演出时，"用木版筑小高台，后围以布，前置长案，作宽格窗，蒙以绵纸，中悬巨灯。乃雕绘薄细驴鞯，作人物形。提而呈其形于外，戏者各肖其所提角色以奏曲"。

【西晋影窗框】 影窗框是演皮影戏用的一种影幕。西晋影窗框的出土，表明我国在西晋时期已有影戏的演出。在甘肃武威市博物馆，珍藏着一件1971年在武威松树乡旱滩坡出土的西晋时期的影窗框。影窗框长73.5厘米，宽45.8厘米，厚1.8厘米；单边底座长14厘米，厚3.3厘米，高6厘米。框的木条涂有白漆，白底上画有对称的草花图案，虽经1700多年，颜色还较鲜丽。这件西晋影窗框的出土，说明影戏的起源应该在西晋之前，而不是一般认为的宋代。在山西繁峙岩山寺文殊殿，有一幅金代大定年间的《儿童弄影图》壁画，上面的影窗和出土的西晋影窗，不但形制相同，连大小都差不多。有关影戏，宋代有"三尺生绡作戏台"的记载。宋代的"三尺戏台"，就是影幕的大小，也跟晋代影窗的大小相近。生绡是没有漂煮过的绢，看来宋代影窗上绷的是丝制品一类的影幕。这件西晋影窗框的出土，可将我国皮影的发展历史上溯到西晋以前，并和宋、金、明、清连成一线。为此，西晋影窗框被定为国家一级文物，表明它在影戏史上的重要地位。

西晋影窗框
（甘肃武威松树乡旱滩坡出土）

【金代《儿童弄影图》壁画】 山西繁峙岩山寺文殊殿，有金代大定年间描绘的壁画，其中一幅《儿童弄影图》，描绘一个儿童在影窗幕后持影人表演；一个儿童在影窗边挑选影人，手中持有两个影人；影幕前有三个儿童在全神贯注地观看影戏表演。壁画真实生动地表现了金代影戏的普及情景，亦是800多年前的金代壁画艺人留下的极为珍贵的影戏形象资料。

金代《儿童弄影图》壁画（摹本）
（山西繁峙岩山寺文殊殿）

【中国皮影的传播】 中国是皮影戏的故乡，皮影曾由此先后向世界各地传播。《中国近代戏曲史》载：早在13世纪初，南宋宁宗嘉定年间，皮影戏便传播到了南亚群岛。14世纪中叶，传入波斯。15世纪明代成化年间，传入埃及。17世纪初，明代万历年间，传入土耳其。18世纪，西方天主教传教士将中国皮影戏介绍到法国。德国大诗人歌德对中国皮影有着浓厚兴趣，清代乾隆甲午三十九年（1774），他在威兰博览会上介绍了中国皮影戏；1781年8月28日他生日那天，又特意用中国皮影戏演出了德国故事《米娜娃的生平》和《米达斯的判决》，博得来宾的热烈赞扬。很多外国戏剧史学者认为，中国皮影戏是电影的祖先，电影的发明就是受皮影戏的启发。鲁迅在《集外集拾遗补编·书苑折枝》中也认为："我尝疑现在的戏文（指电影），动作态度和画脸都与古代影灯戏有关。"

各地皮影

【陕西皮影】　历史悠久，清代已负盛名，称为"陕灯影"。陕西皮影，构思巧妙大胆，造型优美传神，刻镂精工细致，色彩鲜艳华丽。陕西皮影遍及全省，按地区和艺术特点区分，有东西两路流派：东路为咸阳以东的关中地区，皮影造型精美细巧，装饰华丽，刻工匀挺，影人较小，高约九寸，生旦脸部额头突出，鼻子清秀，嘴形小。西路为咸阳以西至宝鸡地区，皮影造型粗犷有力，运线简练，质朴大方，影人较大，高一尺二寸，生旦脸型，多通天鼻，花脸圆鼻深目，演出时照射效果好。两路风格虽有差异，但都具有陕西地方的共同特征。陕西皮影戏，多以当地特有的"碗碗腔"曲调演唱，最古老的为"老腔皮影"，其他还有"弦板腔皮影"和"阿宫腔皮影"等。陕西皮影曾赴日展出，1980 年被征选参加联合国儿童福利委员会在华盛顿举办的国际儿童民间玩具展览，深受好评。

陕西皮影
（下：清代陕西皮影画稿）

【陕灯影】　参见"陕西皮影"。

【老腔皮影】　魏力群《中国皮影艺术史》载：陕西老腔皮影是陕西最古老的一种皮影，亦称"拍板灯影"。系明末清初以当地民间说书艺术为基础发展形成的一种皮影戏曲剧种，长期以来一直属于华阴市泉店村张家户族的家族戏。其声腔具有刚直高亢、磅礴豪迈的气魄；落音又引进渭水船工号子曲调，采用一人唱、众人帮和的拖腔；伴奏音乐不用唢呐，独设檀板的拍板节奏，构成该剧种独有的特征，使其富有突出的历史和文化价值。华阴的皮影造型质朴精美，结构严谨，冠服纹饰讲究，十分精细优美，富有浓郁的地方特色。

明末陕西华阴老腔武将皮影
（引自《中国美术全集·民间玩具/剪纸皮影》）

【拍板灯影】　参见"老腔皮影"。

【弦板腔皮影】　魏力群《中国皮影艺术史》载：陕西弦板腔皮影戏，亦称"板板腔"，形成于清代初年。在唱腔上富有说唱音乐特点，演出内容和形式与民间说书相近，主要伴奏乐器为"二弦子"和敲击乐器"板子"，因而得名。最早为一人左手摇"呆呆子"（二板子），右手撑结子（即蚱板子）的说唱形式。清代嘉庆年间，弦板腔即在民间流传。顺治年间，岐山县马江何家村有王庆的弦板腔皮影班。据礼泉县的弦板腔皮影戏老艺人王天德回忆，嘉庆十八年（1813），他的曾祖父王文就是一位唱弦板腔的艺人。光绪年间，影戏班在民间极为普遍，各地班社最多达 60 多个，活跃于关中乾县、兴平、礼泉、咸阳等地。弦板腔皮影，以乾县的影人造型最富有特点，粗放有力，线条挺拔，人物冠服道具装饰常喜用圆点的联珠纹样，尤其用在武将的盔甲上，既贴切又富有质感，表现出了刻绘艺人卓越的技艺和才智。

清代陕西乾县弦板腔武士皮影
（引自《中国美术全集·民间玩具/剪纸皮影》）

【板板腔】　参见"弦板腔皮影"。

【阿宫腔皮影】　魏力群《中国皮影艺术史》载：陕西阿宫腔皮影，主要流行于关中渭北平原中部的富平、三原、咸阳、泾阳、高陵、临潼、耀县等地。传说其腔调来自秦代阿房宫歌女所演唱的曲调，故称"阿宫腔"；还有说其拖腔用假声而有"遏"音，故称其为"遏工"，谐音转为"阿宫"。其唱腔旋律不沉不躁、清悠秀婉；行腔中的"翻高""低遏""一唱三遏"为其特色。阿宫腔音乐长于刻画、抒发人物复杂的心理活动。清代末年出现了几位名艺人，当时有歌谣传诵："乔娃的唱功有娃的相（指丑角），王仓的签子赛过耍花枪。"可见清代陕西阿宫腔皮影戏非常兴盛，艺术形式也相当完整。阿宫腔皮影，以富平的影人刻画得最为精美细致，尤其是武将的头盔和坐骑，富有层次，色彩富丽，装饰华美，人物生动传神，具有鲜明个性。

清代陕西富平阿宫腔武将皮影
（引自《中国美术全集·民间玩具/剪纸皮影》）

【碗碗腔皮影】 魏力群《中国皮影艺术史》载：陕西碗碗腔皮影，形成于清代初叶，主要在渭南、华县、大荔一带流行。为与过去的"老腔"相区别，当地又称其为"时腔""东路碗碗腔"。该剧种唱腔板式齐备，伴奏乐器很有特色，细腻幽雅，婉转缠绵，表现力丰富多彩。皮影选料考究，制作精细，造型优美，人物个性特征明显。乾隆年间，举人李芳桂会试不中，感时愤世而编写了十大本碗碗腔影戏剧本，所以皮影戏在当时的渭南非常兴盛。当地俗语说："同朝二华（指同州、朝邑、华县、华阴）应个名，渭南皮影唱个红。"

清代陕西碗碗腔皮影
上：渭南武将皮影
下：华县状元头楂子皮影

【时腔】 参见"碗碗腔皮影"。

【东路碗碗腔】 参见"碗碗腔皮影"。

【灯盏头碗碗腔皮影】 魏力群《中国皮影艺术史》载：陕西灯盏头碗碗腔皮影，亦称"灯盏头腔""西府碗碗腔"，属陕西千阳境内独有的皮影戏。乾隆五十年（1785）

清代陕西凤翔灯盏头碗碗腔武将皮影
（引自《中国美术全集·民间玩具/剪纸皮影》）

左右最早出现在千阳齐家背后村，因风格独特而颇受欢迎，后传到陇县、凤翔、宝鸡以及甘肃灵台、平凉一带，成为当地的剧种之一。清代中叶以后，宝鸡地区皮影戏繁荣兴盛。因其道具行装简便易带，演出场地不拘大小，多盛行于山区，成为西府一带节日、庙会、丧葬、乡会必不可少的演出活动。灯盏头碗碗腔皮影，以凤翔的皮影最具特色，体型较大，粗犷有力，色泽优美，个性鲜明，造型完美。

【灯盏头腔】 参见"灯盏头碗碗腔皮影"。

【西府碗碗腔】 参见"灯盏头碗碗腔皮影"。

【山西皮影】 山西皮影具有独特的地方特色，雕刻均以牛皮为主（不同于河北唐山一带的驴皮影）。选料以小口齿的母牛皮为主，以伤死、宰杀的为佳，不用病死老牛皮。制皮又有专门的皮革匠和制作技术。皮影上色古香古色，艳而不乱，不怕光照，经久不变。山西皮影有南路和北路之分：南路以新绛、曲沃、临汾、运城为代表，特点是受陕西东路流派影响，作品体形大、刻工细、装饰性强、色彩明快；北路以广灵、灵丘、浑源、代县为代表，特点是受北京西派的影

清代山西皮影

响，体形略小，刻工精巧缜密，色彩艳丽醒目。

【晋中皮影】 即山西北路皮影，主要分布于孝义、广灵、代县、文水和浑源等地。早期为纸影舞台，称"纸窗影戏"，以后改用纱制舞台，称"纱窗影戏"。影人刻工缜密，色泽浓艳。晋中皮影以孝义的起源最早，雕镂最为精美。早在元代，孝义就已有影戏世家。早期的纸窗影人物，称为"纸窗二尺影"。至明末清初，由陕西传入"碗碗腔纱窗影戏"。坐骑在孝义纸窗影戏中占有重要地位，当地有"纸窗影戏看坐骑，纱窗影戏看摆设（景物）"之民谚。坐骑中有青狮、白象、神牛、四不像、朝天吼、梅花鹿、玉麒麟和黑麒麟等诸多名目，这是孝义皮影的鲜明特色之一，也是其他地区皮影中所罕见或没有的。

晋中孝义皮影
左：麒麟武将
右：梅花鹿武将
（引自侯丕烈《中国孝义皮影》）

【纸窗影戏】 参见"晋中皮影"。

【纱窗影戏】 参见"晋中皮影"。

【晋南皮影】 即山西南路皮影。主要分布于侯马、运城、临汾、新绛、曲沃等地。造型受陕西东路皮影的影响，影人高约33厘米，刻工细密，色彩明快，装饰性较强。晋南皮影，以侯马、曲沃为代表。侯马皮影、服饰精美华丽，个性突出，尤其是净角人物的脸谱、性格的刻画，更加豪爽鲜明。曲沃的皮影，男生头楂子眉多上挑，女多弯曲蛾眉，服饰大多用团花装饰，是其特色之一。

晋南曲沃皮影

【新绛皮影】 山西新绛皮影，历史悠久。属山西南路风格，亦受陕西东路派影响。体型小巧，约七八寸，刻工细腻，装饰性强，色泽简练明快，古朴大方。新绛皮影，以已故艺人高凤鸣制作的最为出色，他积累了不同形象的皮影人物头像上千种。新绛皮影轮廓造型洗练，装饰夸张大胆，图案疏密相间，刻工精巧，色彩明快，恰当地表达了不同人物的相貌、身份、性格和衣着，是山西南路皮影艺术的代表。《新绛县志》载：明末清初，新绛已有影戏剧社16家。新绛县北王马村文家影班，子承父业百余年，誉满晋南城乡。

【孝义皮影】 山西孝义皮影，历史悠久。山西孝义金代墓壁画，尚保存有"影戏人头残像"（刊于《中国文物报》，2003年6月4日），其影戏人头残像与当地遗存的明代影人风格非常一致。1953年，在孝义张家庄元代墓中，发现《孝义纸窗影戏坐骑图》壁画，上有"元大德二年（1298）王同乐影传家共守其职"的落款，表明早在金元时期，孝义已有皮影戏流传。明清时，孝

义流行两种皮影：一种是古老的皮腔纸窗影，影人多用牛皮雕镂，大多是《封神榜》和道教题材中的人物，遗留影人多为明代作品；一种是碗碗腔纱窗影，遗留的影人多为清代作品。参见"孝义纸窗影""孝义纱窗影"。

明末孝义皮腔纸窗影人

【孝义纸窗影】 山西孝义纸窗影，影人雕镂质朴古拙，简洁洗练，粗犷夸张，追求神似。影人脸谱，无明确的生旦净末丑之分，而以职位、个性刻画人物形象。人物通常大额头，头饰后倾，采用阴雕、阳雕、阴阳雕等技法，有空脸（阳雕）、实脸（阴刻）、空实脸（阴阳雕）之分。脸型多五分脸，即正侧视（单眼人），也有少数七分脸（双眼人），多为奸邪丑怪人物。影人头饰除原有的头盔形式和图案外，多用虎、龙做装饰，意即虎将，真龙天子；亦有用狐狸、猪、狗等做装饰，寓意其身份为狐狸精、猪精和狗精等，这部分多是《封神演义》中人物。用色都为红、黑、绿和橘黄等颜色，渲染用色，较少调和，有的只渲染数笔几点，显示出一种纯朴无华的天然美。1953年，在山西孝义县张家庄等处出土的元代墓葬中，发现《孝义纸窗影戏坐骑图》壁画，上有"元大德二年（1298）王同乐影传家共守其职"的落款，表明元代皮影戏已在山西孝义一带流行。

孝义纸窗影:《封神演义》人物
（引自侯丕烈《中国孝义皮影》）

【孝义纱窗影】 山西孝义纱窗影，影人脸谱多细致精巧，玲珑别透。元代时，纸窗影在孝义一带较流行，遗留的影人多为明代刻制；纱窗影时间较晚，遗留的影人多为清代作品。纱窗影脸谱，因受当时发展起来的戏剧影响，比纸窗影脸谱多，凡戏剧的各种头盔、头饰几乎都有，如软相纱、硬相纱、太子盔、紫金冠、圆长翅、黑纱帽、员外巾、翎子头、软罗帽等；人物有帝王将相、才子佳人、妖魔鬼怪、神仙乞丐，生旦净末丑各行俱全。生、旦多用阳雕手法，通常额头大，鼻尖，嘴小，紧靠鼻下，头饰上竖；书生的眉上斜，旦角的眉下弯。这是纱窗影人造型的基本特点。纱窗影人身段服饰，大体可分为男女铠甲、龙蟒官服、裙衩布衣、书生长袍、仪仗礼服和兵卒衣胄等。

【北京皮影】 北京皮影，据传始于清代初期。北京皮影雕镂精致，色彩鲜明，都用羊皮或驴皮制作。刻制艺人，以路景达最为著名。他的技艺特色是追求须发的舞台真实，用吊眉、吊眼手法处理青衣、小生、武生、老生的形象，使之更个性化。他刻出的线条，如行云流水，柔和、舒展、自然而挺拔。清代康熙年间，礼亲王府设有八位五品官员，专管影戏。至嘉庆朝，每逢喜庆年节，还令影戏班至内庭演出。最盛时，北京的影戏班社有30余家，晚上唱影戏堂会，白天还演出木偶戏。北京皮影分东城派和西城派两派。东城派班社大都在东城，为滦州影，皮影造型，脸谱洗练夸张，个性鲜明，脸型轮廓清晰爽利，运线单纯，富有力度；西城派班社大都在西城，为涿州影，皮影造型，脸部圆润清丽，运线柔美，冠帽装饰华丽精致，雕工细密严谨。两派影人高七八寸，早期影人高达一尺五寸。

【滦州影】 为北京东城派皮影之别称。相传由河北滦县乐亭传入北京，故名"滦州影"。滦州影人的脸谱较夸张，脸型轮廓明显，色泽鲜丽，装饰性强，造型较小巧。原先用羊皮刻制，后改为驴皮，影人高约七八寸。滦州影当时在北京较盛行，清光绪年间，著名的滦州影戏班有三义班、永乐班、同乐班、鸿庆班和荣顺班等。

孝义纱窗影人
（引自侯丕烈《中国孝义皮影》）

北京皮影
（引自《中国美术全集·民间玩具/剪纸皮影》）

滦州影
（引自《中国美术全集·民间玩具/剪纸皮影》）

【涿州影】　河北涿州皮影，相传始于明，盛于清。它与北京西城皮影属于同一流派，清代嘉庆、道光、咸丰年间，为其鼎盛期。清崇彝《道咸以来朝野杂记》载："当时京都……又有皮影一种，以纸糊大方窗为戏台，剧人以皮纸片剪成，染以各色，以人举之舞。所唱分数种，有滦州调、涿州调及弋腔，昼夜台内悬灯映影，以火彩幻术诸戏为美，故谓之影戏，今皆零落矣。"表明在清道光、咸丰时期，涿州皮影戏活跃于北京。

涿州影
（引自《中国美术全集·民间玩具/剪纸皮影》）

【唐山皮影】　流行于河北东部及东北三省，起源于河北乐亭（旧属滦州，今属唐山），故又名"滦州影"和"乐亭影"，有300年左右的历史。影人主要用驴皮制作，所以也称"驴皮影"。皮影的制作：将皮浸以桐油，使其透明，然后剪刻成各种人形，并加以彩色。一个人形分六部分，头、身和四肢，连接起来，用铁丝、丝线操纵，活动自如。人物造型的显著特征，是通天直鼻梁，这在全国很少见，个性鲜明，夸张生动，色泽明快。清嘉庆《滦州志》卷一载：滦州一带风俗，元宵节须

演皮影戏，"用木版筑小高台，后围以布，前置长案，作宽窗格，蒙以绵纸，中悬巨灯。乃雕绘薄细驴鞟，作人物形。提而呈其形于外，戏者各肖其所提角色以奏曲"。唐山皮影，是以乐亭方言为主进行演唱，所以声调委婉动听，歌唱性很强，而且生、旦、净、丑分工明确。掐嗓演唱是唐山皮影的一绝，声音独特，韵味十足。相传这种唱法是一位叫郭老天的演员发明的，据说有一次他因临时嗓子不好，无法演唱，情急之下试着用手掐着嗓子唱了起来，这种方式让他感到不但省力，而且还有一种格外的韵味。后仿效者甚多，渐成特色。

清代唐山皮影

【乐亭影】　参见"唐山皮影"。

【冀南皮影】　亦称"邯郸皮影"。用牛皮刻制，造型较粗放、稚拙、古朴，有些部分不用刀刻，而直接用彩绘，这种雕绘结合的手法，是冀南皮影的特色之一。从中可看出冀南皮影的造型手法，仍具有宋代皮影"绘革"的遗风。

【邯郸皮影】　参见"冀南皮影"。

【蔚县灯影】　河北蔚县灯影，由陕西传入。相传清代光绪年间，陕西朝邑县（今大荔县）连年大旱，当时有碗碗腔皮影艺人来到河北蔚县，受蔚县秧歌、大戏等影响，逐

步形成蔚县灯影戏。至清光绪中期达至最盛，影戏班社有20多个，有东七里河村的"狗逗子灯影班"，东大云瞳村的"杨林灯影班""徐立发灯影班"，大固城村的"杨波灯影班"，最出色的是吕家庄"宋梅灯影班"。在蔚县城北苑家庄古灯影戏台的内壁上，至今还保留着灯影戏演出时的墨书题记："光绪二十六年（1900）正月廿四五六日，王奇在此一乐也。南闫元省班全拜。夜戏：《万仙阵》《闹天宫》《阴书阵》。"

蔚县苑家庄古灯影戏台内壁上的墨书题记

【沧州皮影】　魏力群《中国皮影艺术史》载：河北沧州皮影，相传由陕西传入，为"陕西影"。在明永乐二年（1404）前后，沧州的献县就已有了皮影戏班。至清乾隆年间，皮影戏传入河间景和镇王庄子村。据该村老艺人讲，该村皮影戏为"兰州影"，也是由西北传过来的。清中期以来，皮影戏在沧州运河西部继续流传，河间的赵家庄、石家村、西呈各庄，交河的齐桥，肃宁的沙河都有皮影戏班。

【廊坊皮影】　河北廊坊固安县北王起营皮影戏约兴于1820年。据老艺人讲，该影戏源于兰州，清道光年间传入该村。先辈王建朝曾经领影戏艺人驻过北京"西天和"影戏班，后来本村艺人组成"义合班"，极盛时期为光绪、宣统年间，活动于北京、河北保定一带。

【四川皮影】　清代道光、咸丰年

间已较流行。分为西路皮影和东路皮影。皮影造型曾受北京灯影和陕西灯影的影响，亦分大小两种，大者一尺五寸，小者一尺左右。主要用牛皮刻制，雕镂精工细致，个性鲜明，形象生动，造型夸张，色泽绚丽，具有浓厚的装饰情趣和地方特色。在运线上主要运用直线造型，用直的、硬的线形，使关节突出，动态明确。同时直线、硬线"动"了以后，就变成软的了。如皮影人的手部是一个叉子，但它只要一动，就起了变化，变"活"了。

四川皮影

【四川西路皮影】 川西成都平原皮影，属四川西路皮影。四川西路皮影的影人皮子较厚，影人高达一尺八寸左右，人物的胡须用真马鬃制作。不重精巧，而注重人物性格特征的刻画，风格浑厚淳朴，受当地川剧和唐代壁画的影响较多。

四川西路皮影
（引自《中国美术全集·民间玩具/剪纸皮影》）

【四川东路皮影】 川东和川北的皮影，属四川东路皮影。四川东路

皮影的造型风格，与陕西东路的皮影较相近，不过它也在发展中逐渐形成了自己独特的造型风格特征：形象简洁，刻绘并重，个性突出，色泽鲜明，尤其是仕女头上的装饰，特别精致和华丽，这是其显著特色之一。四川东路皮影影人较小，这是为了便于在山区演出。

四川东路皮影

【成都灯影】 成都灯影相传属于"南影"，清代时流入成都地区，同时受陕西皮影及北京皮影的影响，有大小两种之分。大者如陕西皮影，高有一尺五寸；小者如北京皮影，高一尺左右。清代道光、咸丰年间已盛行。当时成都东大街上搭了骑街台子，夜间演出，成都灯影成为民间最普遍的小戏。成都灯影的材料，都用极薄的牛皮刻成，镂刻精工，线条匀挺，色彩丰富，造型美观。脸谱服饰完全仿照川戏，神话剧目较多，富有浓厚的地方特色。

成都灯影

【山东皮影】 起源较早，清代已较流行，遍及全省不少地区。山东皮影，多取材于民间传说、历史故事、神话传奇故事等，为广大人民喜闻乐见。山东皮影在美术造型上，融入了当地民间剪纸技艺，并吸取了京剧和地方剧种的脸谱和服饰等形式，具有强烈的地方特色和民族风格。山东皮影质朴粗犷，简练有力，色泽古拙，刻工劲健，善于刻画人物的气势和性格特征。影人全身有九个关节，包括头帽、上身、下身、二上臂、二下肘连手、二腿连脚。影人为七分身材五分面。表演时唱腔主要为柳琴调。

山东皮影

【灵宝皮影】 豫西灵宝与陕西相邻，其皮影造型，受陕西东路皮影的影响，影人头楂子很多。"影头包"分类与陕西影系基本一样，有文武生包、文武旦包、王帽包、官帽包、将帅包、扎巾包、翎子包、反王包、太子包、神头包、魔子包、精头包、清帽包、杂头包等。灵宝皮影造型优美，线条细腻，色彩艳丽，而且景片繁多，大片有金銮殿、帅帐、御花园、花果山、相府、仙阁、牛皮宝帐、洞府、石山、花

卉、葡萄架等；小片有神仙云朵、座椅、凳、花架等。造型最有特色的是净角，这些人物脸谱性格鲜明，外貌特征突出，形式多样。眉主要有剑眉、卧蚕眉、赤眉、绿眉；眼多为豹眼、牛眼、赤眼、绿眼等；鼻多为冲天鼻、猪鼻、牛鼻、狮子鼻、鹰钩鼻；额头多为台阶纹、王字纹、火焰纹、疙瘩纹、环纹；胡子呈刷子形、蛇形、螺旋形、扫帚形等。奸邪之人，内眼角有一上挑的尖；心底狠毒的人，眼窝下有一条红蛇；性格暴躁、心底正直的人物，脸部则有线条和红纹。

清代初期灵宝皮影

【桐柏、罗山皮影】　豫南皮影，以桐柏、罗山为代表。桐柏皮影色彩瑰丽，使用的颜料"水色"与河南朱仙镇木版年画所使用的一样，其品色染料的透明度与色纯度高。在桐柏皮影的影人造型中，每个身子都有一个主色调，虽使用对比色，但都控制恰当，不会喧宾夺主。影人脸上的红晕不染过渡色，而是醒目地点上一块红点子，这与河南民间泥木玩具的"开脸"手法是完全一致的。罗山皮影，头大身子较小；刻纹少，重彩绘，仍保留宋代皮影"绘革"的遗风。豫南皮影人高约一尺七寸，全身十四个关节（帽、头、胸、腹各一，下肢二，两个上肢各四）。一般一担影戏箱，有五十身左右，分为男女身和娃娃身，男女身又分文武身。影身有许多名称，如官装、八团、龙身、龙

箭、黑帔、大甲、猴帔、蟒袍等，而蟒袍又分黄、青、白、红等多种。

豫南罗山皮影

【甘肃皮影】　甘肃皮影，始于明代，盛于清代，主要以陇东、陇原、兰州为代表。影人都较高大，造型粗放，色彩鲜艳，注重刻画人物个性。陇东影人外轮廓多以直线概括；陇原影人多奔放粗犷；兰州影人形象鲜明，性格突出。明代正德年间，兰州皮影吸收西北地区的"老虎调"和"碗碗腔"的特点，创造了"兰州影调"，以丰富的唱腔充实了影戏艺术，使之更具有地方特色。

甘肃皮影：哪吒

【陇原皮影】　甘肃陇原皮影，因影人都用牛皮刻制，主要在窑中掌灯演出，故俗称"窑洞影子戏""牛窑戏"或"牛皮灯影"。据甘肃平凉、庆阳的县志记载，陇原皮影大约始于明末清初。原先影体高大，刻工粗犷奔放，色泽单纯，造型简朴，配以高亢圆润的唱腔和激越悠扬的

秦腔、眉户曲子，充满陇原特色和古韵。最大的影片有220厘米×150厘米，弄影人称之为"大片"，长宽100厘米左右的称为"中片"，如"花果山""葡萄架"和"帅帐"等。

【窑洞影子戏】　参见"陇原皮影"。

【牛窑戏】　参见"陇原皮影"。

【牛皮灯影】　参见"陇原皮影"。

【陇东皮影】　陇东一带的皮影，相传在明清两代已很盛行。陇东皮影，影人外轮廓常以直线勾勒，形象大方俊俏，尤其是对仕女的刻画更为生动优美。线条挺拔流畅，色彩对比强烈，这使刻制的影人性格突出，格外有神。脸谱设计的规律是：黑忠，红烈，花勇，白奸，空（阳刻）正，与关中秦腔脸谱基本相同。五官造型凡有谱样的多为圆眼睛、吊嘴角、疙瘩鼻，或显忠勇暴烈，或显阴险炎诈。阳刻正面角色则多为平长细眼、小嘴巴、直鼻梁，显得平和有度。除旦角外，所有人物额头十分凸显，冠饰大幅度后移。这一夸张变形，使影人倍加精干，神采十足。

陇东皮影

【环县道情皮影】　甘肃环县道情

皮影，相传在明清时已较流行。环县是陇东皮影最集中的地方，所以环县的皮影实为陇东皮影的代表。环县道情皮影的造型和陇东的大体类似，但神情的刻画比陇东更传神和生动。环县道情皮影戏，以其乡土本色、古老独特的表演形式，在陇东乃至全国都享有盛誉。再配以环县道情音乐，一种源于历史的寺庙道观音调，更是别具韵味。1987年9月，应意大利-中国友好协会邀请，环县道情皮影戏艺人耿怀玉、史呈林、董建荣、梁维君、郑九荣、谢正礼一行6人，组成"甘肃省民间皮影艺术团"，前往意大利首都罗马和米兰、威尼斯、佛罗伦萨等13个大城市访问演出24场，观众达1万多人，深得好评。

【潮州皮影】　亦称"潮州竹窗纸影"。广东潮州是皮影戏较发达的地区。常任侠《皮影戏的发展》说：我国皮影戏有南影、北影之分，南影流行于潮州、福州。清汪鼎《雨韭庵笔记》载："潮郡之纸影亦佳，眉目毕现……潮郡城厢纸影戏，歌唱彻晓，声达遐迩。"清李勋《说诀》卷十三载："潮人最尚影戏，其制以牛皮刻作人形，加以藻绘，作戏者匿于纸窗内，热火一盏，以箸运之，乃能旋转如意，舞蹈应节；较之傀儡，更觉幽雅可观。说者谓此戏唯潮郡有之，其实非也。"清陈坤《岭南杂事诗钞》卷五载："怡情不觉五更寒，莫听钟鸣必尽欢。太息浮生原若戏，那堪戏在影中观。（注：潮人最尚影戏，以牛皮制为人物，结台方丈，以纸障其前隅，置灯于后，将皮影人物弄形于纸观之。价廉工省，而人多乐从，通宵聚观，至晓方散。严禁之，嚣风稍息。）"潮州皮影用牛皮、驴皮或羊皮制成，先将皮革在桐油中浸过，使其透明，然后剪作人形，加上彩色；每一个人分为身、首、四肢六部分，再连缀起来用铁枝、丝线操纵，便能活动自如。演出时，台内燃灯，台面装一竹框架子，糊上半透明的素纸，作投影之用，所以潮州皮影亦称"竹窗纸影"。

【潮州竹窗纸影】　参见"潮州皮影"。

【龙溪纸影】　流行于福建龙溪地区（今属漳州）。据传，漳州在明代已有纸影戏演出。所刻纸影人物脸谱造型夸张，发型、头盔精致，服饰花纹细致，图案近似宋代风格，不着色，今尚保存一百多个脸谱。抗日战争期间，漳州芗潮剧社进行改革，在操纵方面增加人物关节活动，能点头、开枪、开炮、取物，仿飞机扔炸弹、房屋倒塌和战舰开行等。

【青海皮影】　亦称"灯影戏"，民间俗称"皮影儿""影子"，具有鲜明的地方色彩。历史久，制作精，流传广，清代已负有盛名。青海皮影的雕镂，脸部多采用侧面镂空手法，特别夸大眉、眼部分，善于抓住人物个性，突出表现各自不同的性格特征，一看脸谱，即可分出忠奸善恶。在皮影服饰的处理上，受当地戏剧造型和佛塑等的影响。题材多数是关于历史传说、神话故事和神、佛等人物形象。青海皮影风格质朴，富有较强的装饰效果。戏

清代青海皮影

班的组成以影箱为单位，有一家子组成的"家庭班"，也有"官办""村办"影箱。近代青海皮影著名的艺人有马福、殷长安、魏玲、甘世霖、张生华、祁永昭等。青海皮影戏的音乐只用于皮影戏，有独立的板腔体声腔体系，有专用的弦索乐曲牌、鼓吹乐曲牌和打击乐曲牌。

【皮影儿】　参见"青海皮影"。

【影子】　参见"青海皮影"。

【南京皮影】　南京皮影，相传于20世纪50年代由山东传入。后成立"向阳皮影剧社"，在夫子庙等地演出。影人高约35厘米，刻镂精美，运线挺劲，色泽鲜艳，脸谱、服饰都是模仿京剧造型。以艺人王长生刻制的最为生动传神。演出唱腔主要采用山东柳琴曲调，以后逐渐有所改进和创新。

南京皮影
（上：《三打白骨精》）
（王长生作）

【苏州皮影】　苏州皮影，相传在清代由浙江传入，影人受浙江皮影影响较多，刻镂少，重彩绘，具有宋代皮影"绘革"遗风。造型秀丽，运线柔美；唱腔为越剧曲调，委婉动听。常在阊门和玄妙观一带搭棚演出。

【徐州皮影】　徐州皮影，在晚清时由山东、河南传入。影人高30厘米左右，造型粗放质朴，纹饰简练，形象豪爽，色泽单纯，受山东皮影影响较深。唱腔主要为山东的柳琴调。

【上海皮影】　上海皮影相传始于南宋，迄今已有800年左右的历史。以羊皮、牛皮或纸制作而成。特点是轻雕镂而重绘画，有窗花、剪纸之妙，又有苏杭刺绣之美，别有一种韵味。皮影人的脸部造型，生、旦、净、丑、忠、奸、贤、愚各不相同，夸张而有性格，有的像京剧人物。

【上海七宝皮影】　清光绪初年，上海七宝镇毛耕渔于浙东学得具有南宋风格的皮影表演技艺后，回乡组建"鸿绪堂皮影戏班"，于光绪六年（1880）春在解元厅作首场演出。鸿绪堂皮影戏班建立100多年来，毛氏皮影戏班七代传人辗转献艺于上海各县乡镇，地域特色鲜明，七宝镇也因此成为上海皮影的一个中心。七宝皮影戏传人众多，谱系清晰，传承完整，遗存丰富，涉及当地传统戏剧、美术、工艺、音乐、民间文学和方言领域，是七宝古镇传统民俗文化的精华，也是上海民间艺术的瑰宝。2008年6月，七宝古镇辟建七宝皮影艺术馆。七宝皮影在发展过程中，继承了浙东皮影的风格。从20世纪二三十年代起，七宝皮影戏班走进大都市，在演出风格及表演手段诸方面，不断改良创新。七宝皮影多由羊皮制成，轻雕镂而重绘画，造型单线平涂，画工细致，镂工精巧，色彩艳丽。景片和皮人服饰有水乡蓝印花布和剪纸风格，花纹多为缠枝花卉和鸳鸯戏水。20世纪50年代起，有的用纸板代替羊皮；70年代末用塑料片、铅画纸等。皮人脸部忠奸贤义的性格、喜怒哀乐的表情塑造得十分夸张鲜明。

上海七宝皮影
上：《武松打虎》
下：人物造型

【浙江皮影】　浙江皮影，亦称"羊皮戏""皮囝囝"。北宋灭亡，赵构迁都临安（今浙江杭州）后，南宋百戏伎艺比北宋汴京（今河南开封）更加兴盛，影戏亦随之兴旺起来，当时的临安还有影戏的专门组织"绘革社"。浙江皮影戏早期为羊皮彩绘，后改为牛皮彩绘。浙江皮影戏在年节和民俗活动演出时，各有名目：祈求蚕桑丰收要演"蚕花戏"，求神拜佛、许愿要演"还愿戏"，造屋上梁要演"上梁戏"，迎神赛会上要演"神戏"，小孩周岁要演"周岁戏"，结婚要演"暖房戏"等。

【羊皮戏】　参见"浙江皮影"。

【皮囝囝】　参见"浙江皮影"。

【海宁皮影】　南宋初期，建都临安（今杭州），皮影戏已较流行。浙江海宁紧靠临安，亦随之盛行起来。皮影戏自传入海宁后，即与当地的"海塘盐工曲"和"海宁小调"相融合，并吸收了"弋阳腔"等古典声腔，改北曲为南腔，形成了曲调高

亢激昂、婉转优雅的古风音乐，同时配以笛子、唢呐、二胡等乐器，节奏明快悠扬，极富水乡韵味。在明清时期，更是形成了以盐官镇为演出中心的海宁皮影戏。从海宁现存的清代皮影看，其造型的显著特点是刻镂较少，而重彩绘，仍保留了宋代皮影"绘革"的遗风。皮影长约40厘米，除个别武打人物是两手、两腿分开之外，其他人影仅有一只胳膊，两腿并置不能分开，这是它的另一主要特征。

清代海宁皮影

【安徽皮影】　安徽皮影在皖北主要流行于宿县一带，在皖南主要盛行于宁国、宣城、广德、建平等地。皖北皮影起源不可考，皖南皮影据传说是太平天国时由湖北传入。皮影面部花纹主要仿京剧脸谱之侧面形象，影人周身敷彩，并雕琢各种图案，形象夸张，色泽明快，生动华丽。皮影分头、身、帽三部分，各处关节都能活动。根据演出需要，头、身、帽可自由调换。演时用灯照皮影，映于白幕布上，一人玩唱，两人打锣鼓。

【吉林皮影】　吉林皮影以榆树的影人刻制最具特色，如雕镂的老人头楂子，不管是老翁，还是老妇，多

个性鲜明，白发苍苍，老态毕现，并具有饱经风霜、身居关外的乡土气质，表现了吉林皮影艺人高超的刻制技艺。榆树皮影在清代时制作已很精美，风格淳朴，线条粗放，尤其在刻画人物性格方面，表现得体，生动而优美，极具深度。

吉林榆树皮影

【辽南皮影】 魏力群《中国皮影艺术史》载：清乾隆初年到道光末期，辽南皮影戏大体上经历了三个阶段：一、诵经时期，大约从初创到乾隆初年，这一时期尚无文场伴奏，只是借用寺庙的木鱼、镲等敲打，唱腔如和尚念经。二、乾隆中期至道光末朝，为联曲体时期，演唱时无影卷（剧本），称为"溜口影"，采用自明代以来流传的民歌小调。三、道光末期，关内乐亭影戏已开始使用影卷，改腔创调，进入了板腔体，辽南皮影的影卷，多数来自关内的乐亭影。擅演长篇历史故事，有《五锋会》《镇冤塔》《梅花亭》《唐英烈》《血水河》等百余个剧目，因此辽南影戏也随着改革唱腔与伴奏乐器，逐步进入板腔体时期。以盖县皮影最具有特色，影人从额头到鼻子，为一条25°斜线，构成通天鼻，眼角上吊，妇女小口，上唇略

突出，下巴和脸腮呈尖形，使人物显得清秀大方；服饰纹饰多圆润柔美，别具风韵。

清代辽南盖县皮影

【黑龙江皮影】 相传在清代时，皮影戏开始传入黑龙江。原先用纸刻制，后改为用驴皮、马皮雕绘。黑龙江皮影刀工细致，造型丰满，线条匀挺，色泽浓艳，形象夸张。近来在继承传统的基础上又有了新的发展，出现了能张嘴、能迈腿的皮影人物以及贴毛的毛猴。现在，有专演木偶和皮影戏的省级剧团，农村有很多乡办、联办和农民自办的皮影团，如望奎县就有不少这样的剧团。清代黑龙江的双城皮影，包括阿城、肇东、太平川、乌拉布的皮影戏，早期唱溜口影，艺术水平较低。1850年前后，有几个皮影艺人从河北来到双城，其中一个叫张振江，另一个叫冯兆祥，在双城正白五屯（现属农丰镇）落户。后来他们迁到双城西官所，开始用影卷唱连本戏，形成双城西派影。光绪二十一年（1895）满族人马德华、赵国海、于财子组班在双城东部（东

黑龙江皮影

官所一带）唱溜口影，后收徒弟郭五生、五大嗓，形成了双城东派影。双城皮影戏（当时称"土影戏"）由于受到外来影戏的影响，发展很快，艺术水平也不断提高。

【宁夏皮影】 相传清代时由陕西传入，主要集中于银川及其周围地区。善于刻画神话、传说故事中的人物，个性鲜明，性格突出，气势夺人。宁夏皮影的主要特点：对人物脸谱，特别夸张其眼、眉、鼻、嘴等部位，以深化其典型形象；注重装饰，冠巾、袍服、靴鞋以及桌椅等道具都饰以精美图案，并取得和人物身份相一致的效果；雕镂上，生、旦角色，主要运用透雕，形成虚脸，明暗对比强烈，净、丑角色，多用半透雕，形成实脸，人物显得丰满豪爽，以此加强剧情效果。

宁夏皮影：神将

【台湾皮影】 亦称"皮猴戏"。主要流行于高雄和屏东一带地区，演出多用潮调音乐。相传自明代从福建、广东等地传入台湾，风格受两地皮影影响较多。皮影造型简练明快，色泽对比强烈，线条多曲线。影人通常高24厘米左右。关于台湾皮影戏来源，有四种说法：一、明代潮州影戏艺人阿万师随郑成功的军队将皮影戏传入台南；二、约在太平天国时期，由海陆丰、潮州、汕头一带传到福建的诏安、漳浦等地，然后传入台湾；三、在乾隆时期由闽南艺人许陀、马达、黄索等人带到台湾南部，流行于高雄凤山、冈山境内；四、由福建漳州传

入，时间约在清代嘉庆年间。高雄大社乡张德成出自七代皮影世家，他家祖籍是福建南靖县小溪乡（今平和县小溪镇）。张氏皮影班当是 1769 年前后从福建漳州入台的。法国人施博尔教授于 1968—1969 年间在高雄搜访到的 198 种皮影戏抄本中，有嘉庆二十三年（1818）的抄本。这证明至迟在嘉庆年间，皮影戏已经盛行于台湾。

【皮猴戏】　参见"台湾皮影"。

【湖南皮影】　湖南皮影造型粗犷，影人形体较大，雕镂不如北方皮影精致，但舞台效果较好。操纵杆也和北方皮影不同，主杆不在侧面而在影人背后，与影人贴影幕处成 90°角。皮影艺人根据湖南皮影的这些特点，在设计和制作上做了许多独出心裁的创造。他们在皮影的造型上，吸收了漫画、国画、年画和电影动画片的表现手法，使皮影戏更加丰富多彩。同时这种皮影也是孩子们最喜欢的一种玩具。湖南长沙皮影以演出寓言剧和儿童剧最为精湛，如《龟与鹤》《乌鸦与狐狸》等。1965 年，长沙皮影队曾在布加勒斯特第三届国际木偶节获最佳演出奖。皮影戏《龟与鹤》，表演龟与鹤相争的故事。白鹤能飞、嘴利，但轻敌骄傲，最后自取灭亡。

表演中，白鹤傲然自得地站在乌龟背上，闭闭眼，伸伸腿，时而仰起脖子东张西望，时而低着头用它的长嘴喝水；而乌龟则伸缩着脑袋，紧张地呼吸着，偷偷地运动四腿想逃跑。一系列的小动作，把白鹤和乌龟的神情生动地反映出来，十分传神。

【湖北皮影】　湖北皮影在历史上久负盛誉，在清代时制作已较精致。主要流行于云梦、黄陂、孝感、黄冈、谷城、均县等地区。湖北荆州皮影，古称"荆州影"。湖北皮影的用材，主要是牛皮和山羊皮，雕刻后涂以颜色，最后抹一层桐油。皮影影子分两种：大影子称"门神谱"，长两尺左右；小影子称"魏谱"，高尺许。门神谱的影人，有的面部多用阴刻，眉和眼主要靠描绘；有的还用彩色丝绢做镂空处的衬色，这是门神谱影人的显著特色之一。魏谱的雕镂较门神谱精细，造型亦较优美。影子分头、身、四肢六部分，上肢分出肩、肘、手各关节，合订成影人。头部和帽冠取下可随意更换，故有"一身三头""一头三帽"的说法。湖北皮影造型夸张，刻制精美，色彩明快，风格朴实，受当地汉调、楚调、荆州调、渔鼓等戏剧脸谱、服饰等的影响，具有明显的地方特色。

【荆州影】　参见"湖北皮影"。

【门神谱】　参见"湖北皮影"。

【魏谱】　参见"湖北皮影"。

【腾冲皮影】　云南腾冲皮影，当地俗称"皮人戏""灯影子"。相传明代初期由四川、湖广等地的屯军边疆移民传入腾冲。影人形体高约 50 厘米，形象质朴粗放，色泽对比强烈，线条以圆弧线居多。腾冲皮影的组织以村为单位，当地称"堂"，清代最盛时有百余堂演出组织。腾冲皮影有东腔、西腔两个流派，东腔的旋律较优雅庄重，西腔的节奏昂扬明快。腾冲皮影有两点与外省不同：一是皮偶染色后，再涂一层油漆，而不是刷桐油或牛胶；二是皮偶关节连接处用竹签，而不是用丝或线。腾冲影人有各种靠子上千件，生旦净末丑一应俱全，有桌椅、车马、坐骑、帐床、轿船、金殿朝房、僧道寺观等。形象接近写实风格，雕镂精细，姿态各异，具有独特的艺术风格。

湖南皮影

清代湖北皮影

腾冲皮影

【皮人戏】　参见"腾冲皮影"。

【灯影子】　参见"腾冲皮影"。

木偶一般名词

【木偶】 亦称"木禺"，古称"俑""傀儡"。木偶，是一种木刻人像，脸部彩绘，装饰有毛发，穿有服装。木偶是一种很好的玩具，它比普通玩具做得巧妙，嘴、眼、耳、手脚都能活动，还可演戏。木偶戏，是游戏、故事和玩具三者的综合体。在宋代的瓷枕和铜镜上，绘有儿童玩木偶的情景；明代的绣品上，也绣有儿童玩木偶的情景。木偶在我国起源很早。《列子·汤问》中说：周穆王时，有工人偃师偕倡来见，歌合律，舞应节。剖散之，皆傅会革、木等为之。在战国古墓内，曾发掘出许多木俑，脸部彩绘，身有衣饰，有的手足还能自由活动。木偶戏在宋代得到很大发展，明清时各地甚为盛行。我国目前流行的木偶，有提线、杖（仗）头、布袋、铁线四种，另有一种将木偶面目套在艺人头上进行表演，称为"顶头木偶"，实际上是一种"假面"形式。木偶的制作，要求人物性格化、玩具化、脸谱图案化，要美化、有趣和灵巧。过去制作木偶，头部用木头镂空雕刻，现在有的用硬质塑料雕塑头部，胸腔用铁丝布网，采用泡沫塑料制作四肢活动关节，使木偶轻便美观。为便于观众看清表演，如今的木偶躯体亦有所加大。

木偶

【木禺】 参见"木偶"。

【俑】 参见"木偶"。

【偶人】 古代用土木制作的一种人像。《史记·殷本纪》："帝武乙无道，为偶人，谓之天神。"唐张守节《正义》："偶，对也。以土木为人，对象于人形也。"唐李肇《唐国史补》卷中："巩县陶者，多为瓷偶人。"木偶人像，战国、汉唐墓中均有出土。

【寓人】 木偶人，最初是用作陪葬的明器。唐司马贞《史记索隐》："《汉书》作'寓人像'。"宋陆游《放翁家训》："近世出葬，或作香亭、魂亭、寓人、寓马之类，一切当屏去。"

【傀儡】 亦称"窟礧子""魁礧子"，系用木雕刻或以陶制作的偶人。《通典·乐》："窟礧子，亦曰魁礧子。作偶人以戏，善歌舞，本丧乐也。汉末始用之于嘉会。北齐后主高纬尤所好。高丽之国亦有之。今闾市盛行焉。"

【窟礧子】 参见"傀儡"。

窟礧子（木偶戏）
（明代万历刊本《三才图会》）

【魁礧子】 参见"傀儡"。

【傀儡戏】 即"木偶戏"，古代多用"傀儡戏"这一名称。或称"傀儡子"。传说源于汉代。三国时马钧所制木偶能表演各种技艺。据唐封演《封氏闻见记》载：唐大历年间，有人"刻木为尉迟鄂公、突厥斗将之戏，机关动作，不异于生。"

宋有杖头傀儡、悬丝傀儡、药发傀儡、水傀儡等；元、明、清以来傀儡戏均有流行。近数十年来，一般均称为"木偶戏"。

【木偶戏】 参见"傀儡戏"。

【傀儡子】 参见"傀儡戏"。

【水傀儡】 宋代傀儡戏。舞台设于船上，木偶表演钓鱼、划船、筑球（击球）、舞旋（舞蹈）等技艺。明代亦有水傀儡。水傀儡的具体造型不详。越南有一种水上木偶戏，相传李朝（1009—1225）时已有表演，这和我国宋代的水傀儡存在于同一时期。

【药发傀儡】 一作"药法傀儡"，宋代傀儡戏的一种。南宋孟元老《东京梦华录·京瓦伎艺》有"李外宁药发傀儡"的记载，演出情况不详。一般认为其演出与施放焰火有关。

【药法傀儡】 参见"药发傀儡"。

【牵丝戏】 即傀儡戏，又叫"悬丝傀儡""提线木偶"。据传始于汉，兴于唐，盛于宋。《唐诗纪事·咏木老人》："刻木牵丝作老翁，鸡皮鹤发与真同。须臾弄罢寂无事，还似人生一梦中。"宋蒋捷《沁园春·次强云卿韵》："高抬眼，看牵丝傀儡，谁弄谁收？"描述了唐宋时牵丝傀儡戏的情况。

【悬丝傀儡】 宋代对提线木偶的称谓。南宋耐得翁《都城纪胜》："起于陈平六奇解围。"宋吴自牧《梦粱录》卷二十："如悬线傀儡者，起于陈平六奇解围故事也。今有金线卢大夫、陈中喜等，弄得如真无二，兼之走线者尤佳。"

【提线木偶】 古时称"悬丝傀儡"，

亦称"线戏"，俗称"嘉礼戏"。在唐时已有发展，到宋代有了改进。提线木偶，因演出时全身露出，木偶用线牵动，举手投足靠真人双手操纵，所以比其他形式的木偶更完整。提线木偶的操纵架，通常是长方的球拍形，也有用飞机形、"土"字形和"工"字形的。提线一般用八根，俗称"八线班"，复杂的可多达二十四根。提线木偶的制作较复杂，除脸型塑造外，还有身、颈、四肢、胸腹部和臀股部，胸腹、臀股之间要有腰身活动，手足须设置关节。木偶上身宜轻，双足要重，这样走路时才不会摇晃，操纵人也有一定的衡量感：如把木偶提高，双足离地，分量就重；如放平了，分量就轻。操纵提线木偶，要稳、准、活。稳、准，是指姿态、架势，是"活"的前提和外在形式。木偶在武打场面中，可以无限制地格斗和翻筋斗，可以从地上翻到空中，再由空中打到地上，所以提线木偶最受儿童的欢迎，实际上亦是一种玩具。福建泉州和龙岩等地的提线木偶，较为著名。

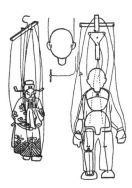

提线木偶

【线戏】　参见"提线木偶"。

【嘉礼戏】　参见"提线木偶"。

【布袋木偶】　约起源于清代中叶，又名"指头木偶""手托傀儡""掌上木偶"，福建南部称为"掌中戏"。它是将木偶套在艺人手上进行表演的艺术形式。因体积小（布袋长约七寸左右），操纵灵活，演武戏的速度比真人的动作快得多，刀枪招架也比真人演得勇敢。大多演出民间故事和神话传说。因动作活泼，最为儿童们喜爱，所以布袋木偶亦是一种很好的儿童玩具。过去常在街头演出的"扁担戏"、北京的"苟利子"、闽东的"幔帐戏"、闽南的"布袋戏"、江西南昌的"被窝戏"等，均属此类。

布袋木偶

【指头木偶】　参见"布袋木偶"。

【手托傀儡】　参见"布袋木偶"。

【掌上木偶】　参见"布袋木偶"。

【掌中戏】　参见"布袋木偶"。

【幔帐戏】　闽东一带对木偶戏的称呼。参见"布袋木偶"。

【布袋戏】　参见"布袋木偶"。

【被窝戏】　江西南昌一带对木偶戏的称呼。参见"布袋木偶"。

【扁担戏】　扁担戏，即布袋戏，亦称"背担戏""独角戏"。因其表演和伴奏，均由一人承担，用一根扁担即可挑起全部行头，故名"扁担戏""独角戏"。扁担戏的特点是：一条扁担，可支起一座小舞台；两面铜锣和一个哨子，可代表一个伴奏乐队；一个演员兼演生、旦、净、末、丑，代表一个剧团。演出时，演员手擎木偶表演，脚踩锣鼓，配以唱词，口衔哨子，吹奏简短过门。演唱剧目多为两个角色的对子戏，如《猪八戒背媳妇》《王小二打虎》等，诙谐滑稽，妙趣横生，令人捧腹。

【背担戏】　参见"扁担戏"。

【独角戏】　参见"扁担戏"。

【杖头木偶】　唐代时已有这种形式，到了宋代发展已很完备，称"杖头傀儡"。宋吴自牧《梦粱录》卷二十"百戏伎艺"："更有杖头傀儡，最是刘小仆射家数最奇。大抵弄此多虚少实，如巨灵神姬大仙也。"北宋汴京有著名杖头木偶艺人任小三，据南宋孟元老《东京梦华录》称，他"每日五更头回小杂剧，差晚看不及矣"。兰州称"耍杆子"，也叫"走葫芦"；四川称"木脑壳戏"；广东叫"托戏"。杖头木偶大多演古装戏。人物的制作，一般只有上半截，没有双足。演出时，木偶上半截露在屏幕外面（一般到膝盖为止）。杖头木偶用三根棒操纵，装头颈的是一根主棒，装双手的两根用较细的竹棍。杖头木偶体积较大，有些难做的动作，可由操纵者直接用自己的手伸到木偶的衣袖中去表演，如抢物、取书、拔剑等，观众是无法觉察这是真人的手在帮忙表演的。北京的

"托偶戏"，也属此类。

杖头木偶

【杖头傀儡】　参见"杖头木偶"。

【耍杆子】　参见"杖头木偶"。

【走葫芦】　参见"杖头木偶"。

【木脑壳戏】　参见"杖头木偶"。

【托戏】　参见"杖头木偶"。

【托偶戏】　参见"杖头木偶"。

【铁线木偶】　亦称"铁签木偶"
"铁枝戏"，木偶剧的一个类别。清
道光、咸丰年间，由广东潮州的纸
影戏传入福建诏安一带发展而成。
艺人用三根竹管套上铁枝，操纵木
偶的躯干和双手，演出时身段和手
势特别灵活。

【铁签木偶】　参见"铁线木偶"。

【铁枝戏】　参见"铁线木偶"。

【肉傀儡】　宋代一种木偶戏。通
常认为是由幼童在大人的托举下，
表演木偶的各种技艺动作。因用真
人装扮表演，故称为"肉傀儡"。南
宋耐得翁《都城纪胜》："肉傀儡，
以小儿后生辈为之。"现山西民间
"闹社火"的一种表演"抬阁"，也
被叫作肉傀儡。

【抬阁】　参见"肉傀儡"。

【盘铃傀儡】　一种饰有盘铃之木
偶。唐韦绚《刘宾客嘉话录》载：
"大司徒杜公（佑）在维扬也，尝召
宾幕闲语：'我致政之后，必买一小
驷八九千者，饱食讫而跨之，着一
粗襕衫，入市看盘铃傀儡，足
矣！'"元许有壬《圭塘小稿·水调
歌头·庚寅秋，即席次可行见寿
韵》："敢效归乡锦绣，且就盘铃傀
儡，终日看儿嬉。"

【郭秃】　南北朝至唐宋时傀儡戏
的别称，一说为古时一种秃头木
偶，称"郭秃"，又叫"郭郎""郭
公"。相传有郭姓秃顶者，行事滑
稽，后来演傀儡戏就把他的形象搬
上舞台，引导戏中的歌舞，插科打
诨。事见北齐颜之推《颜氏家训》：
"或问：'俗名傀儡子为郭秃，有故
实科？'答曰：'《风俗通》云："诸
郭皆讳秃。'当是前代人有姓郭而
病秃者，滑稽戏调，故后人为其
象，呼为郭秃，犹《文康》象庾亮
耳。"唐段安节《乐府杂录》"傀儡
子"一节载："其引歌舞有郭郎者，
发正秃，善优笑，闾里呼为郭郎，
凡戏场必在俳儿之首也。"

【郭郎】　参见"郭秃"。

【郭公】　参见"郭秃"。

历代木偶

【古代木偶】　木偶，古称"傀儡"。我国木偶已有几千年的发展历史。据《礼记》载，木偶为俑，作为明器，用于陪葬。《列子·汤问》载：周穆王时，有工人偃师偕倡来见，歌合律，舞应节，千变万化，惟意所适。剖散之，皆傅会革木胶漆白黑丹青为之。内则肝胆心肺、脾肾肠胃，外则筋骨支节、皮毛齿发，皆为假物，而无不毕具。据常任侠考证，我国木偶起源于原始社会的"方相驱祟"。因其魁垒（木偶）跳跃做戏，故称"傀儡戏"。战国、西汉的古墓内，曾出土诸多木俑，脸部彩绘，身穿服饰，有的还有机关，能使手足自由活动。汉代的《史记》、唐代的《朝野金载》都有关于木偶的记载。《唐诗纪事》载有唐明皇咏木偶戏诗《傀儡吟》："刻木牵丝作老翁，鸡皮鹤发与真同。须臾弄罢寂无事，还似人生一梦中。"宋代为木偶戏发展的繁盛期，明清时木偶戏已普及至城镇和乡村。

【汉代木偶】　汉代木偶制作已较精巧，内设机关，活动自如，与真人相似。山东莱西岱墅西汉墓出土一件木偶，身高193厘米，全身关节均可活动，可坐、立、跪。唐段安节《乐府杂录》载：汉高祖在平城，为冒顿所围，其城一面，即冒顿妻阏氏，兵强于三面。垒中绝食，陈平访知阏氏妒忌，即造木偶人，运机关舞于陴间。阏氏望见，谓是生人，虑下其城，冒顿必纳妓女，遂退军。后乐家翻为戏具，即傀儡也。大将陈平造傀儡，巧计解平城之围，故世人奉陈平为木偶戏祖师爷。唐谢观《汉以木女解平城围赋》载："于时命雕木之工，状

佳人之美。假剖厥于缋事，写婵娟之容止。逐手刃兮巧笑俄生，从索绚而机心暗起。动则流盼，静而直指。……既拂桃脸，旋妆柳眉。……摘粉藻而标格有度，傅簪裾而朴略生姿。……既而跚蹒素质，婉娩灵娥。日照颜色，风牵绮罗。睇从绳之容楚楚，混如椎之髻峨峨……"

【西汉木偶人】　1978年山东莱西岱墅西汉墓出土。出土时木制骨架已散乱，经拼合，除腹部一些细小木骨架因腐朽而无法拼合外，余皆复原。全身关节活动，可立、可坐、可跪，身高193厘米。头颅用整段木块雕成，有耳、目、口、鼻等。沿发际处凿以深2厘米、宽0.5厘米的浅槽，槽内嵌木条，当时可能嵌着头发。躯干、四肢根据骨骼长短、粗细、关节式样分别雕制。整体用十三段木条组成，在每个部位的卯榫衔接处，有"土""〇""="等红色拼合符号，这说明在制作时，是经过一番精心设计的。这件与真人等高的西汉大木偶，在我国考古发掘中是新发现，为研究我国古代木偶的发展提供了极珍贵的实物资料。

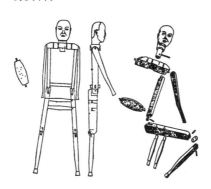

西汉木偶人

左：正视结构图

中：侧视结构图

右：头、躯干、四肢部位结构示意图

【三国木偶】　三国魏明帝诏令匠师马钧做木偶百戏，戏台下设木

轮，以水发动，木偶随之表演奏乐、舞蹈、击鼓、掷剑、缘絙（攀粗绳索）、倒立、舂磨等动作，变化多端，动作自如。

【隋代木偶】　隋代炀帝时，宫廷木偶内设机关，能坐起拜伏。

【唐代木偶】　唐代木偶品类多样，十分精美。新疆吐鲁番阿斯塔那唐墓出土多件。唐张鷟《朝野金载》卷六载："洛州殷文亮曾为县令，性巧好酒，刻木为人，衣以绮彩，酌酒行觞，皆有次第。又作妓女，唱歌吹笙，皆能应节。"唐罗隐《馋书木偶人》载："其后徐之境以雕木为戏，丹腠之，衣服之。虽狞□勇态，皆不易其身也。""雕木"指的就是以木雕为头部和身躯，"丹腠之"就是以彩色描绘面目，"衣服之"就是着以绢布之衣。这一记载，与出土的诸多唐代木偶是相符的。唐封演《封氏闻见记》卷六载：大历中，太原节度使辛景云葬日，诸道节度使使人修祭，范阳祭盘最为高大，刻木为尉迟鄂公与突厥斗将之戏，机关动作，不异于生。唐代会昌年间，闽县制作的木偶能手舞足蹈，左旋右抽。

唐代木偶

（新疆吐鲁番阿斯塔那唐墓出土）

【唐初木偶头】 为唐代初期木偶头像中的珍品。新疆吐鲁番阿斯塔那张雄夫妇合葬墓出土。此墓出土木俑甚多，其中有两个木偶头像，均为女扮男装，分别戴着乌纱帽和巾帻，雕刻精美，敷彩和谐，眉清目秀，表现了唐代女扮男装的典型形象。这种女扮男装的木偶头像，与当时流行女优演男角有关，反映了初唐已有女优装扮生、旦角色演出"合生"，亦反映了唐初制作木偶头的高超技艺水平。

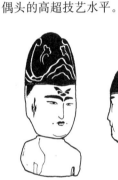

唐初女扮男装木偶头

（新疆吐鲁番阿斯塔那唐墓出土）

【宋代木偶】 宋代木偶戏已十分盛行，各类木偶可做多种题材的表演。据南宋耐得翁《都城纪胜》载，傀儡戏主要表演烟粉灵怪故事与铁骑公案之类题材，使用和杂剧相近似的剧本。由于用偶人表演，所以更宜于演"多虚少实"的神鬼故事，"如巨灵神、朱姬大仙之类是也"。根据操纵偶人的技法等的不同，又可分为悬丝傀儡（悬线傀儡）、杖头傀儡、水傀儡、肉傀儡等名目。宋庆历年间，有李姓匠师（名不详）制作木偶"钟馗捉鼠"，木偶左手置香饵，鼠缘手取食，触发机关，木偶右手则手执铁筒将鼠击毙。南宋孟元老《东京梦华录》载："崇观以来，在京瓦肆伎艺：……杖头傀儡任小三。……悬丝傀儡张金线、李外宁。……药发傀儡张臻妙……不以风雨寒暑，诸棚看人，日日如是。"南宋周密《武林

旧事》卷六"诸色伎艺人"一节中说，当时的傀儡戏有悬丝傀儡、杖头傀儡、药发傀儡、肉傀儡、水傀儡等多种。宋吴自牧《梦粱录》称赞民间傀儡艺人"功艺如神"，"弄得如真无二"。

【宋代杖头傀儡】 1976年，河南济源出土了一件宋代三彩瓷枕，枕面四角有圆形画面，其中左下角一幅描绘的是一儿童身穿绿裙、红兜肚，头梳发髻，右手举起耍弄木偶，偶人双臂张开，下有一木棍；小儿手操木棍，两眼注视木偶，正在高兴地表演。这件木偶人应为当时的杖头傀儡，和今天的杖头木偶相类似。

宋代儿童玩杖头傀儡

（下：摹本）

（河南济源出土的宋代瓷枕枕面）

【宋代悬丝傀儡】 悬丝傀儡，即提线木偶。1976年，河南济源出土了一件宋代三彩瓷枕，枕面描绘了三个在池边柳荫下玩耍的儿童，其中一个头挽双丫髻的绿衣白裤小儿坐在绣墩上，右手执一个提线木偶在做戏；另两个小儿一个敲锣，一个吹笛伴奏。从中可看出宋代悬丝傀儡的结构和操纵手法，和现代的

提线木偶是完全一样的。

宋代儿童玩悬丝傀儡（摹本）

（河南济源出土的宋代瓷枕枕面）

【宋代儿童玩具木偶】 宋代时木偶已十分普及，有杖头木偶、悬丝木偶和布袋木偶，还有专供儿童玩耍的玩具木偶。国家博物馆有一件宋代铜镜藏品，上有儿童玩木偶图，为浮雕式纹样，背景是屋宇台阶，近处立一面帷幕，一小儿双手各举一具杖头傀儡在表演木偶戏。幕前有一女童和三男童正在观看演出，另有一女童敲锣伴奏，一稍大男童坐在幕后，似在协助演出。

宋代儿童玩具木偶

（国家博物馆收藏的宋代铜镜）

【明代木偶头】 浙江泰顺曾发现一批明清木偶头，计34件。明代木偶头的冠帽，多用一块或两块木材连在一起雕刻，也有少数盔头另刻，演出时再装配。不论何种人物，均刻出耳前上部鬓发和脑后枕骨的发根。花脸、老生的须髯制作，是在上唇、下巴和两颊鬓边钻小孔，栽上须料，用竹钉钉牢。木偶头粉彩工艺很细致，用泰顺当地的黑泥打底，在刻好的白坯上裱褙绵纸、修光、上粉、开相、上蜡。

小生头像面部丰满，眉目传神，文静大方，嘴角略带微笑。旦角为鹅蛋脸，柳叶眉，面容秀丽，娴雅温情，双眼，小嘴，略带微笑。一件关羽头像，头部和扎巾用一整块木材雕成，枣红脸，丹凤眼，卧蚕眉，须髯已残缺。刀法挺劲利落，造型简练自然，将关羽忠义威武的神态都刻画出来了。奎星头像，运用夸张手法，将奎星神武魁伟之态表现得较充分，眉棱骨直插天仓，怒目而视，狮子鼻，血红大口，头生双角，蓝面红发，使人望而生畏。

明代木偶头

左：关羽

右：奎星

【明代木偶梢子】　相传为明代嘉靖年间遗物，现藏山西孝义市皮影木偶艺术博物馆。木偶梢子，即木偶头，共有 18 个，其中生角头 6 个、旦角头 3 个、老生头 1 个、老旦头 1 个、大花脸头 3 个、二花脸头 2 个、三花脸头 1 个、鬼头 1 个。梢子均用木头雕刻，直径 7—8 厘米，形象逼真，工艺精巧，神态栩栩如生。

明代木偶梢子

【明代杖头木偶】　1956 年，北京定陵明代万历帝和孝端、孝靖皇后墓中出土了一件刺绣百子图绣衣，上绣一儿童身穿圆领长袍，肩扛一杖头木偶正在玩耍。木偶为全身，一手弯曲，一手上举，无足，其结构和造型与现代杖头木偶类似。

明代儿童玩杖头木偶

（北京定陵出土的百子图绣衣局部）

【清代木偶】　清代时，木偶已普及至小城镇和乡村。浙江泰顺至晚清时，全县有木偶戏班达 120 多家。在福建泉州，已有专业木偶头雕刻作坊，著名的有"西来意""周冕号"等，名匠高手有江金榜、黄良司、黄才司、黄嘉祥等。清末，著名木偶雕刻艺术家江加走创作了 280 多种各式木偶头，为中国木偶的发展作出了重大贡献。现我国木偶雕刻产业主要在福建泉州、漳州和广东等地，其中以福建为主。1986 年 9 月，中国国际木偶节在福建泉州举行，此后举办多届，成为一种大型国际文化艺术交流盛会。

清代木偶头

左：土地公

右：二郎神

（李寸松在福建山村收集）

各地木偶

【荀利子】 北京之布袋木偶。旧时，北京街巷常有露天木偶戏表演。清富察敦崇《燕京岁时记》："荀利子，即傀儡子，乃一人在布帷之中，头顶小台，演唱打虎、跑马诸杂剧。"参见"布袋木偶"。

【北京艺术木偶】 北京近年创作出诸多艺术木偶，为鹿耀世所作，生动优美，简洁传神，创意新颖，独具一格。木偶为车制，经抛光、彩绘制成。有娃娃型、少女型、古典型和少数民族型等多种系列。作者将梅兰竹菊、真草隶篆和奥运理念等融入作品之中，既有传统韵味，更具时尚气息。中央电视台和台湾电视台先后摄制了艺术木偶专题节目，有很多作品在《人民日报》《光明日报》《文汇报》和《北京日报》等报刊发表，并在中国美术馆和中国工艺美术博物馆展出。

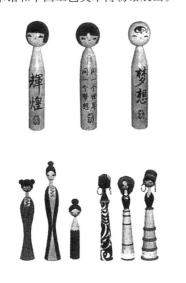

北京艺术木偶

（鹿耀世作）

【福建木偶】 福建木偶在明清两代时制作已较精美。从早期的悬丝傀儡不断发展，现已有提线木偶、掌上木偶和杖头木偶等多种。为适应木偶表演而雕造的木偶头，制作优美，不仅是舞台演出用品，而且是一种精致的民间工艺品，可供案头陈设。福建木偶头，有采用梨园戏脸谱的泉州木偶头，采用京剧脸谱的石码木偶头、糅合汉调、客家调脸谱的漳州木偶头三大类，其中以泉州江加走、江朝铉和漳州徐年松等艺人的作品最为出色。他们善于吸收民间木雕神像和戏曲脸谱的表现技法，使塑造的人物具有鲜明的个性，特别是旦角的形象，高发贴鬓，蛾眉凤眼，神采动人。福建木偶的服饰，刺绣精丽，色彩搭配和谐明快。

福建木偶

（左：江朝铉作 右：徐年松作）

【泉州提线木偶】 流行于东南沿海和台湾地区，东南亚一带有时也有演出。表演难度较大。木偶用樟木雕制，雕刻细致，色泽鲜丽，形象传神，个性鲜明。泉州提线木偶头的脸谱，与唐代人物画相近，青年男女面型两颊丰腴，龙眉凤眼；净、丑角色夸张，尤其是丑行人物，

泉州提线木偶

多缺嘴、斜目、黑阔等，使人一见便知是狡猾、愚笨的角色。操纵线一般有十几条提线，多的达二三十条。1960年，泉州提线木偶参加在布加勒斯特举行的第二届世界木偶与傀儡戏联欢节演出比赛，并获奖。

【泉州嘉礼木偶戏】 属福建泉州提线木偶剧种，常于酬神嘉礼上演出，故俗称"嘉礼戏"。历史悠久，传统艺术形式丰富，形象优美，独具特色。每个木偶至少有16条提线，操纵灵巧，表演细腻，动作逼真，栩栩如生。全部传统剧目都有定型抄本，仅固定保留剧目的"落笼簿"就有42本，计400余出。唱腔粗犷、高亢，曲牌丰富，称为"嘉礼调"。伴奏以南嗳（一种中音唢呐）为主，保留南鼓、钲锣等古乐器及打击技法。过去流行于闽南语系地区（包括台湾）、东南亚华侨聚居地，新中国成立后遍及全国，蜚声艺坛，名扬中外。

【泉州木偶头】 福建泉州木偶头的雕刻艺术，以造型优美、刀法娴熟以及具有浓厚的地方色彩而闻名于世。分为大小两种，大的为提线木偶头，小的为掌中木偶头。前者之基本形象有36种，初时以黑、白为色，后来又稍加花头。明末时有"西来意"，清代有"周冕号"等著名的木偶雕刻工场。近代木偶头雕刻大师江加走，除继承传统风格外，又增加了木偶头的表现力，如眼睛的转动、嘴巴的开合等。江加走从17岁开始从事木偶雕刻艺术，前后将近70年，一生创作木偶头像数以万计，并把原来的50多种人物造型发展到280多种，人物发髻由1种发展到11种之多，取得了突出的成就。他的木偶雕刻精细，彩绘美观，富有性格特征，神态生动，讲究面部结构和表情，保存了宋画的风格，一些作品还能

够活动，张嘴眨眼，妙趣横生。他的代表作有《家婆》《老翁》《俏公子》等。《家婆》（媒婆）头像在演出中感染了无数观众，使人们对"媒妁之言"的古代婚姻制度充满憎恨，而对于古代受鄙视的职业妇女——媒婆无可奈何的生活又寄予了一定的同情。《家婆》头像造型生动，形神兼备，为泉州木偶头中之珍品。江加走的作品，被誉为"江氏木偶头"。

泉州木偶头《家婆》
（江加走作）

【漳州木偶】　福建漳州布袋木偶，体积小，用五指操纵，转动灵活，表演生动入神。徐竹初是漳州木偶的雕刻名师，她所雕制的众多木偶，以形写神，细巧精致，典雅华美，生动传神，呼之欲出，台上能演，台下耐看，堪称木偶艺术的上乘之作。

漳州木偶
（徐竹初作）

【漳州木偶戏】　福建漳州木偶戏，在 1955 年北京木偶观摩演出中，由演员杨胜和陈南田表演的《雷万春打虎》和《蒋干盗书》，操纵灵活，表演入神，曾轰动全场。杨胜 10 岁随父学艺，14 岁即升为领班演员，他与陈南田于 1954 年参加福建第二次戏曲观摩演出，同获演员一等奖；同年，参加华东地区戏曲观摩大会，再次同获特种艺术表演奖；1955 年在全国木偶皮影观摩演出中，又同被评为优秀演员；在 1960 年布加勒斯特举行的第二届世界木偶与傀儡戏联欢节演出比赛中，杨胜和陈南田表演的布袋木偶戏《雷万春打虎》和《大名府》，荣获表演一等奖金质奖章。1956 年，木偶戏《雷万春打虎》和《蒋干盗书》被拍成了电影。

【龙溪布袋木偶】　主要流行于福建龙溪地区（现属漳州），亦称"掌中戏"，据传系明隆庆年间自泉州传入。在福建，称泉州布袋木偶戏为"南派"，龙溪的为"北派"。近百年来，后者又形成陈文浦所创的"福春派"和林鹏所创的"福兴派"。现流行的是"福春派"。龙溪木偶雕刻精致，造型夸张，神情生动，由高 26.4 厘米改为高 50 厘米，演出时更为传神。龙溪布袋木偶戏在世界木偶与傀儡戏联欢节演出比赛上曾荣获金奖。

【龙溪铁枝戏】　亦称"龙溪铁线木偶戏"。流行于福建诏安、云霄、东山、平和、漳浦等地。原来流行于粤东惠来、海丰、陆丰一带，称"尪仔戏"。木偶头采用泥土雕塑，躯体四肢以木刻制，手指用纸扎铁丝做成。一般全身高 26.4 厘米，"老丑""彩旦"则高 33.3 厘米。木偶背后和两臂分别钩上三根小铁枝，以供操纵。木偶双手能表演开合扇子、开合雨伞、舞剑、斟酒、拿书、写字、开弓射箭等特技，制作精巧生动，动作灵活，造型夸张。

【龙溪铁线木偶戏】　参见"龙溪铁枝戏"。

【尪仔戏】　参见"龙溪铁枝戏"。

【广东木偶】　主要流行于广东及现在海南各地，香港、澳门以及东南亚地区也常有演出。广东木偶戏历史悠久，元代从中原传入。木偶品种繁多，计有杖头、铁枝、提线、布袋等形式，用多种方言和粤、潮、琼、汉、邕、黎歌、白字、山歌、土调以及傀儡腔等不同的语言和唱腔曲调演出。造型各具特点：潮汕的木偶纤秀，兴梅和东江的木偶精细，五华的木偶粗放。操作方法也各不相同：海南杖头木偶是曲肘的，海南临高的木偶则是操纵者和木偶同时出现在观众面前，甚至是人偶同演，粤中的是"揸颈"的，粤西的则是"揸竹"的。木偶戏剧目丰富，影响较大的有《孙悟空三调芭蕉扇》《芙蓉仙子》《花子进城》《追车》等。

广东杖头木偶

【潮州铁线木偶】　广东潮州铁线木偶，花脸有青红白灰、日月星辰等数十种，造型主要来自浮洋的大吴村。大吴村做的"公仔头"泥塑木偶，相传已有几百年历史。木偶戴的盔帽系用金银线、玻璃珠和绒缨等制作而成，木偶在台上一动，便熠熠生辉。更引人注目的是木偶身上用绣片嵌贴组成的服饰，是运用潮绣的垫高钉金技艺绣制而成，色彩斑斓。如花脸武将的服装，肩胛两条齐龙是采用密地钉金技法绣成；胸部的蛟龙，龙首垫高显浮凸；鬃毛用五色绒线刺绣；龙身的鳞片则是采用潮绣中独特的二针企鳞针法、用金线作漩涡状绣成。潮州铁线木偶面部具有浮洋脸谱概括夸张、造型生动、敷彩鲜明、描绘精致的特点，服饰又具有浓郁的潮绣绣金描彩、浮凸瑰丽的装饰风味，明朗悦目，适合演出需要。

【粤西杖头木偶】 粤西杖头木偶，吸收了福建泉州江加走木偶的优点，其创新的杖头木偶戏《孙悟空三调芭蕉扇》，于1960年参加在罗马尼亚举行的第二届国际木偶傀儡戏剧节，荣获银质奖章。木偶的面部器官及身躯关节，同一部位有多种不同的活动方法，并应用不同的材料、性能而发光、出火、喷烟、流水等，增加了趣味性。如《三打白骨精》，妖精变脸不下台，不用任何遮掩物，由黑衣鬼瞬间变为红衣美女，使人耳目一新，演出效果极佳。

【海南杖头木偶】 海南著名民间传统工艺品。相传为宋末元初时，由中原传入，当时称手托木头班。流行于海南岛，也到马来西亚、泰国和新加坡等地区演出。其服饰、布景、道具沿袭宋制。木偶雕刻优美，造型生动、夸张，具有鲜明的地方特色。

【临高木偶戏】 主要流行于海南滨海平原临高人聚居区，在清代已较盛行。老艺人陈和成献出的木偶上，刻有"康熙""乾隆"等字样。临高的木偶，偶大如人，人偶同演一角，是其最大特点，偶为主，人为辅。表演者化装登台，手持木偶，边唱边舞，时而操偶做戏，时而独自表演，别具一格。唱腔源于当地民歌，基本板腔是朗叹板和阿

罗哈，声调高亢。多以木鱼伴奏，过门吹唢呐。内容故事性强，唱词字数灵活，多比兴，通俗易懂。偶像脸谱生动，舞姿优美简朴。传统剧目有《张文秀》《三姐下凡》《孟丽君》等300余出。曾编演过《江姐》《琼花》《海花》等现代戏。1981年11月被选为稀有剧种进京参加会演。临高于1956年成立了"临高木偶剧团"，这是我国唯一一个人偶同演的专业剧团。

【江苏木偶戏】 江苏木偶戏，近年来有诸多创新。2012年，江苏省木偶剧团团长许虹做过名为"偶坛飞虹"的专场演出。许虹能使木偶变脸，可连续变脸四张，别人一般都是从上向下翻，而许虹能随意地使木偶上下翻腾，变脸后可立即从口中喷火；可在几分钟内惟妙惟肖地画出郑板桥《墨竹图》；《嫦娥舒袖》中的水袖长度十多米，舞动时舞台上只见水袖，不见木偶，被誉为"木偶天女散花"。这个剧目曾在北京人民大会堂和中南海演出，深受众多外国政要赞誉。

江苏木偶戏《嫦娥舒袖》
（许虹表演）

【泰顺木偶】 浙江泰顺木偶，据传已有500多年历史。清代时木偶戏在泰顺山区已很盛行，当时全县有百余个木偶戏班子，因此泰顺素

有"木偶戏之乡"的称号。木偶戏班子多，雕刻木偶的艺人也多，木偶品种丰富。泰顺木偶善于利用车木制作木偶，造型简练，形象夸张，雕刻细致，色泽鲜明，具有浓郁的地方特色。泰顺木偶不但是舞台演出道具，而且是很好的玩具。

清代泰顺木偶

【四川木偶】 四川著名民间传统工艺品。相传清代时制作已很精美，清末民初为盛期。早先是农民自雕自演，后来才有专业戏班。四川的木偶戏以北路（什邡、广汉、德阳……）为最盛。种类有手举木偶和掌上木偶两种。木偶头雕刻精细，生动传神，面部描绘各具特色。从眉梢、眼神和嘴角，可看出刻画的人物性格，如眉平眼正、姿态谦和的是文生，剑眉星眼、神情挺秀的是武生，目凝神重、气度端庄的是青衣，眉目传神、口角含笑的是彩旦。

【仪陇木偶戏】 四川仪陇大木偶，在造型和表现等方面，始终继承和发展了川北木偶的艺术特色，造型形象优美，制作精细，结构合度。大木偶身高1.4米左右，大而不笨，高而不呆；表情生动细腻，眼、耳、口、鼻均能活动；形体动作干净、准确，伴以丰富的特技表现，如吐烟、打火、点烛、脱衣、穿衣、舞刀、变脸、弄杖等；再加上真人和木偶同演，俗称"阴阳班"，更可达到以假乱真的艺术效果。著名美术

电影编导、木偶戏大师虞哲光曾高度赞扬过仪陇的大木偶。

1949年，虞哲光与大木偶

【台湾布袋木偶】　台湾布袋木偶，相传为清代嘉庆时由福建的泉州、漳州传入。木偶用木材刻制，绘上各色脸谱，有的嘴、舌、眼都能活动。穿上绣服表演时，全凭演员的手指、手掌、手肘操作，在幕后配乐和演唱。现具有传统派之称的"新兴阁掌中剧团"与具有创新派之称的"五隆园掌中剧团"，是目前台湾布袋戏两种不同风格的代表。

【高雄、宜兰提线木偶】　现台湾提线木偶，分南部的泉州系统和北部的漳州系统，南部以高雄为中心，北部则以宜兰为代表，南北各有所长，各具特色。高雄和宜兰的提线木偶，头、手、足用木雕刻，身体用竹篾编制，臂、腿为布缝，外套上戏装；另在戏偶身体各处关节穿丝引线，另一端穿结在提线板上。表演时，演员一手持提线板，一手抽动丝线，就可使木偶表演各种动作，逼真生动。

【合阳悬丝木偶】　陕西著名民间传统工艺品，当地称"线胡戏""悬丝戏"，简称"线腔"。起源较早，清代乾隆时期，有班社至苏州、扬州等地演出。同治、光绪年间，多次于北京演出。合阳悬丝木偶头较

杖头木偶头略大，面部丰满、庄重、华美、雍容大度，造型略带夸张，极似唐代雕塑木偶与造像木偶，富有鲜明的民族风格和地区特色。

合阳悬丝木偶

【线胡戏】　参见"合阳悬丝木偶"。

【悬丝戏】　参见"合阳悬丝木偶"。

【线腔】　参见"合阳悬丝木偶"。

【湖南木偶】　湖南著名民间传统工艺品。相传唐代时已较盛行。清代多流行于湘西和湘南一带。近百年来，木偶戏班以祁阳、邵阳、龙山和长沙最多。湖南木偶属杖头木偶，擅长刻制传统剧目人物，尤擅传统喜剧。制作细致，造型生动，特点夸张，具有浓郁的地方风格。表现特点：操作稳重细腻，水袖和翎子功十分优美，丑角与小生的表现尤具特色。湖南木偶曾多次出国演出，均获好评。

【靖德木偶戏】　主要流行于广西的靖西和德保壮族地区。民间称"节线戏""木头戏"，因拖腔带"哈海"，亦称"哈海戏"，有100多年历史。音乐是从当地木伦调发展而来的，有平调、彩花、喜调、哭调、叹调、诗调、高调、鸿鹄调等。乐器有锣、鼓、镲、二胡、月琴、笛、木叶哨等。壮、汉语兼用，道白有对白、韵白之分。文生穿白衣、花衣，无五彩龙凤图案；武将戴盔甲之类，一般角色着民族便装，正面

人物衣着华丽，反面人物衣着陈旧，忠奸人物及男女老少各有特征。演出戏目多从《三国演义》和《水浒传》等古典小说中选取编写。

【节线戏】　参见"靖德木偶戏"。

【木头戏】　参见"靖德木偶戏"。

【哈海戏】　参见"靖德木偶戏"。

【庆阳木偶】　甘肃庆阳木偶，约在清末民初时由陕西乾县、礼泉传入。庆阳木偶用木材和胶泥制作，高度在73—83厘米之间。庆阳木偶，当地民间称"肘娃娃""肘胡子"。木偶戏都在庙会、家祭、祝寿、祈福等场合演出。庆阳木偶有布袋木偶和提线木偶两种，木偶的眼、水袖、嘴、吹须、亮相、起霸、走、跑、卧、跳、翻转、翻筋斗、摇帽翅、武打身段等，都能接近真人，上天入地等动作亦表现得逼真生动，引人入胜。

【肘娃娃】　参见"庆阳木偶"。

【肘胡子】　参见"庆阳木偶"。

脸谱一般名词

【脸谱】 是传统戏曲图案化的性格化妆，亦是我国戏曲艺术特有的一种妆饰手法。亦称"花面""花脸"。戏曲脸谱是在唐宋涂面化装的基础上发展起来的。涂面是同面具（即假面，又叫"代面""魁头"）并行发展的化装艺术。宋金杂剧已有花面化装，但较简单。据现有资料判断，最早的图案化性格化装出现于元代，以后逐步发展完善。脸谱的艺术功能，在于突出刻画剧中人物的性格特征，使观众易于识别。它以夸张的构图、纹饰和色彩来表现人物的善恶美丑、个性和身份。我国的戏曲脸谱勾绘精巧，独具一格，不仅具有民族特色、装饰情趣，而且还寓有褒贬之意。脸谱本分揉、勾、抹三种，现大抵只用勾、抹两种。其一笔一画之勾写，都具有一定含义。脸谱色彩，分红、黄、白、黑、蓝、紫、灰、绿、金等，每种颜色均代表剧中人物的个性：赤显忠勇，关羽赤胆忠心，故勾画红脸；黑示耿直，

包公铁面无私、刚正不阿，故勾画黑脸……工艺美术中应用脸谱的地方很多，如彩塑、竹刻、剪纸、烧瓷、面具、蛋壳、纸型、皮影、木偶以及装潢包装、邮票设计等，格调各异，绚丽多彩。

【花面】 参见"脸谱"。

【花脸】 参见"脸谱"。

【历代脸谱】 宋、元两朝，戏剧表演尚只抹土涂灰。至明代，脸谱逐渐用多种颜色构图。昆腔、青阳腔、秦腔和粤剧等的脸谱，各异其趣。如同属"包青天"包拯，明代戏曲脸谱色彩造型简单、清爽；秦腔则于其额头勾月牙形，民间所传包公能日审阳怨、夜断阴屈。粤剧则天庭勾画太极，眉间敷北斗，寓意他精通星相八卦，公正善断。有些剧种甚至有旦角勾脸的。传说战国时齐国无盐人钟离春貌丑而心善、骁勇，为陈述国弊，冒死进谏，齐王心动，立为王后。戏文中无盐常被勾以"荷叶莲花脸"；昆曲《棋盘会》中无盐脸部揉浅蓝底色，眼窝勾荷叶，脸膛配以莲蓬图案，嘴边置白藕，额头勾以粉红色莲花一

朵；粤剧则为她半化旦角俊脸，半勾荷叶脸。至清代，京剧崛起，其脸谱广泛吸收昆曲等各剧种之特长，谱式更臻丰富、完备，集戏曲脸谱之大成。京剧脸谱主要用于净角、丑角，部分武生和少数老生亦有勾脸的。

【整脸】 传统戏剧脸谱之一种。在整个面部涂上一种颜色作为主色，在主色上再画眉、眼、鼻、口，及纹理、筋络，以表现人物的神态，如关羽的满红脸，曹操、司马懿的水白脸。

整脸：关羽

【揉脸】 传统戏剧脸谱，形式和"整脸"相同，主要以黑、紫等色揉抹脸部，然后勾出面部器官和肌肉纹理。如《挑滑车》里的黑风利是揉黑脸，《刺巴杰》里的余千是揉紫脸。

【勾脸】 戏曲净角演员面部化装的一种方法，与"揉脸"相对。演员用画笔蘸色对镜勾勒，首先勾画眉，次勾画眼窝、鼻窝、嘴角、脸膛（脸面全部），然后勾画脸纹。一般净角大多采用勾脸手法。这种勾脸技法，在工艺美术勾画脸谱时，亦常采用。

【三块瓦脸】 传统戏剧脸谱之一种。在额部和两颊呈现出三块明显的主色，平整得像三块瓦，故名。这种类型的脸谱着重于眉、眼、鼻、口的夸张，突出面部的骨骼，给人以粗眉大眼、竖眉立目的感

上：秦腔脸谱

下：京剧脸谱

上：明代包拯脸谱

下：粤剧包拯脸谱

觉。三块瓦脸正反人物都可用，但主色及构图细节各有不同。如《铁笼山》中姜维是红三块瓦，《失街亭》中马谡是油白三块瓦，《鱼肠剑》中专诸是紫三块瓦。

【三块窝脸】　即"三块瓦"，可能因"瓦"字的意义不明而改称。"三块窝"即眼窝、眉窝、鼻窝。参见"三块瓦脸"。

【花三块瓦脸】　传统戏剧脸谱之一种。是在三块瓦脸的基础上进行变化，图案较三块瓦脸复杂和活泼。如《战宛城》里的典韦是黄花三块瓦脸，《连环套》里的窦尔墩是蓝花三块瓦脸。

花三块瓦脸
上：《战宛城》中的典韦
下：《连环套》中的窦尔墩

【碎三块瓦脸】　传统戏剧脸谱之一种。在三块瓦谱式上，于眉眼、鼻、脑门、面颊等部位增绘很多破碎的花纹，但仍与碎花脸有别，故名"碎三块瓦脸"，如《芦花河》里的乌里黑等即勾此脸。

【老三块瓦脸】　传统戏剧脸谱之一种。基本形式与三块瓦脸类似，只是眼角下垂拖长，象征老年。如

《刺王僚》里的姬僚是黄老三块瓦脸，《十三妹》里的邓九公是肉红老三块瓦脸，《嘉兴府》里的鲍自安是油白老三块瓦脸。

老三块瓦脸：《嘉兴府》中的鲍自安

【十字脸】　传统戏剧脸谱之一种。由三块瓦脸和六分脸综合而成。从鼻端向上画出一条主色线条，和眼窝的横色条相连，构成十字形，故名。如《草桥关》里的姚期是粉红十字脸，《牧虎关》里的高旺是老肉红十字脸。

十字脸：《草桥关》中的姚期

【花十字脸】　传统戏剧脸谱之一种。在十字脸的基础上，勾黑立柱纹，在细节勾画上有各种变化，均可归入花十字脸，如张飞、牛皋。勾红立柱纹和黑眼窝的各种花脸，也属于此类，如司马师、屠岸贾。

花十字脸：张飞

【六分脸】　传统戏剧脸谱之一种。又名"两膛脸"或"截纲脸"。由整脸发展而来，保留了左右两颊的主色，把脑门的主色缩为一条色条，突出眉形以表现老年人的面貌形态和丰额隆鼻的峥嵘骨骼，整个面部主色占十分之六，所以叫"六分脸"。如《二进宫》里的徐延昭是紫六分脸，《群英会》里的黄盖是红六分脸。

六分脸：《二进宫》中的徐延昭

【两膛脸】　参见"六分脸"。

【截纲脸】　参见"六分脸"。

【霸王脸】　传统戏剧脸谱之一种。亦称"无双脸""钢叉脸"。为戏剧中项羽的专用脸谱，因没有重复，故又名"无双脸"。在眉与鼻梁间，勾画一钢叉形，以象征项羽之威猛。

霸王脸
（《清升平署戏曲人物扮相谱》）

【钢叉脸】 参见"霸王脸"。

【无双脸】 传统戏剧脸谱之一种。如项羽、包拯、赵匡胤、宇文成都等的脸谱，以其眉、眼部位的构图较特殊，是某些人的专用脸谱，没有重复，故称"无双脸"。参见"霸王脸"。

无双脸
上：包拯
下：宇文成都

【老脸】 传统戏剧脸谱之一种。老脸的勾法主要为夸大两道白眉，两眉梢往下勾至耳间，表示老年

人眉长之意。如《群英会》中的黄盖，《二进宫》中的徐延昭，都勾老脸。

老脸：《群英会》中的黄盖

【粉白脸】 传统戏剧脸谱之一种。亦称"水白脸""大白脸""大白抹脸"。用白粉涂满面部，用黑笔勾画出眉、眼、鼻窝和面部的肌肉纹理，以刻画剧中人物奸诈的性格，如曹操、严嵩、董卓、赵高、贾似道、司马懿等人物脸谱。但每个人物的细部纹理有所不同，如勾画眉、眼及笑纹、鱼尾纹、腾蛇纹等的长短、粗细、样式，均因剧情和剧中人物的身份、年龄、性格不同而异。有些剧中角色不用黑笔勾绘表情纹，如《甘露寺》里的孙权，用水絮白勾绘，并用水绿色勾绘眉间肌纹，以突出孙权"紫髯碧眼"的生理特征。

粉白脸：曹操

【水白脸】 参见"粉白脸"。

【大白脸】 参见"粉白脸"。

【大白抹脸】 参见"粉白脸"。

【油白脸】 传统戏剧脸谱之一种。在三块瓦脸谱中，白脸部分用油彩或麻油拌和的白粉勾画，使之有光泽，故名。如《斩马谡》中的马谡勾油白三块瓦，《嘉兴府》中的鲍自安勾油白老三块瓦。

【丑角脸】 传统戏剧脸谱之一种。是以白色的块面，集中突出角色的眼、眉、鼻、口各部位，是一种富有漫画手法的面部化装方式，多用于喜剧性的角色或奸猾狡诈的人物，分"文丑脸"与"武丑脸"两种。文丑脸多勾"豆腐块脸""腰子脸"，如蒋干、高力士等；武丑脸多勾"枣核脸"，如时迁等。

丑角脸：《艳阳楼》中的青任
（《清升平署戏曲人物扮相谱》）

【文丑脸】 参见"丑角脸"。

【武丑脸】 参见"丑角脸"。

【豆腐块脸】 传统戏剧脸谱之一种。在鼻眼之间勾一小方块白粉，以其形同豆腐块而得名，为丑角脸谱之一。一般配以一字眉、八字眉、刀背眉、菱形眼、倒挂眼。多用于穿褶子、官衣的文丑。如《群英会》剧中的蒋干，《乌龙院》剧中的张文远，《审头刺汤》剧中的汤勤。

豆腐块脸:《群英会》中的蒋干

【腰子脸】　传统戏剧丑角脸谱之一种。用白粉盖住鼻子及整个眼睑，向外延展至颧骨，勾成一个腰子形，故名，如《女起解》中的崇公道；有的丑角用白粉盖住鼻子的一半及半个眼睑，勾成一个上平圆、下尖圆的元宝形状，如《凤还巢》剧中的朱焕然、《铁弓缘》剧中的石文；有的丑角将白粉块向颧骨的外沿、下沿扩展，使盖脸面积更大，抹成倒元宝形脸谱，如《大登殿》中的魏虎。

腰子脸:《女起解》中的崇公道
（程少岩作）

【枣核脸】　传统戏剧脸谱之一。为一种武丑谱式。先在脸上揉红，再勾绘面积很小的白粉，最后在鼻梁上勾一两头尖、中间宽的枣核形粉块，俗称"白鼻梁"，如《三盗九龙杯》中的杨香武，《连环套》中的朱光祖。武丑亦有经过改良，脸上不抹白而揉淡红脸的，如《酒

丐》中的范大杯，《盗银壶》中的邱晓义。也有少数武丑勾绘彩脸，如《摩天岭》中的腥腥胆，《扈家庄》中的王英，《酸枣岭》中的胡理。

枣核脸:《连环套》中的朱光祖

【白鼻梁】　参见"枣核脸"。

【元宝脸】　传统戏剧脸谱之一种。亦称"半截脸"。由三块瓦脸演变而来。人物脑门保留本来的肤色或微微揉红，两颊涂白，形成元宝形。多为下层人物，性格中有勇敢的一面，也有怯懦的一面。如《采花砸涧》中的侯上官，《牧羊圈》中的李仁，都是元宝脸。其特点是眉眼以下勾成花脸，额间留而不勾。

元宝脸

【半截脸】　参见"元宝脸"。

【花元宝脸】　传统戏剧脸谱之一种。由元宝脸发展而成，基本上还是元宝脸的形式，但肌肉纹理的安排要细碎得多，所以又叫"碎脸"。这种谱式，脑门或红或金，或蓝或白，起辅色作用。主色则在两颊，一般多用黑色。在黑色中用白色勾画出眉、眼、鼻窝和细碎的肌肉纹理。如《单刀会》中的周仓，《钟馗嫁妹》中的钟馗，都是花元宝脸。

花元宝脸:《钟馗嫁妹》中的钟馗

【碎脸】　传统戏剧脸谱之一种。谱式和色彩较复杂，在描眉、勾眼窝与嘴角以外，添勾脸纹，以一种色彩为主，其余为副色，勾画成极琐碎的花样，如《金沙滩》中的杨七郎、《锁五龙》中的单雄信。

碎脸:《金沙滩》中的杨七郎

【小花脸】　传统戏剧脸谱之一种。

亦称"三花脸"。一般运用缩小人物五官的手法勾画，形成小眉小眼的感觉。用来刻画一些精明强干、灵敏机智和诡计多端的人物。

小花脸

【三花脸】　参见"小花脸"。

【太监脸】　传统戏剧脸谱之一种。基本是整脸的形式，只是眉、眼、鼻、口各个部位，与一般整脸有显著的不同，以表现太监的特点。勾法有揉色与填色之分。《法门寺》中的刘瑾揉红脸，只是肤色的夸张；而《黄金台》中的伊利勾油白脸，是为了象征他那飞扬肃杀的性格。因太监音貌近于女性，所以勾细眼窝、小嘴、棒槌眉，中间粗，上端尖，下端呈尖圆，形似棒槌之短眉，以别于男性之剑眉。

【英雄脸】　传统戏剧脸谱之一种。所谓"英雄"，是指武戏中的拳棒教师或参与武打的助手。其脸谱基本形式是花三块瓦脸、花脸或歪脸，但形式简单，以区别于剧中主要人物。如《艳阳楼》中的四教师，《洗浮山》中的镇天龙四弟兄，都是"英雄脸"。正面人物须勾正脸，反面人物则勾歪脸。

【破脸】　传统戏剧脸谱之一种。在整脸上略勾几笔，如花样、图案。《天水关》中的姜维，在额上勾

一太极图，即属于"破脸"。

【歪脸】　传统戏剧脸谱之一种。其特点是面部纹理和色彩均不对称，如歪眉、斜眼、五官不正，借以突出人物不是恶人，但面貌丑陋，如《三打陶三春》中的郑恩，粤剧中的钟无盐；亦有表现品德恶劣、面目狰狞的，如《审李七》中的惯匪李七，《三打祝家庄》中的祝彪。

歪脸：钟无盐

【僧道脸】　传统戏剧脸谱之一种。形式基本属于三块瓦脸或花三块瓦脸的范畴，但眉、眼、鼻、口各个部位的形式，与一般的三块瓦有显著的区别。如《醉打山门》中的鲁智深，《蜈蚣岭》中的王飞天，就是僧道脸。其特点是腰子眼、棒槌眉。

僧道脸：《醉打山门》中的鲁智深

【神佛脸】　传统戏剧脸谱之一种。在三块瓦谱式上，于额间加绘火焰、八卦或阴阳等花纹，以显庄严。神佛脸多为金脸，即使是红脸也要加金，表示面现佛光，如太乙真人等。

神佛脸：阎君

【兽形脸、鸟形脸】　传统戏剧脸谱之一种。亦称"象形脸"。多用金、银色，把鸟、兽形象人格化，通过艺术加工，勾画在演员的脸部。在神话剧中是一种富有艺术性的化装手段。如《西游记》戏里的孙悟空、牛魔王等，都是采用兽形脸手法勾画。

兽形脸：孙悟空

【象形脸】　参见"兽形脸、鸟形脸"。

【脸谱面部地位图】　指传统戏剧脸谱面部各部分名称。根据下图，分别对应如下：1. 月亮门；2. 脑门顶；3. 脑门中；4. 上鬓角；5. 中鬓角；6. 下鬓角；7. 鬓旁；8. 耳梢；9. 耳孔；10. 耳唇；11. 腮边；12. 下巴侧；13. 底须处；14. 眉心（又名印堂中间）；15. 眉头；16. 眉中；17. 眉梢；18. 眼心（又名印堂下端）；19. 眼角；20. 上眼胞；21. 下眼胞；22. 眼梢；23. 鼻梁；24. 鼻筒；25. 准头；26. 鼻翅；27. 鼻孔；28. 鼻翅旁；29. 人中；30. 上嘴唇；31. 下嘴唇；32. 嘴角；33. 颧骨；34. 脸蛋

35. 太阳穴；36. 法令纹。

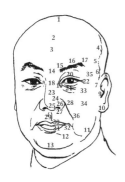

脸谱面部地位图

【脸谱色彩】　我国戏曲最早的脸谱色，只用黑白两色，故有"粉墨登场"之说。后来逐渐发展到红、白、黑、黄、绿（正五彩），粉、蓝、紫、湖、绛（副五彩），以及秋香、月白、古铜、灰、金、银等十几种颜色。一般以黑色表示铁面无私，刚正不阿，如包公；以红色表示忠勇正义，如关羽；以白色表示阴险狡诈，如曹操；以油白表示飞扬肃杀，如马谡；以紫色表示刚正稳重，如徐延昭；以黄色表示骁勇凶暴，如典韦；以蓝色表示刚强骁猛，如窦尔墩；以绿色表示顽强暴躁，如青面虎；以金、银表示神佛精灵，如达摩。

【梅氏缀玉轩藏明清脸谱】　缀玉轩为梅兰芳书室名，藏有明代脸谱和清初昆、弋脸谱数十幅。明代脸谱册页题"梅氏缀玉轩世藏，壬戌冬重装"。称"世藏"，当为先世遗物，可能原是梅兰芳的祖父梅巧玲的藏品，于壬戌年（1922）重新裱装成册。此册页早被拆散，遗留下24幅原图和木板锦饰封面，后由梅兰芳赠给中国戏曲研究院，现藏于中国艺术研究院戏曲研究所。1932年、1933年《国剧画报》曾发表过其中的28幅单色照片，1935年出版的《国剧简要图案》曾发表过其中的22幅彩色摹本。综合以上三种资料，汰去重复，共得明代脸谱56

幅。其中人物脸谱约占五分之一，其他均为神仙鬼怪脸谱。清初昆、弋脸谱册页，没有裱装成册，散失很多，目前能看到的只有15幅，大部分仍藏于梅家。这些清初脸谱，都是先在画纸上刻印浅灰色面部轮廓细线，然后起稿、敷色，故规格一致。其中11幅注明了剧种、剧目、剧中人物和戴的髯口，另4幅未注明剧种。这些脸谱资料，对研究戏曲脸谱艺术的历史演变具有重要的文物价值。

焦赞　　单雄信　　龙王

孟良(弋)　牛皋(昆)　马武(弋)

梅氏缀玉轩藏明清脸谱
上：明代脸谱
下：清初昆、弋脸谱

各地脸谱

【北京脸谱】　北京脸谱有两类：泥胎脸谱和纸胎脸谱。泥胎脸谱，以泥脱胎，塑成各种各样的脸型，一般如鸡蛋大小，大的与人脸相仿。待泥模干后，再行彩绘。纸胎脸谱，先用泥土塑出原型，然后糊纸成型，打磨光滑后，再彩绘。脸谱种类很多，有三块瓦、老脸、碎脸、白脸、十字脸、和尚脸、太监脸、火判脸、神妖脸、歪斜脸等。每一类又分为多种色彩和样式。北京的名艺人"花脸桂子"以制作净角脸谱而出名，他的作品清新秀雅，色调优美。老艺人双启祥制作的脸谱，油粉兼用，韵味无穷，特别是绘昆曲名角侯玉山的脸谱最好。汪稔田的脸谱也很具特色，他善于绘制精、灵、鬼、神的脸谱，擅用红、白、绿等颜色，用色怪诞，对比强烈。

北京京剧脸谱：周通
（马福立作）

【南京脸谱】　南京脸谱有三类：泥塑、纸脱胎和布剪贴。大多忠实于舞台角色形象，细部亦有夸张、提炼和添加，均形象生动，形神兼备。以颜少奎和程少岩制作的脸谱最多最精美，并各有特色。

南京纸脱胎脸谱（程少岩作）
上：火判
下：廉颇

【惠山彩塑脸谱】　江苏无锡惠山彩塑脸谱和脸谱头，历史悠久，具有鲜明的地方乡土特色，尤其在刻画人物性格特征方面，颇具匠心。如廉颇、孟良、焦赞的头像，既表现了三位武将英勇、耿直的共同特点；又突出显示了他们品格上的不同：老将廉颇更显持重，而孟良和焦赞表现得威武有余，谨慎不足。再如朱光祖脸谱，作者仅在脸上勾了一个简单的蝴蝶花纹，上唇贴了两片胡须，就将武丑机智、灵敏的特征表达出来了。惠山彩塑脸谱和脸谱头，以已故名师王士泉制作的最为精美。

惠山彩塑脸谱（王士泉作）
上：姚刚
下：高登

【社火脸谱】　社火脸谱，是古代祭祀活动的一种化装表演脸谱。这种活动至今仍活跃在陕西一带。社火的内容大多是通过神话与民间传说来表达人们的美好理想和追求。表演者勾画脸谱，披战甲，执兵器。社火脸谱就是演员们的脸部造型图案。陕西宝鸡李继友多年搜集，已整理出 600 多幅社火脸谱。他创作的木马勺脸谱被称为"中国社火马勺"。大的社火马勺可挂于宅院作为装饰、辟邪之用，小的带在孩子身上，可驱邪，亦可玩耍。

社火脸谱：神话人物青龙

【木马勺脸谱】　木马勺脸谱，是将陕西的社火脸谱绘于喂马料的木马勺背面，故名。为陕西宝鸡李继友所创作。几十年来，为搜集社火脸谱，他跑遍了十多个县的乡镇村庄，共整理出 600 余幅社火脸谱。李继友的社火脸谱在北京展出后，在中外艺术界引起轰动，法国巴黎国际艺术家展览中心还特邀他的社火脸谱赴法国展出。参见"社火脸谱"。

上：李继友在绘制木马勺脸谱

下：李继友创作的木马勺脸谱：雷震子

【秦腔脸谱】　秦腔是我国最古老的剧种之一，流行于陕西、甘肃、青海、宁夏、新疆等地。秦腔的古脸谱，具有鲜明的民族特色和浓厚的地方风格，个性独特，淳朴豪爽，比京剧更为单纯和净化，古味盎然，并极富张力。秦腔脸谱因剧种不同，勾法和谱式也各具特色。秦腔脸谱有整脸、三块瓦脸、四大块脸、五花脸、旋脸、斜皮脸、通天柱脸、老脸、两膛脸、象形脸、标志脸、两面脸、巴巴脸、大白脸、二白脸、半截脸及花三块脸、花四块脸等。秦腔的脸谱讲究庄重、大方、干净、生动和美观，颜色以三原色为主，间色为副，平涂为主，烘托为副，极少用过渡色。线条粗犷，笔调豪放，着色鲜明，对比强烈，浓眉大眼，图案壮丽，寓意明朗，性格突出，格调"火暴"，和音乐、表演的风格一致。秦腔脸谱不仅是一种小巧精致的工艺品，还是

研究秦腔艺术、民俗风情的珍贵资料。

上：秦腔古脸谱：高渐离

下：秦腔脸谱：李逵（兰州秦腔博物馆）

【川剧脸谱】　川剧脸谱，与京剧脸谱、秦腔脸谱并称中国三大脸谱系统。它继承了中国古典戏曲美术的传统，主要用于净角和丑角。使用的色彩，通常有红、黑、白、蓝、绿、黄等几种。每张脸谱的色彩虽然有各自的基本色调，但根据不同人物的不同谱式，往往又渗入其他一些颜色的线条和色块，组成一张张绚丽多彩的"花脸"。川剧脸谱以颜色表现人物的基本特征，其最突出的特点就是在演出中随着剧情的转折、人物内心世界的变化，脸谱也相应发生变化。川剧"变脸"是一种舞台特技，用油彩、吹粉、运气等化装特技或面具，一瞬间可以变出无数张脸，神奇莫测，让人应接不暇，叹为观止。艺人王道正的"变脸"艺术堪称独门绝技，他被

称为"川剧变脸之王"。

川剧脸谱：王道正的"变脸"

【汉剧脸谱】　汉剧，旧称楚调、汉调（楚腔、楚曲），民国时期定名汉剧，俗称"二黄"。汉剧是湖北传统戏曲剧种之一，也是陕西第二大剧种，主要流行于湖北长江/汉水流域，以及湖南、陕西南部、四川、广东、福建部分地区。汉剧有完整的角色行当分工，其中有脸谱的，是净和丑两个行当。生和旦的脸部化装，除极个别有勾绘脸谱外，一般的主要是突出人物的俊和美，没有明显的脸谱图案。如福建漳平汉剧的曹操脸谱，除绘白脸之外，还在脑门上画一"显身镜"，以在不同场合涂以不同颜色，体现不同的褒贬态度。如《孟德献刀》中刺董卓是义行，涂以红色；《战宛城》中正邪参半，涂以灰色；《陈宫计》中恶行甚重，涂以黑色。丑行脸谱是按人物类型套用，类型多样，白块有"地瓜干""豆腐干""半边月""梅花""橄榄核""葫芦式"等形式，寓美于丑，丑中见美，显示出民间智慧和艺术情趣。

【昆曲脸谱】　昆曲，又称昆剧、昆腔、昆山腔，是中国最古老的剧种，产生于苏州昆山一带，流传于苏南、上海、浙江、北京、湖南、江西一带。被称为"百戏之祖"，很多剧种都是在其基础上发展起来的。脸谱用于净、丑两行。净行分

大面与白面，大面脸谱以红、黑二色为主，故有"七红、八黑、三僧"之说；白面大多扮演反面人物，除眼纹外，全脸皆涂以白粉，通常又分成相貌白面、褶子白面、短衫白面等。丑行又分为副（又称"二面"）和丑两个家门。其区别在于副的面部白块画过两边眼梢，而丑只画到眼的中部。昆曲表演以抒情性见长，动作细腻，配合扮相、歌舞身段等，形成了其婉约柔美的独特艺术魅力，历经数百年而不衰，并为其他戏剧提供了丰富的滋养。

【颜少奎脸谱】 颜少奎为江苏省京剧院净角演员，业余喜画京剧脸谱，历时已三十多年。他在舞台上表演的人物，都被他勾画成脸谱。颜少奎的脸谱，忠实于舞台化装原型，并升华为具有一定艺术水平的脸谱作品，逼真生动，形神兼备。

上：颜少奎在创作脸谱

下：颜少奎扮演的廉颇

颜少奎的脸谱，多次在国内外展出，深受赞誉，并累获大奖，数百件佳作被中国美术馆、南京博物馆和江苏省美术馆等地收藏。

面具一般名词

【面具】　戴于面部的一种化装用具，亦称"假面"。《周礼》载：夏官方相氏戴假面，以驱退疫鬼。唐段安节《乐府杂录·驱傩》："五百小儿为之，衣朱褶素襦，戴面具，以晦日于紫宸殿前傩。"也指将土护面之具。《宋史·狄青传》："（狄青）临敌披发，带铜面具，出入贼中，皆披靡莫敢当。"面具形式繁多，变化丰富。制作材料有金属、黏土、皮革、木材、羽毛、布和纸等。面具的形象大多取材于自然形态，主要分为以人类为题材的拟人型和以动物为题材的拟动物型。面具在宗教仪式中起重要作用，以祈求神灵保佑，抵御灾祸。面具的作用和形式，主要有下列几种：①用于社会和宗教活动，作为一种具戒手段，起着重要作用。在某些地区，祖先面具象征着祖先的道德规范和统治影响，作为向神灵祈祷的媒介物或作为奉献给神灵的祭品。图腾面具是原始民族用作种族、部落、家族等象征的自然物。②用于葬礼和纪念活动。葬礼面具常用来遮盖死者面部，代表死者的容貌，同时表示悼念和使其与极乐世界建立联系。1984 年，四川广汉三星堆遗址一号祭祀坑，出土一件金面罩，用纯金皮模压而成，时代应为商代后期。1986 年，内蒙古通辽市奈曼旗青龙山镇辽陈国公主驸马合葬墓，出土金面具两件，覆盖于死者面部，均十分罕见。③用于驱邪治病。在宗教等活动中，面具用作预防和治疗疾病。防病面具有在疫病流行时戴的防霍乱面具和儿童戴的防麻疹面具等。④用于军事活动。相传北齐兰陵王高长恭勇武貌美，不足以使敌人畏惧，于是只好常戴面具出战。⑤用于狩猎活动。⑥用于节庆活动。⑦用于戏剧表演。发展成歌舞戏剧面具。山东沂南汉墓出土的百戏歌舞画像石中，就有戴假面的形象。（参阅《沂南古画像石墓发掘报告》）⑧用作玩具。宋代的《婴戏图》中有不少这方面的描绘。

上：明代江西萍乡傩主神三将军面具

下：清代贵州花溪傩神柳三面具

【中国面具】　历史久远，品类繁多。古称"魌""魌头""颗头""假面""大面""代面"。《说文解字·页部》："今逐疫有颗头。"四川广汉三星堆遗址出土有商代金面具、青铜面具等；两汉百戏表演，戴有各种面具；大唐流行龟兹假面舞蹈；元代杂剧和明清传奇中的神怪角色，多数戴面具。我国各地少数民族地区，面具文化更是丰富多彩，有"藏面具""傩面具""萨满面具"等。中国面具之材质有金、玉石、青铜、木雕、陶塑、泥胎、纸坯、笋壳彩绘、草叶编扎和葫芦彩画等。以用途分，有祭祀、礼仪、作战、驱疫、戏剧、歌舞、丧葬和儿童玩具等功能，有的用于佩戴，有的用于悬挂镇宅辟邪等。面具文化分布地域十分广阔，可说全国各地均有流传。

上：贵州傩戏面具：笑和尚

下：江西万载傩面具：钟馗

【魌】　亦称"魌头"。一种驱疫用的面具。为古代驱疫时扮神的人所蒙戴，形状奇特怪异，色泽对比强烈，具有一种神秘的威慑力量。

藏族跳神用的铜面具

【魌头】　古代一种驱疫用的面具。《周礼·夏官·方相氏》："掌蒙熊皮。"汉郑玄注："蒙，冒也。冒熊皮者，以惊驱疫疠之鬼，如今魌头也。"亦用假面作乐舞，以慰死者之魂。唐段成式《酉阳杂俎·尸妿》："世人死者有作伎乐，名为乐丧。魌头，所以存亡者之魂气也。"

【颗头】　亦称"魌头"。古代一种面具，为驱疫扮神时佩戴。《说文解字》："颗，丑也。……今逐疫有颗头。"《周礼·夏官·方相氏》："掌蒙熊皮。"汉郑玄注:"冒熊皮者,以惊驱疫疠之鬼,如今魌头也。"

【假面】 即"面具",亦称"代面""魌头"。古时祀神傩舞戴假面,百戏角抵戴各种动物头形,武士戴假面用以威慑敌人。隋唐时歌舞亦用假面。《旧唐书》载:北齐世宗高澄子兰陵王高长恭,生得俊美像妇女,虽勇敢善战而面无威严。为使敌畏惧,临阵戴"假面",每战必胜。后据此编成舞蹈,名《兰陵王入阵曲》,戴假面歌舞。以后民间又有"拔头""踏摇娘"等故事,亦用代面表演。再以后发展为儿童玩具,称为"假面具"。

古代假面舞

【大面】 亦称"代面"。为唐代歌舞戏。取材于历史故事。据《乐府杂录》《旧唐书·音乐志》《教坊记》记载,北齐兰陵王高长恭勇武过人,但容貌清秀,自以为不足以威慑敌人,遂戴木雕面具出战,常取胜。一次与周师战于洛阳金墉城下,以少击众,大胜敌军。齐人慕其勇冠三军,便模仿他的动作,编成舞蹈,配以歌曲,称为《兰陵王入阵曲》。唐代发展成歌舞戏,称为"大面"。演戏时,扮演兰陵王的演员头戴面具,"衣紫,腰金,执鞭"(《乐府杂录》),载歌载舞,做种种指挥、击刺的姿态。这出戏塑造了一个骁勇善战的英雄形象。公

元 700 年,年仅 5 岁的唐卫王李隆范在其祖母武则天明堂开宴时,曾表演过这一歌舞戏。

【代面】 参见"大面"。

【假面具】 古代演戏时作化装之用,亦有用于作战的,后多用作玩具。俗称"鬼脸"。假面具是仿照人物脸形,用纸壳糊制,再经彩绘制成。

假面具:孙悟空

【鬼脸】 参见"假面具"。

【假头】 面具。东汉张衡《西京赋》载:"总会仙倡,戏豹舞罴,白虎鼓瑟,苍龙吹篪。"三国吴薛综注:"仙倡伪作假形,谓如神也。罴豹熊虎,皆为假头也。"

【木面兽】 古代一种木制兽形面具,用以驱鬼。《后汉书·礼仪志》:"先腊一日,大傩,谓之逐疫。……百官官府各以木面兽能为傩人师讫,设桃梗、郁儡、苇茭毕,执事陛者罢。"

【兽面】 古代一种兽形面具。面具图形夸张,均绘成动物脸形,故

藏族兽形面具
左:狮头面具
右:虎头面具

名。《隋书·柳彧传》:"人戴兽面,男为女服,倡优杂技,诡状异形。"

【戏头】 面具。《荆楚岁时记》引《小说》云:"孙兴公常著戏头,与逐除人共至桓宣武家。宣武觉其应对不凡,推问乃验也。"逐除人于农历十二月举行驱逐疫鬼活动,并戴有面具。

【戏面】 即今之假面具。南宋范成大《桂海虞衡志·志器》:"戏面,桂林人以木刻人面,穷极工巧,一枚或值万钱。"

【萨满面具】 中国面具之一种。郭净《中国面具文化·中国面具的类型》载:萨满面具"以我国北方骑马民族的生活方式萨满文化为背景,发展出丧葬面具和巫师跳神面具类型的假面。使用民族,主要为古代的契丹人,以及后来的蒙古族、赫哲族、鄂温克族、鄂伦春族和满族。现已濒于绝迹"。

【铁面】 古代一种铁制面具,作战用以自卫。《晋书·朱伺传》:"夏口之战,伺用铁面自卫。"《南史·侯景传》:"建康令庾信率兵千余人屯航北,及景至彻航,始除一舶,见贼军皆着铁面,遂弃军走。"

【平面面具】 面具的一种。面具大体分为两种:平面面具和立体套头面具。平面面具,有少数塑成浮雕形,绝大多数均为平面形,故名。用于祭祀、跳神、戏剧、歌舞的平面面具,通常用纸板、薄木板、皮革、塑料、棕皮或笋叶等材质制作,有的外形呈薄壳状,与人脸大体吻合,后用绸、布、纸裱糊加工、彩绘或髯饰。表演时戴于脸上,用线系于脑后;亦有的背面有梁,用嘴咬住,可使面具固定于面部。儿童戴的假面具,为一种简易

的平面面具，多为硬质纸彩印或彩绘。所有平面面具，眼窝部位都露有孔洞，可借以观察外面的事物。有的面具眼珠可开合，下颚可张闭，制作较精巧。

藏戏平面面具

【套头面具】 面具的一种。清李调元《弄谱》："世俗以刻画一面，系着于口耳者，曰'鬼面'，兰陵王所用之假面也。四面具而全纳其首者，呼曰'套头'，《西京赋》所云之假头也。"立体造型的套头面具，是"全纳其首"，即古之"假头"，是将整个面具套于头上进行表演。主要用竹篾或铁丝扎制，用纸或漆布裱糊。漆布面具的通常做法，是先用泥或木做模型，再用纱布、纸一层层裱糊，待阴干后，将外层裱糊成面具脱开取下，然后经镂空、勾脸彩绘和鬃饰等完成。

套头面具

【傩面具】 中国面具之一种。郭净《中国面具文化·中国面具的类型》载：傩面具"发源于中原古代祭礼，商周时由原始宗教变为宫廷巫术；两汉时与封禅、郊祀等祭典构成……巫术礼仪制度；宋代开始退出中原，而流布于长江以南，与荆楚巫术传统、民间道教和少数民族祭典相结合；至明清又深入云贵高原，在封闭的乡村找到生息繁衍之地，影响至今不绝。傩在历史上经历过傩仪—傩舞—傩戏的演变，主要类型有宫廷傩、民间傩和军傩等。傩面具是宫廷文化和民间文化、汉族文化和少数民族文化、北方文化和南方文化相互交织、融合的产物"。傩面具现仍流行于很多地区，汉、苗、瑶、壮、侗、土家、布依、毛南等民族仍在礼仪、戏剧和歌舞中应用。

傩堂戏中的李龙神

【傩舞、傩戏面具】 傩舞是古代傩祭仪式中的一种舞蹈，傩戏是在傩舞基础上发展形成的戏剧。如安徽黄梅戏，其传统曲调《傩神调》，就来源于傩舞。在某些地区，傩舞本身已发展成傩戏，如湖南的"傩堂戏""傩愿戏"，湖北的"傩戏"，贵州的"脸壳戏""傩坛戏"等。傩戏的特点是角色都戴木制假面。我国汉唐时期，傩仪大盛，至宋代更为发展。南宋陆游《老学庵笔记》："政和中大傩，下桂府进面具。比进到，称一副。初讶其少，乃是以八百枚为一副，老少妍陋，无一相似者，乃大惊。"明嘉靖《贵州通志》卷三："除夕逐除俗，于是夕具牲礼，扎草舡，列纸马，陈火炬，家长督之，遍各房室驱呼怒吼，如斥遣状，谓之逐鬼，即古傩意也。"中国历史上有十多个民族有傩戏，

达二十余种，今以贵州地区保存得较为完整。傩戏面具有木雕彩绘、泥胎纸板彩绘和笋壳彩绘等多种。有的形象威严怪谲，有的憨直庄丽，有的朴拙有趣，色泽夸张强烈，极富装饰性。

上：清代江西萍乡傩戏雷公面具
下：清代广西傩戏土地神面具

【脸子】 传统戏曲为夸张面部形貌而制作的一种面具。元代杂剧和明清传奇中，神鬼角色戴脸子的很多，以后大多改为勾脸，如京剧《闹天宫》（《安天会》）中的雷神等。现在传统戏剧中的鬼神大多戴面具，如《红梅阁》李慧娘鬼魂救裴生出险一场戏中，李慧娘就戴着"鬼脸"面具。

【变脸面具】 戏曲面具之一种。变脸以川剧最有名，京剧等的变脸，主要由川剧移植而来。川剧变脸，可能是受傩戏启发。变脸除用油彩、吹粉和运气等化装特技外，主要采用薄质面具。材质主要采用布、绸、纸和塑料等。事先将脸谱

剪好、画妥，每张脸谱系一根丝线，一张张贴于脸上，再将丝线系于腰带等顺手之处。变脸时，借助舞台动作的掩饰，一张张按序扯下。川剧变脸，突破了传统面具在表现剧中角色的瞬间脸部感情变化上的难题，为戏剧假面的发展开创了一条新路。

【加官脸】 传统戏剧面具的一种。旧时演剧，每逢年节或喜庆堂会，多跳加官、跳财神、跳魁星等傩舞，为观众祝福。演出时，演员都戴面具，这些面具称"加官脸""财神脸""魁星脸"。

【财神脸】 参见"加官脸"。

【魁星脸】 参见"加官脸"。

【罗汉脸】 传统戏剧面具。头顶光秃，前额膨隆，额顶镶一名为"佛光"的金光圈，眼窝深陷，鼻梁高耸，下颏撅翘。计有十八位罗汉：降龙罗汉、伏虎罗汉、高罗汉、矮罗汉、胖罗汉、瘦罗汉、睡罗汉、醉罗汉、聋哑罗汉、笑哈哈罗汉、金光眼罗汉、银光眼罗汉、长眉罗汉、长手罗汉、赤发罗汉、赤脚罗汉、现佛罗汉、护法罗汉。其中四恶相罗汉为由颏脑、眉弓、下颏组成的三开式造型，四善相罗汉为整胎式造型，四老、四少罗汉为全三开式造型，降龙罗汉、伏虎罗汉为金脸造型。

罗汉脸：降龙罗汉

【贵州地戏面具】 是贵州地戏演员戴的面具，俗称"脸壳"。面具用丁木、白杨木等精心雕刻而成。采用挖雕工艺，然后施以彩绘。面具略小于真人脸形，五官恰当，眉眼突出，眉梢上翘，可及盔部。头盔是用整木和面具一同雕刻。男将镂刻龙装，女将镂刻凤装。男将剑眉大眼，阔嘴宽鼻，个性刚强；女将丹凤眼，立眉梢，鼻窄嘴小，柔中有刚。面具色彩，红脸忠勇，黑脸刚直，白脸奸诈。如关羽为红脸，张飞涂黑，周瑜涂白。面具的头盔装饰可看出星宿观遗风，如薛仁贵是白虎星，盔上饰白虎；秦叔宝是大鹏星，盔上饰大鹏。面具彩绘后，用桐油熬制的光油上光涂亮。面具质地坚实，隔几十年上一次色，有的能保存几百年。面具种类很多，一台戏少的有七八十副，多的有一二百副。表演时，演员将面具顶在额上。因地戏适于在地上演出，贵州处处是山，观众多居高临

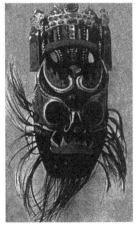

贵州地戏面具

下地观看，恰好可看清面具。

【贵州地戏脸壳】 参见"贵州地戏面具"。

【甘肃陇东社火面具】 甘肃陇东的社火面具种类很多，是将神话传说、民间故事和戏曲人物融为一体，按照人们的愿望进行创造、刻绘而成。随着时代的进步和社火活动的不断发展，一些生活化人物面具也逐渐流行，如大头娃娃、懒嫂、臭婆等，为陇东的社火面具增加了不少新内容和新情趣。

【甘肃文县藏族面具】 甘肃文县白马藏族面具，主要用于"池歌昼"舞。它起源于神话传说。相传白马藏族的先祖达马生有四子，四子各镇守一座山头，保证了家族的兴旺发达，使白马人能够安居乐业。为了求得风调雨顺，年年太平，白马人封先祖四子为山神，每逢年节要戴上威武的四山神面具跳"池哥昼"（"池哥"，藏语意为"兄弟"，即龙官、天王、金刚、门神四兄弟），以驱除妖邪鬼怪。后来由于受佛教的影响，"池哥昼"里又增加了其他菩萨池母、知玛，与池哥共同翩翩起舞，走村串户为百姓除妖施福。因此这些面具被视为神物。白马藏族还有一种十二生肖的面具，亦是在舞蹈时戴用。

【甘肃夏河神怪面具】 甘肃夏河在晒佛节时，要戴各种神怪面具。夏河拉卜楞寺藏族佛事面具多达二十多尊，面具造型性格突出，各具个性。夏河佛事面具是按照佛经人物故事制作出来的，具有显著的宗教色彩，各大小寺院都能制作并有收藏。

【甘肃天水、平凉戏曲面具】 甘肃天水和平凉一带的戏曲面具，由

戏剧脸谱逐渐演变而来，主要为秦腔人物面具，均为演出和社火表演时戴用。此外，当地也流行葫芦面具，将脸谱绘于葫芦瓢上，供儿童玩耍，亦可作为欣赏挂件。这种面具有程式化的戏曲脸谱，也有具浪漫情趣的社火脸谱，在描画上有较多的随意性。

【头罩】 自制玩具。系用纸裱糊、绘制而成。开始须做头型泥坯，泥坯应比真人头大近一倍。塑完泥头型后，先在泥坯上用经水浸湿过的纸条、纸片贴两三层，再用浆糊贴上厚纸条、纸片（如铅画纸）十余层。在这过程中也可遍涂一层石膏浆，以增加其硬度。干后，从后脑部剖开，剥下头罩；用布条在切缝内侧糊牢。外面裱上一层绵纸，干后磨光；上一层胶水，干后再上油画色，开眼孔即成。另一种方法是在泥坯上先翻出前后两块石膏块模，然后分别在两片模内贴水纸，合模后用浆糊贴，拆模后再进行磨光、着彩、开孔即可。头罩多用于节日演出活动。

熊猫形头罩

【儿童头冠】 民间自制玩具。多用零料色布、彩绸等制作，通过剪裁、刺绣、彩绘等手法制成。可制成动物、人物等多种形象。造型都

儿童头冠

较简洁，色泽鲜艳，形象夸张。这种儿童头冠，制作简易，多用于儿童剧的演出化装等。

历代面具

【新石器时代陶面具】　新石器时代陶面具珍品。2004年于河北易县北福地新石器时代遗址出土，年代约为公元前6000至前5000年。面具为夹云母灰褐陶或夹云母红褐陶。其中有一面具，口沿腹片。方唇，口微敛，沿下饰一周平行斜线压印纹。阴刻弧形线条为眼眉，镂孔为眼睛。双眼斜立，鼻部不明显。口部为阴刻浅宽弯曲线条，其下有一穿孔。陶面具出土有多件，造型略有差异。据分析，遗址为一祭祀场所，陶面具当为祭祀用品。北福地出土的陶面具，是目前所见年代最早、保存最完整的史前面具作品。

新石器时代陶面具

（河北易县北福地新石器时代遗址出土）

【商代青铜面具】　中国早期青铜面具。1936年，在河南安阳殷墟出土有商代面具。1955年至1976年，陕西城固前后出土48件殷代青铜面具，其中23件为人面形，脸容凶煞，双目深凹，中有圆孔，鼻凸起，嘴露獠牙；面形大小近似人脸，额头、两耳有通孔，可用线系于头上。另25件面具，状如牛首，大小也与人脸相近，两耳和嘴两侧亦有通孔，可系线戴于人脸。在陕西岐山和北京平谷等地，均发现商代类似人面形青铜面具。

商代青铜面具

（上：江西新干大洋洲商代墓出土

下：河南安阳殷墟出土）

【三星堆商代青铜面具】　中国早期面具。1986年四川广汉三星堆商代祭祀坑出土。这批青铜面具，有的似人面，宽脸圆颔，粗眉大眼，直鼻宽嘴，头戴帽冠，双耳有小圆穿孔，可系绳穿挂；有的人面牛耳，大耳向两侧伸出，双目似圆柱凸出，粗眉大鼻，阔嘴。这批青铜面具，大小规格不一，有的小于人脸，有的宽达一米多。三星堆出土的这些面具，推测可能为古代的一种"燎祭"之宗教用具。

三星堆商代青铜面具

（四川广汉三星堆商代祭祀坑出土）

【汉代百戏面具】　汉代盛行百戏歌舞，常戴面具和假形做各种表演。《汉书·武帝本纪》：元封三年（公元前108）春，"作角抵戏，三百里内皆观"。《汉书·西域传赞》："孝武之世，开玉门，通西域，设酒池肉林以飨四夷之客。作巴俞都卢、海中砀极、漫衍鱼龙、角抵之戏以观视之。"角抵、漫衍鱼龙等，多为百戏表演，着假面、假形，动作夸张，配以歌舞。河南南阳出土的东汉画像石上，徒手与牛搏斗的力士，头戴犄角面具。山东沂南出土的东汉画像石《鱼龙曼延图》中的龙戏、鱼戏、豹戏和雀戏，多为倡优戴假面、假形装扮表演。

汉代粉彩面罩

（江苏邗江姚庄西汉墓出土）

【假面将军兰陵王】　南北朝面具之一。《晋书·朱伺传》："夏口之战，伺用铁面自卫。"《北齐书·帝纪第二·神武下》："西魏晋州刺史韦孝宽守玉璧，城中出铁面，神武使元盗射之，每中其目。"《南史·侯景传》载：庾信见敌军皆着假面上阵作战。古代作战，历来就有戴面具以护身之传统，流传最广的是兰陵王着假面慑敌的故事。北齐兰陵王高长恭，勇武貌美，自以为不能使敌畏惧，常戴面具出战，战必胜。齐人因作《兰陵王入阵曲》，模拟兰陵王上阵指挥、击刺作战之英武之态。唐代亦流行表演兰陵王歌舞，唐崔令钦《教坊记》称此歌舞为"大面"。唐段安节《乐府杂录》称之为"代面"，并述表演者"衣紫，腰金，执鞭"。后兰陵王歌舞传入日本。日本京都画家高岛千春绘制的《舞乐图》（1823 年出版），是依据 12 世纪日本画师绘的《唐代舞姿图》上彩重绘，基本上反映了日本所传唐舞的真实面具，其中就有兰陵王舞。该图题记载："兰陵王，唐朝准大曲，一人舞。"舞者穿团花绯绫袍，披绣云龙裲裆，头戴面具，为锐鼻、环目、吊下颚，张巨口，头顶饰伏龙，手执桴。

假面将军兰陵王
（日本高岛千春绘《舞乐图》）

【唐代舞乐面具】　唐代面具之一。新疆库车出土一件唐代舍利子木盒，上彩绘龟兹乐舞，共绘 21 名乐舞者：乐队 8 人，舞者 13 人。舞者中 8 人戴面具，有的高鼻深目，有的满腮胡须，有的戴兔面具，有的戴狗面具……都身穿各式胡装彩衣，合着节拍，携手牵巾共舞，场面热烈，节奏欢快。此图真实记录了大唐帝国龟兹假面舞乐的景象。新疆库车出土的这件稀世唐代舍利子木盒，现藏于日本。

唐代龟兹假面舞
（唐代舍利子木盒彩绘图，新疆库车出土）

【辽代陈国公主驸马金面具】　辽代金器珍品。1986 年内蒙古通辽市奈曼旗青龙山镇辽代陈国公主驸马合葬墓出土。计两件，高 21.7 厘米，上额最宽处 18.8 厘米。覆盖于死者面部。用薄金片制成。面具的眼、耳、口、鼻都不开缝或穿孔，按脸型制作，男女各有特点。驸马面具脸型稍长，颧部微凸，鼻梁瘦长。双耳另制，用三个银铆钉与面具连为一体，整体呈金黄色，瞳仁、双眉和上额处一窄长条为浅黄色。公主面具面庞丰圆宽展，呈现出青年女性的特点。双耳与面具连为一体，一次制成。面具周围均有穿孔，用银丝系结于头部网衣之上（驸马、公主均着银丝网衣）。金面具为辽代宫廷特制明器，工艺精湛，极为罕见。

辽代陈国公主金面具
（内蒙古通辽市奈曼旗青龙山镇辽代陈国公主驸马合葬墓出土）

【清代跳神面具】　清代面具之一种。京师正月祭典，二十日在雍和宫打鬼。北京人称"送祟"，蒙古语称"送布扎"。这一驱邪仪式，源于藏传佛教。雍和宫的"跳布扎"创于康熙年间。"跳布扎"分前后两段，前段为"喜庆舞"，共四幕：第一幕"跳白鬼"，四舞者戴白色骷髅面具；第二幕"跳黑鬼"，四舞者戴黑色骷髅面具；第三幕"跳螺神"，戴丑恶而嬉笑的面具，为鱼、虾、螺等水中动物之神上场舞蹈；第四幕"跳蝶神"，八位扮蝶神的

喇嘛穿花缎小袄、绣花裙，外系红色兜肚，戴宽脸、圆眼、大嘴、头顶饰塔形的五佛冠，双耳饰五彩蝶式翅膀面具，入场做蝶神飞舞表演。整个舞蹈寓诸神除祟、祈求祥瑞和幸福。

雍和宫"跳布扎"中戴面具的"蝶神"

少数民族面具

【少数民族面具】 管彦波《文化与艺术——中国少数民族头饰文化研究·面具》载：面具在我国各族人民的社会生活中占有十分重要的地位，具有悠久的历史，是民族文化的重要组成部分。据调查，历史上我国的藏族、苗族、彝族、赫哲族、满族、土家族、羌族、壮族、瑶族、水族、佤族、白族、景颇族、鄂伦春族、鄂温克族、基诺族、纳西族、布依族、蒙古族、毛南族、门巴族、仡佬族、侗族等数十个民族，在宗教祭祀、民族节日等社会活动中，都使用神貌各异的面具作为象征物，来渲染气氛。其中最具民族特色的面具有土家族的"钟馗"面具、"歪嘴秦童"面具，傩戏中的"先锋小姐"面具，藏戏中的"罗刹"面具、"老翁"面具、"巫女"面具、"吉达"面具，仡佬族的"山王"面具，彝族的火把节跳虎面具、"地莭"面具、送葬狮子头面具，壮族的草面具，蒙古族的鹿首面具，土族的纳顿节"打虎将"面具等。

云南各民族面具

1. 基诺族的笋叶面具
2. 西盟佤族的笋叶鬼面舞具
3. 水族的牛魔王面具
4. 南传上座部佛教礼俗面具中的孔雀舞面具
5. 傈僳族的马鹿面具
6. 哈尼族的棕皮面具
7. 傈僳族的孔雀面具
8. 傈僳族的牦牛面具

（引自管彦波《文化与艺术——中国少数民族头饰文化研究》）

【藏族面具】 藏族面具分两类：藏戏面具和跳神面具。藏戏面具分开场戏温巴面具和正戏角色面具两种。前者有新旧两派，分成白、蓝两色。白面具用白山羊皮毛制成，粗犷简陋。蓝面具用蓝花缎等制成，装饰精致，式样较多，以色彩区别人物身份：仙翁为黄色，国王、总管为红色，母后为绿色，农夫为淡黄色，妖魔为黑色，舞女为半白半黑色等。正戏角色面具有十多种，主要有：猎人，代表吉祥，由毡片制成，镶有海贝，下缀彩线；白胡子老头，皮制，白须发用羊毛制作；鹿头，用纸和布做成，表示欢乐；笑花脸，纸质，细眼，笑口大开，表示欢快喜庆；红鼻子小偷，是劝善面具。跳神面具，分正神舞、鬼怪舞和哑剧舞三种类型。正神手持法器，拂袖而舞，肃穆庄重；鬼怪性格鲜明，奔放灵巧，多单腿击脚跳跃；哑剧生活气息较浓，内容多为宣扬好善乐施的佛经故事。跳神面具有护法神、五方神、哈蒙神女、护法天神等。面具材料有纸、布、毡、皮、木五类。皮革面具有浮雕和平面两种。浮雕的，用鲜羊皮（或牛皮）蒙在模子上成型，干后剥下再进行其他工序加工；平面的，用较软的干皮制作。毡片面具是用特制的毛毡片刻制，上面缀缝和镶嵌其他彩色纺织品、毡条、动物毛和光片、亮珠等，工艺极佳，色彩鲜艳、浓重。

【藏戏面具】 藏族传统戏剧道具。藏语称"拔"。由跳神祭祀舞和民间表演面具演变而来。藏戏为古老的地方戏，由汤东杰布创始于公元15世纪，迄今仍长盛不衰。《中国戏曲志·西藏卷》载：藏戏蓝面具是从白面具发展而来的。藏戏分开场戏温巴面具和正戏角色面具两类。前者有新旧两派，分成白、蓝两色。温巴面具早期用白山羊皮制作，故名"白面具藏剧"；造型原始粗犷，面部为扁平状，下方有箭头形装饰，两颊、下颚贴有长山羊胡须。后期为"蓝面具藏剧"，施蓝色，制作趋于精致，用硬纸为底，上裱蓝底花缎，轮廓造型和眼、眉、鼻、嘴等均用"八吉祥"（法螺、法轮、宝伞、白盖、莲花、宝瓶、金鱼、盘长）纹组成，有的还饰有贝壳、玛瑙和松石，两腮和下巴以獐毛或山羊毛做白胡须，额头正中饰有金色太阳和月牙纹，两耳垂有流苏。

藏戏面具

【拔】 参见"藏戏面具"。

【藏戏温巴面具】 为藏戏中的面具。有白、蓝二色。《中国戏曲志·西藏卷》载：蓝面具从白面具发展而来。以布、呢、缎、贝和山羊毛等为材质，用硬布板或呢料裱糊蓝花缎，在上面镶金和缀花羊尾。蓝面具整个装饰象征八吉祥，如脸型象征宝瓶；嘴、眼、眉、唇、两颊和下颌处合起来为八宝妙莲；两耳戴的是菱形孔格花纹的吉祥结"巴扎"；头顶上日月徽饰具千福金法轮，也表示日为福德、月为智慧的二资粮；鼻尖上戴的螺贝流苏为右旋海螺；额头上分向两边的装饰金丝缎带弧形冠额，表示一对金鱼；喷焰末尼图案下边向上的狗鼻子花纹，表示右旋白伞盖；头顶箭突物上以宝贝堆成的冠髻及其后边的彩缎宽披带，象征胜利宝幢。

藏戏温巴面具
（引自宋兆麟、高可主编《中国民族民俗文物辞典》）

【藏族羌姆面具】　为藏族跳神时戴用。寺院喇嘛戴面具，装扮成佛神鬼怪，手持法器，按序舞蹈，以驱鬼辟邪，除旧迎新。羌姆面具有皮、木、泥、纸、布、铜、铁等各种材质，以纸泥胎、布胎最为多见，分本教羌姆面具、噶举羌姆面具、宁玛羌姆面具、格鲁羌姆面具。不同教派的羌姆面具代表不同的角色。戴羌姆面具跳神的风俗，主要流行于西藏、青海、四川、云南等藏族聚居区和藏传佛教地区。

【藏族怙主面具】　为藏族寺庙一种跳神面具。现藏于四川省博物馆。面具为铜质鎏金，清代早期制作。面具平顶，高 57 厘米，宽 35 厘米。眉披彩色丝线流苏，眉上扬，呈烈焰状；瞑目，额前一只慧

眼，鼻上翘，露鼻孔；张口吐舌，双耳长大，头上饰五骷髅。骷髅头插佛花，嘴角衔一串枝叶，面部贴花，肌肉凸起，形象作愤怒状。

藏族怙主鎏金铜面具
（四川省博物馆藏品）

【藏族牛相、羊相面具】　系白马藏人跳曹盖舞时头顶所戴面具。牛相曹盖面具，牛双角上翘，两眼外凸，鼻孔圆大，张口吐舌，饰枣红条纹土漆，面相温和。高 48 厘米，宽 23 厘米，近代雕绘，现藏于四川省民族宗教事务委员会。羊相曹盖面具，头饰宝物，双角竖立，两眉凸起，眼呈圆形，尖嘴；面部彩绘红、黄、蓝、黑条纹土漆。高 60 厘米，宽 27 厘米，近代雕绘，现藏于四川省民族宗教事务委员会。

藏族牛相（左）、羊相面具（右）
（引自宋兆麟、高可主编《中国民族民俗文物辞典》）

【彝族面具】　中国面具之一种。郭净《中国面具文化·中国面具的类型》载：彝族面具"以彝族毕摩（巫师）文化和火崇拜为背景，流行于云、贵、川彝族聚居区，主要有节祭面具、丧葬面具和玩耍

面具"。

彝族老人面具

【彝族虎面具】　彝族自称"拉果"，即"虎族"之意。云南双柏县罗婺人于六月二十四日火把节举行傩舞驱疫仪式，由两个青年小伙身披草衣，脸戴面具，扮成公虎神和母虎神。最早的面具为明代所制，各部分与人面具相似，唯两双耳朵，一双为虎耳，一双为人耳，口中用野兽牙镶成两颗"虎牙"。

【彝族撮泰吉面具】　"撮泰吉"是彝语，意思是"人类变化的戏"，简称"变人戏"。撮泰吉演出时，由祭祀、正戏、喜庆和"扫火星"四部分组成。演员装束奇特，用布把头顶缠成锥形，身上用白布缠紧象征裸体，头带木制面具，迈着罗圈腿，像初学会直立行走。出场六个人物，分别是：惹戛阿布（意思是山林里的老人，他不戴面具，穿黑衣，贴白胡子），阿布摩（1700岁，戴白胡子面具），阿达姆（1500岁的女性，背着娃娃，戴无须面具），麻洪摩（1200岁，戴黑胡须面具），嘿布（1000岁，戴兔唇面具，缺嘴），阿安（戴无须面具，小娃娃）。此外，有二人扮演牛，三人扮演狮子，还有二人敲锣、打钹伴奏。撮泰吉中的人物，多是千岁老人，彝族人认为人由猴演变而来，曾经历漫长的岁月。撮泰吉戏的内容多反映彝族祖先创业、生产、繁衍、迁徙的历史，戏里对先人如何驯牛、犁地、撒种、薅刨、收割、

脱粒、翻晒、贮藏等生产过程，都做了示意性表演。

彝族撮泰吉中的白胡子面具

【苗族芒蒿面具】 为苗族跳芒蒿舞时所戴面具。芒蒿是苗族民间传说中的祖先神、保护神。跳芒蒿舞是为了祈祷瘟疫远避、村寨平安、人丁兴旺。芒蒿舞流行于广西融水，春节期间表演，人数不限，但必须是奇数。公芒蒿手持象征阳具的稻草把，母芒蒿背鱼篓，均穿着稻草或藤蔓编结的衣物，手脚用稻草灰或锅烟涂成黑色，面具用杉木和其他木料制作。公芒蒿面具以黑色为底，上面勾画粗犷的白线，形象凶恶；母芒蒿面具在黑色底上夹杂着红、黄诸色。

【苗族傩愿舞面具】 "傩愿舞"，主要流行于湘西的苗族村寨，源于原始宗教的驱鬼逐疫仪式。根据舞的内容和人物性格不同，戴不同面

湘西苗族傩公傩母面具

具和穿不同服饰。有绺巾舞、雪服舞等六种类型。绺巾系选用 10 条或 12 条绣花缎条或布条，每条长约 50 厘米、宽约 6 厘米，缝在一根木棍上，绺丝下垂，舞者挥木棍而舞。主要动作有车轮滚、扬尘拜将、插巾、耍四方等。

【壮族马帅、马相面具】 为壮族师公跳岭头节时所戴。马帅面具用一块木料雕刻成内凹外凸的半浮雕，面部以红、橙黄、白、深蓝及黑色描绘脸谱；倒八字形黑眉，杏眼黑唇，红额红鼻红腮，白色鼻梁，颌至脸部绘有勾连云纹，头戴白冠，神态凝重威严。马相面具，用竹篾编成内凹外凸的马头架，然后用纸在外面裱糊，上端左右两边各凸起一个粗短角，再涂褐色于马面作为底色，额间用墨绘出马鬃毛，用红色和黑色描绘出马的双眼、眼珠、鼻孔。每年农历八月跳岭头节时，一师公头戴马帅面具，另一师公头戴马相面具，踏着鼓乐节奏，与其他头戴面具的师公一同跳舞，借以辟邪驱鬼。

左：壮族马帅面具
右：壮族马相面具
（引自宋兆麟、高可主编《中国民族民俗文物辞典》）

【壮族萨浑郭洛草面具】 壮族跳"萨浑郭洛"时所戴。面具用稻草和席草编成，面部五官用席草盘成形，眼部镂空，鼻、嘴稍凸起，头顶绕一圈草箍，上有一对弯曲的草编牛角，下有象征毛发的草，造型奇特古怪，原始粗犷。云南砚山壮

族，每年农历五月的开年节，都要跳萨浑郭洛，祈祷人寿年丰。届时 16 个小伙子着草衣草裙，戴草面具，一起跳跃歌舞。

壮族萨浑郭洛草面具
（引自宋兆麟、高可主编《中国民族民俗文物辞典》）

【瑶族度戒面具】 是瑶族成年礼仪上所戴的一种面具。瑶族男孩成人时，都要请瑶族法师（亦称道公）为其度戒。瑶族男子到 14—17 岁，均要举行度戒仪式。度戒日期在农历十月至次年正月的吉日。面具在度戒仪式的印骨节、睡阴床、挂灯、跳云台等活动时戴用。度戒面具呈长方形平板状，以纸、布为原料，有的内有竹木支架。其上绘有"三清""九娘""先锋"等神灵像。

瑶族度戒面具

【麻栗坡瑶族度戒面具】 为麻栗坡一带瑶族的宗教用品，在度戒仪式中使用。面具由木头雕刻而成，为人头像，线条粗犷，刀法简洁。眼睛穿透，扣面挖空，可罩住脸部。用时张贴各色彩纸，显得面目怪异狰狞。面具由受戒者的父亲使用，可娱神自娱。

【土家族傩戏面具】　为土家族傩堂戏演出时戴的面具。演出全堂戏时用二十四面，半堂戏时用十二面。面具名称有唐氏太婆、桃源土地、灵官、开路先锋、关爷、引兵土地、押兵仙师、先锋小姐、消灾和尚、梁山土地、秦童、甘生、开山莽将、掐时先生、卜卦先师、鞠躬老师、幺儿媳妇、李龙、杨四、柳三、乡约保长、了愿判官、关夫子、秦童娘子，分为文、武、志、少、女、丑等类型。每个面具都有一个传说故事，说明它的来龙去脉，具有神话色彩。面具选用白杨、柳木制作。漆色古朴沉着，色彩单一，表示忠诚、刚直、凶悍、英武等个性。运用五官局部变形，如眉毛上扬加粗、眼窝加深、眼珠外凸、头上长角等夸张手法，以状其猛，以示奇特，凸显其性格特征。

土家族傩戏歪嘴秦童面具

【毛南族傩神面具】　毛南族民间祭神活动有"肥套""肥虾""肥庙"等几种，都是由师公戴上面具代表各神的角色。其中"肥套"活动最为普遍，"肥套"神有几十个。毛南人所崇拜的几十个神祇，分善神、文神、凶神三类。万岁娘娘、花林仙官、瑶王、三娘等属于善神，表情笑容可掬，和蔼善良。如三娘的面具，眉毛、眼睛、鼻子和嘴唇都刻得玲珑秀气，加上两颊施淡淡粉红色，把羞涩感都生动地表现出来。瑶王也是一位善神，眼皮

的弯度、眼角的鱼尾、嘴咧的大小、嘴角的笑纹，都刻得入微细腻，形象逼真。三界、三光、三元属于文神，神态自如，严肃庄重。蒙官、雷王等属凶神，形象凶恶，特别是雷王的面具，头戴铁箍、凸额鼓眼、红面獠牙，贪婪残暴的本性显露无遗。毛南族的匠师，均能按各种神祇的本性，将其面具一一刻出，刀法挺劲，刻工细致，敷彩明快和谐。

上：毛南族瑶王面具
下：毛南族雷王面具

（引自宋兆麟、高可主编《中国民族民俗文物辞典》）

【仡佬族唐氏太婆面具】　仡佬族傩戏面具。用整块白杨木雕刻，长脸形，尖下颌，弯眉，笑眯眼，直鼻，笑口半开，上牙缺落，脸部丰满，头顶螺髻。造型给人以乐观、豁达、和善、可亲的感觉。刀法挺劲流畅，刻工细腻，造型逼真，生动传神。傩戏中唐氏太婆掌管桃园三洞，洞中为三神歇息之处。此面具为清代刻制，现藏于贵州道真仡佬族自治县民族宗教局。

仡佬族唐氏太婆面具

（引自宋兆麟、高可主编《中国民族民俗文物辞典》）

【仡佬族秦童面具】　仡佬族傩戏面具。秦童为歪嘴，民间俗称"老歪""歪嘴秦童"，为傩戏中一位风趣、幽默、滑稽的文丑角色。面具用整块白杨木雕刻，斜眉，斜眼，鼻翼肥大，歪嘴龇牙，前额凸出，大而圆的眼球及下眼睑均可转动、张合，表演时具有强烈的喜剧效果。秦童常为插科打诨的丑角人物，因此在傩戏中起着调节气氛、逗人发笑的作用。此秦童面具刀法流畅，造型生动，形神兼备。现藏于贵州省博物馆。

仡佬族秦童面具

（引自宋兆麟、高可主编《中国民族民俗文物辞典》）

【门巴族年戏白面具】　面具为皮质，用白山羊皮刻制而成。面部呈平面，眼、嘴镂空，眉和胡须彩绘，鼻凸起，下巴胡须和白发用山羊毛粘贴，额部绘有日月徽记，两腮绘以红晕。门巴族以白色象征纯洁、温和、善良和吉祥。额饰日、月标记，象征智慧和福泽。门巴族年戏

中，渔翁戴此类面具。

门巴族年戏白面具

（引自宋兆麟、高可主编《中国民族民俗
文物辞典》）

【布依族地戏面具】 布依族地戏
道具。亦称"脸子"。主要流行于贵
州安顺、黔南、黔西南和贵阳花溪
等布依族地区。地戏面具多用柳
木、白杨木雕刻，鬃以彩绘。地戏
源于古之傩戏，因只在平地表演，
不搭台，故名。演出剧目多为汉族
传统历史剧，面具的造型、勾脸、
色泽也多源于汉族戏剧的脸谱，但
更为夸张，也具有自己民族的特色。

布依族地戏面具

健身玩具

风筝一般名词

【风筝】　古称"纸鸢""风鸢""风鹞""纸鹞""纸鸥""纸鸦"。风筝，为我国发明。最早的记载，见于《韩非子》。约在公元前300年，墨子用约三年时间，设计制作了一个木鸟，名"木鸢"。之后他的弟子公输般"削竹为鹊，成而飞之"。这可能是我国最早的风筝。汉时，韩信率军十万围项羽于垓下，用牛皮做风筝，系人腾空，用笛奏思乡之曲，使楚军八千军心涣散。到唐代，风鸢已成为娱乐的工具。后经不断改进，挂上能发出音响的风笛和丝弦弓，上升后能迎风发出如弹拨乐器等的音响，风鸢因而得"风筝"之称。北宋末年，风筝流行于民间，成为人民普遍喜爱的玩具，并把九月初九定为"风筝节"。500年前后，风筝传到朝鲜，后又传入日本、东南亚、南太平洋群岛，并由亚细亚大陆传到欧洲和美洲。到了清代，风筝更为盛行。现在的北京、天津、山东潍坊和江苏南通等地，都是我国著名的风筝产地。风筝制作方法很多，有用绵纸糊的，有用绢做成的。有单线引子的，也有多线引子的。有的还能旋转或附挂灯笼、响器等。通常流行的有蝴蝶、蝙蝠、鹰形风筝等，也有以"天女散花""哪吒闹海""钟馗""孙悟空"等神话传说故事为题材的风筝。风筝有南北之分。南方风和，风筝多软翅，模拟飞鸟、蝴蝶，生动逼真；北方风烈，风筝多为硬膀扎燕，在扎、糊、绘、放四艺上较讲究。20世纪70年代，发现一部《南鹞北鸢考工志》，记录了各种风筝的扎、糊、绘、放等技法，上有口诀和彩绘图谱。据考为曹雪芹所作，传说曹雪芹本人也熟谙此艺。（参阅吴恩裕：《曹雪芹的佚著和传记材料的发现》，《文物》，1973年第2期）

上：五福捧寿风筝（李国坤作）
下：猫头鹰风筝

【风鹞】　参见"风筝"。

【纸鹞】　参见"风筝"。

【纸鸦】　参见"风筝"。

【木鸢】　古代用木制，似鸢的一种飞行器，为风筝的前身。《韩非子·外储说》："墨子为木鸢，三年而成，蜚一日而败。"唐段成式《酉阳杂俎》续集四"贬误"记：鲁班作木鸢乘之以飞，公输般作木鸢以窥宋城。鸢，《墨子·鲁问》作"鹊"，《抱朴子·释滞》作"鸢"，《抱朴子·应嘲》作"木鸡"。

【木鸡】　古代用木制能飞之鸡，《抱朴子·应嘲》："墨子刻木鸡以厉天。"参见"木鸢"。

【木鹊】　犹"木鸢"。《墨子·鲁问》："公输子削竹木以为鹊，成而飞之，三日不下。"

【纸鸥】　即纸鸢。《北史·彭城王勰传》附"拓跋韶"："世哲从弟黄头，使与诸囚自金凤台各乘纸鸥以飞，黄头独能至紫陌乃坠。"《资治通鉴》卷一六二梁太清三年："台城与援军信命久绝，有羊车儿献策，作纸鸥，系以长绳，写敕于内，放以从风，冀达众军。"

【纸鸢】　风筝，俗称"鹞子"。以细竹为骨，粘以薄绢或纸，作鸢形，斜缀丝，可引线乘风而上。唐元稹《元氏长庆集·有鸟》诗之七："有鸟有鸟群纸鸢，因风假势童子牵。"南宋陆游《剑南诗稿·观村童戏溪上》："竹马踉跄冲淖去，纸鸢跋扈挟风鸣。"宋高承《事物纪原》载："纸鸢，俗谓之风筝。"

【风鸢】　风筝。《新唐书·田悦传》："以纸为风鸢，高百余丈，过悦营上。"

【鹞子】　纸鸢。明郎瑛《七修类稿·纸鸢》："纸鸢，本五代后汉隐帝与李业所造，为宫中之戏者……俗曰鹞子者。鹞乃鸷鸟，飞不甚高，拟今纸鸢之不起者。"

【硬翅风筝】　民间风筝品种之一。也称"硬膀风筝"。风筝的两翼，用两根竹条构成，与躯干联结，两侧边缘高，中间凹，形成通风道。翅的端部向后倾，形成"风兜"，使气流从风筝两翅端部逸出，以更符合

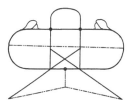

硬翅风筝（下：骨架结构示意图）
（引自汪著年、吴光辉、毓继明《风筝》）

空气动力原理。硬翅风筝牢度好，适应性强，最为常见。硬翅风筝通常分单硬翅和多硬翅两类。

【硬膀风筝】　参见"硬翅风筝"。

【软翅风筝】　民间风筝品种之一。也称"软膀风筝"。软翅风筝上面仅用一根竹条构成双翅形状，翅的下部是软性的。主体可做成平面结构，也可做成浮雕式结构。软翅风筝升飞高空后，翅膀会扇动，似真的飞鸟或昆虫在空中飞翔一样，栩栩如生。软翅风筝，一般分单软翅和多软翅两类。单软翅有"蝴蝶""蝙蝠"等，多软翅有"蜻蜓""螃蟹"等。

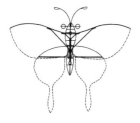

软翅风筝（下：骨架结构示意图）
（引自汪耆年、吴光辉、毓继明《风筝》）

【软膀风筝】　参见"软翅风筝"。

【长串风筝】　由若干单片联结成串，制成长条形风筝，故名"长串风筝"。常见的有蜈蚣和龙形等风筝。制作方法，一般都是由许多圆形单片串结而成，每一个单片需便于衔接，外形、纹饰、色彩上也需和谐统一，以组成一个完美的整体形象。一条蜈蚣风筝，较短的由 30 个单片组成，长的多达 200 个单片，其长度可达 30 余米。山东潍坊曾扎制一条 100 节、长

50 米的特长蜈蚣风筝，较为罕见。长串风筝放飞时，力度很强，要两三个青壮年才能牵住。

长串风筝
（引自汪耆年、吴光辉、毓继明《风筝》）

【拍子风筝】　民间风筝品种之一。亦称"排子风筝""板子风筝"。分硬拍子和软拍子两种。硬拍子是用横向、纵向两根竹条构成骨架，以细竹条支撑外轮廓的风筝。整体造型为固定的平面，不使用绷弓，适于较强风力时放飞。硬拍子表现题材广泛，可扎成各种形象，或绘在平面上，如"八卦""蝉"及器物形风筝等。软拍子下部不用细竹支撑轮廓，放飞后可折叠或曲卷，便于携带、保存，如各式脸谱风筝等。风筝下部都系有彩穗，放飞升入高空后，彩穗随风晃荡，飘摇飞舞，十分有趣。

拍子风筝

【排子风筝】　参见"拍子风筝"。

【板子风筝】　参见"拍子风筝"。

【桶形风筝】　民间风筝品种之一。桶形风筝的主体结构形状为圆柱形，因形似圆桶，故名。桶形风筝，一般有双桶形风筝和多桶形风筝，如鼓形风筝、宫灯风筝等。桶形风筝的升力片，即是圆桶本身。

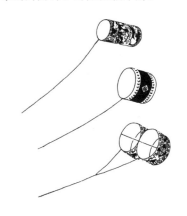

桶形风筝
（引自汪耆年、吴光辉、毓继明《风筝》）

【芦花鹞子】　民间最简易的一种风筝。用一张黄裱纸，长约一尺，宽约八寸，交叉穿插两根芦花，下端两角各糊一纸条，系上棉纱引线，便可放飞。南通民间俗称为"芦花鹞子"。北方俗称"屁帘儿"，南方俗名"二百五"。相传这种风筝放飞在空中总是摇摆不定，显得憨头憨脑，故得俗名。这种风筝在宋明时期已很流行，南北各地都有，深受儿童们的喜爱。

【屁帘儿】　参见"芦花鹞子"。

【二百五】　参见"芦花鹞子"。

【活眼金鱼风筝】　山东潍坊风筝。为一种单片硬翅风筝。头部结构绑扎较复杂，用平片活动鱼眼，下身鱼尾为软边（不加横联条），骨架用劈杈直立托条。用大红色画出头、嘴、鳞片、鳍筋、尾筋。鳍和

尾的筋条，以红色条加晕染。鳞片为白色边、白色鳞心，或绘贴金鳞心、银鳞心。眼眶边涂红色或金色。风筝翅面用淡绿或淡蓝色画两条水纹，或再添加三两枝金鱼草，色调宜浅淡，以免喧宾夺主。

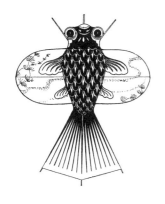

活眼金鱼风筝

【黑锅底】　民间沙燕风筝的一种。这种风筝的装饰技法，是一种"反画法"。即将原先深色的部分，绘成浅色，将原先空白的部分，画成深色。黑锅底，系指用黑色描绘的沙燕风筝；如用红色绘，则称为"红锅底"；用蓝色绘，则称为"蓝锅底"。

黑锅底风筝

【红锅底】　参见"黑锅底"。

【蓝锅底】　参见"黑锅底"。

【美人风筝】　指一种扎绘成女人形的鹞子。清顾禄《清嘉录·放断鹞》："近作女人形（风筝），粉面黑鬈，红衣白裙，入于云霄，袅娜莫状。"清富察敦崇《燕京岁时记》附录思竹樵《美人风筝》诗："袅袅东风一线拖，也同织女傍银河。从来惯作惊鸿舞，才到云霄态便多。"美人风筝一般用细竹片扎制，先扎成女人形，用纸或素绢糊上，后用彩色描画。

美人风筝

【山鸡羽毛风筝】　主要用山鸡羽毛扎制的风筝，故名。为浙江德清张志刚创制。以山鸡真实形体放大比例制图，融合其他飞禽风筝的造型特点，扎竹架，裱绫绢，做成雏形。然后将采集来的山鸡翅膀羽毛按其自然生长排列的层次、顺序逐一编号，用线穿起，粘贴在山鸡风筝两翼上，以使整体相对光滑平整，保持其上升力，从而使风筝飞得高、飞得稳。在头、躯干、尾羽的装饰上，用六只山鸡的羽毛进行筛选，根据色泽、花纹分类，设计一种构成方案。仅山鸡头部，每行就用15根羽毛，行与行之间错落有致，以求得整体和谐之中的局部对称美。在1987年浙江省第二届风筝比赛会上，山鸡羽毛风筝荣获自由类比赛第一名。

山鸡羽毛风筝

【双燕风筝】　民间风筝的一种。扎制两只大小相同的小燕风筝，分别系于一根细竹条的两端，然后将放飞线系于竹条中点，调整平衡后，即可放飞。这是模拟燕子比翼双飞而创作的。放飞高空后，双燕在空中上下飞翔，但始终保持一定距离，好似比翼而飞，极具情趣。

双燕风筝

【子母燕微型风筝】　1985年，在山东省潍坊市举行的国际风筝盛会上，潍坊织布三厂工人唐延寿做的风筝，成了世界上最小的风筝。三只小风筝，取名"子母燕"，造型别致，色彩明快，乍看像是从邮票上剪下来的，细看才发现，这是扎、糊、绘都极为精细的半立体式风筝。骨架是薄如蝉翼的竹片，筝面是上等丝绢，制作时得在放大镜下进行。其中，最小的一只长25毫米，宽24毫米。

【龙头蜈蚣风筝】　为山东潍坊风筝的代表作。由龙首、躯干（数十节）和龙尾三部分组成。各部分相对独立，又联为一体。放飞时，先起尾部，后起躯干，最后数十节立体部件所产生的提升力，把几斤重的头部慢慢拉起，整条蜈蚣便起飞登天。进入苍穹之后，像巨蟒凌空御风，气势非凡，蔚为壮观。1986年，在第三届潍坊国际风筝会上放飞的龙头蜈蚣风筝，全长350米，由400多节直径60厘米的圆片组成。放飞时需用三根缆绳，要用一辆解放牌卡车和两辆吉普车牵引。这可以称得上是当时最长的龙头蜈蚣风筝，由潍坊老艺人杨同科扎制。另一种微型龙头蜈蚣风筝，仅有红枣大，可装入火柴盒中。风筝画面图案新异，色彩鲜艳，小巧玲珑，收折自如，甚得各方好评。

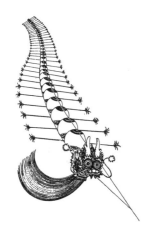

龙头蜈蚣风筝

【版印风筝】 版印风筝，系指用民间木版印制的一种风筝纸。这是随着明清时期民间木版画的发展而出现的一种风筝新形式。如山东高密的年画风筝，相传始于明代晚期；

上：南京木版印制的风筝
下：山东高密年画风筝

四川成都和绵竹等地的风筝为半印半绘，先在连史纸上印好墨线，糊上骨架，然后彩绘；南京的风筝也是先印墨线，然后上色。

【放纸鸢】 民间体育活动，亦称"放鹞子""放风筝"。清富察敦崇《燕京岁时记》："纸鸢，古传韩信所作，五代汉季，李业与隐帝为纸鸢于宣门外放之。"宋李石《续博物志》："引丝而上，令小儿张口仰视，可以泄内热。"可见放风筝自古就有体育意义。放飞风筝，都在野外，风速以每小时12—32千米为好。中国北方放风筝多在清明前后，南方则在重阳前后，因为这时的风有力而向上。放飞风筝时要善于辨风向，识风力，手执引线，运用抽、拉、提、拽、摆等动作，使风筝稳定上升、下降或飞翔。技艺熟练的高手能够一人同时放飞五六只风筝，并在风筝上附加小钩、竹片，在空中互相竞斗，以增加趣味性。

《吴友如画宝》中的《放纸鸢图》

【放鹞子】 参见"放纸鸢"。

【放风筝】 参见"放纸鸢"。

历代风筝

【唐代风筝】 《新唐书·田悦传》载：唐建中二年（781），唐将张伾被叛军田悦部困于临洺，情况危急，张伾"以纸为风鸢"，上书"三日不解，临洺士且为悦食"的告急文书，放飞百余丈，过悦营上，田悦使善射者射之，箭不能及，求救书终于由风鸢送达援军。这是唐时风鸢用于军事通讯的例证。在唐代，风筝逐渐演变为儿童娱乐的工具。中唐诗人元稹在《有鸟二十章·纸鸢》中写道，"有鸟有鸟群纸鸢，因风假势童子牵"，生动地记述了当时儿童放飞风筝的盛况。

【宋代风筝】 宋代时风筝流传更为广泛。北宋徽宗皇帝常在宫中放风筝，相传他还曾主持编撰了一册《宣和风筝谱》，记录了大量风筝谱式，可惜书已亡佚。当时风筝已成为儿童们喜爱的玩具。宋李石《续博物志》载：放风筝，对儿童是一项较好的体育活动，放飞时，"令小儿张口望视，以泄内热"。南宋周密《武林旧事》载：淳熙年间，京都杭州小儿春日放风筝，"桥上少年郎，竞纵纸鸢，以相勾牵剪截，以线绝者为负"。在宋代的一件磁州窑瓷枕上，就画有儿童放风筝的情景。南宋画家李嵩《货郎图》中，亦绘有当时的各种风筝图样。

宋代儿童放风筝图
（宋代磁州窑枕）

【金代风筝】 1987年，吉林怀德县发掘出一面金代圆形铜镜，镜背面镌有凸起的放风筝图纹。图分四区，每区各有人物两个，上下两区之人物各自手持鹞线，在放飞一只大雁风筝；左右两区的人物似在操纵拖着长穗的蛱蝶风筝。这面铜镜的发现，证实了中国是风筝的故乡，也证明宋金时，民间已经盛行放风筝。

【元代风筝】 元代放风筝在民间已成为习俗。元代剧作家关汉卿杂剧《绯衣梦》，以一少年书生买"一个风筝儿放着耍子"作引端，从剧中人物的对话里，可知当时放风筝的盛况。金代刘祁《归潜志》卷十一载元兵围攻金都开封时，守城的将士也曾放纸鸢向外求援。这一时期，中原的风筝逐渐传往西藏、云南大理、北方少数民族地区乃至欧洲。

【明代风筝】 明代时，民间放飞风筝更为普及。明代诗人徐渭写了

明代儿童放风筝图
（上：明代定陵出土的百子绣衣图纹
下：明方于鲁《方氏墨谱》）

《风鸢图诗》25首，描写了当时放风筝的盛况，如"江北江南低鹞齐，线长线短回高低。春风自古无凭据，一伍骑夫弄笛儿"。另一首"柳条搓线絮搓棉，搓够千寻放纸鸢。消得春风多少力，带将儿辈上青天"，写得十分精彩，其诗情画意跃然纸上。在北京定陵出土的明代万历皇帝后妃的百子图绣衣和明代于鲁的《方氏墨谱》上，都有描绘儿童放风筝的情景，表明当时南北各地都喜爱于春日放纸鸢。

【清代风筝】 风筝在清代是极为流行的节令玩具。诗人高鼎在《村居》诗中描写儿童放纸鸢："草长莺飞二月天，拂堤杨柳醉春烟。儿童散学归来早，忙趁东风放纸鸢。"清末画家吴友如的题画诗："只凭风力健，不假羽毛丰。红线凌空去，青云有路通。"把风筝的特征和神采写得有声有色，洋溢着乐观向上的情绪。清代大文豪曹雪芹撰写了一部《南鹞北鸢考工志》专著，详细记述了43种风筝扎制技法，每一种均配有一诗一画。以前北京扎制风筝的图式，大都出自此书。

《南鹞北鸢考工志》中的部分风筝图式

各地风筝

【北京风筝】 北京风筝已有300多年历史，扎制精巧，构思奇巧，造型匀称，式样众多，具有帝都特色。北京风筝从清末至今，有四个著名技艺流派：一是以金忠福为代表的金家风筝，作品带有浓丽、粗犷的造型装饰色彩；二是以哈国良为代表的"风筝哈"，做工精湛，技艺过人；三是以孔祥泽为代表的风筝，主要仿效曹雪芹的艺术匠意；四是马晋风筝，他本人是画家，作品带有文人画意。北京风筝的造型有五种基本形式：硬膀、软膀、排子、长串和桶形。工艺大致分扎、糊、绘、放四项。在装饰上强调图案化，特点是以形引人，以画动人。

《北京风俗图谱》中的各种风筝图样

【北京金家风筝】 北京金家风筝，素以金忠福的作品为代表。风筝是放飞到高空中观赏的艺术品，金忠福充分地掌握了这一特点。他的作品豪放、粗犷，色彩浓丽，运用色调、色度差距较大的色彩，不用中间色，往往大块着色，从而取得良好的远视艺术效果，即便在阳光较强的天空中，效果也极好。当年宫中也多用金家作品。北京的老风筝迷，都喜爱"火神庙的黑锅底"，这是指金家几代人在地安门大街火神庙前摆的风筝摊上的"黑沙燕"。这种作品，颜色只有黑白两色，对比异常强烈，图案线条分明，同时又十分讲求放飞实效，因此广受称赞。

【"风筝哈"风筝】 "风筝哈"，是北京享有盛名的风筝世家。第一代哈国良，第二代哈长英，第三代哈魁明，第四代哈亦琦。"风筝哈"，最早起于清光绪年间，在厂甸开设"哈记"风筝的连家铺，独家经营。哈家几辈艺人，技艺全面，扎、糊、绘、放，门门精通。所制风筝全部是高级的绢制品，选材严谨，骨架坚固平整，画工精致生动。其突出品种有云龙、五蝠、百蝠、云蝠、哪吒、刘海、蜻蜓、蝴蝶等，花样繁多，各具特色。其中以"瘦沙燕"最为有名。"哈记"风筝的一大特色是吃风力准确，即根据风力大小而制作出不同的风筝。吃风大的风筝小风放不起来，反之则一放就散架子。这全靠多年的经验来准确地衡量竹料的厚薄和制作的技巧。在1915年美国巴拿马万国博览会上，"哈记"风筝曾获得银质奖章。

"风筝哈"多福沙燕风筝（哈亦琦作）
（引自李友友《民间玩具》）

【北京马晋风筝】 马晋是北京一名画家，他制作的风筝，造型规整，设色雅丽，画面生动，精致细腻。较适合在近处观赏，以作壁挂陈设品取胜，成为一种独具风采的工艺美术品。他的作品中，有《瘦沙燕》《蝙蝠》《鹤》以及神话题材的《美猴王》，都各具特色，为人所赞赏。

北京马晋绘制的蝙蝠风筝

【天津风筝】 天津曾是我国出口风筝的主要产地，产品远销英、美、德、法等20多个国家。天津风筝在艺术风格上吸取了杨柳青年画、国画和版画等的特点，线条简洁，配色明快。制作上精巧别致，骨架全用打眼扣榫，不用线绑，显得精巧灵活，轻盈隽秀。它的绘画着色浓重，颜色特别艳丽，在两百米高空也耀眼生辉。扎制的形象有人物、花鸟、虫鱼等，其中最丰富多姿的是飞禽，有老鹰、小燕、凤凰、大雁、猫头鹰和翠鸟等，形态

天津蝴蝶风筝（魏永昌作）
（引自李友友《民间玩具》）

各异，生动优美。天津制作的风筝，以"魏记风筝"最有名，魏家三代人从事这项工作，技艺精湛，风格独特，被誉为"风筝魏"。1982年，天津风筝在全国首届风筝评比中荣获第一名。同年，获中国工艺美术品百花奖银杯奖。1983年，获全国旅游纪念品优秀奖。

【"风筝魏"风筝】　天津老艺人魏元泰一家扎制的风筝，闻名国内外，被誉为"风筝魏"。后世传人有其侄魏慎行、侄孙魏永昌等。魏家风筝大的近丈，小不盈尺，式样很多，如蝴蝶、鹰、雁、仙鹤、美女以及一些神话人物等，制作精巧。有的风筝还能拆卸折叠，一个五六尺的风筝，能装在一尺左右的盒子里。"风筝魏"在设计方面善于见景生情，创立新意，造型真实而优美。在扎架工艺上，他的风格是穿眼带榫、前后见平，竹架的纵横交叉处竹条绝不重叠。彩画部分粗细适当，设色浓重鲜艳，在高空仍然清晰可见，气韵生动。有一种绢制的蝴蝶风筝，上有160个活眼，升入空中后活眼随风旋转，蝴蝶翅膀的颜色忽明忽暗，变化万千。纸制小鹞子，也个个做工精巧，伸颈欲

上：1915年魏元泰所获"万国博览会"金
　　质奖章
下：福禄寿三星风筝（魏元泰作）
　　　（引自徐艺乙《风筝史话》）

飞。"风筝魏"制作认真负责，每个风筝都要亲自试放，绝不马虎出手。1915年，魏元泰制作的风筝，在美国旧金山巴拿马万国博览会上荣获金质奖章。

【杨柳青风筝】　天津杨柳青制作的风筝，有悠久的历史，是当地民间一种传统手工艺品。品种曾有200多种，大部分产品出口，远销世界各地。杨柳青风筝骨架精巧，体轻，易携带；图案以动物、飞禽为主，形象逼真。为了适应工艺品出口和旅游事业的发展，近年来试制成功了具有我国民族风格的塑料风筝，并新复制了曹雪芹《南鹞北鸢考工志》图谱中的比翼燕、肥燕、雏燕等小巧玲珑的礼品风筝，使杨柳青的风筝品种更为丰富多彩。

杨柳青雏燕风筝

【潍坊风筝】　山东潍坊又称"鸢都"，制作风筝历史悠久，扎工精巧，造型优美，色彩鲜明，起飞平稳，风格独特，是著名的民间工艺品。早在清代乾隆年间，潍坊已有专门从事风筝制作的民间艺人。"扬州八怪"之一、做过潍县县令的郑板桥，在《怀潍县诗》中写道："纸花如雪满天飞，娇女秋千打四围。五色罗裙风摆动，好将蝴蝶斗春归。"可见当时清明时节，放风筝游春已成当地习俗。清末，艺人王福斋制作的"仙鹤童子"和"雷震子背文王"风筝，已很精致。潍坊风筝以"龙头蜈蚣""苍鹰"为最好。结构分平面式、浮雕式、立体式三种。八卦、七星和鱼等，属平

面式，立体平稳，飘带摇曳生姿；浮雕式做工较细，多为飞禽之类；立体式最繁杂，又分串式和筒式两种。风筝的彩绘风格，与当地木版年画相近，有的直接使用木版印制的单色纸（花纹轮廓）糊贴后再上色涂彩。在1982年全国工艺美术品百花奖评比中，潍坊风筝获优秀创作设计二等奖。为提高潍坊风筝技艺，继承发扬民族优秀文化传统，自1984年起，潍坊每年4月都会举办"潍坊国际风筝会"。现潍坊风筝已发展到几百个品种，产品畅销国内外，并多次参加国内外风筝比赛，获得好评。

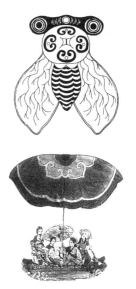

潍坊风筝
上：蝉形风筝
下：《白蛇传》"许仙游湖"风筝

【世界风筝都——潍坊】　1988年4月，第5届潍坊风筝会期间，潍坊市被推举为"世界风筝都"。在第5届潍坊国际风筝会上，来自中国、美国、英国、加拿大、法国、联邦德国、意大利、丹麦、澳大利亚、新西兰、日本、泰国等13个国家和地区的风筝协会负责人参加了推选。美国风筝界知名人士、西雅图风筝协会主席大卫·切克利先生宣读了《推举潍坊市为"世界风筝都"的倡议书》。他称赞潍坊风筝

历史悠久、技艺精湛，和潍坊市为推动风筝作为一种体育、旅游综合项目，在世界范围内的发展所做出的贡献。与会代表一致通过了大卫·切克利的倡议，并一一在《倡议书》上签了字。英国、美国、日本风筝协会的负责人在会上致辞祝贺。英国风协全权代表弗莱德·瓦特豪斯在致辞中说："潍坊作为世界风筝活动中心和世界风筝协会所在地是当之无愧的。"中国风筝协会主席季明煮说："世界风筝都的建立，对切磋技艺、增进友谊，把风筝这项体育比赛推广到全世界将起积极的作用。"

【高密年画风筝】 山东高密年画风筝，题材移植于年画中人们喜闻乐见的神话故事、人物传说和吉禽瑞兽、花鸟虫鱼等，具有浓郁的地方特色。风筝一般面积不大，长宽在 30 至 60 厘米之间，很适合儿童牵引戏耍。其色彩对比强烈，空视效果极佳，即使放于百米高空，也一目了然。年画风筝相传始于明代晚期，其时正是高密扑灰年画盛行时期。高密年画风筝线条豪放流畅的特色，与扑灰年画如出一辙，而年画风筝的色彩更加鲜艳俏丽，因风筝放飞于高空，更适宜远看。

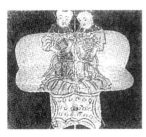

高密年画风筝

【南通风筝】 江苏南通的风筝，工艺精巧，造型优美，音响独特。分"活鹞"和"板鹞"两种。活鹞形象逼真，结构精巧，传统形式有"老鹰磨云""双燕觅食""二龙戏珠"等几十种。板鹞是南通风筝中最具特色的一种，基本外形由长方形、正方形、菱形组成，外露六角，俗称"六角鹞子"。后发展至七连星、九连星至九十六连星。小者三尺以下，大者高达一二丈。竹架绷土布，彩绘，鹞尾拴粗草绳，长二三丈。风筝上布满用大小葫芦、竹管、白果壳、栗子壳、鸽蛋壳、花生壳等材料做的哨子。大葫芦有如水桶，音响如大提琴；蛋壳小哨，其声清脆。大板鹞上可装二三十排哨子，计二百多组，分高、中、低三个声部，构成较完整的音程体系，需十余人同心协力才能将它送上天空。其声有如万马齐鸣，回荡苍穹。板鹞彩绘，红星黑角，黑、红、白三色对比强烈。角上还绘有八仙、飞鹿等纹样。有的晚上还放灯，一串串、一盏盏，直上高空，灯光闪烁，音响齐奏，既好看，又好听。

【南通板鹞】 江苏南通板鹞，功能独特，具有鲜明的地域特色。板鹞亦称"板筝"。均为平面结构，有正方形、长方形、六角形、八角形和多角形等。六角风筝以一长方形和一正方形组成框架，这是南通风筝中最常见的基本图形。在此基础上，可以发展变化为连星样式风筝，

南通板鹞

有七连星、九连星、十九连星，乃至几十上百连星。小的如巴掌，最大的有丈余。较大的板鹞上都装有"哨口"，飞入高空后能发出声响，故亦称"响筝"。

【板筝】 参见"南通板鹞"。

【响筝】 参见"南通板鹞"。

【南京风筝】 南京风筝，为民间传统手工艺品之一。明清时期，发展鼎盛。民国时，制售风筝的艺人多集中于夫子庙和中华门一带。风筝花色品种丰富多彩。潘宗鼎《金陵岁时记》记载："（风筝）今人巧制不一，有龙、鲢、蝶、蟹、蜈蚣、金鱼、蜻蜓、蝉、鹰、燕、七星、八角、花篮、美人、明月、灯笼、钟、板门、胡子老、双人诸名，翱翔空际，宛转如生，复加响弦其上，足以极视听之娱。"1949 年后，尤其是新时期以来，南京众多风筝手工艺人制作出许多具有特色的风筝。老艺人裴清平制作的"翠叶"风筝，长 60—70 厘米，两头长，如橄榄形。这种风筝的特点是升空迅速，可垂直飞行于放飞人头顶；另外，在闷热的夏天，也可借地表上升气流快速上升，直至云雨层上肉眼看不见的高空。曹真荣制作的微型风筝，小巧玲珑，可于室内戏放，别具一格。南京最长的风筝 2020 米，是周学义制作的长串三角翼风筝。最大的风筝是由南京大学部分老同志制作的"龙燕"风筝，面积近 100 平方米。孙叶青制作的"蝴蝶"风筝，仅 6 平方厘米。单线放飞最长的是李焕成制作的"小飞机"风筝，在 1987 年山东潍坊全国风筝比赛时，放出了 1220 米。旧时，南京还有用木版印制的风筝纸。南京六合等地，清明时"踏青郊外，小儿放纸鸢"，盛况空前。

南京"招财进宝"风筝

【扬州板门风筝】　江苏扬州大型风筝。板门风筝，大的长余丈，式样似长方门板，故名。扎制工整精致，色泽鲜丽，放飞平稳，其声在弓，入夜放灯。板门风筝盛行于清明，为扬州风筝著名品种之一。清李斗《扬州画舫录》：扬州"风筝，盛于清明，其声在弓，其力在尾，大者方丈，尾长有至二三丈者，式多长方，呼为'板门'。余以螃蟹、蜈蚣、蝴蝶、蜻蜓、福字、寿字为多，次之陈妙常、僧尼会、老驼少、楚霸王及欢天喜地、天下太平之属，巧极人工。晚或系灯于尾，多至连三连五"。

【如皋风筝】　江苏如皋风筝，有悠久的历史，种类繁多，造型优美精致，以美人风筝最为有名。清代诗人姜长卿《崇川竹枝词》有言："风筝二月试春风，剪翠裁红折叠工。袖底暗藏通一线，玉人只在锦衾中。……"原注："如皋风筝，其制不一。有美人风筝，以绢素为之，着以彩色，设以翠羽，骨节中有钉铰，可折叠置小衾中。放之，则二八丽姝姗姗来云中矣。"

【安徽风筝】　安徽各地，每年清明前后都有放风筝的习俗。安徽风筝，扎制得很具特色，如"门板风筝"，比真门板大两倍，风筝上还装有响弓，放飞空中后发出"嗡嗡"巨响，数里外皆有所闻。"宫灯风筝"，夜间放上天空后，能自动点亮蜡烛，在夜空大放光明。安庆地区制作的"串连风筝"，可将十数只不同颜色的"彩蝶"同时放飞上天，在碧空形成一条绚丽的彩带，十分壮观。安徽还有"串连燕"和"串连人"等诸多新品种风筝。安徽曾举办过全省性的风筝比赛。

【四川风筝】　主要流行于成都、绵竹等地。开春后，成都的东校场、三校场都有放风筝的人。放飞的风筝有美人、仙佛、鹰、雁、蝴蝶、蜻蜓等。有一种叫"羊尾巴"的风筝，形制小巧，以三五个串在一起，放飞时摇摇摆摆，如羊群摆尾，别具一格，十分有趣。另有一种"T"型风筝，也是其他各地没有的式样。四川风筝，多为半印半画，先在连史纸上印好人物或动物形象的墨线，糊在骨架上，再用红、绿、黄、蓝等水色粗粗地刷上几笔，显得潇洒、流畅，具有浓郁的地方特色。

四川风筝

【广东风筝】　广东风筝，有悠久的历史，在明清时已很盛行。清屈大均《广东新语》卷九《事语·广州时序》载：九月"九日载花糕萸酒，登五层楼双塔，放响弓鹞"。广东在九月放风筝，主要是由于季风的关系，平时也有在五六月间放风筝，主要视风力而定。广东的风筝在造型和结构上以简洁见长，蒙在骨架上的多是白楚纸，装饰纯朴大方。以阳江地区所出为佳，除常见的蝴蝶、飞燕、蜻蜓等外，还有别处没有的墨鱼、对虾等风筝。

【阳江风筝】　广东阳江每年秋季都有放风筝的传统风俗。每当这个季节到来，都有许多海外华侨和港澳同胞赶回故乡观看风筝。阳江曾扎制过一只3米多高的"灵芝"风筝，上面架着铜弦的响弓，风筝放飞到天空"吃"上风后，发出响亮的鸣声，周围几里远的地方都能听到。还有一种叫作"崖鹰"的风筝，可以在同一条线上同时把三只风筝放飞上天。这三只风筝升到天空后，其中两只在上，一只在下，能互相变更位置，忽上忽下，翩翩翻飞，引人入胜。阳江风筝艺人刻意求新，创作了不少风筝新品，有"火箭风筝""飞艇风筝""电视机风筝"和"自行车风筝"等，新颖独特，独具一格。

【福建风筝】　福建风筝，在闽东、闽南沿海地区较流行。风筝题材内容，亦以沿海常见的水族动物为主，放飞多在春秋时节。清末画家吴友如《纸鸢遣兴图》载："闽中风俗，重阳日，都人士女，每在乌石山、于山、屏山上，竞放风筝为乐。"

清吴友如《纸鸢遣兴图》

【台湾风筝】 相传明代时由福建等沿海地区传入。"九月九，风筝满天哮。"每到秋天，青少年成群结队地在野外放风筝。常见的风筝是小孩自己用纸糊的"放屎纸"，店铺中也出售一种制作简单的轻便风筝——"尪仔风筝"，价廉物美。许多人都自己制作风筝，有鸟禽、鱼类、蝴蝶、蚱蜢、几何形、八仙等。台湾多举行风筝斗战的游戏。19世纪，在台湾传教的外国传教士马偕称赞说，台湾的纸鸢比在西洋所见的更为精巧。

【河北风筝】 河北放风筝主要流行于平原地区，是春天的重要民俗活动之一。河北风筝骨架与北京风筝的骨架相似，但画工显得粗犷奔放。农民家中都有数只风筝的骨架，每年购年画时，再买几张天津杨柳青年画作坊木版印的风筝纸，糊在架子上，即可放飞。还有的是用白纸糊在骨架上，以剪纸来装饰。

【温州风筝】 浙江温州有不少造型巧妙、新颖别致的风筝新作品。曾举行过较大规模的风筝赛，推动了风筝制作技术的提高。温州民间老艺人刘永生曾和他儿子刘燕进一起，制作了一条32个腰节的"长龙"风筝，引起观众很大兴趣。他们还扎制过一只"福"字风筝参加比赛，获得了冠军。

【盖州风筝】 辽宁盖州，为满汉杂居之地，盖州风筝体现出特别的审美情趣和风俗习惯。以赵氏风筝为代表，传承人有第一代艺人赵永邦、第二代赵福仁、第三代赵秉泉。盖州风筝选材讲究，造型优美，形象生动，扎制精巧，绘画艳丽。风筝制作采用木版年画的工艺，绘制利用国画技巧，具有独特的地域文化风格。因其地处东北，风大，风筝多"硬膀"，即两翅由上下两根"膀条"在主体上扎成，糊上纸或绢石，形成三角风兜，吃风大，泄风小，擅起高。其代表作品有扎燕、金鱼和各种人物。盖州风筝，近年制作出来的大型作品有长达百米的蜈蚣，高1.7米、宽1.2米的包公等。包公风筝放送到天空后胡须摆动，大有秉公无私的威严之感。

【锡伯族花灯风筝】 形似汉族八角花灯。用榆树枝或柳树枝做骨架，为保证结实坚固，骨架为双层，外层糊桑皮纸，上施彩绘；风筝上下通气，下有托架，托架上安插六支蜡烛；八角骨架下端，每角缀一彩色纸穗；风筝直径约70厘米，高约150厘米。通常在清明前后晚间燃烛放飞，风筝升入高空后，左右飘荡，灯光闪烁，情趣盎然。

【藏族风筝】 藏语称"恰匹"。为藏族传统儿童玩具。风筝形状基本上以菱形为主。单面，规格为36厘米×60厘米，骨架是两根竹条，一根通过中心将菱形的两个对角连接起来，另一根两端弯曲，贴在两翅顶角，形似一把拉满弦的弓。尾部还有一片三角形尾羽。风筝线轱辘是由六根小圆棍和两根等圆的木板组成，有轴心和轴杆，轱辘长25厘米，直径15厘米左右，线绕在轱辘上。藏族风筝造型多样，有邦典、日月、眼睛、骷髅等。放风筝的线上涂抹玻璃粉末，使其增加韧性，利于空中争斗。放风筝通常多在每年秋收时节。

藏族风筝

【恰匹】 参见"藏族风筝"。

【朝鲜族风筝】 风筝是朝鲜族儿童的一种传统玩具。其制作方法是用竹子或高粱秆篾做架，两面糊纸或布，以线牵引。由于朝鲜族聚居地区的风季与内陆不同，放风筝一般在正月初一至十五。正月十五这天将飞升的风筝剪断牵绳，任其随风远扬，象征把一切灾厄全都带走。这种"放晦气"的风俗，与汉族是相同的。

朝鲜族风筝

【上海张园风筝会】 清末上海画家吴友如，在《海国丛谈图》中绘有一幅《风筝会》，描绘了上海张园春日放风筝的盛况。画上有题记："纸鸢俗谓之风筝，虽属戏具，而实有测量里道、传递消息之用。按：观《诚斋杂记》，韩信约陈豨从中起，乃作纸鸢放之，以量未央宫远近，欲穿地入宫中。唐李冗（一作李元、李亢）《独异志》：梁武太清三年（549），侯景围台城，远不通问，简文乃作纸鸢飞空告急于外，侯景谋臣王伟曰：此纸鸢所至，即以事达外射之，及堕地，化为鸟飞入空中。方今国家承平，剪纸裁篾只供儿童嬉戏之用。每当艳阳天气,清风习习,平原芳草间,三五成群,竞相征逐,洵足乐也。乃阅《申报》,忽载有风筝肇衅一则,而前鼓曰先有风筝雅会一则,盖沪上张氏味莼园中多隙地,时有孩童入放风筝,故园主人拟设一风筝会,借以招徕裙屐逐队遨游也。"

清吴友如绘《风筝会》

【清代广东放鹞会】　　亦称"放响弓鹞"。清屈大均《广东新语》载:"南海之佛山,岁九月十日为放鹞会。"是日,主持者悬式于鹞场,凡能按规约放出者皆有赏。"鹞"是以白楚纸做的,有两翼,广一尺,以平为上。内设鸣响装置,临风而响,故谓"响弓鹞"。放时规约十分严密,线要直,又要飞得高,其飞翔体态还要平稳、自然,声音要清和,节奏要适中,如是者方为优胜。

【放响弓鹞】　　参见"清代广东放鹞会"。

【清代放断鹞、放灯鹞】　　主要流行于江南一带,为民间岁时娱乐风俗。民间俗称"正月鹞,二月鹞,三月放个断线鹞"。清顾禄《清嘉录》载:"清明后,东风谢令乃止,谓之放断鹞。"杭俗,春初竞放灯鹞,清明后乃止。旧俗,放风筝时,故意剪断扯线,让风筝飞走,认为这样可以放走坏运气,称为"放晦气"。在《红楼梦》第七十回中,有一段林黛玉放风筝的生动描写:一会儿,在院外那块敞地上,大家把大红蝙蝠、大雁、美人等好几个风筝都起到半空中去了。黛玉也用手帕垫着手,接过篓子(风筝的线车子)来,随着风筝的势,将篓子一松,只听一阵豁喇喇响,登时篓子线尽。黛玉因让众人来放,众人都笑道:"各人都有,你先请罢。"黛玉笑道:"这一放虽有趣,只是不忍。"李纨道:"放风筝图的是这一乐,所以又说放晦气,你更该多放些,把你这病根儿都带了去就好了。"……紫娟向雪雁手中接过一把西洋小银剪子来,齐篓子根下寸丝不留,咯登一声铰断,笑道:"这一去把病根儿可都带了去了。"那风筝飘飘摇摇只管往后退了去,一时只有鸡蛋大小,一展眼只剩下了一点黑星儿,再展眼便不见了……这是《红楼梦》中记述清朝雍正到乾隆年间放风筝的情景。

风筝装置

【神火飞鸦】 相传宋代战场上，有人在风筝上装上火药，导火线上缚一段燃着的香火，把风筝放到敌营上空，燃烧爆炸，扰乱敌军，乘胜追击，获取胜利，该风筝被称为"神火飞鸦"。现美国华盛顿空间技术博物馆中，有一块说明牌上醒目地写着："最早的飞行器是中国的风筝和火箭。"这说明，我国是世界上最早制作风筝的国家。"神火飞鸦"后逐渐发展为"云端放炮"。参见"云端放炮"。

【风筝"背锣鼓"】 亦称"鸢上锣鼓"。是装在风筝上的一种音响装置。用细竹条扎成方形框架和零件，将两个小风斗、锣和鼓悬挂在上面。锣用响铜制成，鼓用薄羊皮或比目鱼皮蒙在竹筒上制成，靠风力吹动风斗转动，拨动小锤敲击锣鼓发出声音。白天因声音嘈杂，只能隐约听到锣鼓声；夜深人静时，锣鼓声清晰传来，十分动听。

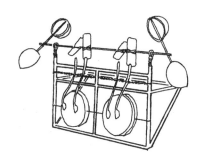

风筝"背锣鼓"

【鸢上锣鼓】 参见"风筝'背锣鼓'"。

【空中风琴】 亦称"风筝背琴"，是装置在风筝上的一种弓琴。做法是将竹子或苇子做成弓形，在弓上张紧琴弦，风筝放飞高空后，张紧的琴弦便会发出悠扬的筝鸣声。琴弦可勒一道、两道或多道，琴弦宽窄、弓之大小不同，可发出不同的声音。这种在风筝上加筝鸣装置的做法，唐代已有流传，唐高骈咏风筝诗："夜静弦声响碧空，宫商信任往来风。依稀似曲才堪听，又被风吹别调中。"

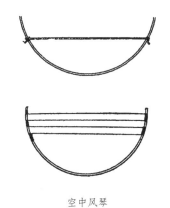

空中风琴

【风筝背琴】 参见"空中风琴"。

【风筝灯笼】 做法：将红灯系在一个能开合的铁丝环上，将环扣在放风筝的线上，借风力将红灯吹送上高空；放飞时可将风筝线拉下一部分，然后每隔两三米挂一盏，通常可挂20到30盏。在夜晚，数十盏红灯高悬天空，情趣盎然，十分壮观。风筝灯笼，亦称"彩灯悬空""红灯碧空"。放飞红灯碧空风筝，清代已较流行。清曹雪芹《风筝》诗："天际频传筝鼓乐，云端隐闻丝竹声。花雨阵洒仙凡路，红灯遥映碧空中。"

【彩灯悬空】 参见"风筝灯笼"。

【红灯碧空】 参见"风筝灯笼"。

【云端放炮】 是利用一种能沿着风筝线上下滑动的装置，将鞭炮挂在这个装置上，鞭炮的另一端挂一段香，点燃香后，使装置上升，待香烧完后就点燃鞭炮。在半空中突然响起鞭炮声，可增强放风筝的娱乐性。

【风筝碰儿】 指向高空风筝送去花彩的一种装置，俗称"送饭的"。由触发机关、支架、翅膀和饭盒四部分组成。支架上装有一个可开合的翅膀，饭盒是一个活底纸盒，内盛彩色纸片，触发机关是皮筋控制的活动机关。风筝高升空中后，在风筝线下端装上"送饭的"，翅膀张开，借风力沿线上升，与风筝的横杠相碰，触动机关，随之饭盒活底打开，彩纸片就会从空中撒落下来，似天女散花，十分有趣。

【送饭的】 参见"风筝碰儿"。

【葫芦哨】 江苏南通板鹞上的一种发音器。用大小不一的葫芦做成，分高音、中音、低音三个八度音阶。葫芦哨发音具有音色纯厚、响亮、传播远的特点。葫芦哨制作十分讲究，摘下成熟的鲜葫芦，锯掉小头，将葫芦内的肉刮净，仅剩薄壳。小葫芦哨用竹节做成哨口，大葫芦哨用梨木雕出哨口，然后用生漆将哨口与葫芦壳对接粘牢。一只板鹞上，通常装有数十个大小葫芦哨，最多的有几百个。

葫芦哨

【潮桥口竹哨】 指江苏如东县潮桥镇出品的风筝竹哨。这种竹哨分量轻，音量大，音色纯，品种全。制作时，选上好的青竹，锯成一段段，将竹肉掏削出，直到手能捏动而又不裂为止，然后将硬木削成的哨口用松香粘上。竹哨装在风筝上，可以单只使用，也可两三只配成一组。

民间健身玩具

【陀螺】　古称"陀罗"，亦称"贱骨头""抽地陀"，陕西关中一带俗称为"猴"，大概因用鞭抽打陀螺，与江湖耍猴亦用鞭有关。陀螺，是我国最古老的玩具之一。在陕西商县的紫荆遗址半坡类型遗存出土了四枚陶陀螺，西安半坡遗址中也出土了类似陀螺陶制品。其中一枚室内整理编号 P1134，高 3.9 厘米，上端圆面直径约 4 厘米，质地为泥质灰陶，侧面有一周螺旋纹沟槽，为半坡遗址出土的最具代表性的一枚陶陀螺，已具有陀螺玩具的基本特征，同时器身侧面还饰有缠绕鞭绳的螺旋纹沟槽，这表明我国的仰韶先民在 5000 多年前已较纯熟地掌握了陀螺游戏。据宋代历史文献记载，陀螺玩具当时已很盛行。明刘侗、于奕正《帝京景物略·春场》："陀螺者，木制如小空钟，中实而无柄，绕以鞭之绳而无竹尺。卓于地，急掣其鞭，一掣，陀螺则转，无声也。视其缓而鞭之，转转无复住。转之疾，正如卓立地上，顶光

旋旋，影不动也。"至清代，陀螺游戏更是广泛流传，《北京风俗杂咏》有"嬉戏自三五，乐莫乐兮鞭陀罗"的记载。清杭世骏《道古堂集》称陀螺为"妆域"。参见"妆域""捻捻转"。

【陀罗】　参见"陀螺"。

【贱骨头】　参见"陀螺"。

【抽地陀】　参见"陀螺"。

【猴】　参见"陀螺"。

【冰陀螺】　民间儿童玩具。亦称"冰杂"，流行于北方地区的一种冰上玩具。形似海螺，木制，上为平面，下为尖形，或镶有铁珠。玩耍时，以绳绕陀螺中间，猛然用力拉绳，陀螺即旋转，不断用绳抽打，可使之持续转动。因于冰上玩耍，故名"冰陀螺"。北方今仍盛行。

【冰杂】　参见"冰陀螺"。

【空钟】　民间玩具。明刘侗、于奕正《帝京景物略·春场》："空钟者，刳木中空，旁口，荡以沥青，卓地如仰钟，而柄其上之平。别一绳绕其柄，别一竹尺有孔，度其绳而抵格空钟，绳勒右却，竹勒左却。一勒，空钟轰而疾转，大者声钟，小亦蜣螂飞声，一钟声歇时乃已。制径寸至八九寸。其放之，一人至三人。"参见"空竹"。

【扯铃】　民间玩具。又名"空竹""天嗡"。它是在家鸽响哨的基础上发展起来的一种音响玩具，有单头、双头两类。在音响效果上，根据音响眼门的多寡分为四响、五响、六响以至十六响不等。用这种扯铃可扯出多种音响。扯铃以扬州出产的较为有名。参见"空竹"。

【天嗡】　参见"扯铃"。

【空竹】　民间玩具。也叫"空筝"，俗称"扯铃""地龙""地黄牛""嗡子"，因外形似葫芦，故又称"闷葫芦"。有双轮与单轮之分。由竹木制成，轴用苦梨木或蜡杆子之类木材做成；底选用粗大无裂缝的毛竹，在底头周围捆上或粘上苎麻。底头留有空隙，空洞有 2 至 16 个不等，空洞的多少代表声响的大小。玩耍时，双手各执一棍，空竹架在两棍间的线绳上，通过抖动而嗡嗡作响，由低而高，上下扔回，前后迁转，响声不绝。如两人合作，还可将空竹扔向对方，由对方继续抖动，转身扔回。抖空竹技巧较多，可做转身、翻滚、扔高、猴爬竿、盘旋等动作。如系单轮，还可使它独立在平地上垂直旋转。清《燕京杂记》载："京师儿童，有抖空竹之戏，截竹为二短筒，中作小干，连而不断，实其两头，窍其中间，以绳绕其小干，引两头搂抖之，声如

上：宋代儿童在玩陀螺游戏（宋苏汉臣
　　《婴戏图》局部）
下：各种陀螺

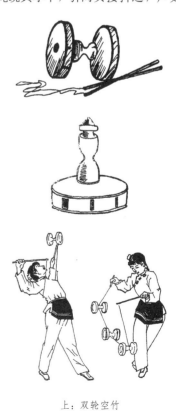

上：双轮空竹
中：单轮空竹
下：抖空竹

洪钟，甚为可听。"最早的空竹，源于明代刘侗所说的"空钟"。参见"空钟"。

【空筝】 参见"空竹"。

【地龙】 参见"空竹"。

【地黄牛】 参见"空竹"。

【嗡子】 参见"空竹"。

【闷葫芦】 参见"空竹"。

【地转】 传统民间玩具。主要材料为圆竹，玩时用绳将地转上的竹签绕紧，再穿过竹片小孔，当左手掌握竹片和地转时，右手猛拉绳子，线绳通过竹片小孔全部拉出后，地转便能单独在地上旋转，同时发出清脆的声响。

地转
（引自王连海《中国民间玩具简史》）

【竹马】 民间玩具，即当马骑的竹竿儿。《后汉书·郭伋传》载："始至行部，到西河美稷，有童儿数百，各骑竹马于道次迎拜。"唐杜牧《杜秋娘诗》："渐抛竹马剧，稍出舞鸡奇。"竹马有两种形式：一是以没有任何附加物的竹竿（长约1米）作马；另一种是附加马头的竹马。马头的做法系用硬纸剪一马头形，两侧着彩画形。然后选一根1米长的竹竿，在一头劈开一个口，将马颈插入，用针线缝牢便成。

上：唐代骑竹马（甘肃敦煌莫高窟第九窟晚唐壁画）
中：宋代骑竹马（宋磁州窑瓷枕）
下：竹马

【秋千】 体育运动玩具。由横梁、脚架、吊绳和脚踏板或坐凳组成。相传系春秋齐桓公时由北方山戎传入，一说起源于汉武帝时。宋高承《事物纪原》卷八"秋千"载：《古今艺术图》曰："北方戎狄爱习轻趫之能，每至寒食为之。后中国女子学之，乃以彩绳悬树立架，谓之秋千。或曰：本山戎之戏也。自齐桓公北伐山戎，此戏始传中国。"秋千"之名，"本出自汉宫祝寿词也，后世语倒为秋千耳"。唐代秋千传入宫廷，后逐渐普及于民间。儿童玩秋千，需握紧吊绳坐在条凳上，也可站在或蹲在踏板上。婴幼儿可坐在踏板上，以坐凳当扶手，抓住扶手，由成人推送来回摇荡。大年龄儿童可以自己用双脚蹬板摇荡。打秋千可以培养儿童勇敢、克服困难等意志品质，同时还可以锻炼身体。

上：明代儿童荡秋千（北京明定陵出土的百子绣衣图纹）
下：现代儿童秋千

【毽子】 一种用脚踢的玩具。亦称"毽儿""鸡毛毽儿""鞬子"。明刘侗、于奕正《帝京景物略》卷二"春场"载："其谣云：'杨柳儿活，抽陀螺；杨柳儿青，放空钟；杨柳儿死，踢毽子；杨柳发芽儿，打柭儿。'"这表明在明代，踢毽已十分流行。"杨柳儿死"，系指初冬时节。踢毽活动量大，适宜在冬季进行。清富察敦崇《燕京岁时记》载："毽儿者，垫以皮钱，衬以铜钱，束以雕翎，缚以皮带，儿童踢弄之，足以活血御寒。"毽子，一般多用鸡毛、铜钱和布片等制成，有的还在鸡毛上染上红、绿、蓝、橙、紫等色，以增加美感。

毽子

【毽儿】　参见"毽子"。

【鸡毛毽儿】　参见"毽子"。

【鞬子】　参见"毽子"。

【踢毽子】　亦称"踢毛毽子"，是我国民间普遍流行的一项娱乐活动。历史悠久，由古代蹴鞠运动演变而来。唐代已很盛行，时称"蹀躞"。宋代更为普及，宋高承《事物纪原》载："今时小儿以铅锡为钱，装以鸡羽，呼为鞬子，三四成群走踢，有里外廉、拖枪、耸膝、突肚、佛顶珠、剪刀拐之名色，亦蹴鞠之遗事也。"经明清，相沿至今。毽子种类有四种：鸡毛毽、皮毛毽、纸条毽、绒线毽。以鸡毛毽最为常见。踢毽子的动作有盘、磕、拐、蹦四种。踢毽子的花样繁多，除旋转踢、远吊、高吊、前踢、后勾等花式外，还可用头、肩、背、胸、腹接毽，使毽绕身不落。

上：明代儿童踢毽子（北京明定陵出土的百子绣衣图纹）

下：清代双人对踢毽子（清《北京民间风俗百图》）

【踢毛毽子】　参见"踢毽子"。

【蹀躞】　参见"踢毽子"。

【铁环】　体育运动玩具。由铁圈和滚钩两种部件组成。滚钩一头呈弯钩状，用以推动铁环滚动和控制前进方向。玩时须让铁圈直立，滚钩钩住铁圈底部，推动前进。

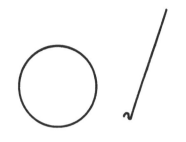

铁环

【皮球】　体育运动玩具。是一种以橡胶为材料制成的球。当球体充气后，便能在扔、拍时弹跳。它是儿童最喜爱的运动玩具之一。皮球有大有小，还有多种颜色。

皮球

【铁球】　民间健身玩具。亦称"健身球"。一般有大、中、小三种，大的直径7厘米，中的5厘米，小的3.5—4厘米，中空，内装有金属小球，转动时会发出响声。铁球在我国历史悠久，以河北保定制作的最好。玩法多样，通常将两铁球置于手掌中，按顺时针方向旋转，或按逆时针方向旋转，有的可在掌中同时玩三四个球，并可玩出各种花样。随着转动，铁球会发热，随之

铁球

手掌亦会热起来，这样可刺激掌中各个经络穴位，加强血液循环。又名"健身球"。

【健身球】　参见"铁球"。

【玻璃弹子】　体育运动玩具。玻璃弹子呈圆形，透明，有些弹子中有花纹。游戏时，以弯曲的食指将弹子夹住，然后用大拇指弹出。玩法有多种，如谁弹得远谁赢；谁能率先弹入地上的洞内谁赢；或谁弹撞到另一方的弹子后，可做一定的奖惩。此类玩具有益于儿童目测能力的培养及腕肌、指肌的锻炼。

玻璃弹子

【弹弓】　民间玩具。由弓架、粗橡皮筋、弹兜组成。弓架由丫字形树枝或铅丝制成，弹兜以小块皮革做成，在弹架与弹兜间以两根粗橡皮筋加以连接。弹丸为石子或黏土搓成的泥丸。

【套圈】　民间玩具。由立柱与圈套组成。立柱由短细圆木制成，套圈用竹片、藤柳和粗麻绳等制成。玩时可让几个儿童同时进行，相互比赛计分。

套圈

【蹦蹦绳】 体育运动玩具。绳多为线绳、麻绳。玩时需三人以上，两人各持绳的一端朝同一方向旋转，其余人在绳落地时跳过绳去，如碰到了绳便算输，需要重跳。

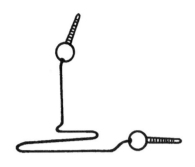

蹦蹦绳

【平衡锤】 自制玩具。它是用一根粗铅丝曲成图示那样。铅丝两端固定两个重量相等的塑胶圆珠或木塞。将平衡锤的 a 点放在指头上，因为有重心和平衡力的作用而不会翻倒。平衡锤可以一个人边走边玩，也可组织几个人做竞走游戏，以此锻炼儿童的平衡能力。

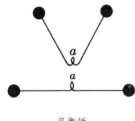

平衡锤

幼儿健身玩具

【摇板】 体育运动玩具。由坐板、立柱、扶手、弧形脚板组成。适用于幼儿园各年龄儿童。板的中间和两端都可坐人。摇时只要掌握好扶手或板的边沿，使两端的儿童动作协调一致，板便可不停地摇荡。

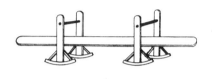

摇板

【滑梯】 体育运动玩具。由梯、板、平台及支架几部分组成，为各年龄儿童喜爱的大型玩具之一。种类有一梯一板式和两梯两板式等；也有高低之分，高低程度均以年龄的大小为根据。滑梯可使儿童全身得到锻炼。

滑梯

【滑台】 体育运动玩具。滑台两边为斜板，中间是平台。中大班幼儿可将小车在斜板上推上推下，或从斜板上跑上跑下，借以锻炼身体的平衡能力。

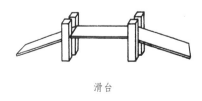

滑台

【跷跷板】 体育运动玩具。由长板和架组成。长板正中架于架上，长板两端坐人。玩时，幼儿坐于长板两端，紧握扶手后，便可做上下起伏跷压游戏。

跷跷板

【浪木】 体育运动玩具。也称"浪桥"。系在一长木板两端设铁链，离地高约 33 厘米，平悬于木架上。玩时，人站在木板上，来回摆荡。浪木游戏可锻炼儿童的平衡力，培养儿童的勇敢精神。

浪木

【浪桥】 参见"浪木"。

【攀登架】 体育运动玩具。由立柱、横杠与平台组成。攀登是一种活动量较大的运动，儿童在架上攀上攀下，可以锻炼上下肢及臂力、支撑力、握力。攀登时上下肢必须协调，在教师指导下，儿童可以利用架上横木训练体操基本动作，如压腿等。攀登架最好安置在沙坑里或草坪上。

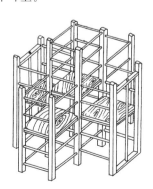

攀登架

【摇船】 体育运动玩具。由船体、扶手和支架组成。适合婴儿、幼儿园小班儿童玩耍。游戏时，儿童坐入船内，扶好扶手或船沿，两端人数应相等。婴儿可由大人摇动，幼儿可以自己摇动。

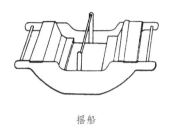

摇船

【滚筒】 体育运动玩具。由支架、扶手、滚筒组成。游戏时，儿童前胸紧靠横杠，两臂置于横杠前方，左右脚交替向后蹬动滚筒，滚筒便会转动。这种游戏可以锻炼幼儿的臂力、蹬力和上下肢及肩胛肌等大肌肉群。

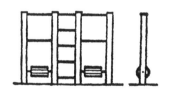

滚筒

玩具工艺与名家

玩具工艺与名家

玩具制作工艺

【玩具设计】　玩具是学龄前儿童的"教科书"，它对儿童身心的发展有很重要的作用。在设计玩具时，须首先考虑到对儿童各方面的影响。设计玩具要有助于儿童认识现实事物，启发智力，培养正确的审美观和劳动观念，不但要使儿童通过玩具学习处理自己的生活，而且还要能培养孩子热爱集体、热爱劳动的意识，有利于身心的健康发育。在造型上，要力求简练，特点鲜明；色彩力求单纯明快，尽可能使用红、黄、蓝、绿、黑、白六种基本色；题材内容要积极向上，健康有益，继承和发扬我国民间玩具的优良传统。玩具应耐玩牢固，注意安全性，这是设计玩具的一项重要因素。幼教玩具设计要符合儿童的年龄特点。通常幼儿在两岁时，要求认色、认形、认字和识数；3岁到5岁，要求算算、拼拼、搭搭；5岁到6岁，要求装装、拆拆和敲敲；6岁以上，要求具有一定的启发性和创造性。

【玩具色】　是指红、黄、蓝、绿、黑、白六种基本色。儿童对颜色辨别能力一般都比较差，即使幼儿园大班的孩子，对蓝、绿等近似色也难以分辨，因此玩具上一般应用上述六种色彩，即"玩具色"，这是幼教玩具的一个显著特点。

【惠山儿童耍货制作工艺】　江苏无锡惠山儿童耍货（亦称"粗货泥人"）的生产，以塑为主。耍货创作，从头到足通体一气呵成，其中以表现人物的头部为主。在总的姿态确定后，进行修整时，为便于塑制起见，将头部取下，拿在手里慢慢进行细致的修改，待修好装上，

再按预定要求将头与身体的姿态调整一下。全部塑制完成后，进行翻模；凹模完成，待模干后，即可进入大量生产的印模过程。此时，一团磁泥，只需经艺人用手在模上一按，一个形象生动的泥人即出现了，这是单片模的印制情况。假如是两片以上的模子，须将磁泥按模的大小做成泥片，约二分厚，然后进行印制。印制完成，将泥人的前半片、后半片进行镶合和装底，在底部戳个小洞，可使泥人在阴干收缩时，不致受到泥人里面的空气影响而变形。脱模后须对两边的边缝处进行修整，再阴干、修理，然后进行上彩和开相。为使产品不易脱色，能保持光洁，还要在作品的全部或某些部分涂上一层薄薄的"泡立司"（即"假漆"），这样能使泥人更加光彩夺目、华美动人，也能起着防水的作用。

【惠山手捏戏文制作工艺】　江苏无锡惠山手捏戏文生产，以手捏为主。先将磁泥进行捶打，使泥质均匀、细腻，黏性增强。一般先做人物头部，面部用脸模复制脸形一样的泥人，用一个脸模翻做（男、女、老、少等不同的人物，脸形有所不同，须用不同的脸模翻做）；然后做上不同的帽子、发饰和胡须，插上不同的头饰；再经过上彩和开相等的不同处理，各式各样的人物头像便活生生地显现出来。有的还在脸部泥坯上略加变形和修改，这样可使人物性格更加突出。有些作品的头部采用活动装置，以便取下包装。"从下而上，由里到外"，这是惠山捏塑戏文创作的基本规律。从下部两足到腹部、胸部向上做，容易掌握人物的比例和动态。"边薄中厚，下薄上厚"，是做袍片的要求，袍边做得愈薄、愈整齐，人物的衣着愈能表现出

飘动潇洒的感觉。两只手臂是做好后再镶上去的，手指是在做好手形后用剪刀剪开的。泥坯完成后，待阴干再进行修整，用笔涂上一层清水，不平处进行磨光，开裂处进行修补，接着上彩：先上白粉（淡色、肉色处一定要上白粉，黑色和深色处不上粉），脸部上一种较细的白粉（立德粉），再上颜色，然后开相。上颜色时，先上淡色，再上深色。最后，有些作品为使脸部光亮，还要打蜡，这样才更显得光彩焕发，引人喜爱。

【捏段镶手】　江苏无锡惠山彩塑传统技法术语。据传为清末泥塑名手周阿生所创。惠山彩塑，除头部是印制的外，其余部分包括身段、四肢都是捏出来的。步骤是一印、二捏、三镶、四压四道工序。一印：用模子印出所需要的头形，然后在面部修出必要的表情，再加上头上的帽子和装饰品之类。二捏：按照头形捏配身段，根据"从下到上，从里到外"的捏塑原则，先捏双脚，后捏身体。据老艺人谈，先捏脚，从下到上，容易掌握大小；三镶：指镶上手和头部。四压：指压衣纹。用一根黄杨木做的压子（工具），压出不同动势和不同质料的衣纹，做得光洁、分明、流畅，才宜上彩。最后进行整理，行话称"捏势子"，也就是校正一下大的动态。有经验的艺人，最后捏一捏势子，能把人物微妙的神情充分表达出来。

【印段镶手】　江苏无锡惠山彩塑传统技法术语。据传为清末泥塑名手丁阿金所创。它的制作方法基本与捏段镶手相同，所不同的是，泥塑的头和身躯，都是用模子印出来的，只有双手是另外镶上去的，故名"印段镶手"。这种技法，可提高

效率，但由于它的身段是印出来的，一般动态较小。

【惠山彩塑上彩技法】 惠山彩塑上彩，一般是"从上到下，先淡后浓，先白后黑，头发靴子最后"。"头色不过四，身色勿过三"，是说上头部的彩色，只能涂四次，身上的颜色上三次已够。色多不仅效果不好，而且容易发裂，但上少了，也会显得玉气不厚。"落笔如飞，厚薄均匀"，前句指上彩时要画得快，笔发呆，上彩就死板，后句指上色用的颜料厚度都应该相同。"先开相，后装花，描金带彩在后头"，是头部装銮的步骤。"直线要直，曲线要活"，是用笔的要领。

【彩塑中五彩】 彩塑施彩传统技法。满身采用"金琢墨"的方法。行话叫"金粉条"。

【金粉条】 参见"彩塑中五彩"。

【彩塑上中五彩】 彩塑施彩传统技法。在素胎完成后，先在胎上起"谱子"，确定花纹的部位、形式。上色以后，根据谱子"沥粉"，在粉线将干未干时贴金。行话称"上中五彩"。

【彩塑下中五彩】 彩塑施彩传统技法。大片金地，中间画团花，行话叫"卧金地"。花纹的轮廓，用铅粉勾描。

【卧金地】 参见"彩塑下中五彩"。

【彩塑下五彩】 彩塑施彩传统技法。在素胎上，先刷大面积地色，如红袍、绿袍之类，再以"一笔蘸几色"的方法，滚擦（画）些花纹。下五彩，是彩塑上彩中最简易粗糙的一种。

【彩塑倒杂月】 彩塑施彩传统技法。在敷彩前，不通体贴金，只在颜色干了以后，用"泥金"法描绘出主要花纹。行话称"倒杂月"。

【彩塑拨金彩锥】 彩塑施彩传统技法。又称"上五彩加彩锥"。在通体贴金箔后，用压子（普通的有玉和玛瑙两种）压平，直到发光亮为止。再用蛋清和色，在金箔上普遍着色，凡是需要装饰花纹的部分用铁钎或竹签把花纹拨划露出，被拨露出金地的图案，闪出灿烂的金光，和未拨露的五彩色相比，显得华贵多姿、光彩夺人。行话称"拨金彩锥"。

【上五彩加彩锥】 参见"彩塑拨金彩锥"。

【惠山彩塑配色】 惠山彩塑配色，"红要红得鲜，绿要绿得娇，白要白得净"，才能使人看了爽朗愉快。"红搭绿，一块玉"，指红色与绿色相间使用，色彩效果很好。"红搭紫，一堆死"，指红与紫并用，很难产生好的色彩效果。"远看颜色近看花"，这是彩绘的总要求，既要有大的色彩效果，又能细看；局部不能影响整体，纹样与底色须相互衬托，使之更美。

【惠山彩塑纹样应用】 "满而不塞，繁中有简"，这是惠山彩塑使用纹样时的要求。"长脚寿""团寿""梅竹"适用于老年人服饰。"百吉""蝙蝠""团球花"适用于小孩服饰。"云锦花""水浪花""五色云"适用于神仙。"草花""芙蓉花""点点花""荷""菊"等则是一般富贵人、美女服饰上常用的纹样。

【护桩泥】 传统彩塑技法。指构成肢体的初步大样，用粗泥即可。

行话称"抓糙"。

【抓糙】 参见"护桩泥"。

【搭搭满】 惠山泥塑的术语。是指将泥填入泥模时，要按序填到每一个部位，使之均匀，不能有所遗漏，以免厚薄悬殊，影响质量。

【"苏捏"头像翻模】 苏州捏像技法之一。头模有单片模和双片模两种。单片模只能翻脸部，后脑须补捏；双片模能合成整个头型。要捏塑小似爪子的捏像，极为不易，愈小愈难做。"苏捏"采用翻模缩小的特技，方法是：先捏塑一个较大的头像，干后水分蒸发，即缩小一层；用泥翻成印模，印模干后又收缩；后煅烧成陶，再用泥从陶模里翻出，待收缩后又翻；这样连续几次，层层收缩，直到需要的大小为止，最小可缩至 0.5 厘米。但不管收缩怎么小，最后翻出的头像，与大的几乎一样，仍形态逼真，须眉毕现。苏州捏像头模，现苏州博物馆珍藏有几百件。1956 年 5 月，苏州少年周福元一次就捐赠给江苏省博物馆 436 件清代光绪时的"苏捏"头模。

【捏像烧坯】 苏州捏像制作工艺之一。捏像最后须烧坯，经过煅烧，就不会变形开裂。传统的烧法是：用瓦片片围成圈，底上放置一层木炭，炭上放满泥坯；后再加一层木炭，再放泥坯，如此五六层；上面再盖炭，待木炭烧尽，冷却，坯子便全部焙烧完成。

【虎丘滋泥】 供捏塑精致捏像的一种上好细泥，因产于苏州虎丘，故名。虎丘细泥，滋润柔韧，并具各种天然色泽，可塑性强，入胶捶打后，是上等的泥塑材质。清道光年间顾禄《桐桥倚棹录》：

"虎丘有一处泥土最滋润，俗称'滋泥'。凡为上细泥人、大小绢人塑头，必用此处之泥，谓之'虎丘头'。塑真（即捏像）尤必用此泥。"清乾隆年间常辉《兰舫笔记》："有苏捏者，住虎丘山塘。余尝以游山坐观之。泥细如面，颜色深浅不一。有客求像者，照面色取一丸泥，手弄之。"据考，虎丘滋泥，以井底边深挖一二尺之细泥质地最佳。用时先将泥敲碎捣细，入胶加水少许，反复捣韧，越韧越好，才使捏塑的捏像，做时不易断，干后不会裂。

【皮影牛皮制作工艺】　一般影人多用牛皮制作，有的地区用驴皮、羊皮。牛皮要选用三四岁年轻的黑色公牛皮，这种皮厚薄均匀，质坚而柔，色泽一致，韧性适中，制作的影件平展、透明，使用率高。牛皮刮制程序大致是：用清水浸泡松软后，钻孔穿绳紧拉，晾干后即可用刀刮去毛和浮皮，再经打磨直至完全净亮透明为止。据古文献记载，我国在宋代时已能制成"水晶羊皮"这种透明度很高的影人雕刻皮料。在晋南有一种叫"软括"的方法：浸泡皮是用氧化钙（生石灰）、硫化钠（臭火碱）、硫酸、硫酸铵等药剂配方，分次倒入水中，反复浸泡刮制而成。用这种方法刮出的皮料近似玻璃，更宜雕镞。

牛皮刮毛操作

【描样】　皮影人制作工艺之一。将制好的皮料，根据影人大小剪裁成块，然后在皮料上过稿落样，称"描样"。以前各皮影流派都有白描的皮影造型底样，称为"样稿"或"纸稿"，是几代艺人相传的影人设计图稿，十分珍贵，现已罕见。然后用半透明的皮料覆在底样上，用针尖在皮料上划出刻线的痕迹，这样就可以进行雕刻了。

上：描样
下：清代皮影样稿

【皮影雕镞】　皮影主要制作工艺之一。要求用刀准确匀挺，柔韧有力，刀刀合缝，一丝不苟，形神兼备。雕制皮影，以影人头部的雕镞最为讲究，最能体现人物的性格特点。一般分阳刻（行话称"空脸"）和阴刻（行话称"满脸"）两种。阳刻多用于生、旦等角色，面部主要依靠流畅挺劲的线条来造型，线外部分全部挖空，在灯光透视下，显得眉目清晰明快。花脸角色多阴刻，用阴线刻出面部的五官神情，也有的运用阴阳线结合法处理，亮的部分用阳刻线条，着色部分用阴刻留底。如丑角面部，主要用阴刻，仅眼睛和鼻之上端以阳刻挖空，使"白豆腐块"更突出，以表现丑角诙谐滑稽的神态。雕镞手法，北京、湖北和湖南等地区采用"推刀法"，讲究刀味，要求准确、生动，具有韵味；陕西和山西等地

运用"推皮法"，右手持刀，左手推皮，要求运刀流畅，起顿准确，弯曲有致，镂锉均匀，尤其雕刻影人头部，要求用刀深沉，回转圆润，中锋行刀，犀利剔透，刀刃分明，疏密得体。

上：雕镞皮影
下：雕好的影人头楂子

【推皮法】　是晋南皮影的一种雕镞技法。首先将制作好的皮料图稿放于枣木板上，左手持刀顶在皮料图稿之雕线上，刀尖须扎住枣木板不动，然后用右手顺着雕线推皮循序雕镞。纯熟的雕镞高手，能推雕自如，刀迹流畅，起顿准确，弯曲有度，镂锉匀称，每一刀都具有刀的韵味。陕西和山西等地大多采用这种方法。

【推刀法】　皮影雕镞技法之一。将皮料图稿放置于蜡盘上，左手按住蜡盘和皮料图稿，右手持刀按图稿线条推刀雕镞。雕时左手须协同推板转动，使刀口挺拔，线条流畅。北京、河北和南方地区大多采用这种方法。

【刀口】　皮影制作的术语，指雕镞皮影时刀锋的起落点。刀口有齐口、尖口、圆口、断口之分。

齐口，多用于方正、平直的物象，如桌、箱、橱柜和楼阁建筑等。尖口，多用于流动、飘荡的物象，如流云、炊烟、水浪、风带等。圆口，多用于花卉、图案等。断口，用于过长的虚线，起加固、连接的作用。

【皮影敷彩】 皮影主要制作工艺之一。皮影上色，大多运用红、黄、绿、紫、黑五色，有的地区喜用赭色、青莲色，不用紫色或黑色。染色技法，一般有平涂、烘染、点染和勾线等。每件影人都要求色有主调，艳而不乱，既有对比，又有统一。颜色染在皮上，要求鲜明透明，经久不变。旧时通常用矿物色和植物色，后采用外来之品色，为使影人颜色不被蹭掉，上色后还须罩一层桐油。南宋周密《武林旧事》载："……五色妆染，如影戏之法。"由于影人皮质呈半透明状，故上彩须正反两面敷色，这样色泽才能浑厚、明快和鲜丽。

皮影敷彩

【熨货】 皮影制作工艺术语。俗称"烤坯""出水"。山西晋南皮影业视之为艺人之"绝招"。主要是皮影镂刻、上色后，熨货可使之既平整又美观，永不变形。制作方法是：先将碎头发混合黄泥加水调匀，做成两块土坯，搭成人字形架子，下用麦秆燃烧。烧至放纸将焦而不燃时，即将镂刻上彩的皮影在上面熨平。熨过的影人十分平整，实则使"生"皮改革成了"熟"皮，犹如将衣服用熨斗熨过一样。影人出水后还须刷一次清胶或清漆，晾干后即可合成组装。

【烤坯】 参见"熨货"。

【出水】 参见"熨货"。

【组装】 皮影制作工艺之一，即将影人各部分组合在一起。组装时要找准节点，行话称"骨眼"，如前腿在前，后腿靠后，合起来才能摆动自如，栩栩如生。若组装不好，影人就显得没有精神，所以选准"骨眼"，关系到影人的"生命"。找定"骨眼"后，用锥子扎眼，用柔韧的皮质线缝合起来，两头打结。影人的脖子部位，须另加一层皮缝上，作为插换影人头楂子的"卡口"。

组装

【装操纵竿】 皮影制作的最后一道工序。影人全部组装完成后，须给影人装上三根细竹竿。通常在影人肩部和两手打眼，用细铁丝与竹竿相连，要使影人重心不偏，各部位能自由转动，表演时生动传神，才算完成。一般文身以胸竿为主，两手各一；武身都在两肩用竿，前臂手戴铁环，套在竹竿上，后手不戴铁环，因后手的竹竿都在兵器上。

影人装竿

【雕镂皮影刀具】 刀具通常有宽窄大小不等之斜角刀、新月刀、花口刀、圆刀、半圆刀、平刀等。一般有十余把，多者三十余把，大多自己打制。曲直、虚线和实线，用宽度不同的平口刀、斜口刀雕；花线和纹饰图案，多用配套三角刀、半圆刀和新月刀雕刻。刀具木把，最好用紫檀木，制成圆锥形，前端开一小口，可夹入刀片，后用铁管箍实固定。很多图案是用月牙点和弧线组合，以前都用特制的"冲子"完成，现多用大小不同的皮带冲子或兽用针头磨制，亦可以木刻刀中的直刀代替。

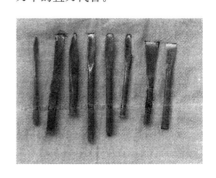

雕镂皮影用的各种刀具

【蜡板】　雕镂皮影用的工具。蜡板，用 20 厘米×30 厘米的木板，四周边沿钉 1 厘米见方的小木条，以蜂蜡（黄蜡）为主，加入少量牛油，加热熔化，然后与香灰搅拌均匀，倒入木板中间，与边沿钉的木条一样平或稍有凸起，后用锤子砸实，即可应用。其特点是雕镂时不塞刀，无论皮厚薄、软硬都可雕。我国南方和北方河北等地，都用此法制作。

【陕西皮影制作工艺】　先刮光和泡制牛皮，再过稿雕镂，后染色熨平，出水刷胶，最后用线穿起来便成。一个皮影人，一般从头到脚共 11 件。皮影上色，要求细致均匀，一般用较透明的黑、红、绿、黄、青莲五种颜色。

【木偶造型设计】　根据剧本内容和导演总体风格的设想，首先设计能表达人物性格特征的、具有木偶特点的画稿，包括画出人物的脸谱、服饰、道具的色彩图稿；然后再确定木偶形体的制作结构、人物服饰色彩、图案纹样及衣物质料等；最后再画出木偶正、侧面的大小尺寸制作图。

【木偶造型制作】　根据木偶造型设计要求，进行木偶人物的制作。制作工艺内容，分头部、躯干和四肢三部分。头部制作分木雕头（包括车木头）、石膏头（包括橡胶、塑料头）和布包头等。以上各种头型，先涂基本肤色，再加工描绘人物脸谱。头和躯干的连接处，有的在头底部开洞直接套插，有的在头和颈部安装吸铁盘互相吸附，可活动调换。躯干制作，用木块雕刻成胸和臀部，穿套银丝或金属关节器，作为木偶的主骨架，再包上海绵，剪成体形。四肢制作，首先确定尺寸，再用木料雕刻成大小不同

的规格，在石膏模里翻制，并在内部穿插银丝或关节连接躯干，再缝制衣服，配上各种小装饰品。两只脚掌，有木雕的，亦有用橡胶翻制的。

【木偶开脸】　指木偶人物脸部"开相"。先将木雕头根据脸部深浅不同的层次涂肤色，然后用笔勾画或用布、纸、皮片剪贴五官。有的木偶头为特意显示木纹（或布包头的布纹），只涂一层薄清漆，而不涂带粉的肤色。

【木偶表情头】　具有不同表情的木偶头。用以表现木偶角色的思想感情，突出人物性格。一般有三种：①固定表情头。基本表情，用笔直接画在同一角色的木偶头上，感情变化时，调换相应表情的木偶头。②贴片表情头。采用纸、布、皮片，染色后剪成眉毛、眼珠、嘴等，贴在木偶脸上。用小镊子移动贴片，或调换各种大小和形状不同的贴片，以表达人物的各种表情。③机关表情头。木偶头内部装有活动机关，可以使眼珠转动、嘴巴开合。表演时，不论应用何种表情，都应与木偶动作风格相统一。

【木偶翻模】　复制木偶造型的一种工艺。木偶头和四肢的翻制一般采用石膏模子，可以翻制成许多只头型大小、结构相同的石膏头，供替换使用。木偶四肢的翻模工序与木偶头基本相同。塑料和橡胶头的翻制，除石膏模外，还可采用铜模。

【关节木偶】　用银丝或金属关节器连接躯干和四肢制成的木偶，是摄制电影木偶片使用得最多的一种木偶。先将木块刻成胸和臀部，中间穿上银丝或金属关节器作为主骨架，包上海绵，剪好体形，再配上用橡胶翻制、穿上银丝的四肢。制

作工艺上，全部采用银丝关节的，称银丝木偶；两种材料结合使用的，称银丝关节木偶。银丝木偶利用银丝的软硬度和韧性可以自由屈伸，能表演柔软细腻的动作；其缺点是没有关节的固定点，动作掌握不好，易走形，用久易折断。关节木偶动作较稳，不易走形，可以表演力度和幅度较大的动作，不足之处是动作的分解较硬，缺少弹性。银丝和关节相结合制作的木偶，在功能上兼有以上两种木偶的长处，故使用较广泛。

【泉州木偶制作工艺】　福建泉州木偶，通常用樟木刻制头坯，经裱褙，盖上胶土磨光，再彩绘，然后配以服饰。主要包括头像雕刻，服装、须发和四肢的安装。其中最重要的是头像雕刻。木偶头像制作分为木雕、彩绘两大工序。木雕是先选用质轻、易于雕刻、不蛀的樟木或榆木等，劈成与木偶头像等高的三角形，刻画面部中线，定出五官；接着挖空颈脖部分，便于演员手指伸入；然后雕刻头像；最后安装能活动的嘴、眼。在彩绘脸谱前，先在木偶头像上裱以绵纸，涂上调和水胶及过滤的细泥浆，磨光后再补隙、修光，然后上粉、彩绘脸谱、上蜡，最后装上发髻、胡须等。

【泉州江加走木偶头制作工艺】
江加走，福建泉州制作木偶头名师。他制作木偶头时，先将樟木锯成木偶头大小的木坯，然后在预定面部的正中做一准线，再将两颊斜削，定出五官（耳、目、眉、口、鼻），即用刀刻画，便成白坯（没有绘彩的木偶头模型）。接着在白坯上裱绵纸，裱纸是为了便于上彩，同时起遮盖木纹的作用，即使木头开裂，外表也不会留痕迹。裱纸以后施以滤过的黄土，待干。用毒鳍

鱼皮磨光,再用竹刀分五官,并进行补隙、修光等手续。然后进行着粉(用上等水粉),用彩色画面谱,再盖蜡(用四川石蜡擦光),使其光泽美观。如有发髻、胡须之类,装上即成。

【废纸制木偶头】 利用各种废纸制成的木偶头像,主要供儿童游戏。其做法是取能吸水分的废纸,用水浸烂成为纸浆,与浆糊调和,用来塑制头型。干后质坚而轻,然后用砂石磨光,用老粉调猪血或用铅粉调胶水打底。脸上五官用色彩绘,最后涂一层蜡剂,或涂一层清漆,使它光亮美观。另有一种制头型的方法:先塑造泥质原坯,以废烂纸片用浆糊一层层地糊上去,最初的一二层可不用浆糊而用清水。干后用刀剖开,取出泥型原坯,再用纸条补贴剖开处,最后在整个头型上糊一层皮纸,使之光洁坚韧。其打底和上色的方法与用纸浆做的一样。由于这种木偶头质量轻,最适合于杖头木偶,其缺点是过于凹凸的部分不易处理,故不耐用。

废纸制木偶头

【木屑制木偶头】 用木屑制成的一种木偶头像。目前市场上常见的玩具娃娃就是用这种材料做成的。

这种材料制作的木偶头轻巧、坚固、不变形。其做法是先用筛子把木屑筛过,取其最细的调在薄浆糊里,另外加些熔化的牛皮胶和短纤维的棉花(飞花),以增加其内在拉力,再加些老粉或失效石膏,把它搅得十分均匀。把塑造好的泥质头型翻制成石膏阴模,然后用调制的原料在石膏阴模内压制,就可以翻出所需要的头型来。如果不很密合,可用皮纸或绫绸以胶水黏合,合缝处如有凸出部分,可在干后用锉刀或小刀锉刮。干后用砂纸擦光,涂上胶水调的铅粉,然后再化装上色,并上蜡剂或清漆使之光亮。

木屑制木偶头

【布制木偶头】 用布制成的木偶头像,主要供儿童游戏。其做法是先锯一个三寸长的竹管,管口要适合套插食指。用米色布包棉花团,扎在竹管的上端,成一圆球形的头面。另外缝粘凸出的鼻子和耳朵,画上口眼,或用皮鞋钮子钉作两眼,再剪些毛皮或黑呢料粘作头发。女孩木偶头可用绒线扎成两条辫子粘上。动物面型的做法,大致和做人物一样,不过用绒布来着色时,最好用喷射上色法,以使颜色精细并有浓淡的效果。

布制木偶头

【车木制木偶头】 用车木制成的木偶头像,主要供儿童游戏。其制法是采用车床车成带颈的球形面型,然后粘上雕刻的耳鼻,眼睛除用鞋钮装钉外,还可用玻璃小弹球来装制。这样的头型制作极为简便,效果很好,同样可以装饰成各种人像和小动物等。

车木制木偶头

【木制木偶头】 用木块制作的木偶头像,主要供儿童游戏。其制法是将一寸厚的木板用钢丝锯锯成如图所示的小动物头型,耳鼻另外刻好,用牛皮胶粘上。双眼可用皮鞋钮钉,或者用颜色画出,用砂纸打光后着色化装。如木偶头是应用在布袋木偶上，只要钉上一个套手指的竹筒就行了。

木制木偶头

【傩戏面具制作工艺】　中国有十来个民族有傩戏，多达二十余种。今部分尚存，以贵州地区保存较完好。贵州傩戏面具主要流行于黔东北土家族、黔西南布依族、黔西北彝族及黔南苗族、侗族等少数民族聚居区。傩戏面具大部分为神灵偶像，造型威严神奇，具有神秘感。其制作方法有彩绘木雕、彩绘泥胎纸坯和笋壳彩绘数种。彩绘木雕以丁香木、黄杨木、柳木刻绘结合制成。以不同的单一色彩分别表示忠诚、刚直、凶悍、英武、狂傲、艳丽等人物特征，并运用五官的局部变形夸张其性格，如以眉毛上扬加粗、眼珠外凸、头上长角等表其凶猛，以眉毛细长、凤眼微闭、樱桃小口状其艳丽等。有的面具还装有獠牙。黔东北土家族面具有全堂戏二十四标（面）、半堂戏十二标（面）之别。黔西南布依族傩戏面具除笋壳彩绘类型外，还有竹编、泥胎纸坯彩绘和木雕彩绘诸种，以笋壳面具为多。用红、绿、白、黑等色涂绘，形象憨直庄严，色调明快艳丽。安顺傩戏面具更为丰富，属木雕彩绘，多为1950年前后制作，且不断翻新。面相分文、武、老、少、女五类，俗称"五色相"。

五官造型有固定程式，如"男将豹眼圆睁，女将秀目微张"等。脸部色彩夸张，红、黄、蓝、白、黑五色都用。

【安顺地戏面具制作工艺】　贵州安顺地戏面具存有万面以上，其中有少数清代面具。面具用丁香木或白杨木雕刻而成，工艺考究。面具由面孔、帽盔、耳子三个部分组成，分文、武、老、少、女五类，俗称"五色相"。除主将外，还有小军、道人、丑角、动物等类别。面具造型，是根据"地戏谱"刻绘。眉毛有"少将一枝箭，女将一根线，武将如烈焰"之别；嘴的刻法有"天包地"与"地包天"之分；眼的刻法有"男将豹眼圆睁，女将凤眼微闭"之别。地戏面具中头盔的刻法特别讲究，头盔上的装饰分龙凤装饰、星宿装饰、吉语装饰等类型，有平盔、尖盔、道帽等区别。如岳飞是大鹏鸟下凡，头盔刻一只大鹏金翅鸟；樊梨花为玉女投胎，头盔上饰以玉女图案。雕刻技法多为浅浮雕与镂空雕相结合；色彩为贴金、刷银的亮色，以及红、绿、蓝、白、黄、黑；有的面具还镶嵌圆形玻璃小镜。地戏面具雕刻刀法明快，线条粗犷，轮廓分明。

【贵州撮泰吉面具制作工艺】　撮泰吉面具是贵州各类面具中尺寸较大的一种，能把整个面部完全遮住。其特点是前额凸出、脸鼻长、眼嘴小；雕刻中不区别角色，单纯而简易。撮泰吉面具，用杜鹃树或杂木制作。首先将圆木锯成人头大小，再砍成长宽相当的脸壳毛坯，在毛坯上雕刻出原始人的眼、耳、口、鼻。脸壳制成后，用黑色涂料（锅烟、墨汁之类）涂抹。演出前用石炭、粉笔在脸壳上勾画出皱纹，以表示年龄的苍老，或用麻绳、纸条之类作为胡须。雕刻工艺原始，

线条粗犷（几斧即就），色彩单一（黑白分明）。

【风筝制作工艺】　大体分扎、糊、绘、放四项。扎，就是扎制风筝骨架。按照图样的要求备料破竹，烤软、窝好竹条，然后捆扎风筝骨架。骨架分基本骨架和轮廓骨架。基本骨架是风筝的主要部位，如硬膀风筝上下膀的膀条，以及头、腹、腿等部位的竹条；软膀风筝的两根膀条也属基本骨架。所用竹条较宽较厚。轮廓骨架就是风筝主体形象的外轮廓装饰，一般用细而薄的竹条。骨架工艺中重要的是劈竹，要求每根竹条的外形、重量必须完全一致，没有这个精确度，风筝放飞起来，就会左右摇晃或往下栽。扎缚需要牢固。糊，是把纸或绢糊在骨架上。在糊硬膀风筝时，两膀部位要用纸或绢糊出膀儿。一般的风筝是先画后糊，也有的是先糊好再画。绘，是绘制风筝的平面图案，纸要烫平，涂色要均匀。放，是放风筝的技艺。一般说，不会放风筝就很难把风筝制作得精确。在放飞风筝中，要有辨风向、识风力的本领，风力、风向的变化对放飞有很大影响，需要以牵线时的抽、拉、提、拽、摆等不同动作来调整，才能使风筝保持稳定，像自由的鹰、燕一样，摇曳在广阔的天空。

【娃娃头风筝制作工艺】　其特点是制作简单，携带方便，对风力的适应性强。一般在二级风力中就可起飞，在四五级风中也能飞行。一、材料：高力纸或薄绸、薄绢，2毫米见方、长260毫米的细竹两根，粗缝衣线若干。二、制作：①按下面图一的尺寸，把风筝的图绘在纸或绸、绢上。飘带单独制作，然后贴上。②彩绘娃娃头图案，干后熨平并裁下来。见图二1。③在背面用乳胶把竹条贴在图一粗实线的位

置。见图二 2。④把一根长 1 米的线两头分别贴在图中虚线的位置，并与竹条贴牢。见图二 3。⑤最后把线对折，找到中点，打个结，把风筝线拴在这里。见图二 4。三、放飞：迎风把风筝抖开，在风力的作用下它就张开成圆弧形，如风力大，徐徐把线放出，就可上升；如风力小，可迎风跑几步；如风筝向一侧倾斜，可把另一侧的提线略收短一点。

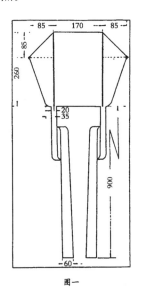

图一

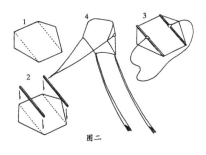

图二

娃娃头风筝制作示意图

【料器制作工艺】 料器制作工艺大致有三种方法。一种是把各色料棒加热熔化，用抻、拉、吹、捏等手法塑型，制成各种空心料器。一种是将料棒加热熔化，运用滴、缠、揉、点、引旋等手法塑型，或用模具塑制成型，制成各种实心料器。像花球一类料塑制品，则是将透明的料棒熔化，然后用包、拉、搓等手法在料中嵌入花鸟鱼虫等花样。

此外，还有"套料"，即将各色料按照一定的要求熔化在一起，放入模中吹制成型，然后采用玉雕加工的方法进行雕刻，使之成为各种"俏色"品。这种方法多用于仿玉器产品。

【核雕制作工艺】 需充分利用果核的形状、麻纹、质地，因材施艺，精心布局。果核质地坚硬，制作时，先用锉对果核进行整理，用圆凿做出初坯，再用小平凿进行细部刻画，然后磨光、上蜡。最后，串饰需打孔，陈设品要配上木座和玻璃罩。

【面塑制作工艺】 面塑用的面，一般是七成白面和三成糯米面掺和而成，加有绵纸和蜂蜜，并经调色加工成各种彩面。面有黏性，要用黄蜡润手。工具有各种塑刀、篦梳和剪刀等。捏塑时运用搓、捏、团、挑、揉、压、按、擦、拨等手法，然后装头、加手和插上道具。我国传统面塑，以北京、山东、上海、武汉等地的最为著名。各地面塑的制作方法大同小异。

面塑制作工艺

【绢、纱、纸花制作工艺】 大致分为：一、揉料、刮料。先用绿豆淀粉等冲成浆，用来揉（称"揉料"）和刮（称"刮料"）在丝绸或纸张

上。揉料做的花瓣自然、活泼、美观、柔和，刮料做的花头刚劲、硬挺、耐用。二、冲压花瓣。浆好料，干燥以后，用铁模冲压成洁白的花瓣。三、染花瓣。花瓣要先蘸酒精，再用小镊子夹住，在染液碗中敏捷地一触，即可染成有深有浅的颜色。四、做花。把染好的花瓣放在手心，用小棍捻成花瓣形状，加上花须，粘成一朵绚丽的花儿。五、制叶。花的叶子要用纸冲压成型，经抽筋后粘在细铁丝上，上颜色、蘸蜡，制成叶状。六、整理。将枝干、叶、花和果搭配扎在一起，分出阴阳向背，就成了。

【制作模子工艺】 制作泥玩具的模具，多由泥玩具艺人自制。先用泥土塑成立体形象，再用泥土压成薄片，包裹在原型的前面，制成"前片"，再做"后片"，后入火焙烧，成为陶质。翻模的泥土须掺入"砖面"，即以青砖研磨成的粉末，以增加强度。现都用石膏制作模子，石膏模表面光润、细部精准，是一种制作高档泥人的模具。造型复杂的泥人需要多片模具，有三块模、四块模或多块模。

【陶模制作工艺】 先做原型，俗称"子儿"。做法是：首先用黄泥捏一个圆柁，上装有一握把，待半干后在圆柁正面雕刻图纹，晾干入火焙烧，泥土烧成了陶，就是"子儿"，也就是翻印陶模的"底版"。左手握住原型的握把，右手把和好的黄泥按压在圆柁的正面，让黄泥

陶模原型

罩盖住图案，并用刀子沿边口切割一周，取下原型，一个陶模的泥坯就做好了。晾干入火焙烧，就成了陶模。

【北京毛猴制作工艺】 单个毛猴的做法：用一辛夷花（玉兰花蕾），尖头朝下，取一蝉壳头部黏合于上端，做成猴头。再用蝉壳前爪做猴子的后腿，用蝉壳后爪制作猴子的上臂，蝉壳后爪有弯曲的爪甲，类似猴之爪掌。最后按设计要求，细部做些调整。制作群体毛猴，大体做法与单个毛猴相同，唯动作可根据需求做某些夸张或局部修整。

北京毛猴制作工艺流程
（引自王连海《北京民间玩具》）

【糖画制作工艺】 糖画亦称"浇糖人""倒糖饼"。首先将红糖或白糖熬制成糖液，用铜勺舀起，在一块25厘米大小、平滑的石板上随形浇糖，走勺须连贯快捷，一气呵成。

南京糖画：祥龙

浇画的形象，如同一笔画。糖画浇成冷却后，用竹签挑起而视，晶莹透亮，流光溢彩，故又称"糖灯影"。浇糖画，事先须胸有成竹，打好腹稿。浇糖时，全凭手腕的抖、提、顿、放，形成糖液线条的粗细、疏密、厚薄对比关系，以组成优美的画面。常见的糖画有龙凤、戏剧人物、飞禽走兽和"福""寿"等吉祥文字。

【糖塑制作工艺】 先用食用染料将糖染成红、蓝、黄、绿和白等各种颜色，根据设计需要，选用不同色泽的糖料浇洒成所需的形象，在冷凝前趁热弯曲、扭转，最后用同样的糖稀将各种形象黏合，组合成一个完整的糖塑作品。

北京糖塑：蝈蝈

【吹糖人制作工艺】 首先将麦芽糖用小火加热，使之变软，再将糖染成红、黄、绿等色，运用捏、揉、拉、吹等手法，塑造成中空如泡的形象；然后通过吹气使糖料膨胀，有的利用两片陶模，将膨胀的糖料放于两模中间，再边吹边调整模具，稍冷却，打开模具，一个空心的糖人就做好了。模具用泥土制作，经火焙烧成为陶模。有的吹好的糖人，还要涂染颜色。

北京吹糖人

历代名师名家

【鲁班】 古代巧匠。春秋时鲁国人，姬姓，公输氏，名般，又称鲁班。《汉书·叙传·答宾戏》载："逢蒙绝技于弧矢，班输榷巧于斧斤。"注："班输，即鲁公输班也。一说，班，鲁班也，与公输氏为二人也，皆有巧艺也。"《文选·答宾戏》作"般输"。据传，鲁班在建筑、木工、器械等方面都有发明创造，曾创造攻城的云梯和磨粉的砲，又相传曾发明木作工具，被我国历代建筑工匠尊为"祖师"。又传，鲁班曾创造一种益智玩具"鲁班锁"，是用六根长短粗细相同的短木以不同的榫卯结构组合构成，构思奇巧。相传鲁班锁是鲁班为测试自己儿子的智力而设计发明的。参见"鲁班锁"。

【偃师】 西周木偶名艺人。生卒年不详。善造倡伎木偶，其歌舞如真人。《太平御览》卷七五二引《列子》："周穆王西巡狩……有献工人名偃师……翌日偃师谒见王，王荐之，曰：'若与偕来者何人邪？'对曰：'臣之所造能倡者。'穆王惊视之，趋步俯仰，信人也。巧夫鎭其颐，则歌合律，捧其手，则舞应节，千变百化，惟意所适。王以为实人也，与盛姬内御观之。技将终，倡者瞬其目而招王之左右侍妾。王怒，立欲诛偃师，偃师大慑，立剖散倡者以示王，皆傅会草木胶漆、白黑丹青之所为。王谛视之，内则肝胆心肺、脾肾肠胃，外则筋骨支节、皮毛齿发，皆假物也，而无不毕具者。"

【周祖】 宋代制作看果（旧时供祭祀或观赏用之果品，多以土、木、蜡等制作）的名工。生卒年不详。宋陶毅《清异录·夺真盘饤》："周祖创造供荐之物……灵前看果，雕香为之，承以黄金，起突叠格，禁中谓之'夺真盘饤'。"

【谢瀛州】 清代光绪时木偶头雕刻艺人。四川广汉人。人称"谢雕匠"。原先的木偶较大，后经谢瀛州改良，才成今天一尺五寸高的式样。

【谢雕匠】 参见"谢瀛州"。

【江金榜】 （？—1889）清末福建木偶雕刻艺人。福建著名木偶雕刻艺术家江加走的父亲。泉州花园头人。原先从事佛像雕刻，后来专门从事木偶雕刻。江加走从小随父学艺，父亲传授他50多种木偶头和一种平髻的梳制发式雕刻技艺。

【江加走】 （1871—1954）木偶雕刻家。字长清，福建泉州人。十几岁开始从事木偶雕刻，经70多年辛勤劳动，创作木偶戏头像280多种，共雕刻了1万多件作品（提线傀儡戏头像未计在内），形象鲜明，技术精巧，具有独特的风格，为中国木偶戏艺术的发展做出了很大的贡献。《家婆》（媒婆）头像是他的代表作品之一。后来他又成功雕刻了《小二黑结婚》里"三仙姑"的木偶头像，在宣传《婚姻法》中发挥了积极作用。福建的木偶头像，以江加走一家所做最为著名，人称"江氏木偶头"。江加走生前曾为中国

江加走

美术家协会会员、华东美术家协会理事、福建省文联委员等。著有《江加走木偶雕刻》。

【徐年松】 （1911—2004）福建木偶头雕刻艺人。福建漳州人。与江加走并称"南江北徐"。徐年松雕刻的木偶头别具一格，脸谱设色鲜艳，造型趋于写实，特别是生、旦角色，近于舞台人物扮相。如《白须老生》头像，作者采用传统肖像写真的"国"字头形，眉毛松长，人中长而略平，额部凸出，眉骨显现，前额和眉梢呈几丝皱纹，下巴突出而下眼皮略成半月形等，都是老年人的五官特征。作者还有意加深鼻唇沟，使它与清而有神的眼睛相衬，塑造了一个风神奋发的白发老生形象。

【江朝铉】 （1912—2001）福建泉州木偶头雕刻艺人。祖父江金榜是清末木偶头雕刻艺人，父亲江加走是著名的木偶头雕刻艺术家，传至江朝铉是第三代。他继承父亲280多种木偶头的雕刻绝技，并创作了30多种木偶头的新产品，丰富了泉州木偶头的雕刻艺术。他创作了难度极高的《封神演义》中三头六臂的吕岳的木偶头，三个头都能活动。他还创作了不少现代人物的木偶头形象。他雕刻的红脸武将木偶头，刀法沉稳简练，色彩对比鲜明，整个头部采用暗红的色调，眉毛、胡须墨黑，眼部是洁白的水粉底色，浓墨点睛，利用强烈的色彩对比，突出眼部，塑造出威武不屈的英雄形象。曾为中国美术家协会会员、福建省第五届人大代表。

【徐竹初】 （1938— ）福建漳州著名木偶雕刻艺术家。徐家是木偶雕刻世家，徐竹初的祖上徐子清，早在清代嘉庆十二年（1807）就在福建漳州东门开设"成成是"木偶

作坊。父亲是人称"南江北徐"中的木偶雕刻大师徐年松。徐竹初10岁开始随父学艺，刻苦勤奋。中学时代，他所刻制的三个木偶头在1955年全国少儿科技和工艺作品展览会上荣获特等奖。他制作的木偶造型有360多种，生旦净丑各种角色齐备，仙佛释道、天仙魔怪，个个形象不同，生动传神。徐竹初的木偶作品，不仅台上能演，而且台下耐看，典雅华美，细巧精致。他的作品先后在美国、新加坡等国家和香港、台湾等地举办过专题展览，并被美、苏、法、日、匈等国家及香港等地的艺术博物馆收藏。

* * *

【王温】　唐代著名彩塑艺人。生卒年不详。塑工和装銮名工，精工妙技，古今绝手。曾为汴州（今河南开封）大相国寺重装圣容，有"金粉肉色"之誉。并装山门下善神一对，号称大相国寺"十绝"之一。

【雷潮夫妇】　宋代塑像名艺人。浙江临安（今杭州）人，生卒年不详。相传浙江杭州西湖净慈寺五百罗汉、江苏苏州震泽紫金庵十六罗汉，系出其手。（现有十八尊，其中两尊为后人添塑。）罗汉各高三尺四寸，比例合度，容貌、衣褶服饰色调丰富，手法写实，神态生动。每尊罗汉都表现出各自的性格特征，艺术造诣很高，是宋塑珍品。诸佛各现妙相，轩渠睇眄，奕奕有神。紫金庵罗汉，迄今保存良好。（参阅华东艺专美术史教研组：《洞庭东山紫金庵古塑罗汉考察记》，《文物参考资料》，1955年第9期）

【田玘】　宋代泥塑艺人。生卒年不详。以善制泥孩像而著名。宋代陆游《老学庵笔记》卷五："承平

时，鄜州（今陕西富县）田氏作泥孩儿，名天下，态度无穷，虽京师工效之，莫能及。一对至直十缣，一床至三十千。一床者，或五或七也。小者二三寸，大者尺余，无绝大者。予家旧藏一对卧者，有小字云：'鄜畤田玘制。'绍兴初，避地东阳山中，归则亡之矣。"宋代时，这种小塑土偶称为"摩睺罗"。

【袁遇昌】　宋代泥塑名工。吴郡（今苏州）木渎人，生卒年不详。专做泥美人、泥婴孩及人物故事，以十六出为一堂。高只三五寸，彩画鲜妍，备居人供神攒盆之用。卢熊《苏州府志》记载："宋袁遇昌，吴之木渎人，以塑婴孩名扬四方。每用泥抟填一对，约高六七寸者，价值三数十缗。其齿唇眉发与衣褓襞积势似活动，至于脑囟，按之胁胁……遇昌死，其子不传，此艺遂绝。"这种儿童捏像，当时称为"摩睺罗"。宋时"七夕"有供奉"摩睺罗"的风俗。

【包承祖、孙荣】　宋代泥塑捏像名手。生卒年不详。江苏镇江市大市口五条街小学骆驼岭出土一批宋代捏像，都是用泥抟填捏成后烧制，不施釉，略加彩绘而成，形态各异，真实生动。这批儿童捏像中，有"吴郡包承祖""平江包成祖"（可能为同一人）和"平江孙荣"的戳记。宋时苏州曾为平江府，吴郡是其旧称，因此镇江出土的这批捏像的产地，无疑是苏州。

【吴静山】　南宋制作泥玩具艺人。福建人，生卒年不详。因避战乱，逃至广东潮安浮洋镇大吴村。相传是浮洋泥塑的创始人。擅长捏塑儿童玩具，他的三个儿子也都学泥塑，长子的手艺最为出色。后世代相传，深受群众欢迎。

【王竹林】　明代捏像名艺人。江苏苏州人。清道光二十二年（1842）吴县顾禄（铁卿）撰《桐桥倚棹录》载："塑真，前明王氏竹林，亦工于塑作。今虎丘习此艺者，不止一家。"清代汪士镖《赠虎丘项天成妙手塑真》诗云："……钟灵往往多技能，塑真王氏传名旧。竹林凋谢宿草新，师友渊源尚有人。……"可见王竹林的捏像技艺，在当时已引起很多人的重视和赞赏。

【项天成】　清代乾隆年间泥塑名艺人。居江苏苏州虎丘。善以泥模捏塑小像，自云出自王竹林师傅。因机缘得入营中，侍卫容照荐诸将军，将军为各随员皆试其技，果然面目逼肖。汪士镖赠以七言长诗《赠虎丘项天成妙手塑真》诗，备述其技之妙："……钟灵往往多技能，塑真王氏传名旧。竹林凋谢宿草新，师友渊源尚有人。项子风流儒雅客，江东妙手更无伦。虎头阿堵光如电，添毫道子开生面。传粉范泥夺化工，写真不用鹅溪绢……"又清乾隆年间陈泽泰《春柳草堂集》有赠虎丘塑像项天成诗："人生本幻影，中具一点灵。君以幻中幻，作此形外形。泥丸肖状貌，不异丹与青。板屋未盈尺，虚白生窗棂。宛如蚊睫上，而以巢蟭螟。项生箪瓢士，踪迹常飘零。愿结忘形契，与尔度金庭。"由此可知项天成与陈泽泰皆乾隆时人，而《苏州府志》作康熙时人，恐有误。（参阅《苏州府志》《虎邱山志》《咄咄吟》，陈玉寅：《苏州的捏像》，《文物》，1959年第12期）

【王春林】　清代乾隆时期无锡惠山彩塑名师。生卒年不详。清徐珂《清稗类钞》载：清乾隆皇帝弘历南巡到无锡惠山，看到王春林制作的泥人精巧异常，变化万端，便命他塑了数盘泥孩，装饰上锦片和金

箔。乾隆还赏赐了他。这几盘泥人，清代光绪年间还存放在北京颐和园佛香阁内，庚子之乱时被八国联军劫去。

【项春江】 清代道光时捏塑名艺人。项春江在江苏苏州虎丘捏像，名闻一时。"项氏捏像"自清初康熙时的项天成起，世代相承，到道光时的项春江，技艺更高，声望大，求像人多，以致后来捏像者有冒称为项氏弟子的。韩崶《赠捏相项春江》诗："傅岩访梦弼，麟阁图勋臣。顾张不可作，阿堵半失真。我本山泽癯，颊角撑嶙峋。几经画工手，动觉非其人。因思绘画事，不敌塑作能。绘只一面取，塑乃全体亲。百骸与九窍，一一赅而存。顾惟七尺躯，骯脏羞倚门。生前忽作俑，毋乃儿曹惊。所宜就收束，无取夸彭亨。何妨竿木场，着此傀儡身。虎丘有项伯，家与生公邻。世传惠之艺，巧思等绝伦。熟视若无睹，谈笑忘所营。岂知掌握中，云梦八九吞。取材片埴足，妙用两指生。始焉胚胎立，继配骨肉匀。按捺增损间，不使差毫分。秾纤彩色傅，上下须眉承。五官既毕具，最后点其睛。呼之遂欲动，对镜笑不胜。自怜饭颗瘦，忽讶瓜皮青。周旋我与我，何者为形神？乃谋置几榻，且复携儿孙。居然壶公壶，盎如一家春。伟哉造物者，本以大块称。我亦块中块，万物土生成。今以块还块，总不离本根。他年归宿处，仍此藏精魂。固宜相印合，不假炉锤烦。情知皆幻质，撒手鸿毛轻。要念此天授，惟圣乃践形。奈何逐物化，周蝶空纷纭。且宝径寸珠，任转万劫轮。"

【陈桂荣】 清代光绪年间惠山塑名艺人。生卒年不详。擅长捏制戏文塑像，如他塑制的昆剧《琵琶记》蔡母食糠噎死一折，刻画蔡母白发苍苍，满脸慈祥，身穿交领宽袖衣，下着布裙，年迈老态，手拿筷子，正欲噎糠，逼真生动，极其传神。

彩塑《琵琶记》
（陈桂荣作）

【周春奎】 清代光绪年间苏州虎丘泥人名师。生卒年不详。1956年，苏州少年周福元将他外祖父遗存的436件虎丘泥人头模和一套捏作工具捐赠给苏州博物馆。后用这批模子翻制出一批泥人头像，有老人、妇女、儿童、神像和戏文脸谱等，有的脸部仅六七毫米大小，但五官须眉毕现，神态生动，可见捏塑技艺之高超。在周福元捐赠的这批头模中，有刻"光绪三年"和制作人"周春奎"的名字。周春奎应为当时苏州泥人名师。

【沈顺生】 清代光绪年间苏州虎丘泥人名师。生卒年不详。1956年，苏州少年周福元将他外祖父遗存的436件虎丘泥人头模和一套捏作工具捐赠给苏州博物馆。后用这批模子翻制出一批泥人头像，有老人、妇女、儿童、神像和戏文脸谱，有的脸部仅瓜子大小，但五官眉须毕现，神情生动，可见捏塑技艺之高超。在周福元捐赠的这批头模中，其中有刻"光绪三年"和制作人"沈顺生"的名字。沈顺生应为当时苏州泥人名师。

【吴藩乾】 清代光绪时期彩塑名艺人。生卒年不详。光绪年间，广东潮州彩塑甚为兴盛。当时著名艺人吴藩乾别出新意，在黏土中掺入豆腐，塑造群猴，施以彩绘，经过发霉，猴子身上毫发活现，在元宵赛会上，被评为绝品。

【项琴舫】 清代光绪时苏州虎丘捏像艺人。江苏苏州人。擅昆曲。家传"项氏捏像"，自清初康熙时项天成捏像起，到道光时的项春江，再传至项琴舫。光绪年间，画铅照和照相业兴起，逐渐取代捏像，为此项琴舫中年以后由虎丘搬入苏州城内吴趋坊，改业开古董店。以后偶尔除应亲友之情捏像相送外，对外已不营业，"项氏捏像"至此失传。当时除项氏外，另也有一两家捏像店，至民国初亦都先后倒闭。

【黎广修】 清代光绪时期民间著名雕塑艺人。字德生，四川人。对佛学有研究，是云南昆明筇竹寺五百彩塑罗汉的作者。清光绪九年（1883），重修筇竹寺，黎广修应聘到昆明塑像，与徒弟五人历时七年完成。五百罗汉群像造型生动，神情各异，疏密得体，色泽谐和，衣纹优美，充分体现了黎广修卓越的彩塑才华。黎广修还能书善画，现筇竹寺还留有他的淡墨山水画一幅、手书楹联一对。黎广修平时也常塑制儿童泥塑作品。

【陶三春】 清末民初苏州捏像名艺人。生卒年不详。人称"捏像陶"。相传陶三春捏像，捏塑快捷，对人塑捏，生动传神。他常宽衣长袖，往来市井间，有人邀其捏像，如期携泥一块往其家，熟视对方片刻，隔桌肃坐，割泥一方，手掩于长袖中，随观随捏，围看者仅见到衣袖微动，无法窥其技法，待其捏成出示，神态逼真，令人叫绝。

【捏像陶】　参见"陶三春"。

【张长林】　（1826—1906）清代天津著名泥塑艺人。字明山。故乡浙江，后移居天津。为天津"泥人张"的创始人。张家为捏塑世家。张长林所捏各种戏剧人物，形象逼真，远近驰名，尤工捏像（又称"捏相"）。捏时只需与人坐谈，传土于手，不动声色，瞬息而成，面孔径寸，形神生动，须眉逼肖，观者叹绝。张长林七八岁时，随父张万全捏制泥人，学烧陶器。初做小猫、小狗和笔筒之类，后在未烧的动物泥胎上试施彩色，见效甚好，始做彩塑。18岁时，正逢著名京剧演员余三胜到天津演出，长林为之塑像，刻画十分传神，观者惊叹，从此名声大振。长林曾苦学绘画，尤工人物、花鸟，传世画稿有《少女鹦鹉图》。他塑造的历史剧目有《黄鹤楼》《夺太仓》《蒋门神》《木兰从军》等。其中粉塑《木兰从军》藏于颐和园排云殿配殿内。所塑的仕女，修长袅娜，优美多姿。他善于把绘画技巧和艺术夸张手法运用到泥塑中。其特征是上身较短，下身较长，有亭亭玉立之感。张长林把泥塑从一般玩具提高到圆雕艺术的水平，又装饰以色彩、道具，形成了"泥人张"的独特风格。

【丁福亭】　（1832—1912）清末无锡惠山泥塑艺人。人称"丁驼子"。为彩塑名艺人丁阿金的哥哥。以捏塑昆曲戏文为主，更擅长神仙故事题材。据传他和弟弟丁阿金共同创造出"印段镶手"的捏塑技法，这对惠山泥塑的发展和提高具有一定影响。

【丁驼子】　参见"丁福亭"。

【周阿生】　（1832—1912）清代无锡惠山彩塑名艺人。又名周生官。咸丰、同治年间所做大型泥塑《蟠桃会》，塑有王母、八仙等27尊像，神态生动，色彩明丽和谐，被列为珍品。早年曾结识佛塑艺人朱受生，其作品受佛塑的影响较为明显。周阿生作品众多，以京剧人物为主的"戏文"与"财神"最为优秀。他塑造的戏曲人物温文端正，女性特别优美恬静，富有古典美；老人慈祥和蔼，给人以亲切感。因周阿生擅长捏制神仙故事作品，当地流传有两句话："要戏文，找阿金（指丁阿金，善捏戏文泥人）；要神仙，找阿生。"据传"捏段镶手"的泥塑技法，为周阿生所创，这对惠山泥塑的发展具有重要影响。

彩塑《蟠桃会》
（周阿生作）

【丁阿金】　（1839—1922）清末民初无锡惠山彩塑名艺人。原名丁兰亭。是当时惠山捏制昆曲戏文泥人成就最高，作品流传最多、最广的艺人，名闻苏州、无锡一带。创作时，他认真观摩演员的演出、化装，学习戏文、服饰、道具方面的知识。一般泥捏戏文，是二人一出，他的精致作品，大多是三人一出。人物眉目生动，身段活泼，泥人的帽缨、靠旗、首饰、衣带和旗伞、武器、扇杖、杯盘等，都用精细材料制成。他的创作，以昆腔戏为主，善于抓住戏剧冲突来塑造人物，性格鲜明，生动简洁。丁阿金不仅善捏，亦善彩绘。"轻描淡写"是他彩绘作品的主要特点。虽寥寥几笔，人物性格却鲜明突出，特别是画丑角，更是惟妙惟肖，生动传神。因他善绘戏文作品，当地流传两句话："要戏文，找阿金；要神仙，找阿生（指周阿生，以善捏神仙故事作品闻名）。"丁阿金的手捏戏文代表作品有《教歌》《卖书》《搜山》和《水斗》等，都收录于《无锡惠山彩塑》一书。据传"印段镶手"的捏塑技法，为丁阿金兄弟所创。阿金的捏塑和彩绘，形成了惠山"手捏戏文"的历史系统，对惠山彩塑的发展具有重要影响。

彩塑《教歌》
（丁阿金作）

【张兆荣】　（1863—1954）天津泥塑艺术家。字玉亭。原籍浙江，祖辈移居天津。为张长林之子，是"泥人张"第二代传人。张兆荣自小随父学艺，继承了张家的优秀技巧，克服了长林不重视背面形象刻画的缺点。他最善于塑造仕女，尤其善于从人物的动态中刻画形象。他的作品大多取材于《红楼梦》和《西厢记》。他所塑造的仙女，衣袖裙带恍如迎风飞舞，运用了"曹衣出水，吴带当风"的传统绘画技法，这是他的创作特点。他的代表作《少女》《教子》等，都收录于《泥人张》一书中。张兆荣和他父亲的许多作品，曾参加过许多国际展览，获巴拿马赛会金质奖等20多个奖状、奖牌。现在我国故宫博物院、颐和园和其他地区的博物馆中，还保存着不少"泥人张"的彩塑艺术珍品。

彩塑《教子》
（张兆荣作）

【潘树华】 著名面塑艺人。天津人。民国初年以挑担捏卖米粉人为业。后改捏泥人，在上海普益习艺所任泥人科主任，捏像、涂色、开脸均自出新样，玲珑精巧，并能塑肖像，翻石膏。培养出了不少高徒，惠山泥人亦颇受其影响。人称"潘麻子"，尊为"潘师傅"，又名"粉人潘"。女婿赵阔明（人称"面人赵"）、女儿潘桂荣，都是捏面人的能手。

【潘麻子】 参见"潘树华"。

【粉人潘】 参见"潘树华"。

【汤有彝】 （1882—1971）北京面塑艺术家。人称"面人汤"。字子博，河北通县（今北京通州）人。自幼喜欢画画、捏小人，特别喜爱捏面人，曾向山东曹州（今曹县）一带来河北的面塑艺人学过面塑。

17岁开始做面人，从事面塑创作60多年。他背着小箱到处卖艺，足迹遍及北方各地，看到大同云冈的石佛和各地庙里的佛像后，仔细研究，吸取传统精华。其面人作品形体准确，色调鲜明，性格突出，形神兼备，并具有自己的独创风格。他是第一个把签举式面人改为案头面人、并首创"核桃面人"（将核桃壳修饰后，在壳内陈设面人）的人。青少年时期，曾加入义和团；五四时期，参加过学生运动；抗日战争年代，创作了《郑成功》和明代福建抗倭民族英雄《张千斤》《李八百》等面人，在北京街头出售，以示抗日，并断然拒绝日本人的访日"邀请"。其代表作品有《洛神》《宝玉观棋》《三战吕布》《钟馗》等。汤有彝修配出土陶器文物，技艺精湛。新中国成立后，被聘到中央工艺美术学院任教，和"泥人张"第三代张景祜一起共同研究民间彩塑艺术。1956年，出版《汤子博面塑选》一书。

【面人汤】 参见"汤有彝"。

【陈毓秀】 （1884—1970）无锡惠山彩塑名艺人。自小随母学做泥人，15岁从师专攻泥人彩绘技法。1905年在上海普益习艺所任教。1954年进入惠山泥塑创作研究所，与蒋子贤长期合作，一塑一彩，佳作纷呈。曾总结惠山泥塑彩绘工艺"五步法"。其彩绘风格淡雅精致，

彩塑《白蛇传·断桥》
（蒋子贤塑，陈毓秀彩绘）

神态生动。代表作有《五虎将》《贵妃醉酒》《霸王别姬》等。

【蒋子贤】 （1884—1957）彩塑艺术家。江苏无锡人。清末著名艺人周阿生之婿。祖传捏塑，12岁随父学艺，三年后便能自塑自画。以后又向当时惠山手捏昆腔戏文的艺人孙金福学习。至18岁，蒋子贤所做的彩塑已名闻一时。这个时期，他还捏塑肖像。1954年，在江苏省惠山泥塑创作研究所从事手捏戏文的创作和研究工作，1955年任惠山泥人社技术指导。蒋子贤的泥塑作品推陈出新，尤擅捏塑大场面泥人。代表作品有《贵妃醉酒》《霸王别姬》《闹天宫》《蟠桃会》《袁樵摆渡》和《天仙配》等。他常和彩绘艺人陈毓秀合作，一个泥塑，一个彩绘。蒋子贤曾任江苏省政协委员、无锡市文联委员。有些作品被珍藏于南京博物院。

彩塑《三有趣》
（蒋子贤作）

【王锡康】 （1890—1967）惠山彩塑名艺人。无锡惠山人。为前辈艺人王细阿盘之子，自幼沿袭家传，技巧全面，既能制作传统泥耍货，又能制作手捏泥人，彩绘功力也十分精深。作品的民间色彩和乡土气息十分浓烈，造型拙朴可爱，饰色鲜丽明快，惠山泥塑业同行誉之为"落台鲜"。1959年在无锡市工艺美术研究所工作期间，曾根据记忆，抟泥复制，随类敷彩，制作大量惠

山泥塑传统作品，为后人留下了十分珍贵的文化遗产。代表作有《春牛》《九狮》《八仙》等。其中以《猢狲出把戏》最为生动，描绘旧社会江湖艺人耍猴卖艺，能让猴子表演穿衣、戴面具、爬竿、翻筋斗、骑羊跑圈等，以此娱乐观众。作品原趴在卖艺人肩上的猴子已遗失，甚为可惜。

彩塑《猢狲出把戏》
（王锡康作）

【张景祜】 （1891—1967）天津泥塑艺术家。名培承。原籍浙江，祖辈移居天津。清末著名泥塑艺人张长林之孙、张玉亭之子，是"泥人张"第三代传人。张景祜9岁随父学习泥塑，吸取了张家两代的优点，形成了自己的独特风格。他创作的《惜春作画》和《将相和》，曾得到毛主席和周总理的称赞。他采用群像形式创作的《欢迎太平军》，描绘了林凤祥、李开芳率太平军北伐，受到天津稍直口人民拥护的热烈场面。《火烧望海楼》也得到了人们的交口称赞。作品《牛郎织女》《欢迎太平军》藏于天津历史博物馆，并收录于《泥人张》一书。张景祜生前曾在北京工艺美术研究所、中央美术学院、中央工艺美术学院从事教学、创作和研究工作。曾任全国政协委员、全国文联委员、中国美协常务理事。

上：泥塑素胎《海棠诗社》（张景祜作）
下：彩塑《西施浣纱》（张景祜、张铭作）

【李俊兴】 （1893—1980）面塑艺人。山东菏泽穆李村人。出生于面塑世家，早年兄弟五人都从事面塑。13岁随兄李俊河学艺，16岁就独自操作。李俊兴的面塑形象生动，捏塑时干净利索，人物传神，色泽鲜艳。1956年，李俊兴在菏泽组织面塑生产合作社，不久迁至济南。1964年，他领导研究面塑脸谱，所创作的浮雕面塑出口美国、法国、日本，深受欢迎。李俊兴在86岁高龄时创作的《火烧琵琶精》，形象生动，技艺精湛。

【雷光宗】 （1896—1967）四川成都面塑艺人。四川乐至县人。字跃山，绰号"雷麻子"。13岁学做泥塑，曾去江西景德镇学习瓷塑技艺，1934年以面塑手艺游方谋生，1941年迁居成都，以"雷麻子面人"名闻一时。他捏塑的面人造型简练，形象夸张，色泽鲜艳。他总结面塑创作经验："要笑，眉弯嘴角翘；要恶，眉毛胡子一撮撮。"题材大多为民间传说故事和儿童，有《胖嫂回娘家》《背娃赶会》《张古董提烧鸭子》《打神告庙》《孙悟空》《八仙过海》和《姜太公钓鱼》等。

【雷麻子】 参见"雷光宗"。

【蒋晓云】 （1898—1983）惠山泥塑名艺人。江苏宜兴人。少年学艺，擅塑佛像。青年时期浪迹江浙一带，为寺院塑佛像，名声卓著。1956年到惠山，先后在惠山泥人厂、泥人研究所工作。作品富有佛教艺术风格，塑作随意，无造作之气。尤专图案彩绘，色彩纯朴，用笔流畅洒脱。代表作有《东方朔》《达摩》等。

上：蒋晓云
下：彩塑《东方朔偷桃》（蒋晓云作）

【蒋金奎】 （1898—1977）惠山泥塑名艺人。无锡惠山人。为前辈艺人蒋三元之子，自幼沿袭家传，擅塑"春牛""蚕猫"等传统泥耍货，塑制儿童形象也别具一格，尤以制作各种形态的泥猫而著名，在惠山素有"猫王"之美称。他塑制的泥猫神采奕奕，质朴浑厚中蕴含灵气。在书法上以点斑和扑笔见长，乡土气息极浓。

彩塑《刘海戏金蟾》
（蒋金奎作）

【赵阔明】　（1899—1980）面塑艺人。人称"面人赵"。北京人。小时住北京阜成门宫门口大杂院里，新中国成立后久居上海。12岁学过"开口跳"（武丑），拉过洋车，当过泥水匠、鞋匠。19岁起拜流浪在天津的深州（属河北）捏面老艺人韩亮英为师，学习面塑技艺。25岁时，他捏的面人与当时北京著名的面塑能手汤子博（人称"面人汤"）齐名。32岁在天津创"化学面人艺术研究社"，经多年刻苦钻研，首创不裂、不蛀、不霉面人，可放十

面塑：京剧《二进宫》徐延昭
（赵阔明作）

到二十年不坏，人称"面人大王"。1938年，在上海拜面塑名艺人潘树华为师，艺益精进，后成为潘树华之婿。为了捏好戏剧人物，赵阔明下苦功学习各种京剧，因此他捏制的各种京剧人物，动作、神态都十分逼真，代表作品有《钟馗嫁妹》《老寿星》《八仙过海》《贵妃醉酒》《武松打虎》等。赵阔明对现代人物包括外国人物也深有研究，曾创作大型面塑《友谊长城》。1957年任上海工艺美术研究室副主任，1958年当选为上海市人大代表。其妻潘桂荣亦工此艺。

【面人赵】　参见"赵阔明"。

【面人大王】　参见"赵阔明"。

【周作瑞】　（1900—1982）惠山彩塑名艺人。江苏盐城人。13岁进入上海普益习艺所拜天津著名

上：周作瑞
下：彩塑《老黄忠》（周作瑞作）

彩塑艺人潘树华为师，专攻塑制古装仕女。1952年到惠山定居，先后在泥人研究所、惠山泥人厂工作。所做古装仕女造型准确，容貌端庄，神态婉约，衣纹飞扬流畅，在惠山泥塑行业声望很高。代表作有《打金枝》《麻姑献寿》《天女散花》等。

【高标】　（1902—1983）惠山彩塑名艺人。又名菊林。无锡扬名街道魏巷人。12岁进入上海普益平民习艺所拜天津著名彩塑艺人潘树华为师，颇得师传，善于塑真。1921年到惠山，曾开办"高标艺术馆"，对惠山泥塑模具及空心抟泥印坯技术的改进颇有贡献。作品内容题材广泛，风格重于写实，气度宏壮。20世纪50年代改进传统作品《大阿福》获得成功。1979年，作品《大阿福》获轻工业部优质产品证书。代表作有《关羽与周仓》《风尘三侠》《武松打虎》等。

彩塑《双大阿福》
（高标作）

【王士泉】　（1903—1981）惠山彩塑名艺人。无锡惠山人。别名王世荣。自幼喜好泥塑艺术，勤奋好学，无师自通。擅长手捏戏曲泥人及塑制京剧脸谱，技术全面，塑、捏、彩兼长。1953年进入惠山泥塑创作研究所。作品线条刚劲，质感强烈。饰色淡雅清丽，不尚华丽，图案细微工整。代表作有《姚期》《张飞》《采茶扑蝶》等，所做京剧脸谱，堪称惠山一绝。

上：京剧脸谱头《孟良》《焦赞》
下：彩塑《姚期》
（王士泉作）

【陈阿兴】　（1903— ？）惠山泥塑名艺人。无锡南门人。擅长手捏戏文，作品质朴简练，色泽典雅谐和，富有民间艺术特色。他创作的锡剧彩塑《珍珠塔》，描绘《赠塔》一折，刻画细腻，生动逼真，形神兼备。他从事泥塑创作70多年，代表作品有《打渔杀家》《珍珠塔》《西游记》《庙会》和《王老虎抢亲》等。

彩塑《珍珠塔》
（陈阿兴作）

【吴国清】　（1908— ？）苗族泥哨艺人。贵州黄平旧州石牛寨勇村人。少时曾进私塾读书，因家境贫寒辍学务农，闲暇喜用白善泥捏泥哨，受到人们的欢迎，后便捏些泥哨拿到旧州城集上出售。他的泥哨大的如拳，小的如枣，题材有神话人物、鱼蟹昆虫和飞禽走兽。先塑成型，后用印模印上花纹，再用谷壳沤烧，然后绘上五彩，尾端有吹孔和回气孔，吹时哨音清亮。1982年，在贵州省群众艺术馆和中国美术馆联合举办的贵州民间美术展览会上，他的200多件泥哨参加了展览，后多次在国内外展出，深受各方赞赏。

【郎绍安】　（1909—1993）现当代著名面塑艺人。人称"面人郎"。北京人，满族。12岁随面塑能手赵阔明学艺，是赵的高徒。创作作品以古代人物、神话人物、清官人物、市井人物、动物等为主，代表作品有《八仙祝寿》《三百六十行》等。1956年，郎绍安随同我国工艺美术代表团到英国参加国际展览，登台表演面塑艺术，轰动伦敦。

【面人郎】　参见"郎绍安"。

【李修身】　（1910— ？）河南淮阳泥玩具名师。淮阳白楼镇金庄人。自幼随长辈学捏泥玩具，刻苦勤奋，善于从生活中汲取素材，想象力丰富。他能捏制鸟兽虫鱼等100多种泥玩具作品，并能创作多种古装人物。作品造型简洁，质朴生动，敷色大胆，对比强烈，都具有鲜明个性。

【许如祺】　（1910— ？）江苏海安面塑艺人。人称"面人许"。13岁时，拜当地面塑艺师陈桂芳为师，同时也注意学习其他面塑艺人的经验。受父兄的影响，自幼即熟

悉说书和戏剧故事内容，故面塑题材多以戏剧人物和历史故事为主，在人物细部表现和表情刻画上有一定造诣，面塑设色鲜艳厚实。

【面人许】　参见"许如祺"。

【陈鹤庚】　浙江乐清泥塑高手。别号小愚。乐清人。能画，擅塑古装人物，尤精塑美女。他的泥塑代表作有《武松》《血溅鸳鸯楼》《红楼梦·下棋》组像等。他又是著名的纸扎艺人，喜用各种树皮、羽毛等创制新工艺，作品有《孔雀》《松鹤》等。他原是温州工艺美术研究室的艺人，曾于20世纪50年代至上海博物馆制作泥塑数十件。

【王廷良】　河南浚县泥玩具艺人。浚县杨玘屯人。自四五岁起，便随父亲学着用模具捏制小燕子和小泥人玩具，以后又捏塑小马和泥娃。他擅长制作戏曲人物，尤擅塑制刘备、关羽、张飞和秦琼等古代名人，造型古拙，质朴生动，淳厚优美。

【张鉴如】　北京烧制泥模名艺人。是北京烧制泥饽饽（泥模玩具，半面内空，儿童可用软泥在模中捏出泥制小雕塑）最有名的艺人。他兄弟二人都擅此技，鉴如擅雕刻模型，他哥哥能烧制翻模。所制模子有两种，一种是月饼模，是半模，可磕出小浮雕，多瓜果等类。另一种是娃娃模，是双模，可翻磕出小圆雕。较细致的作品有《刘海戏蟾》《孙悟空》《八仙》和各种戏出儿形象等。除泥饽饽外，张鉴如所制彩塑也很著名。

【张铭】　（1915— ？）现当代天津泥塑艺术家。原籍浙江，祖辈移居天津。为张长林曾孙、张兆荣之孙、张景祜之子，是"泥人张"第

四代传人。自幼受张家泥塑的熏陶，继承了"泥人张"彩塑艺术的特色，并有不少发展和创新。他的作品不仅在国内展出，还在日本、加拿大、法国、赞比亚、喀麦隆等国家巡回展览。张铭还到天津蓟县参加修复独乐寺观音阁塑像的工作，其中包括倒坐观音、侍女和守护神等。作品有《苏武牧羊》《木工》和《石工》等，都收录于《泥人张》一书。

彩塑《水浒传·飞云浦》
（张景祜、张铭作）

【扎西尼玛】　现当代青海泥塑艺人。藏族。早先从事"酥油花"创作，后改学泥塑。1959年，扎西尼玛到天津"泥人张彩塑工作室"随"泥人张"第四代传人张铭学习彩塑。创作的优秀作品有《牧笛》《奶茶》《背水》和《献哈达》等，具有浓郁的民族风格和地方特色，深得各方好评。

【王木东】　（1922—？）惠山彩塑名师，中国工艺美术大师。辽宁义县人。1943年毕业于日本大学艺术科雕塑系。长期从事艺术教育工作。1954年任惠山泥塑创作研究所负责人，在继承和发扬惠山泥人的优良传统、培养艺术人才方面卓有贡献。他技艺全面，塑绘兼长，所创作的彩塑，大件等身，小件仅如拇指，千姿百态。作品题材和表现手法丰富多彩，富有时代气息。代表作有《观音》《拾玉镯》《蔡文姬》《姑嫂情》《泼水节》等。出版过译著《世界

美术家画库：本乡新》，作品《达摩》被中国工艺美术馆收藏。制作的《程文浩》大理石胸像获得美国程氏基金会大奖。2008年被世界手工艺理事会亚太地区分会评为首届亚太地区手工艺大师。

彩塑《幸福生活》
（王木东作）

【张炜农】　（1923—？）无锡人。曾为中国工艺美术学会会员、无锡

上：彩塑《卖花姑娘》
下：彩塑《渔乡新声》
（张炜农作）

市泥人研究所高级工艺美术师。自小酷爱彩塑艺术，1957年师从惠山著名艺人周作瑞，并在惠山泥塑彩绘训练班习艺。其彩塑融合惠山泥人各家之长，形成了秀丽细腻、玲珑精巧、形神兼备的艺术风格。代表作有《嫦娥奔月》《兄妹开荒》《剑舞》等，并发表过专业论文多篇。

【李永连】　河南浚县泥玩具艺人。浚县杨玘屯人。浚县杨玘屯是泥塑玩具之乡，这里的人祖祖辈辈做泥玩具。李永连自小随父亲学艺，常到村镇赶庙会，在大集上出售泥玩具。他捏塑的《兔二姐》《小泥咕咕》《活头猪八戒》《小狮》《小猴》和《独角兽》等泥玩具，粗犷豪放，形象夸张，色泽鲜明，价格低廉，深受群众喜爱。

【陈保国】　（1926—　）广东工艺美术家，一级工艺美术大师。字锡章，广东揭西县棉湖镇人。曾随陶塑大师刘传学艺，深得真传。在长期的勤学苦练中，形成了自己的艺术风格和个性。1957年创作的《民族英雄李文茂》，被广东省博物馆收藏。1959年，作品《张良晋履》《红楼二尤》入选广东省国庆十周年美术展览。1980年，瓷塑《五子佛》获汕头地区工艺美术艺人、设计人员代表大会作品观摩评比一等奖。1999年10月至2001年6月，与其子陈茂辉、陈栋应邀为香港慈云阁设计、创作了大型五彩脱胎漆群组雕塑《十八层地狱》，采用民间泥塑技法，以天然大漆漆彩，成功地塑造了19组共205件形态各异的神话人物形象作品，得到海内外专家的高度评价。2003年，雕塑《钟馗》《张良晋履》分别获得中国首届礼品设计大赛金奖。2004年3月，雕塑《张飞打督邮》在深圳关山月美术馆举办的"广东省工艺美

术大师暨名人名作展"中获金奖。2005 年，荣获"中国工艺美术终身成就奖"。

陈保国

【柳家奎】 （1929—1995）当代彩塑名家。字半坡。浙江嵊县人。1954 年毕业于中央美术学院华东分院雕塑系。擅长泥塑、彩塑，对国画、陶瓷亦有研究。在惠山从事彩塑工作 30 多年，在继承和发扬惠山泥人的优良传统、培养艺术人才等方面都做出了重大的贡献。他将现代雕塑技法与惠山泥人传统表现手法相融合，形成自己独特的艺术风格。作品题材广泛，手法多样，造型洗练，线条流畅，色彩富丽清雅，雅俗共赏。先后创作了《祥林嫂》《十五贯》《野猪林》《八仙》《我爱北京天安门》《民族老人奏乐》和《岳飞》等。其中《醉八仙》《高

上：柳家奎

下：彩塑《祥林嫂》（柳家奎作）

僧论道》《待渡罗汉》三件艺术珍品被中国工艺美术馆收藏。被誉为"惠山泥人艺术的一代宗师"。1979 年 8 月在北京召开的全国工艺美术艺人、创作设计人员代表大会上，被授予"工艺美术家"称号。曾任无锡市泥人研究所名誉所长、中国美协江苏分会常务理事、江苏工艺美术学会副理事长等。

【李芳清】 （1930—2005）山东菏泽面塑名师。6 岁学做面塑，心灵手巧。作品多种多样，大的高达 1.64 米，小的只有花生米大。1982 年随山东工艺美术代表团访问澳大利亚，在总统府捏塑袋鼠，惟妙惟肖，使在场观众赞赏不已，悉尼报纸当天就刊登了他的作品，有的还作为头条新闻。1987 年出访德国做现场表演，一位贵妇人抱着宠物狗，请李芳清为狗塑像，李只用 5 分钟就完成，神态逼真生动，在场的外国友人都报以热烈掌声，争相购买他的作品，200 多件面塑几分钟就被抢购一空。李芳清的面塑，刻画精细，色泽鲜艳，十分传神。

上：李芳清

下：面塑《八仙过海》（李芳清作）

【双起翔】 （1931— ）北京泥塑名师。满族，北京人。自幼喜爱民

间艺术，善于塑制脸谱，他制作的小脸谱非常精美，将人物的神情气质表现得生动传神。自 20 世纪 60 年代起，制作大型脸谱，高 60 厘米，装上髯口，超过 1 米。他做的髯口，材料有草根、枯草和麻，别具一格，形成了"双氏脸谱"的独特风格。他还恢复了失传的北京"兔儿爷"制作技艺，创作了骑黄虎、骑黑虎、骑麒麟、骑白象和莲花座等各种"兔儿爷"，同时他也做泥娃娃、泥马和泥鸟等各式泥玩具。2005 年荣获"中国工艺美术终身成就奖"，2006 年被授予"中国工艺美术大师"称号。

上：双起翔

下：戏剧脸谱《青面虎》《崇公道》《张飞》（双起翔作）

【胡深】 （1931— ）陕西凤翔彩绘泥塑艺人。为凤翔彩绘泥塑的继承、发展和创新做出了重要贡献。其作品《泥塑马》被国家邮政总局选为 2002 年生肖邮票主图。2003 年设计的《泥塑羊》再次入选生肖邮票主图，这使凤翔彩绘泥塑蜚声海内外。曾为中国民间艺术学会会员、中国艺术研究院民间艺术创作研究员。代表作品有《吉祥虎脸》《泥塑马》《泥塑羊》《长命百岁坐虎》。《彩色泥偶》在陕西省第二届艺术节中荣获传统特色类一等奖；

《泥虎脸》荣获"中国民间艺术一绝大展"银奖;《线描小马》在江苏省首届"大阿福奖"(工艺美术)评审中荣获金奖。2005年,荣获"中国工艺美术终身成就奖"。

【汤凤国】 (1933—2015)北京面塑名师。别名汤麟书,是汤子博的次子,北京人。1947年就读于北京辅仁大学美术系,后任中央美术学院汤子博面塑工作室副研究员,从事面塑创作,代表作品有《长眉罗汉》和《钟馗》等。著有《面塑大师汤子博画稿》《面塑创作》和《中华民间艺术大观》等。

【郑于鹤】 (1934—)当代著名雕塑家。中国国家博物馆研究员。江苏徐州人。早年随"泥人张"张景祜学习泥塑。郑于鹤的雕塑,既有传统的,又有现代的,形成一种新的、具有自己艺术语言的独特风格。他的作品大的几百平方米,小的仅寸许,从室内走向室外,从展览走向广场。雕塑材质有泥、陶、木、树脂、青铜、玻璃、玉石。在佛教雕塑中,表现出非凡的创新理念,高屋建瓴,匠心独运。如《千手观音》,融合了几个时代最好的造型手法,包括唐代的敦煌艺术和元代壁画,从脸型、手势、装饰到莲花,都非常到位、贴切、传神,且极富内涵;天王青铜像,脸很大,没有脖颈,突出了天王威武的神态;《帕瓦罗蒂》塑造得十分完美,

彩塑泥玩具
(郑于鹤作)

后作为礼品赠送给了帕瓦罗蒂本人;特别是作品《十二生肖》,韵味十足,极具气势。作品多次获奖,被国内外博物馆收藏。出版有专著《郑于鹤彩塑集》和《郑于鹤的泥人世界》等。

【陈荣根】 (1937—)惠山彩塑名艺人,江苏工艺美术大师。生于无锡惠山三代泥人世家,16岁拜惠山著名艺人蒋子贤学艺,1956年入省惠山泥塑彩绘训练班,后一直从事手捏泥人创作。爱岗敬业,刻苦钻研,掌握了即席塑像的手捏泥人绝技,先后为澳大利亚总理霍克、国家领导人荣毅仁等5000多人塑像,被誉为"人间一绝","仙手回春,神艺增辉"。参与大型泥塑《清明上河图》的制作,《人民日报》、中央电视台均有报道。代表作品有《济公》《贵妃醉酒》《穆桂英》等。

彩塑《四进士·宋士杰》
(陈荣根作)

【李仁荣】 (1939—)惠山彩塑名师,江苏工艺美术大师。人称"泥人李"。毕业于无锡轻工业学院美术系。早期塑造的《九狮图》《走兽八仙》等一批民间题材作品,现成为惠山泥人传统作品中的优秀收藏品。20世纪80年代创作的《渔翁》系列作品成为中外游客收藏的艺术珍品,"渔翁李"成为其个人艺名。之后《老农》《胖嫂回娘家》《鼓书说唱》《东方仕女》《强者之

路》等形神兼备、生动活泼的5000多件泥人作品相继问世。其泥人艺术已形成一种简朴、生动、粗中有细、大俗大雅的风格,亦古亦今,豪放不羁,质朴生动,深受中外人士的喜爱,被誉为"中国奇迹泥人李"。

【渔翁李】 参见"李仁荣"。

【泥人李】 参见"李仁荣"。

【王国栋】 (1940—)惠山彩塑名艺人,江苏工艺美术大师。1959年进无锡工艺美术研究所,师从著名老艺人王锡康。专攻手捏泥人技艺,从艺几十年来,逐渐形成了自己的风格。作品题材广泛,玲珑精美,雅俗共赏;人物造型讲究神态、韵律,表现形式细腻、多样,人体比例适当,结构合理,造型生动;特别善于表现大型场景式人物造型,无一雷同。代表作品有《普天同庆》《读西厢》《黛玉葬花》《仕女奏乐》《百花仙子》等。

彩塑《唐宫佳丽》
(王国栋作)

【梅文鼎】 (1940—)中国工艺美术大师,中国陶瓷艺术大师,曾为世界教科文组织专家组成员。1962年毕业于广州美术学院雕塑系,2004年获"中国现代陶艺推广贡献奖"。其作品在继承石湾传

统陶艺风格的基础上不断探求新颖的艺术形式。中国工艺美术馆、中国历史博物馆、中国奥林匹克委员会等国内外均收藏有他的作品。曾编著出版《石湾现代陶器》《石湾陶瓷艺术史》《文鼎与陶艺》等著作。

瓷塑《三个和尚》
（梅文鼎作）

【喻湘涟】　（1940— ）惠山彩塑名艺人，中国工艺美术大师。出身泥人世家，20 世纪 50 年代初期随老艺人蒋子贤学艺，1959 年毕业于惠山泥塑彩绘训练班。擅长传统手捏戏文，作品造型自然生动，构图讲究，比例有度，保持着上古"抟土为人"的拙朴遗风，色彩明净，造型娴雅大方，装銮精美，具有江南水乡的鲜明地方特色。代表作品有《十二丑角》《五虎将》《团阿福》（后面二者与王南仙合作）等，屡获大奖，并被多个博物馆收藏。出版有五种不同版本的《惠山泥人》画册。

彩塑《五虎将》
（喻湘涟、王南仙作）

【王南仙】　（1941— ）惠山彩塑名艺人，中国工艺美术大师。1959 年毕业于惠山泥塑彩绘训练班，后随老艺人陈毓秀学艺，专攻泥人彩绘。代表作品有《京剧脸谱》《五虎将》《团阿福》（后面二者与喻湘涟合作）等。1995—2004 年，同喻湘涟合作，在东南大学与台湾汉声出版社合办的中国民间艺术研究所的支持和指导下，历时六年，复制、新制了惠山泥人传统作品数百件，在台湾展出，取得了良好的社会反响。作品多次获奖，并被中国美术馆、南京博物院、中国艺术院、台湾佛光缘美术馆等收藏。

彩塑《美猴王》
（王南仙作）

【杨志忠】　（1941— ）为"泥人张"泥塑传承人，中国工艺美术大师。青年时代创作的彩塑《卖身契》和《李逵探母》，深得各方赞誉，被中国美术馆收藏。后创作的《秦香莲》和《姐妹亲》，也被中国美术馆珍藏；其中《姐妹亲》被编入《中国美术馆优秀馆藏选集》，同时入编《中国现代美术全集》。彩塑《颗粒归公》，曾被选入小学语文课本；《神医扁鹊》在全国美展获奖，并编入《中国造型艺术辞典》。他捏塑的诸多儿童彩塑玩具，逼真生动，充满童趣。杨志忠的彩塑具有浓郁的生活气息和时代感，有很强的艺术感染力，深受国内外人民喜爱。

杨志忠在给儿童彩塑玩具上彩

【赵艳林】　（1941— ）上海面塑名师，上海工艺美术大师。是上海面塑大王赵阔明的大女儿，自小随父亲学艺，技艺日益精湛。代表作有《老寿星》《钟馗》《黛玉葬花》《拾玉镯》和《中华民族大团结》等。2008 年，澳大利亚雕塑系列荣获世界和平杯书画艺术国际联展艺术类金奖。2009 年，赵艳林分别被认定为上海非物质文化遗产项目"海派面塑"和国家级非物质文化遗产项目"上海面人赵"代表性传承人。

面塑《拾玉镯》
（赵艳林作）

【柳成荫】　（1942— ）惠山彩塑名家，中国工艺美术大师。浙江嵊州人。自幼在泥塑名家、叔父柳家奎指导下学习绘画、泥塑。1958 年进入无锡市惠山泥人厂创作组，拜于著名艺人周作瑞门下学习彩塑，后在民间装饰彩塑方面形成独特风格。擅长手捏戏文人物，同时对现代人物的刻画也进行了深入研究。作品造型粗犷浑厚，色彩亮丽明快，且活泼灵巧，线条优美，神情细腻，意味深刻。创作作品千余件，其中多件作品被海内外博物馆珍藏，代表作品有《李逵》《关公》《天问》等，彩塑《弈棋》被中国工艺美术馆收藏。在专业刊物上发表多篇专业论文，著有《工艺人物变形》两册。

彩塑《天问》
（柳成荫作）

【张希和】 （1942— ）河南浚县泥玩具艺人。浚县张村人。擅长捏塑各种泥玩具，尤以擅塑泥猴著称，

群猴泥塑
（张希和作）

人称"泥猴张"。张希和自幼喜爱泥塑，拜老艺人为师，经过长期苦练，逐渐形成了自己的风格。他所捏塑的泥猴千姿百态，富有情趣，具有活、巧、快三个特点。他运用极度夸张的手法，不拘小节，着重神似，将猴子喜怒哀乐的表情，举手投足的动态刻画得淋漓尽致，入木三分。他的作品都不上色，透着自然纯朴的乡土气息。

【泥猴张】 参见"张希和"。

【马静娟】 （1945— ）惠山彩塑名艺人，江苏工艺美术大师。1959年师从著名艺人章根宝、杨阿荣，先后入南京艺术学院、无锡轻工业学院进修。经数十年不断进取，在熟练掌握手捏泥人技艺的同时，理论修养也得到了很大提高，形成了自我的特有风格，作品具有鲜明的时代特征，色泽明朗大方、多姿多彩，又不失惠山传统手捏泥人的纯朴、秀润和装饰之美。代表作品有《丝路神韵》《捣牛奶》《欢腾草原》《穆柯寨》《巾帼英雄》《东方歌舞》《红楼仕女》等。作品多次入选全国大型工艺美术展并获奖，发表于国内外许多重要报刊。

上：马静娟
下：彩塑《东方歌舞》（马静娟作）

【王学锋】 （1954— ）河南浚县泥咕咕名艺人，河南省工艺美术大师。为浚县著名泥咕咕艺人王蓝田之子，8岁随爷爷、父亲学捏泥咕咕，作品造型生动，手法细腻，色彩艳丽，形神兼备。王学锋在保留传统制作工艺的前提下，技艺有新的突破：在泥坯晾干后进行烧制，再喷墨、彩绘，经烧制过的泥咕咕类似彩陶，更加坚固，色泽更艳丽，不易开裂。20世纪80年代以来，王学锋的作品在河南省举办的民间艺术节、工艺博览会上荣获金奖；在北京奥运会前举办的"迎奥运中国农民艺术展"中，作品《五彩马》荣获最高的精品奖。他的泥塑作品先后被中国农业博物馆、中国美术馆、中国工艺美术学会、大英博物馆、第29届奥林匹克运动会组织委员会等收藏。2007年，王学锋被授予"中国民间文化杰出传承人"、国家级非物质文化遗产项目"浚县泥咕咕"代表性传承人。他家也被称为"泥咕咕世家"。

王学锋在捏制泥咕咕

【张宝琳】 （1954— ）北京面塑名师。自小爱好面塑，曾师从北京著名面塑艺人"面人郎"郎绍安。张宝琳捏制的面塑，原材料经过特殊处理，色泽比以前更光鲜亮丽，不怕碰，不怕摔。1974年创作的《梁红玉击鼓抗金兵》面塑，是他最早的作品。20世纪80年代，张宝琳捏制的面塑作品已十分生动优美，他被国际友人称为"中国面的魔术师"。他历时两年创作的《中

国历代文化名人群像》大型面塑，获 2001 年中国民间艺术山花奖金奖，被艺术界称为"面塑史上的一次创举"。2005 年，张宝琳被中国工艺美术行业协会评为"民间工艺美术大师"。2009 年，他被评为北京市非物质文化遗产项目代表性传承人。

张宝琳

【陈钢】　（1957— ）无锡惠山彩塑名艺人，江苏工艺美术大师。毕业于中央工艺美术学院特艺系。在传承惠山泥人艺术特色的基础上，形成了传统与现代交融的个人彩塑创作风格。代表作品《门神》《九瑞图》《高原风情》多次参加全国展览并获奖。曾任无锡市泥人研究所所长、无锡市泥人博物馆副馆长，主持开发的泥人新品项目均获得较好的社会效益和经济效益。

彩塑《九瑞图》（部分）

（陈钢作）

【曹燕波】　（1960— ）惠山彩塑名艺人，江苏工艺美术大师。1977 年开始从事无锡惠山泥人的制作和研究，师从名师马静娟，曾在无锡轻工业大学装饰设计专业进修。几十年的从艺生涯中，曹燕波不断吸收传统制作技艺，同时还把手捏泥人技艺与雕塑艺术及其他民间艺术、现代艺术统一起来；在创作中融入自我感悟和人生意向，以创作浓郁的生活气息题材著称。作品《大战青鱼精》《龙船会》《琴棋书画》《小淘气》等均获大奖。

彩塑《小淘气》

（曹燕波作）

【赵恩民】　（1962— ）河南工艺美术大师。河南郑州人。自幼喜欢玩泥，从捏泥窝窝到塑人像，师承多家，自成一体。经多年努力和探索，使塑空绝技（兴于秦汉，失传的技法）成功"复活"。其泥塑风格被众多名家定为"后现代写实派"。塑造的人物头像可以自由转动并互换造型，形象千姿百态，憨态可掬；人物一招一式、一颦一笑，从不同位置和不同角度显现出不同的生活情趣，给人以无限的遐想和回忆。2004 年，赵恩民的作品得到温家宝总理的好评，并被收藏。自 2002 年以来，赵恩民的作品有 30 余件在国内及国际大型展赛中获得大奖。其中作品《鼓乐升平》获第 5 届中国工艺美术大师作品及工艺

美术精品博览会银奖，《生活》在"中原文化上海行：河南民间工艺美术珍品展览"中获金奖，《黄河娃》在第 13 届中国艺术博览会上获金奖，《百童戏耍》在"金凤凰"创新产品设计大奖赛上获金奖，《童乐》获 2007 年"百花杯"中国工艺美术精品奖银奖。另外，作品《鼓乐升平》《百童戏耍》先后参加国务院新闻办组织的"感知中国——墨西哥行"和"感知中国——南非行"巡展。

上：赵恩民

下：泥塑《大力士》（赵恩民作）

＊　＊　＊

【毛顺】　唐代玄宗时彩灯名匠。生卒年不详。构思奇巧，制作精工，所扎各种动物彩灯，神态逼肖。唐郑处诲《明皇杂录》："上（唐明皇）在东都，遇正月望夜，移仗上阳宫，大陈影灯，设庭燎，自禁中至于殿庭，皆设蜡炬，连属不绝。时有匠毛顺，巧思结创缯彩，为灯楼三十间，高一百五十尺，悬珠玉金银，微风一至，锵然成韵。乃以灯为龙凤虎豹，腾跃之状，似非人力。"

【赵士元】　明代制灯彩名匠。江苏南京人，生卒年不详。所制夹纱屏和灯带，精巧异常，疑为鬼工，有人不可及的说法。当时人家每逢灯节，以能悬挂赵士元所制灯彩为胜事。

【潘凤】　潘凤，号梧山，明代弘治年间江苏丹阳人。生卒年不详。能绘画，有巧思。曾于云南看见当地的料丝灯，极为喜爱，回到丹阳后，便炼石成丝，按照云南的灯式仿造。料丝受到烛光的透射，皎洁晶莹，像明珠一般。上元灯节，丹阳料丝灯为风行一时的点缀。其制作技艺胜过各地，所以传遍海内。

【赵萼】　明代嘉靖间制刻纸夹纱灯的名工。生卒年不详。《苏州府志》载："赵萼，嘉靖中制夹纱灯，以料纸刻成花竹禽鸟之状，随轻浓晕色，溶蜡涂染，用轻绡夹之。映日则光明莹彻，芳菲翔舞，恍在轻烟之中，与真者莫辨。"

【顾后山】　明代太仓制灯名匠。《太仓州志》载：顾后山，江苏太仓南关人。多巧思，擅取麦秆擘丝制灯，有独创的技艺。他死后，这种麦灯就一时绝迹了。

【王新建】　明代制灯名师。生卒年不详。明张岱《陶庵梦忆》载：王新建擅长制作灯彩，所制多贵重华美。有珠灯、料丝灯、羊角灯等，都是描金细画，外罩缨络，因此灯光的明亮度受到极大的影响。张岱在童年时还看到过他制的灯彩，评论说"悬灯百盏，尚须秉烛而行，大是闷人"。

【张九眼】　明代制灯彩高手。生卒年不详。明张大复《梅花草堂笔谈》载：张九眼，制灯彩的名手，擅制麦穗灯。广东佛山艺人李镜所制谷壳灯，是用稻谷壳粘砌的宫灯式样，明净朴素，将灯点亮，灯光透过谷壳间的空隙形成玲珑精美的画面，这和明代张九眼所制的麦穗灯异曲同工，具有一脉相承的传统。

【赵瞻云】　明代灯彩名师。生卒年不详。明张大复《梅花草堂笔谈》载：赵瞻云以制灯彩著名于时，所制灯彩被称为"赵氏灯"。其灯嵌珠玲珑，宝光四射，大略仿建灯而更为艳丽。

【夏耳金】　明代制灯剪彩名师。生卒年不详。明张岱《陶庵梦忆》载：夏耳金擅以剪彩作为花朵，剪得十分灵巧，外面罩上白色的冰纱，有烟笼芍药之致。他还能用粗铁丝按照所要制作的花样做出轮廓，用剔纱做蜀锦，墁在上面，颜色鲜艳，出人意料。他还擅制灯，每年新岁，必造一盏供神。

【赵虎】　明代灯彩名师。生卒年不详。明文震亨《长物志》载：赵虎，福建人，制灯彩的艺人，是能在羊皮灯上绘画的名手。

【王玄】　明代制料丝灯名师。生卒年不详。明姜绍书《韵石斋笔谈》载：王玄，字又玄，江苏丹阳人，擅制料丝灯。他把潘凤所制的式样进一步翻新，更为古雅精工，金碧交辉，像镂玉裁云一般，往往出人意料，当时称为制灯绝技。姜绍书《无声诗史》有相似记载。

【包壮行】　（1585—1656）明末清初灯彩名师。通州（今江苏南通）人。善制各色花灯，人称"包家灯"。清柴萼《梵天庐丛录》卷十二注载："包壮行……能剪彩作人物、宫殿、车马为灯，夜燃烛望之，俨然大痴云林墨妙也。世传其法，名其灯曰'包家灯'。"

清崔崇《咏兰轩诗稿·崇川竹枝词》载："上元灯市闹新春，制出包家巧绝伦。狮凤牡丹都逼肖，云中立个散花人。"可见"包家灯"在历史上曾盛极一时。一说包壮行，字稚修，号石圃老人。扬州人。崇祯十六年（1643）进士，官至工部主事。工书善画，喜叠石为山，尤擅制人物、车马、树石、宫室等造型灯。制作时用竹篾扎成骨架，上糊以纱绸绢缎等，造型生动，人称"包家灯"。沈机《包灯行》诗云："君不见隋家剪彩亡天下，如何包主事，不爱山真爱山假。移取江山入图画，作画为灯供我耍。到今遗法广流传，百巧争先供纨绮。寄语看灯人，此灯创自明文臣。明文臣，八股生，官工部，职在组与纰，一座江山绣大明。"后扬州、南通、如皋、海安一带的灯，多用包壮行之法制作。

【钮元卿】　清代康熙时制灯彩名匠。江苏扬州人，生卒年不详。善制各式料丝灯，式样极多，穷极工巧，有名于时。元卿手制彩灯流传至江南，被居为奇货，人称"钮家灯"。同时代的词曲家孔尚任曾咏《钮灯行》诗赞美钮元卿彩灯："北风卷雪压江岸，扬州箫鼓雪中断。寂寞春灯向佛开，客来闲坐灯前玩。此灯制出钮元卿，丝丝琉璃织屏幔。人马禽鱼百花丛，间以锦文分十段。红蜡遍点透精光，色色活跳来几案。名家新样世才兴，毕竟不同君细看。琉璃宝料产青州，土人质蠢解烧煅。作器大率儿童嬉，混沌风气未全判。一到江南货可居，顿使楼台增灿烂。家家仿样娱时人，谁知钮氏年年换？好奇偏是广陵商，新胜街头仰面赞。呜呼人巧终何穷，客去灯残发三叹！"（参阅孔尚任《湖海集》）

【沈羽宸】　清代制夹纱灯名工。生卒年不详。浙江长兴人。清代章铨《吴兴旧闻补》："沈羽宸，长兴县人，寓居青镇。善画，装夹纱灯尤精致。其人物花鸟，俱有飞动之势，名震长兴。"

【严远庄】　清末灯彩名师。生卒年不详。浙江硖石人。以绘画、针刻见长。所刻彩灯灯片，皆用针刻彩画技法，玲珑精致，灯光从针孔透出，若影若幻，煞是好看。后广为流传，从此硖石彩灯装饰多采用严远庄针刻彩绘技艺。

【严少庄】　清末刻灯名师。生卒年不详。浙江硖石人。严远庄之子。幼时随父学艺，所刻灯片题材更为广泛，造型生动大方。后专刻灯片装饰，有作品传世。

【沈则庵】　清代灯彩名师。生卒年不详。浙江桐乡人。《濮院志》载：沈则庵为画家沈南蘋的孙子，善画花鸟，能在薄纱上用灯草灰做剔墨画，画好后将纱绷在灯上，点上烛光，纱隐约而花鸟浮动如生。清沈涛《幽湖百咏》赞美说："则庵花鸟文光画，奇绝人间剔墨灯。"文光是指另一画灯艺人黄文光。

【吴龙生】　清末民初宜兴扎灯彩、风筝的名工。生卒年不详。江苏宜兴鼎蜀镇人。他扎制的纸鹞（风筝），最大的有一丈二尺高，放线上可悬挂72只灯笼，晚上放飞，宛若一条巨龙在空中遨游飞舞。他扎制的灯彩花式多、明丽鲜亮。每年元宵节来临，当地大户都将他请到家里扎制彩灯、纸鹞，设酒招待，重金相酬。

【石紫寿】　清末民初灯彩、风筝名师。生卒年不详。江苏如皋人。早年拜师学彩扎，后专制各种造型

的灯和风筝。他扎制的造型灯形体、神态各不相同，色彩艳而不俗，以飞禽最为精美。他扎制的风筝尤为出色，老鹰风筝只需在嘴上牵一根绳子便能上天盘旋，人物风筝如《孙悟空》《天女散花》《美人打伞》《金刚力士》等，上天后能稳稳地"站"住。

【韩子兴】　（1877—1975）北京人。以前曾在宫廷内修理宫灯，后专门从事宫灯制作。擅长制作球形灯，是以若干块不同画面的结构组装成球形，吊饰在雕有龙头的灯杆上，技艺精巧，人称"球灯韩"。后又在球灯的基础上，创造出"鸡心灯""钟形灯"和各式桌灯等。

【球灯韩】　参见"韩子兴"。

【莫悟奇】　（1887—1958）上海灯彩名师。近人郑逸梅《艺林散记》载：莫悟奇，小名阿毛，苏州人。家境贫寒，无力读书，投奔到上海一家纸扎店当学徒，后来转向制作灯彩。创新途径，与同业商东臣共同研究，制造出活动灯彩，配合各戏院当时风行的灯彩戏。当地所有戏中各种玲珑剔透的灯，都出自莫、商二人之手。后来他又从事盆栽和盆景艺术，并能仿陈曼生、瞿子冶制造紫砂壶，可以乱真。

【李尧宝】　（1892—1983）灯彩、刻纸名师。福建泉州人。他将料丝与刻纸工艺结合，制作出了首盏"多角料丝灯"，灯体由165个等边三角形组成，外镶玻璃，灯光透过刻纸花纹闪现出奇异的光彩。晚年仍不断创新，制作出"双面印花布灯""刻纸吹塑灯"等诸多新的彩灯品种。在刻纸方面，他创造的阴刻技法深受同行赞誉，被广泛运用于刺绣、木刻、石雕等行业。李尧宝刻纸于2009年被列入世界非物质

文化遗产名录。

李尧宝在制作灯彩

【何克明】　（1894—1989）灯彩艺术家。回族，祖籍南京。从事灯彩研究和制作80多年，他制作的灯彩，品种多样，工艺精巧，形象生动，堪称一绝，被誉为"江南灯王"。何克明12岁开始学扎灯彩，16岁就在上海城隍庙、大世界游乐场摆设灯摊。二十几岁时，着意改革，汲取传统工笔画技法，开始以铅丝做骨架，外糊各色绢绸，嵌以金银线，造型优美，色彩绚丽，作品甚得各方好评，人称"灯彩何""小南京"。1950年初，上海市长陈毅看到何克明扎制的仙鹤、长寿鸟等灯彩，托人找到何克明，并告诉他，将来请他当"灯彩教授"。1956年调到上海工艺美术研究室工作，成为灯彩工艺师。何克明擅长扎制各种动物立体造型彩灯。他扎制的大型灯彩《百鸟朝凤》，曾荣获陈毅市长颁发的奖金；《锦鸡报晓》《孔雀开屏》《松鹤延年》等灯彩曾在日本、美国、澳大利亚、英国等国家展出，有的作为礼品馈赠给国际友人。1986年，何克明被上海市评为"特级工艺美术大师"。

【江南灯王】　参见"何克明"。

【灯彩何】　参见"何克明"。

【小南京】　参见"何克明"。

【张友良】　（1899—1962）上海宫灯名师。上海川沙人。早年擅雕建筑装饰，具有 50 多年的丰富经验。他所雕的朱漆金彩木雕羊角大型宫灯，精工华丽，造型极美，是近代宫灯中难得见到的杰出作品，在多次的展出中博得人们的惊叹。

【张连友】　（1935—　）北京花灯名师。艺名"张明亮""灯笼张"。7岁拜宫灯艺人董仕荟为师，学习制灯，10 多岁就能扎制走马灯、气死风灯、吉利灯、羊灯和狮子灯等各式花灯。2006 年，国家邮政局发行了一套五张民间灯彩特种邮票，其中采用了张连友设计的《白菜灯》。北京恭王府、大观园、首都博物馆、中国民族博物馆和中国妇女儿童博物馆等多次展出张连友的花灯并收藏。其作品在"点亮奥运，北京 2008 城市灯彩征集"活动中获金奖。

2006 年特种邮票上印制的张连友《白菜灯》
（引自王连海《北京民间玩具》）

【张明亮】　参见"张连友"。

【灯笼张】　参见"张连友"。

＊　＊　＊

【于叔度】　清代乾隆时著名风筝艺人。又名景廉。生卒年不详。江苏江宁人。从征伤足，旅居京师，人称"于瘸子"。曾向曹雪芹

学习扎制风筝技艺，雪芹为此专门撰写《南鹞北鸢考工志》一书，作为残疾人等学习手艺、赖以为生的图谱教材。《南鹞北鸢考工志》雪芹自序云："曩岁……故人于景廉（即于叔度）迁道来访。""数年来，老于业此，已有微名矣。"敦敏乾隆二十三年（1758）的《瓶湖懋斋记盛》（《南鹞北鸢考工志》附录）说："叔度……为余缕述昔年芹圃（曹雪芹号）济彼之事。""叔度曰……数年（来）赖（此）为业，一家幸无冻馁。以是欲芹圃定式著谱（按：指《南鹞北鸢考工志》），庶使有废疾类（余）者，借以存活，免遭伸手告人之难也。"后于家世代相传，以扎制风筝为业。据说于家还有于叔度传下的《南鹞北鸢考工志》"于氏本"。（参阅吴恩裕：《曹雪芹的佚著和传记材料的发现》，《文物》，1973 年第 2 期）

【敦惠】　清代乾隆时人。生卒年不详。满族，全名爱新觉罗·敦惠。脚有残疾，善画，精于扎制风筝。曾向曹雪芹和于叔度学做风筝，后以此供奉内廷。其后人皆以扎制风筝为业。现代北京著名风筝艺人金福忠，是敦惠的裔孙，他家保存的风筝谱，是敦惠得自曹雪芹著的《南鹞北鸢考工志》。（参阅吴恩裕：《曹雪芹的佚著和传记材料的发现》，《文物》，1973 年第 2 期）

【王福斋】　清末风筝名师。生卒年不详。山东潍县（今潍坊）人。擅长绘画，扎制的风筝造型优美，风筝上的彩画尤为别致。他扎制彩绘的风筝，有《仙鹤童子》和《雷震子背文王》等作品传世。

【陈哑巴】　清代风筝名师。生卒年不详。山东潍县（今潍坊）人。擅长扎制各式风筝，骨架轻盈，结

构坚固，造型美观。风筝放飞后，飞得高，飞得稳，当地富豪争相以重金购买，放飞赏玩。

【吴二虎子】　清末民初制作风筝哨子的名艺人。生卒年不详。江苏如东潮桥镇喻家港人。擅长雕刻风筝哨子，他制作的风筝哨子精选用料，哨口雕刻尤为精细，用松香焊接，音质音量俱佳，不仅销售本地，还销至苏北，当时价高者达一石米。

【哈国梁】　（1828—1903）北京"哈氏风筝"创始人。回族，祖籍河北河间，清代道光时迁居北京，初期在琉璃厂制作风筝。哈氏风筝最长的一丈二尺，这成为"风筝哈"的一大特色。

【哈长英】　（1867—1946）为哈国梁之子。自小随父学艺，开创了"膀尖前翘，后心贴地"的新式风筝制作结构。为增强大风筝的抗风能力，哈长英发明了"死背条"和"活背条"两种新技法。死背条是在风筝翅膀受力最大的部位加装一竹条，在受风时可减弱变形；活背条是在扎制风筝骨架时预留活扣，做好背条备用。这种结构为哈氏风筝所独有。哈长英于 1903 年制作的硬拍子《双鱼》《钟馗》《莲花葫芦》风筝，迄今仍藏于美国旧金山自然博物馆。1915 年，哈长英制作的《蝴蝶》《蜻蜓》《仙鹤》《花凤》四件软翅风筝，在巴拿马万国博览会上荣获银奖，从此"风筝哈"成为北京的著名风筝流派。哈长英的长子魁斌、二子魁寿、三子魁亮、五子魁明，均善制风筝。

【魏元泰】　（1872—1961）天津风筝艺术家。他一生创制了 200 多种新奇美丽的风筝，人称"风筝魏"。13 岁学习彩扎风筝，15 岁满师后自

立"长青斋"制售风筝。1910年，他扎制的风筝在天津风筝赛会上获优胜奖。1915年，他的11件风筝在美国旧金山举行的巴拿马万国博览会上荣获金牌奖。新中国成立后，他制作的《葫芦万代》等风筝，曾在苏联、意大利、澳大利亚等11个国家展出。1958年在天津工艺美术厂内组成风筝车间，带徒传艺。今天的"敦煌牌"风筝，就是在他的传统技艺基础上发展起来的。1981年，天津"敦煌牌"风筝在全国首届风筝评比会上荣获第一名，1982年又获全国工艺美术百花奖银杯奖。他扎制的风筝博采众家之长，独出心裁，形成自己的风格；特别吸收了折扇、金属工艺的长处，在风筝制作工艺上运用打眼、扣榫、锡焊、铜箍等技法，创造了轻巧的折叠风筝。数丈长的风筝可以折叠、拆卸后盒装，有的甚至可以装入信封。在彩绘方面，吸收天津剪纸、建筑彩绘的优点，重彩勾勒，色彩鲜艳，具有浓厚的装饰趣味。

【风筝魏】　参见"魏元泰"。

【胡景珠】　（1893—1964）扎制风筝高手。山东潍坊人。从13岁起开始扎制风筝，几十年来不断改进，积累了丰富的扎制、放飞经验。胡景珠尤擅扎制巨大的蜈蚣风筝，整条蜈蚣风筝绘以红、黄、蓝三色，对比强烈，远视效果极佳。他扎制的巨大蜈蚣风筝，能在二三级风力下迅速放飞天空，说明他扎制串式风筝的工艺技术极高。

【金忠福】　（？—1979）北京扎制风筝名师。北京人，满族。出身于风筝世家，为敦惠之后人。他扎制的风筝，以造型粗放、色彩浓丽、装饰味浓而闻名。他能较好地把握大色块之间的关系，多用对比

色相，不用中间色，风筝在放飞时显得非常醒目。代表作以《黑沙燕》最为著名，上用黑白两色，图案分明，对比强烈，线条挺拔，放飞效果极佳。

【钱桂亭】　（1899—1975）扎风筝名手。江苏如皋人。对各种风筝的扎、糊、绘、放四艺无不精通，擅长制作独线风筝和浮雕风筝。20世纪50年代进入南通工艺美术研究所民艺研究室，传授扎糊风筝、灯彩和通草花工艺，代表作有《凤凰》《仙鹤》和《灵芝》等。

【张延禄】　（1899—1988）山东潍坊扎风筝高手。潍坊人。精于彩扎工艺，所制风筝各式均有，造型挺拔，色彩鲜明，形象优美。早年曾在白浪河滩开设风筝铺，专售各种风筝。

【马晋】　（1900—1970）北京制风筝高手、画家。北京人。所制风筝造型规整，设色典雅，图案丰富，绘画精美。以《沙燕》《仙鹤》《蝙蝠》《仙女》和《美猴王》等作品最具特色。

【杨同科】　（1902—1996）是山东潍坊杨家埠风筝的代表人物，人称"风筝王""风筝杨"。9岁就学扎风筝，从艺80多年，擅制各种风筝，最擅长硬翅风筝。他扎风筝选用一年生毛竹，竹直节长，富有弹性，色泽新鲜。扎制的风筝两翅后倾，两条大翅夹角小于90度，放飞时气流能均匀地从两翅间流过，可放得既稳又高。糊面材质选丝绢或高丽纸，能糊得松紧适度、平整均匀，接缝小而齐整，风吹日晒，骨架从不变形。彩绘受当地年画影响，形象夸张，线条粗放，色泽艳丽。施彩多用粉色、紫红、湖蓝等中间色，白与群青、紫红与粉红，既鲜

明又协调。他创制的很多风筝品种都新颖别致，独创一格。他的代表作《禹王锁蛟》《判官》《麒麟送子》《钟馗》《包公》等，被潍坊风筝博物馆收藏。

【风筝王】　参见"杨同科"。

【风筝杨】　参见"杨同科"。

【杨鹤鸣】　（1908—　？）江苏徐州扎风筝高手。徐州人。出身风筝世家，自幼随祖父、父亲扎放风筝，后又自学工笔绘画技法。所制风筝，骨架均用青篾，绑扎严实，用绵纸裱贴，彩绘工细，放飞时起得高、站得稳。代表作《蜻蜓》和《蝴蝶》等，均被徐州博物馆收藏。

【刘永生】　（1914—　？）现当代温州扎制风筝名师。浙江温州人。以制作《蝴蝶》《鲤鱼》《蜻蜓》和《蜈蚣》等风筝见长。他所制作的风筝，放飞灵活，形象逼真，设色鲜明。他专门研究扎制大型风筝，多次在全国和省内风筝赛会上获得优胜。

【哈魁明】　（1916—1993）北京风筝名师。回族，北京人。为"风筝哈"第三代传人。系哈长英第五子，10岁起随父学习风筝制作，18岁时便能独立制作风筝，技术全面。他扎制的风筝，骨架平整匀称，画工精致，以《瘦沙燕》最为出色。另一件代表作品是《钟馗嫁妹》，风筝画布局巧妙，谐趣横生。作品曾多次参加国内外展览，被多家博物馆收藏。曾为北京风筝学会副会长、北京工艺美术学会常务理事。与其子哈亦琦合著《中国哈氏风筝》等。

【郭文和】　（1922—2004）江苏如皋扎制风筝名手。如皋人。少年时

曾随石紫寿学习风筝扎制技艺，较全面地继承了如皋风筝的传统，尤以扎制单提线的"鹰""鹞"为其特长。他还不断运用新材料扎制软体风筝和各种几何形风筝。所制风筝结构简洁合理，色彩鲜丽明快，曾多次参加国内外风筝赛会。代表作品被中国美术馆、上海民间文艺家协会收藏。

【费保龄】 （1928— ）北京风筝名师，联合国教科文组织一级工艺美术家，北京非物质文化遗产"扎燕"风筝代表性传承人。天津人，久住北京。1972年中国美术馆举办全国首届工艺美术展览，费保龄的风筝入选参展。1980年成立中国风筝学会，费保龄当选为副会长。同年中国邮票公司发行费保龄绘制的《肥燕》《瘦燕》《雏燕》和《比翼燕》四种风筝图案特种邮票，同时发行首日封。费保龄制作的风筝，大者丈余，小者盈握，均骨架精密，

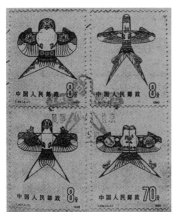

上：费保龄
下：1980年发行的四枚"扎燕"特种邮票
（费保龄绘制）
（引自王连海《北京民间玩具》）

结构准确，造型古朴，色泽鲜明。中国美术馆收藏的300余只风筝，其中费保龄的作品就有97件。

【赵为哲、赵世明】 父子俩均为北京风筝名师。所制风筝以放飞功能强劲著称，被誉为"赵氏风筝"。赵为哲8岁就糊制简易风筝《瓦片》。他制作的风筝有软翅、硬翅、长串、立体、板子等多种类型，每类又有多种造型。1988年，父子俩首次代表北京队参加山东潍坊国际风筝节比赛，荣获金奖。以后在历次比赛中多次获奖。至2008年，共获金奖50次，赵氏父子被誉为"常胜将军"。在一次潍坊风筝赛中，由于风力小，多数参赛风筝无法放飞，只有赵氏父子两米多宽的雄鹰风筝越飞越高。其放飞的诀窍，是运用收线和放线以增强空气与风筝之间相对运动的原理，同时和设计制作亦有很大关系。

【韩福龄】 山东潍坊风筝有"十大门派"，其中以胡景珠为主的"胡派"当居其首。"胡派"的风筝为串式，以龙头蜈蚣为代表，长达百余米，加以绘画装饰，形象逼真，放飞时，蛟龙腾空，很有气势。而韩福龄就是"胡派"的真传弟子。韩福龄所扎风筝大的可至百米，小的不过方寸，可盛于火柴盒之中。韩福龄在风筝领域的成绩显著，陈列于潍坊世界风筝博物馆里的龙头蜈蚣风筝，就是他扎制的，这个风筝曾在1983年代表中国参加新加坡国际风筝大赛时获得最高奖。

韩福龄

【郭承毅】 （1945— ）江苏工艺美术大师。师从"郭氏风筝"传人郭文和。几十年来，郭承毅对南通风筝的风俗民情、历史状况进行了深入研究。在从事风筝制作技艺的长期实践中，对传统风筝的传承、发展和创新积累了丰富的经验。他设计制作了很多板鹞风筝作品和传统造型的风筝作品，被国内外风筝爱好者、研究者收藏。他多次携其作品赴国外展览、表演、比赛、交流，展示了中国哨口板鹞的艺术魅力。《十八罗汉》《六十一连星》《龙鹞》《观音七连星》等作品被中国美术馆收藏。

上：郭承毅
下：南通板鹞《脸谱》风筝（郭承毅作）

＊ ＊ ＊

【王仲田】 清末民初皮影名师。河北秦皇岛市抚宁人。他手巧工细，刻出的影人精美耐用，带着一种神气，深受当地影匠们的喜爱。每年秋末老影班影人弃旧换新，或新影班充实影箱，都用他的影人。每年农历四月廿八日，他都要带着影人

到乐亭阁各庄镇去赶庙会。成年人争买刻影人，儿童则买纸刻影人。当时英、法等国的传教士也视他的影人为艺术珍品，争相购买。他每刻完一件影人，总要拿起仔细端详，然后说一句："妈拉个巴子的，咱刻的影人谁也比不了。"因此，"妈拉个巴子"竟成了他的绰号。

【杨德生】　（1873—1942）清代皮影雕刻名师。河北秦皇岛市抚宁人。杨德生是具有皮影雕刻"一代宗师"和"影人状元"之称的著名艺人。清代光绪年间，常往来于关内和沈阳一带，为各地影戏班雕刻影人，当年许多著名影戏班都争相订购他雕刻的影人。他的皮影艺术风格以造型概括、构图清新、雕刻细腻见长，所刻的小生、小旦人物俊俏秀美，尤其是净髯形象，以卧蚕眉、悬胆鼻、五绺髯为鲜明特征。他大小刀口并用，刀口爽快利索，其运刀之神、技之精，为关内外皮影艺人所敬慕，是闻名北方的皮影雕刻名师，也是最具影响力的一位。"伪满"时期，物价飞涨，杨德生积劳成疾，于1942年初不幸辞世。

杨德生皮影作品

【阮贵忠】　（1889—1970）河北皮影雕刻名师。河北丰润圪塔坨人，是当年唐山西路雕镟影人的主要代表之一。少年时以画庙和糊纸扎为生。先拜本县饶家头高殿林为师学雕刻皮影，后又到黑沟皮影作坊学艺，跟李有林一起刻影。此时阮教李画庙和糊纸扎的手艺，李则在雕刻影人方面指点阮。经不断努力，长期实践，阮技艺大进。1943年，新长城影社请他去刻影人，后又在唐山天光影社、华乐影院雕刻皮影。他一生从事皮影雕刻艺术，所雕影人形象俊俏秀美，刀口利索精湛，讲究"保灯保色"。保灯即不怕油灯熏烤，永不弯曲变形；保色即永不褪色。阮贵忠十分注重影人装饰的图案，力求与人物身份性格谐和，他在书生身上常雕刻"琴棋书画""岁寒三友"，旦角配缀"牡丹富贵""团花玉锦"。其中以他50至60岁之间的作品最为精彩，在此期间留下的大批未上色的白茬影人尤为珍贵。

阮贵忠皮影作品

【刘振环】　（1896—1971）河北皮影雕刻高手。河北玉田付良铺人。其父刘清有是清代刻影名师。刘振环从13岁起随父学艺，经不断实践，创造了一种"大刀口"雕影技法。当时的演出影人只有七八寸高，若雕镟过细，在影幕上效果不好。刘振环认为影人过

细，不能打远，变得"太瞎"，所以刘家讲究"宽刀花"技艺，色彩重抹大红大绿，这样远看刀口鲜明，色泽醒目。刘振环壮年时，已形成自己的风格，刀纹利落，起刀明透，收刀稳健，推刀、拉刀都贴切到位，大小换刀亦运用自如，尤其是"大刀口"技艺，是他雕刻皮影的最大特色。当时关内外和内蒙古东部等地区的影戏班，最喜欢购买他刻的影人。刘振环从艺60多年，雕镟了众多精美影人。

【仲焕章】　四川成都皮影名师。擅长雕绘各种不同性格的戏曲影人，作品风格纯朴，人物面部下颏每作圆形线条。一个特点，是花脸、老旦、丑角的面部线条富有变化，具有特殊的刻画手法；另一特点，是用真须作为装饰。代表作有《三国》和《封神》等各色皮影作品。四川大学博物馆和成都第一文化馆都珍藏了他的影人。

【冯海云】　川北皮影雕刻名艺人。四川南充人。所刻戏曲人物极为精细，特别是衣饰上的花纹具有蜀锦和四川蓝印花布的意境，设色丰富华丽；人物下颏不同于川南皮影，多作尖形的方线条，是川北皮影的特色。南充文化馆珍藏有他的皮影作品。

【刘洪顺】　四川成都皮影名师。所雕绘的皮影具有川南皮影的独特风格，尤其影人的衣服纹饰精细工整，颇具韵味。所刻绘的《白蛇传·水漫金山》一折，场面宏大，人物个性鲜明，设色既俏丽又沉稳，造型优美。

【李占文】　（1910—1989）陕西皮影名艺人。陕西华县人。17岁随著名皮影艺人李三喜学艺。1951年在西安市文联工作。1952年刻制的

《白毛女》和《三世仇》等人物皮影，曾作为礼品赠送给西德等国。1960年为北京人民大会堂陕西厅刻绘了大型皮影屏风《文成公主进藏》。1978年创作的《白蛇传》和《宝莲灯》等皮影戏形象，在美国和日本等国展出，深受好评。他功力深厚，刀法犀利多变，人物造型洗练，善于运用夸张的装饰手法，敷色明快醒目，刻工缜密精巧。李占文积累了不同形象的皮影头像达千种以上，对陕西皮影的发展和风格的形成做出了积极的贡献。

皮影旦角人物
（李占文作）

【路景达】 （1914—1989）北京皮影名师。北京昌平沙河镇人。出生于皮影世家。曾祖路德成从清代嘉庆十年（1805）起从事皮影事业，父亲路耀峰对改革皮影也做出了贡献，传到路景达是第四代。他长于雕镂影人和表演青衣，吸收京剧艺术的人物脸谱、头面和服装等特点，并参酌工艺雕刻的传统手法，丰富了皮影的人物造型。1953年参加赴朝慰问，1955年被政府评为"老艺人"，1957年出席全国工艺美术艺人代表大会。中央美术学院实用美术系编的《北京皮影》，收录路景达刻绘作品，1953年由人民美术出版社出版。

【康际祥】 （1925—1999）河北皮影雕刻名师。11岁在义父王守和的影班学刻皮影，并学习皮影表演。20岁随表兄曹德宝刻影。后主要在河北卢龙和昌黎影社刻影。他勤奋好学，善于创新，能用硬纸板雕成可以拆卸的塔身，又用移动的火灯显示火烧的效果。他做的"蝴蝶"可以在影窗之外飞动，即在蝴蝶造型中间安上小铁片，在翅膀上安装细铁丝，演出时，将蝴蝶从幕侧放在影窗外面，在窗内用小磁铁将其吸住，使之在窗子上活动，并用另一块小磁铁吸住翅膀，一吸则一动，使观众以为是真蝴蝶在影窗上飞舞。他做的皮影"孔雀"可开屏，"猪八戒"只需牵动一根线，就可以使其鼻、嘴、眼、耳分别活动或者同时活动。人们称赞他是创造"活皮活影"的能人。

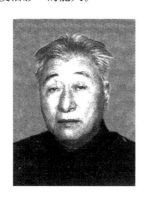

康际祥

【齐永衡】 （1933— ）著名皮影艺人。河北昌黎县城关人。素有"箭杆王"之称。他的技艺冠誉中国皮影界，在国际皮影舞台也被推崇备至。他8岁随父登台从艺，14岁加入晋察冀军区第十二军分区组织的军民影社，曾任昌黎县影社社长、唐山市皮影剧团副团长。1952年、1957年两次参加唐山地区皮影汇演，均获操纵技艺一等奖，被评为荣誉演员。1957年到1975年，又先后两次参加文化部举办的全国木偶、皮影戏观摩演出，并在中南海怀仁堂为中央首长和外国元首演出，受到朱德、徐向前同志以

及柬埔寨西哈努克亲王的称赞。齐永衡善于表演影人在马上步下的长枪短打，无论是单刀、双剑还是棍棒、流星锤，都使人目不暇接。在《三打白骨精》一剧中，他创造出唐僧骑马可四蹄迈步、蹄下生烟和马头鼓动的艺术效果；表现白骨精梳妆动作，可以使影人由黑脸洗成红脸、白脸，最后由丑脸变为俊脸，再梳头、卷发、戴花、穿衣、照镜，这一系列细腻、生动、传神的表演，即使在后台，也难看出其操纵影人的诀窍。他曾应联合国教科文组织的邀请，赴法国国际木偶学院为各国皮影专家讲学，受到了热烈欢迎，并且以精湛的操纵技艺引起强烈的反响，无论是鱼游蝶舞，还是龟鹤相斗，总是有景有情、变幻自然、惟妙惟肖。在表演猴子吃桃，越咬桃子越少时，整个课堂都沸腾了。后来，他又率团到美国、法国、荷兰、摩纳哥、日本、德国等国家和台湾地区进行表演，均引起强烈反响。国际友人称赞他的操纵表演是"魔术般、闪电般的艺术"；专家们评价他的操纵技艺"动中求真，真中求细，细中求情，情中求趣"；观众则称他为"活影人齐"。

【箭杆王】 参见"齐永衡"。

【活影人齐】 参见"齐永衡"。

＊ ＊ ＊

【李小二】 宋代制作通草花艺人。饶州（今江西饶河、信江流域一带）人，生卒年不详。南宋洪迈《夷坚志·李大哥》："饶州天庆观居民李小二，以制造通草花朵为业。"

【刘亨元】 清代制绫绢花名艺人。《北京花事特刊》载：刘亨元，河北武清（今属天津）人。善制各种绫绢花，生动俏丽，色泽鲜明，造型典雅，人称"花儿刘"。他所制的绫

绢像生花，曾在巴拿马万国博览会上荣获四等奖章。刘亨元曾至清宫廷卖过像生花，在北京开设过"万聚兴花庄"。

【花儿刘】　参见"刘亨元"。

【龚怀】　清代制绫绢花名师。《北京花事特刊》载：龚怀，河北武清（今属天津）人。擅长手制四季名花，形象逼真，姿态优美，色泽鲜明，富有情趣。曾至清宫廷卖过绫绢花，在北京东安市场开设过"祥瑞花庄"。

【林城藩】　（1887—1958）福州制花名艺人。精制各种纸花，露朵凤枝，绚烂夺目。曾创作《百花篮》，为新中国献礼，呈现一片万紫千红、春满人间、欣欣向荣的景象。

【金玉林】　（1892—1974）绒绢纸花艺术家。满族，北京人。出生于绢花艺人世家，继承家传四代技艺，人称"花儿金"。系北京绢花厂老艺人，具有较高的艺术修养。他经常认真地观察自然界的花草树木，体验生活，"找奇找新"。他的作品题材广泛，形象生动，敢于大胆创新。早在1918年，金玉林便应外商要求，用洋缎制作了月季，开辟了绢花行业中怀花（又称"大衣花""胸花"）的新品种。1952年以来，他所制作的棉花、枫树、苹果树、海棠盆景等都受到好评。1954年，苏联著名画家克里玛申访华时，曾多次与他会晤，赞扬他是"中国天才的民间艺术家"。金玉林生前为中国美术家协会会员、北京市第一至第五届政协委员。

【花儿金】　参见"金玉林"。

【王以仁】　（1897—1965）江苏扬州绒花名师。江都（今属扬州）人。

14岁开始学习制花，先后创制了绒花、绒鸟和戏剧人物，为扬州绒花形成独特的地方风格奠定了基础。他的早期作品《信鸽春燕》《喜鹊登梅》《瓜瓞绵绵》和《蟠桃蝙蝠》等绒花鸟，赏心悦目，远销各地。他制作的绒花细巧精美，造型新奇，色彩鲜艳，品种多样，深得妇女、儿童的喜爱，被誉为"绒花大王"。

【葛敬安】　（1905—2002）北京工艺美术研究所工艺美术大师。女，浙江嘉兴人。高中毕业后，自学民间工艺，并从事手工刺绣和儿童布玩具设计等。1945年起，开始创制北京绢人，擅长各种绢人工艺技法。代表作品有《海棠诗社》《贵妃醉酒》和《湘云醉卧芍药圃》等。

【唐志禧】　（1918—1991）上海绢花名艺人。12岁曾在北京学艺，勤奋刻苦，不断研究绢花技艺，对各种四季名花的造型、姿态、色泽深记于心。从艺50多年，创作了无数绢花新品种、新花色，造型逼真，形象生动，色彩明丽鲜艳。《鸳鸯梅》《懒梳妆》和《石榴》是他的代表作。

【周家凤】　（1918—2000）南京绒花名艺人，江苏工艺美术大师。师从名师吴长泉。周家凤擅长运用夸张变形的手法，塑造简练生动的形象。色彩以大红、粉红为主，中绿为辅，以黄点缀，颜色明快而富丽。从艺40多年，创作设计了数百件（套）绒花新品种，为南京绒花的发展做出了重要贡献。

绒花《小鸡》
（周家凤作）

【张念荣】　（1918—？）山东曹县纸扎名艺人。曹县位湾镇张菜园村人。自幼随父学习绘画和纸扎技艺。他的纸扎作品风格粗犷质朴，曾在《瞭望》等报刊上发表。其代表作为中国民艺资料馆、山东工艺美术学院收藏。

＊　＊　＊

【朱子辉】　（1914—2006）当代著名布绒玩具设计师，中国工艺美术大师，扬州长毛绒玩具创始人之一。师从清末扬州著名画师朱升甫。新中国成立前在上海新华电影制片厂做动画设计，长期从事商标、火柴花、布绒玩具的设计工作。在玩具创作设计中，吸收我国民间玩具造型的优秀传统和电影美术动画的拟人化表现手法，形成了以写实为主和注重圆、动、神、趣，及色调明快的扬州布绒玩具风格。作品多次获中国工艺美术"百花奖"创作设计奖、全国儿童用品委员会颁发的"金鹿奖"和江苏省优秀新产品"金牛奖"。新中国成立35周年时，为轻工业部设计制作大型电动玩具"熊猫拍照"，参加天安门广场游行表演。

上：朱子辉（中）
下：朱子辉设计的长毛绒玩具

【曹仪简】　（1925—　）北京制毛猴名师。满族，祖籍辽宁沈阳。是联合国教科文组织授予的"民间艺术大师",并获得"民间玩具工艺大师"称号。北京毛猴以前曾一度消失,曹仪简凭着小时候的记忆开始试作,才逐渐得以恢复。1986年春节,曹仪简在北京地坛庙会上展出了自己制作的毛猴作品,老舍夫人胡絜青女士在庙会上看到后,对曹仪简恢复老北京风物大加赞赏,并题诗一首:"半寸猢狲献京都,维妙维肖绘习俗。白描细微创新意,二味饮片胜玑珠。"赠予曹仪简。曹仪简在30多年的创作生涯中,创作了数以千计的毛猴,代表作品有《老城根胡同》《打台球》《坐茶馆》和《向钱看》等。

上:曹仪简
下:毛猴《打台球》(曹仪简作)
(引自王连海《北京民间玩具》)

【袁文蔚】 (1926—)当代玩具设计家。浙江镇海人。自1952年从事玩具设计以来,先后设计了四五百种玩具。他设计的"五用教育火车""蓓蕾小钢琴"等,分别获全国和上海市的创作设计奖。1978年被评为上海市劳动模范;在1979年全国工艺美术艺人、创作设计人员代表大会上,被授予"工艺美术家"称号;1983年被评为全国先进少年儿童工作者。曾任上海玩具八厂设计组长、上海市工艺美术协会副理事长、中国工艺美术学会理事、上海市人大代表。

【张溢棠】 (1928—)广东花炮烟火工艺美术大师。广东东莞人。从事花炮烟花设计制作50余年,有丰富的实践经验,被誉为"老行尊"。在东莞烟花爆竹厂任厂长33年,1986年厂内制作的礼花弹获市科委一等奖,高空礼花弹获中国工艺美术"百花奖"金杯奖。同年受轻工业部委托,参加在加拿大举行的国际烟火比赛,施放的"长城""红叶旗"及对放拱形结构图案和井体燃放结构的"朱庇特",获得传统烟花第一名——国际"朱庇特金像奖"。1987年制作了一条长3988米的全红爆竹,在澳门燃放,被列入"健力士世界纪录大全",成为世界上最长的一条爆竹。1987年,张溢棠被全国总工会授予"全国五一劳动奖章",1988年被授予"中国工艺美术大师"称号。

【王尚达】 (1936—)上海玩具设计名师,中国工艺美术大师。浙江绍兴人。从事玩具设计30多年,是上海玩具行业首批设计师之一。他设计的主要产品有《照相汽车》《声控汽车》《遥控飞船》《娃娃学走路》和《世界杯新闻车》等,这些作品曾参加过意大利、伊拉克等国家和香港地区的展览会、博览会与全国玩具展览,先后获全国儿童用品优秀产品奖、上海科技成果奖、上海玩具"蓓蕾奖"、全国工艺美术"百花奖"一等奖。王尚达曾被评为上海先进科技工作者、市劳动模范。

【许王】 (1936—)台湾布袋戏艺人。台湾台北人。少时随父学艺,会雕刻,演技精,还能编剧,曾多次出国演出,并获台湾第一届民族艺术"薪传奖"。曾在电视中演出布袋戏。

【邢兰香】 (1945—)北京料器名师。北京人。为国家级非物质文化遗产项目"北京料器"第六代传承人。在50多年的从艺生涯中,创作了无数料器佳作。她首创用料器制作人物,前后创制了《鱼美人》和《牛仔》等人物造型。她做的《青菜》《茄子》《柿子椒》生动逼真,充满生机;她创作的《公鸡》红冠绿羽,伸颈昂首,两腿粗壮,极为生动传神。

北京料器《公鸡》
(邢兰香作)

【杨定月】 (1955—)江苏工艺美术大师。擅长烟花爆竹研究与设计。主要研究成果多次获得国内外嘉奖,并产生较高的经济效益和社会效益。作品《地面喷花》《高空礼花弹》系列曾被江苏省轻工业厅评为"四新"产品。"组合烟花""造型烟花""盆景烟花"因声型别具一格、气氛浓厚、定向能力佳、创意美、色彩鲜艳等特色,在意大利第三、四、五届国际焰火锦标赛中获得冠亚军。杨定月曾多次成功策划国内外国庆焰火燃放。2004年研制的无烟冷光烟火,系环保型烟花,填补了江苏冷烟火的空白。2005年,在传统工艺的基础上开发研制了架子烟花、瀑布烟花,利用光、声、色及运动造型效果,增加了大型焰火燃放时的气氛效果。

附 录

附　录

附录一

中国历史年代简表

原始社会*	约60万年前—约公元前21世纪	宋	公元420年—公元479年
奴隶社会	约公元前21世纪—公元前476年	齐	公元479年—公元502年
夏	约公元前21世纪—约公元前16世纪	梁	公元502年—公元557年
商	约公元前16世纪—约公元前11世纪	陈	公元557年—公元589年
西周	约公元前11世纪—公元前770年	北朝	公元386年—公元581年
春秋	公元前770年—公元前476年	北魏	公元386年—公元534年
封建社会	公元前475年—公元1840年	东魏	公元534年—公元550年
战国	公元前475年—公元前221年	西魏	公元535年—公元557年
秦	公元前221年—公元前206年	北齐	公元550年—公元577年
西汉**	公元前206年—公元25年	北周	公元557年—公元581年
东汉	公元25年—公元220年	隋	公元581年—公元618年
三国	公元220年—公元265年	唐	公元618年—公元907年
魏	公元220年—公元265年	五代十国	公元907年—公元960年
蜀	公元221年—公元263年	北宋	公元960年—公元1127年
吴	公元222年—公元280年	南宋	公元1127年—公元1279年
西晋	公元265年—公元316年	辽	公元916年—公元1125年
东晋	公元317年—公元420年	金	公元1115年—公元1234年
十六国	公元304年—公元439年	元	公元1271年—公元1368年
南北朝	公元420年—公元589年	明	公元1368年—公元1644年
南朝	公元420年—公元589年	清***	公元1644年—公元1911年

* 许宏祥《华南第四纪哺乳动物群的划分问题》认为原始社会从距今170万年开始。(《古脊动物与古人类》,1977年第4期)

** 包括王莽建立的新王朝(公元9年—23年)。

*** 清道光二十年(1840年)以后属半殖民地半封建社会。

附录二

全国传统玩具一览

北京

泥玩具、彩塑脸谱

灯彩、红纱灯、宫灯

空竹、彩蛋、料器、纸玩具

风筝

布老虎、毛绒猴、麻秆鸟

皮影、鬃人、绢人、绒花、毛猴

花炮、礼花弹

面塑、饼模、糖人

草编玩具、竹木玩具、皮毛玩具

八音玩具、电子玩具、幼儿童车

上：北京布木玩具：马车

下：北京泥塑玩具：骆驼队

天津

"泥人张"泥人、娃娃大哥

"风筝魏"风筝、"杨柳青"风筝

风葫芦

绢花、绒鸟

纱灯

布老虎

皮影

布绒玩具、皮毛玩具、塑料玩具、
木制玩具、草编玩具、电子玩具、
金属玩具、幼儿童车

上：天津"泥人张"泥人《吹气球》
（杨志忠作）

下：天津蝴蝶风筝

河北

唐山皮影、沧州皮影、蔚县灯影

新城、泊镇、保定、玉田、乐亭泥
人，白沟河泥塑，新城陶泥模，蔚
县泥脸谱

景县、彭城木偶

胜芳花灯，新城白沟镇、王口花炮

蔚县提浆面人、河间糖人

智力玩具、幼儿童车、人造花、羽
毛花、料器、面具、草编玩具

左：河北蔚县提浆面人

右：河北乐亭泥塑：小叫狮

上海

电动玩具、电子玩具、声控玩具、
遥控玩具、光控玩具、音乐玩具、
机动玩具、魔术方块、布绒玩具、
木制玩具、塑料玩具

幼儿童车、彩色积木

涤纶花、人造花、绒绢纸花

宫灯、灯彩、松江刻纸夹纱灯

嘉定竹编、黄草编织

七宝皮影

张园风筝会

砂炮

面人

上：上海玩具《鸡妈妈》《数学火车》
（袁文蔚设计）

下：上海面塑《黛玉葬花》（赵艳林作）

江苏

苏州虎丘捏相（塑真）、绢人（虎丘
头）、香包、灯彩、耍货、泥虫果、
竹木玩具、线结玩具、烟花

无锡惠山泥人、彩塑脸谱、脸谱头

扬州泥人、琉璃灯、料丝灯、长毛
绒玩具、灯彩、绒花、通草花

宜兴紫砂象生陶

南京秦淮灯彩、泥塑、脸谱、绒绢
花、刻绘葫芦、风筝

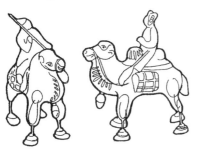

常熟核雕

徐州泥模、泥人、拖拉玩具

盐城竹玩具、暨阳（张家港）竹藤编玩具

泰兴竹编、靖江竹编、扬中柳编、江都柳编

太仓直塘马灯、南通花灯、高淳板龙灯、睢宁灯会

南通板鹞风筝、民族娃娃

仪征纸玩具

射阳龙凤花炮

上：江苏南通板鹞

下：江苏布绒玩具

浙江

杭州灯彩、绢花、面塑、西湖放灯、西湖竹器

泰顺车木玩具、宁海白木玩具、云和木玩具、龙泉木玩具

碟石联珠伞灯、仙居无骨花灯、宁波跑马灯、桐乡剔墨纱灯、嘉兴宫灯

温州烟花、风筝、瓯塑

嵊州泥人、竹编

嘉兴蚕猫

鄞县（今属宁波）竹编、新昌竹编、东阳竹编、宁波草编、台州草编、上虞竹草玩具

萧山搪塑玩具

上虞纸玩具

瑞安彩扎

镇海机动玩具

瑞安烟花、苍南烟花、温州烟花

江山拖拉玩具

海宁皮影、羊皮影、泰顺木偶

浙江海宁皮影

安徽

合肥吹塑玩具、塑料玩具、金属玩具、布绒玩具、幼儿童车

芜湖塑料玩具、羽毛画

舒城、屯溪、太平（今黄山）、青阳、金寨、霍山、广德、贵池、东至竹编

贵池面具

砀山草编，太和、阜南柳编，叶集笋壳编

徽州竹篮，滁县提篮、蔺草编

阜阳、蚌埠泥人

凤阳风画

安徽贵池傩戏面具

泾县纸塑

无为宫灯

休宁木玩具

太平（今黄山）竹玩具

全椒布绒玩具

六安花炮

当涂童车

风筝、面具

江西

南昌塑料玩具、布绒玩具、幼儿童车、彩蛋、灯彩

景德镇瓷玩具、瓷娃娃

铅山草编、竹编，广丰、上饶草编，瑞金、金溪、奉新竹编

井冈山、瑞金木玩具，瑞金车木人

新余幼儿玩具

安义石鼻糕模花板

上饶纸扎

万载、宜春、萍乡花炮，万载烟火

上：景德镇瓷娃娃

下：景德镇瓷狮子

湖北

武汉灯彩，汉口烟花，谷城、通城烟花爆竹

武汉涤纶花、天门塑料花、麻城纸拉花、利川通草花、洪湖羽毛花

黄陂泥塑、应城石膏塑

武穴竹器，浠水、咸宁、黄冈竹编，

沔阳（今仙桃）、大悟草编，来凤藤编

汉川民间土陶

秭归龙舟

云梦、沔阳（今仙桃）皮影

电子玩具、金属玩具、塑料玩具、纸制玩具、皮毛玩具、布绒玩具、木制玩具、幼儿童车、编扎玩具、陶瓷玩具

上：湖北云梦皮影

下：湖北编扎、陶瓷玩具

河南

淮阳、浚县、洛阳、登封泥玩具

郑州、灵宝、淮阳、尉氏、获嘉布玩具

浚县、淮阳、安阳、开封、禹州、巩义木玩具

巩义、禹州陶瓷玩具

浚县、淮阳面玩具

郑州、开封、南乐、鹿邑草编、柳编，商丘玉米皮编

安阳、新蔡绢花、塑料花

浚县二郎庙鞭炮，杞县烟花、爆竹

三门峡搪塑

开封月饼模、风筝

郑州花灯

方城石猴

上：河南布狮子

下：河南浚县泥塑《猪八戒》

陕西

凤翔、富县、西安、乾县泥偶、泥挂虎、彩塑

宝鸡、周至、旬邑、长武、陇县布玩具、老虎枕、狮子枕

宝鸡社火脸谱

千阳香包、布龙，洛川抓髻娃娃

华州竹艺、凤翔草编、榆林柳编

咸阳、礼泉灯影

西安铁木玩具、塑料玩具

上：陕西千阳布龙

下：陕西宝鸡社火脸谱

宝鸡木玩具

合阳面花

金属玩具、幼儿童车、面具

山东

济南兔子王、花灯、糕饼模、布老虎

潍坊风筝、杨家埠风筝、高密年画风筝

潍坊、泰安布玩具

掖县、琅琊草编

高密、苍山、聊城泥玩具

临沂不倒翁

博山琉璃玩具、料器

菏泽定陶毛皮玩具，菏泽面玩具、彩蛋

郯城棒棒人

青岛、烟台绢花

蓬莱、泰山、莱州石玩具，莱州草玩具

青岛、烟台、威海贝壳玩具

济宁绣花玩具、荣城虎枕

聊城蛐子葫芦

鄄城柳木玩具、泰安竹玩具、泰山竹龙

威海面灯、冠县面人

枣庄、垦利陶玩具

兖州烟火、潍坊鞭炮

曲阜、莒南纸玩具

曹县雪花灯

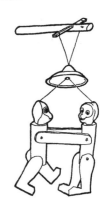

山东竹木玩具

山西

太原烟花、爆竹

新绛、大寨、临汾、黎城布玩具、

布老虎

平遥泥人、河津泥塑

孝义纱窗影

侯马石狮

定襄面塑、糕饼模子，阳城面塑玩具

上：山西临汾布老虎

下：山西面塑《娃娃骑马》

湖南

浏阳花炮、烟火，醴陵花炮

长沙皮影、木偶、棕编玩具

衡阳布塑玩具、塑料花

南岳车木玩具

湘西竹编、黔阳竹编、汉寿柳编、华容蒲草编、益阳竹器、沅陵穿丝竹篮

桃源板龙灯

湖南傩堂戏面具

面具

绢花

电子玩具、金属玩具、塑料玩具、布绒玩具、木制玩具

幼儿童车

广西

南宁塑料玩具、金属玩具、竹木玩具、人造花

桂林十六巧板（智力玩具）

合浦、北海烟花

柳州刘三姐绣球、工艺"官财"

荔浦细竹编

东兴芒编

面具

上：广西面具：阴阳师公

下：广西竹木玩具

广东

广州狮头、灯彩、红木宫灯、幼儿童车、橄榄核雕

潮州彩塑、麦秆贴画、花灯、香包、竹窗纸影、铁线木偶

潮阳香稿塑

佛山灯色、大爆、狮头、彩塑

东莞烟花、蜡烛玩具，南海烟花

惠阳涤纶花

浮洋泥塑毛猴

南雄竹玩具、信宜竹编、江门藤编、东莞草编、新会葵编

湛江木偶

木玩具、纸玩具、布绒玩具、麦秆玩具、根雕玩具

广东放鹞会

福建

福州软木画、羽毛画、羽毛花、塑料花、通草花、绢花、花灯

福州马兰草编、琅岐龙舌兰草编

泉州涤纶花、通草花、绢花、料丝花灯、泥偶、香囊、竹编、彩扎、面具、皮影、提线木偶

莆田纸扎、竹编，惠安纸扎

诏安泥人

漳州提线木偶、布袋木偶、戏剧脸谱、青丝竹编、竹器

古田花篮

厦门彩扎

烟花爆竹、布绒玩具、塑料玩具

上：泉州料丝花灯

下：福建布绒玩具

海南

塑料玩具、金属玩具、布绒玩具、泥塑玩具

幼儿童车

椰木玩具（"椰妹"）

海螺玩具
杖头木偶、面具
风筝
灯彩

海南椰木玩具：椰妹

台湾

电子玩具、金属玩具、塑料玩具、
布绒玩具、幼儿童车、西洋棋、音
乐士兵
"扑扑噔"、钱仔球
风筝、贯脚灯、布袋木偶、皮影、
面具
高雄、宜兰提线木偶
高山族陶玩具

上：台湾音乐士兵

下：台湾西洋棋

甘肃

兰州刻葫芦、灯彩
庆阳皮影、香包、皮老虎，平凉
皮影
武威桃核雕
西峰泥坐虎

成县朱南寨泥人
天水、平凉戏曲面具，陇东社火面
具，文县藏族面具，夏河神怪面具
西和麻编、武山竹编、文县竹藤
编、秦安草编玩具
塑料玩具、布绒玩具

四川

成都灯彩、安州木雕宫灯
南充泥人
崇庆、青神竹编，泸州竹器，新繁
棕编
乐山香包
自贡糖人
泸州通草花
塑料玩具、金属玩具、布绒玩具、
木玩具、纸玩具、幼儿童车、面具

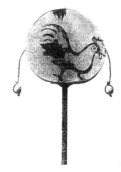

上：四川竹篮

下：四川纸玩具：拨浪鼓

重庆

三峡灯会
铜梁龙灯
荣昌彩扎
开县竹器
石膏彩塑

贵州

贵阳地戏脸壳、烟火、长龙

黄平泥哨、牙舟陶哨
湄潭藤器、塘头藤竹器
思南鞭炮、绥阳爆竹
车木玩具、人造花、幼儿童车、纤
维编玩具、麦秸秆编玩具、面具

上：贵州纤维编龙

下：贵州牙舟陶哨牛

云南

昆明料丝灯、泥塑、藤器玩具
建水陶哨
电子玩具、塑料玩具、幼儿童车、
布绒玩具、木制玩具、陶瓷玩具
布绒贴画、人造花、羽毛画
面具
腾冲皮影

上：云南建水陶哨

下：云南端公戏面具

西藏

拉萨塑料玩具、皮毛玩具、金属玩
具、幼儿童车、花灯、酥油灯花会

藏族温巴面具、萨满面具、羌姆面具、藏戏面具

藏族风筝

门隅（今属藏南）、墨脱、林芝门巴族竹藤编织

上：藏戏面具

下：羌姆面具：大头和尚

内蒙古

呼和浩特塑料玩具、爆竹、人造花、幼儿童车

赤峰克什克腾旗木制玩具

包头羽毛花

皮影、面具、红白柳编玩具、绒花绒鸟、毛皮玩具、布绒玩具、金属玩具、塑料玩具

新疆

金属玩具、塑料玩具、布绒玩具、皮毛玩具、木制玩具、幼儿童车

民间土陶、花灯

喀什维吾尔族花帽、和田花帽、库车花帽

辽宁

沈阳泥人、大头人、羽毛画

锦州塑料花

大连绢花

沈阳皮影、辽南皮影

金属玩具、幼儿童车、木制玩具、布绒玩具、球类玩具、塑料玩具、

烟花爆竹

辽宁沈阳皮影

吉林

延边彩绘木雕

怀德木制玩具

辽源塑料玩具

镇赉柳编玩具

榆树皮影

绒绢纸花、布贴玩具、金属玩具、布绒玩具、幼儿童车

吉林榆树皮影

黑龙江

哈尔滨冰灯、绢花、宫灯、皮影、金属玩具、布绒玩具、幼儿童车、麦秆画

牡丹江长汀木制玩具

齐齐哈尔彩蛋

黑龙江彩塑：大叫狮

肇州烟花、克东爆竹

通河宫灯

双城绢花

"大叫狮"、面具、柳草编织

青海

热贡彩绘（藏传佛画彩绘）

塔尔寺酥油花、灯节

彩石雕刻、皮影、布绒玩具、金属玩具、童车

宁夏

银川塑料玩具、金属玩具、布绒玩具、人造花、幼儿童车

贺兰石刻玩具

石嘴山瓷玩具

柳编、灯节、皮影

少数民族玩具

满族"九九消寒图"、冰灯、元宵竖红灯

蒙古象棋、解九环

瑶族放天灯、舞火龙、度戒面具

壮族草面具、放天灯

朝鲜族燃灯会、风筝

布依族放河灯、地戏面具

白族泥玩具、中元节放河灯

傣族麒麟灯、孔明灯、放高升

侗族舞龙灯

纳西族灯彩舞、跳神面具

畲族马灯舞

土家族七星灯、傩戏面具

鄂伦春族刺绣玩具

彝族虎面具

锡伯族灯笼风筝、花灯风筝

阿昌族齐心灯

纳西族跳神面具

附录三

玩具相关著作

《七巧新谱》

七巧玩具专著，刊于清代嘉庆丙子（1816）春月，款署"听雨楼珍玩"五字，并有"重镌"二字，表明此书是重刊。徐珂《清稗类钞》载："宣宗（即清道光帝）之孝全后，为承恩公颐龄女。幼时随宦苏州，明慧冠时，曾仿世俗所谓'乞巧板'者，斫木片若干方，排成'六合同春'四字，以为宫中新年玩具。"北京故宫博物院藏有清宫七巧板，呈长方形。有一种七巧盒，依七巧板式样，取红木做成正方形小盒，内含七个小盒。

《七巧新谱》扉页

《七巧八分图》等

七巧板玩具专著，清代秋芬室撰辑。另有清代嘉庆年间碧梧居士潘氏辑印的《七巧图合璧》，以及 1805 年在欧洲出版的《中国儿童七巧图》。

《智力玩具七巧板》

七巧板玩具专著。姜乐仁、胡礼和编著。1985 年上海教育出版社出版。本书简要地介绍了七巧板的意义和作用，以及它的产生和发展；系统地阐述了七巧板的种类和制法以及拼图方式；在探讨如何更有效地利用七巧板开发智力，增长知识的基础上，详细地论述了拼图的思路和方法，以及一些紧密结合学校教学内容的游戏方式。最后还扼要地介绍了其他一些拼板玩具的制法和玩法。

《智力玩具七巧板》封面

《巧解九连环》

环类玩具专著，周伟中编著，2003 年金盾出版社出版。书中对环类玩具的开解方法一一做了说明，大多画了开解示意图。书中将记录开解过程的方法归纳为三种：文字记录、画图记录、口诀记录。口诀是最为简洁、方便的开解方法。大多数没有口诀解决不了的开解方法，就用画图并配以文字记录。

《巧解九连环》封面

《民间玩具》

李才松编，1959 年上海人民美术出版社出版。书前有李才松《谈民间玩具》一文。本书共收录各地民间玩具代表作 78 件，均为彩色精印。

《中国美术全集·民间玩具/剪纸皮影》

曹振峰主编，李寸松副主编，1988 年人民美术出版社出版。共收有彩色图版 317 幅，其中清代以前的各类玩具 133 幅，各地的剪纸和皮影 184 幅。书前有李寸松《中国民间玩具述略》、王树林《剪纸艺术史提要》和曹振峰《中国的皮影艺术》三篇文章，书后附有全部图版说明。

《中国美术全集·民间玩具/剪纸皮影》封面

《中国民间玩具简史》

王连海著，1992 年北京工艺美术出版社出版。全书分七章：民间玩具的起源、分类及研究意义，泥玩具，风筝，节令玩具，益智玩具，

《中国民间玩具简史》封面

音响玩具，其他民间玩具。书中有89幅插图。

《民间玩具》

李友友编著，2005年中国轻工业出版社出版。本书分概述、春季玩具、夏季玩具、秋季玩具、冬季玩具五部分。全书143面，收数百件实物玩具，均为彩色精印，重点图均有文字说明。本书为介绍民间玩具中的佳作。

《民间玩具》封面

《民间玩具》

王连海、王伟著，2009年中国文联出版社出版。本书分六篇：一、泥玩具篇：泥玩具的历史，各地泥玩具；二、面人、糖人篇；三、竹木玩具篇：古代竹木玩具，竹木玩具的主要品种；四、节令玩具篇：古代的节令玩具，爆竹，烟花，风车，香包和布老虎，兔儿爷；五、音响玩具篇：陶响球，拨浪鼓，空竹和地轴，琉璃喇叭和扑扑噔，摇叫和摇鼓；六、其他玩具篇：陀罗，

《民间玩具》封面

七巧板，益智图，九连环，彩选格，百官铎与升富（官）图，毽子，羊拐。书中附插图百余幅。

《河南民间玩具》

河南民间玩具专著，河南群众艺术馆编，1986年河南美术出版社出版。该书共收录豫东淮阳、豫北浚县、豫西洛阳、登封等地的泥玩具，灵宝、淮阳、尉氏、获嘉、郑州等地的布玩具，浚县、淮阳、安阳、开封、禹县、巩县等地的木玩具、纸玩具和瓷玩具以及沈丘、浚县、尉氏等地的面玩具、皮玩具、石玩具、金属玩具205件。书前有谢瑞阶题词"河南民间美术源远流长"，书后附艺人生平简介和毛本华《河南民间玩具探源——谈谈河南民间玩具和古代神话的关系》一文。

《河南民间玩具》封面

《山东民间玩具》

山曼、乔方辉、孙井泉编著，

《山东民间玩具》封面

2003年济南出版社出版。本书分山东民间玩具概况、天然玩具、节令玩具、风筝与潍坊风筝会、礼仪喜庆玩具、神像玩具、戏曲故事玩具、玩具与儿童、玩具与庙会、菏泽面塑十部分。书前有12面彩图，全书插图125幅。

《北京民间玩具》

王连海编著，2011年北京工艺美术出版社出版。共分十章：北京建城史略、北京泥玩具、北京花灯、北京风筝、观赏玩具（上）、观赏玩具（下）、益智玩具、北京节令玩具、其他北京玩具、北京玩具市场。前有概说，后有后记，并有史料汇编。本书较全面地论述了北京玩具的演变和特色、工艺制作和著名艺人等，是一本关于北京民间玩具的佳作。

《北京民间玩具》封面

《泥人张作品选》

张明山、张玉亭、张景祜、张铭、张钺作，1954年人民美术出版社出版。该书共选编"泥人张"代表作品24件，其中包括著名的《刘国华像》《孙夫人试剑》《天仙送子》等重要作品。书前有张映雪撰写的《"泥人张"及其作品》一文，对"泥人张"一家几代人及其主要作品的艺术成就做了简介。

《泥人张》

阿维编，1955年朝花美术出版

社出版。书前有《出色的民间艺人"泥人张"》文章一篇,书中辑录四代"泥人张"的作品数十件(套),每幅作品都有介绍文字。

《泥人张》扉页

《泥人张的生平及其艺术》

张映雪编著,天津人民出版社1956年出版。本书通过"初生的时日""勤学苦练""突出的才能,重要的贡献""创作方法上传给后代的经验""流传着的几个小故事""继承父志的第二代""第三代"等,介绍了"泥人张"的生平及其艺术成就。书后附有图版39幅,其中彩色图10幅。

《泥人张彩塑艺术》

天津艺术博物馆编,文物出版社1987年出版。本书共收录天津"泥人张"几代人的作品68件(套),均为彩色印刷,较为全面地介绍了"泥人张"的艺术成就。书前有张映雪《天津"泥人张"彩塑艺术的发展历程和现状》一文。中英文对照,书后有图版说明。

《天津彩塑作品选》

1979年天津人民美术出版社编辑出版。书中共收录了天津地区彩塑艺术家的彩塑作品、设计42件。

《惠山泥人》

柳家奎编,1962年上海人民美

术出版社出版。介绍了惠山泥人的历史沿革、内容和风格特点、技法经验等。书后附有惠山泥人作品图版39面,其中彩版8面。

《无锡惠山彩塑》

徐沄秋、吴山编,1963年朝花美术出版社出版。该书共收录无锡惠山彩塑作品45件(套),其中有清代著名惠山彩塑艺人丁阿金的作品《教歌》《搜山》《买书》《斗水》4件,周阿生《蟠桃大会》1件,还有清代惠山彩塑复制品11件,其余均是现代艺人的优秀作品。前有编者撰写的前言,介绍了惠山彩塑的起源、发展、制作工艺以及装饰艺术特色。书中还附录了《历史上的彩塑名手》一文。

《无锡惠山彩塑》封面

《郑于鹤的泥人世界》

1986年河北美术出版社出版。郑于鹤是中国国家博物馆研究员,当代著名雕刻家,亦善泥塑。郑于鹤的泥人作品新颖别致,

郑于鹤彩塑《盘山虎妞》

富有民间意蕴,具有自己独特的艺术语言。本书收录郑于鹤泥人作品55件,书前有华夏撰写的《民间彩塑的新开拓——郑于鹤雕塑艺术简谈》一文。

《中国惠山泥人》

无锡惠山泥人研究所编,1990年北京工艺美术出版社出版。本书收录古今惠山泥人作品100件(套),均彩色精印。书前有柳家奎撰写的《淳朴秀润的乡土艺术——惠山泥人》一文。本书中英文对照,书后有图版说明和乔锦洪撰写的《惠山泥塑著名艺人小传》,介绍了15位古今名师。

《中国惠山泥人》封面

《柳成荫大师作品选》

沈大授、徐存才编,2007年中国国际文化出版社(香港)出版。柳成荫是无锡惠山著名的彩塑大师,在泥粗货上独树一帜,自成一体。书中收录了他从1961至2006年各个时期的彩塑作品100多件

《柳成荫大师作品选》封面

（套），计 48 面。书前有吴山撰写的《彩塑交辉　形神兼备——品读柳成荫的彩塑》一文，后有柳成荫自作的《后记》。

《马静娟泥人作品选》

王继林编，2010 年《华人时刊》出版。马静娟从事惠山彩塑艺术五六十年，书中收录了她各个时期的彩塑作品近百件（套），计 47 面，均彩色精印。书前有吴山撰写的《序言》一篇，书后有《后记》和《年表》。

《马静娟泥人作品选》封面

《阜阳彩塑》

安徽省群众艺术馆、安徽工艺美术研究室编印，1981 年出版。本书收录阜阳彩塑作品计图版 15 幅，书前有鲍加撰写的《一枝红杏出墙来》一文。本书为"安徽美术丛书"之一。

《张淑敏彩塑艺术》

1982 年湖南美术出版社出版。本书收录了张淑敏彩塑作品，计图版 77 面，书前有张仃撰写的《序言》一篇。

《泥模艺术》

华非选辑，天津杨柳青画社 1986 年出版。本书收录河北新城泥模拓印的图案 200 余幅，分"鸟兽花卉""生活事物""戏剧人物"三类编排。书后有刘见《编后小记》一文。

《南鹞北鸢考工志》

清曹雪芹撰。成书于乾隆二十二年（1757）。该书的内容有董邦达的序，曹雪芹自序，风筝扎、糊、绘、放的一般理论，彩绘风筝图谱，关于扎、绘风筝的歌诀等。书后还有敦敏的《瓶湖懋斋记盛》附录一篇。董邦达的序云："盖扎、糊、绘、放四艺者，风筝之经。是书之作，意重发扬，故能集前人之成，撮要提纲，苦心孤诣，以辟新途，而立津梁，实欲启后学之思。""斯书也，所论之术虽微，而格致之理颇奥；所状之形虽简，而神态之肖维妙。""其运智之巧也，可谓神矣。"

《南鹞北鸢考工志》序

《曹雪芹风筝艺术》

由孔祥泽、孔令民和孔炳彰孔氏三代编著，2004 年北京工艺美

《曹雪芹风筝艺术》封面

术出版社出版。本书的内容，主要依据曹雪芹《南鹞北鸢考工志》一书写就，按原书比例，临摹彩图 6/10，墨线图 5/10，歌诀 60 首和文字 7/10。

《风筝》

盛锡珊编绘，1980 年人民美术出版社出版。该书收集我国各种风筝图案 27 幅，每幅都保持原作的尺寸和绘画风格，书前附有风筝历史和制作工艺的介绍。

《风筝》

汪耆年、吴光辉、毓继明编著，人民体育出版社 1985 年出版。本书通过"风筝概述""怎样画风筝""怎样放风筝""风筝图谱""风筝飞行原理和设计"等章节，以介绍我国民间风筝为主，也谈到了其他一些国家的风筝技术，还介绍了近年来吸收国外技术与我国民间传统风筝技艺相结合发展起来的新品种风筝，较全面地介绍了风筝技术。书前有姜长英撰写的《中国风筝简史》和廉晓春撰写的《风筝·艺术·美》两篇论文。书中有插图 154 幅。

《风筝》封面

《风筝史话》

徐艺乙著，1991 年北京工艺美术出版社出版。分七章：风筝的起源、风筝的发展与流传、风筝的分类、风筝与风俗、曹雪芹与风筝、风筝与科学技术。并附录历代咏风筝诗词选、《南鹞北鸢考工志》风筝画诀选抄。书中附插图 77 幅。

《风筝史话》封面

《中国风筝》（修订本）

蒋青海编著，是 1987 年初版的修订本，1991 年江苏科学技术出版社出版。本书第一篇有九章：风筝的历史与传说，风筝与曹雪芹，风筝来自大众的智慧，风筝的流派，风筝的功绩，放风筝的习俗、传说、诗和民歌，潍坊和南通国际风筝会，中国风筝在国外，风筝珍闻荟萃。第二篇有四章：风筝的种类，风筝的结构，风筝的一般制作，各种风筝的制作方法。第三篇有七章：风筝飞行原理浅说，放风筝的工具，放风筝的用线，放风筝的准备工作，怎样放风筝，放风筝的各种游戏，风筝飞行高度的测量。插图 187 幅。本书比 1987 年初版增加了很多内容，页码增加了近两倍。

《中国风筝》（修订本）封面

《中国哈氏风筝》

哈魁明、哈亦琦著，1986 年商务印书馆香港分馆出版。分"中国风筝简史""哈氏风筝的沿革和基本结构""哈氏风筝的工艺特色"制作方法与程序、施放技巧五章。书内收录哈氏几代传下来的风筝代表作 93 件，插图 160 幅，将风筝的扎制、粘糊、彩绘、施放、拴线等制作过程和技术分别配以图解说明。

《潍坊风筝》

潍坊市风筝协会、潍坊工艺美术研究所 1984 年编印。本书由潍坊国际风筝会、潍坊风筝和风筝制作工艺三部分组成，书前有一篇《简介》。书中以图片为主，均为彩色图。

《潍坊风筝》封面

《潍坊风筝》

孙立荣编，1988 年文物出版社出版。分"传统风筝""长串式风筝""桶式风筝""硬翅风筝""软翅风筝""板子风筝""微型风筝""碰风筝""风筝制作""国际风筝会及展览"，分别介绍了各类风筝，有彩色图版 148 幅。书前有编著者《潍坊风筝》一文。

《风筝技艺与创新》

汪耆年编著，湖南少年儿童出版社 1988 年出版。分"人类最早的飞行器""风筝制作基本技术""各类风筝制作实例""风筝放飞""创

作新风筝"五部分，介绍了风筝的原理与扎制、装饰、放飞的方法。全书有彩图 50 幅，插图 118 幅。

《泉州戏曲纸扎工艺》

吴庠铸编，朝花美术出版社 1957 年出版。书前有《泉州纸扎工艺的简单介绍》一文。共收图版 20 幅，每幅作品附文字说明。

《中国民间傀儡艺术》

李昌敏著，江西教育出版社 1989 年出版。该书较为详细地介绍了中国傀儡戏的品种、流派以及剧本、导演、表演、造型、美术、音乐、唱腔等，并对傀儡戏的艺术特征和艺术规律做了初步探索。书中还附有剧本和导演本。书前有康濯撰写的序言。

《中国陕西社火脸谱》

李继友绘，上海人民美术出版社 1989 年出版。本书所集为编者整理绘制的社火脸谱和一些民间珍藏的粉本，及马勺和民间玩具的图版，共有 201 幅，全部为彩色印刷。书前有李继友撰写的《陕西社火脸谱的渊源及其艺术特点》一文，书后有叶文熹撰写的《跋》。

《西藏面具艺术》

叶星生编，重庆出版社 1990 年出版。该书为"中国民间美术丛书"之三，由"悬挂面具""跳神面具""藏戏面具""尼瓦尔木刻面具"和"对西藏面具艺术产生直接影响的西藏佛教艺术"等部分组成，共收录彩色图版 339 幅。书前有藏学家吉甫·平措次登和拉巴平措的题词及多杰才旦的《前言》，书后有编者撰写的《西藏面具艺术概述》一文。

《中国面具文化》

面具文化专著，郭净著，1992

年上海人民出版社出版。本书分上、中、下三篇，上篇为中国面具的历史：商周面具文化、汉代面具文化、两晋至隋唐面具文化、宋元面具文化和明清面具文化。中篇为面具的类型：跳神面具、节祭面具、生死礼仪面具、镇宅面具和戏剧面具。下篇为面具与中国文化：面具与传统宗教、面具与乡民社会、面具与乡土艺术。本书为32开本，565页，图文并茂，前有彩图16页。

《安顺地戏》

贵州安顺地戏专著，沈福馨著，1989年贵州人民出版社出版。该书是介绍和研究贵州安顺地戏的专著。作者经过多年的调查，对地戏的历史源流，地戏和古代傩戏的关系，地戏的分布区域，地戏脸子的种类、制作，以及许多著名艺人等方面进行了考察、收集和比较深入的研究。书中附有精美的地戏脸子彩色图片44张。书前有王树艺序。

《贵州安顺地戏面具》

安顺地戏面具专著，沈福馨编著，1989年民族出版社出版。本书收录地戏面具图版27幅，彩色印刷。书前有编者撰写的《神奇古朴的安顺地戏面具》一文。

《贵州傩面具艺术》

贵州傩面具专著，王恒富、龚继先主编，贵州省艺术研究室供稿，上海人民出版社1989年出版。本书收录贵州各地傩戏面具图版227幅，全部彩色印刷，较全面地反映了贵州各民族傩戏面具的流传和保存状况。书前有王恒富《序言》、皇甫重庆《绪论》，对贵州傩面具艺术的形成和源流做了较深入的论述。

《江加走木偶雕刻》

福建泉州江加走木偶雕刻专著，1958年上海人民美术出版社编辑出版。书中收集了各种头像50幅，包括著名的《家婆》《白猴》《齐天大圣》和《白阔》等，均为彩色精印。书内有周海宇撰写的《泉州的木偶戏和木偶头》和《杰出的民间木偶雕刻家江加走及其雕刻艺术》两篇文章，介绍了泉州木偶的历史、江加走的生平和艺术成就。

《郝寿臣脸谱集》

北京戏曲学校主编，吴晓铃纂辑，1962年中国戏剧出版社出版。郝寿臣是我国著名京剧花脸表演艺术家，从事戏剧工作六十多年。该书收录郝寿臣所扮43个剧目中的人物，共59幅脸谱，多为彩色精印。书中详细地介绍了各个脸谱的具体勾法以及郝寿臣在继承和创新上的经验与体会。

《北京皮影》

中央美术学院实用美术系编，1953年人民美术出版社出版。全书共编选了15幅皮影图，都由民间艺人路景达刻绘。涉及《将相和》《挑滑车》《狮子楼》《白蛇传》《宇宙锋》《金钱豹》《蜈蚣岭》《铡美案》《五台会兄》《穆柯寨》《单刀会》《草桥关》《断密涧》等戏曲15出，人物30个。书前有王逊撰写的《谈皮影戏》一文。

《北京皮影戏》

北京皮影戏专著，关俊哲著，1959年北京出版社出版。全书分十一章，分别从皮影戏的发展，北京皮影戏的传统剧目，皮影戏的音乐伴奏和影词，北京皮影戏人物的造型，皮影戏人物的雕镂，皮影戏人物的色彩、影幕、动作和场面、效果，新式影戏人物的设计以及如何组织演唱等方面进行了论述。

《皮影》

1959年上海人民美术出版社编辑出版。书前有沈之瑜撰写的序言。图版计21幅，4开彩色精印，大多为清代遗物，包括陕西、湖北、青海、河北、山东、山西和宁夏的皮影作品。

《青海皮影》

青海省群众艺术馆编，赵继光主编，青海人民出版社1990年出版。本书汇集了青海各地著名皮影雕刻艺人的作品，按头饰、脸谱、服饰、衬景道具、剧目选场几部分选编而成。共收录图版102幅，全部彩色印刷。书前有赵继光撰写的《青海皮影艺术》一文。

《中国孝义皮影》

侯丕烈编著，2005年山西教育出版社出版。本书从皮影戏的历史沿革和流变开始追述，一直到纸窗影人、纱窗影人的头饰脸谱、身段服饰、景物道具的详细介绍，再到影戏故事、皮影制作和色彩的应用、皮腔音乐、碗碗腔音乐、皮影雕刻艺人师承世系、孝义皮影木偶艺术博物馆馆藏精品摆放设计的展示分析，让人清晰地了解到皮影戏这一传统民间艺术的渊源、形式、种类和演变。本书集作者30多年的收集、整理和研究成果，是我国一部全面探索、分析、研究皮影造型艺术的重要专著。

《中国孝义皮影》封面

《民间皮影》

魏力群编著，2006 年中国轻工业出版社出版。内容分概述、影戏演出、西部流派皮影造型、北方流派皮影造型、中南部流派皮影造型、其他皮影造型、"文革"时期皮影造型七部分，附图数百幅，均为彩色精印。

《民间皮影》封面

《惟面唯肖：2011 上海"面人赵"艺术传承展》

上海工艺美术博物馆编辑出版。书中收录上海面塑 125 件（套），其中有上海面塑大王赵阔明的《二进宫》和《林冲夜奔》，赵阔明长女赵艳林的《美猴王》，赵艳林儿子陈凯峰的《夜上海》，以及徐汇青少年活动中心 6 岁儿童徐逸创作的面塑《天鹅湖》等。书前有《传承·创新·发展》《上海面塑——非物质文化遗产明珠》《我的父亲赵阔明》《"面人赵"：三代人的海派面塑传奇》《海派面塑的传承与发展创新》和《面塑——我的梦想之路》六篇文章。本书中的面塑作品均为彩色精印。

《惟面唯肖：2011 上海"面人赵"艺术传承展》封面

《宫灯》

原建筑工程部建筑科学研究院编，1960 年文物出版社出版。该书是一本介绍宫灯的图册，共有图册 39 页，是从故宫博物院旧藏宫灯中选印出来的。

《花灯》

刘益荣编著，漓江出版社 1987 年出版。本书通过"花灯简述""花灯的题材和式样及其审美特征""花灯的设计与制作""制作工艺与材料""花灯欣赏"等章节，对花灯的历史、流传、风格、样式、工艺等进行了较深入的论述。书内有插图 117 幅，书后附有彩图 34 面。

《中国灯具简史》

高丰、孙建君著，1992 年北京工艺美术出版社出版。书中分六章：中国古代灯具的起源与形成，战国、秦汉时期灯具，三国、两晋、南北朝至明清灯具，中国近代灯具，中国现代灯具，丰富的民间灯彩。书中附有 100 多幅插图。

《中国灯具简史》封面

分类目录音序索引

后　记

经六年的不懈努力，日夜辛勤，终于编写完了这部辞典。

我国历代的玩具，呈现出强烈的时代气息，表现出各地区、各民族的差异性和多样性，表达出深邃的社会内涵和美学价值。而其主要体现出的是一种文化，反映出的是时代的鲜明特征和精神价值取向，从中可清晰地看出各个时期、各个民族的审美演变和传承中的某些规律。

在编写此书的过程中，曾得到好友和家人的大力帮助。王连海老师来信表示，凡是他出版的玩具著作内容和图稿，均可引用；李友友老师也乐意提供她大作中的精美插图；我老伴和子女都帮助收集资料，帮着缮写书稿。所有这些对辞典的编成起了重要作用。在此成书之际，谨向给予鼎力帮助的各位老师、亲友，一并致以深深的谢意。

由于阅历不足，知识浅薄，书中定会存在缺点和错误，热诚欢迎广大读者和专家学者不吝赐教，俾使这部辞典逐渐完善。

吴　山
甲午年仲夏于金陵